维修性设计

Design for Maintainability

[美]路易斯·J. 古洛(Louis J. Gullo)
杰克·狄克逊(Jack Dixon) 编
李军亮　马海洋　刘　杨 译
祝华远 审校

国防工业出版社
·北京·

著作权合同登记　图字:01 -2024 -0880 号

图书在版编目(CIP)数据

维修性设计/(美)路易斯·J. 古洛
(Louis J. Gullo),(美)杰克·狄克逊(Jack Dixon)
著;李军亮,马海洋,刘杨译. —北京:国防工业出
版社,2025. 1. —ISBN 978 -7 -118 -13181 -9

Ⅰ. TB21

中国国家版本馆 CIP 数据核字第 2024JX6632 号

Design for Maintainability by Louis J. Gullo and Jack Dixon

ISBN 978 -1 -119 -57851 -2

※

国防工業出版社出版发行

(北京市海淀区紫竹院南路 23 号　邮政编码 100048)

北京虎彩文化传播有限公司印刷

新华书店经售

*

开本 710 × 1000　1/16　**印张** 26¾　**字数** 507 千字

2025 年 1 月第 1 版第 1 次印刷　**印数** 1—1500 册　**定价** 198.00 元

(本书如有印装错误,我社负责调换)

国防书店:(010)88540777　书店传真:(010)88540776

发行业务:(010)88540717　发行传真:(010)88540762

Andre Kleyner 博士丛书前言

Wiley 出版的质量与可靠性工程系列图书旨在为质量与可靠性工程领域的研究人员和从业者提供坚实的教育基础,并将这些学科的最新发展成果纳入知识库。

质量和可靠性对系统的重要性是无可争议的。产品现场故障会导致维修成本增加、保修索赔、客户满意度降低等不同形式的损失,在极端情况下,还会导致人员伤亡。

随着时代的发展,工程系统变得越来越复杂,功能和性能不断提高,并具有更长的生命周期。然而,用户对产品的可靠性和可用性的期望并未降低,其要求反而变得更加严格。

随着电子系统复杂性的增加,计划的维修时间也因此增加。但是,这并不是不可避免的。未来维修性设计的重点是将系统变得更容易维修,并降低维修成本。维修性设计(DfMn)应成为所有可修复系统或产品设计过程的一部分,以确保实现这一重点。

本书由可靠性和维修性领域的专家撰写,它提供了关于如何提供更有效和高效的系统/产品维修的方法、指导和建议。

本书中描述了维修性设计的方法和工具,如数据驱动的维修过程、可测试性、基于状态的维修(CBM)、预测和健康管理(PHM)、机器学习、可靠性为中心的维修(RCM)、预测性维修及其他方面的应用成果可作为可修系统设计过程的一部分,最终目标是将系统可用性优化到最高水平。

尽管质量和可靠性教育的重要性显而易见,但当今的工程专业课程中却比较缺乏该类课程。很少有工科学校将可靠性或者维修性设计类课程作为学位课程。原因很难解释,也许工科学校更喜欢教育他们的学生系统如何工作,而不是如何失败。然而,为了设计一个真正可靠的系统,了解故障的机制和防止故障的方法是很重要的。

维修性和可靠性数据分析、保修管理、CBM、RCM、PHM 和其他相关主题在今天的工科学生课程中几乎没有涉及,但它们对于控制、减少系统故障至关重要。因此,大多数维修性、可靠性和资产管理从业者在其所属机构、专业研讨会和专业出版物中接受了此类专业培训或知识。你即将阅读的这本书可以进一步弥补上述不足。它旨在为包括研究生和经验丰富的工程专业人员等广大读者提供额外的学习机会。

我们相信,这本书以及丛书系列将延续 Wiley 在技术出版方面的优秀传统,并为可靠性和质量工程的教学和实践做出持久和积极的贡献。

前　言

本书的创意来源于我们在上一本书《安全性设计》(*Design Safety*)中的合作成果,该书由约翰·威利父子于2018年出版。在长达五年的编写安全设计手册的过程中,我们意识到维修性设计也是工程设计的一个重要方面。编辑在可靠性、维修性、系统工程、后勤和系统安全工程领域有累积了80年的专业实践和管理经验,为本书的编写奠定了基础。而进一步充实本书材料的实质是作者80年的丰富经验。虽然维修性设计的重点显然是维修,但我们努力捕捉维修性与系统工程的广泛关系,并强调维修性与众多工程学科的联系。

尽管维修性和安全性设计对工程设计成果有相同的影响,但在诸多方面,人们对二者的认识截然不同。对于维修性设计(DfMn),人们的目标是规划尽可能少的维修。对于安全设计(DfSa),人们则认为,永远无法拥有足够的安全措施和能力。当开发出更多的系统安全设计实践、流程和设计功能时,系统或产品就越安全,因为这将为系统或产品的客户或用户带来重大利益。相比之下,在设计方面,对于维修性,原则应该是“越少越好”。更多的维修性设计实践、过程和设计功能减少了维修,使系统或产品变得更好。维修性设计教导工程从业者,要进行维修性设计实践,以实现最少的维修工作,实现系统或产品运行的成本和时间目标,并在其整个生命周期内提供保障。用户最终的定位是不进行维修。如果系统或产品没有出现故障,则无须进行大多数维修。维修性方面的挑战是如何在最小化或避免维修的情况下设计系统或产品。从客户的角度来看,系统设计的流程自动化程度越高,需要的维修工作越少,系统或产品就越好。

本书适用于多个学科领域的执业工程师和各类工程管理人员。它是为那些知道如何对系统或产品进行维修,但不知道如何改进维修流程,从而使系统或产品在未来成本更低,效率更高的人编写的。

本书讨论了许多实际情况,其中包括维修性工程化过程、实践、产品维修性设计特征以及减少或消除系统/产品对维修的需要。虽然存在对维修的依赖减少的可能,但在当今复杂的系统和产品中,对维修的需求是普遍的。随着工程从业者对维修性设计的理解,他们应同时进行设计改进(功能与维修性同时设计),通过评估设计的安全风险来提高设计可靠性并降低潜在危害。

目　　录

引言:你将学到什么

第1章:维修性范式设计

本章描述了维修性设计(DfMn)的含义及其重要性。本章包括维修性设计考虑的因素和9个维修性设计范例。本章和本书中所示的范例为读者提供了实现维修性的方法。以本书为指导,读者将掌握维修性设计的基本要素,这些要素可以应用于任何系统或产品,只要有足够的准备和前瞻性,就可以轻松、经济地对系统或产品进行维修设计,从而获得客户满意。

第2章:维修性历史

本章探讨了维修性和维修工程的历史、起源和演变。涵盖了他们的定义以及将维修性作为一项重要的工程学科所必需的关键标准。本章还说明了维修性和维修工程之间的区别;详细地描述了在DfMn之前的维修活动发展路线图,以及各种重要的维修性相关任务。本章最后简要介绍了MIL-HDBK-470,它提供了过去60年来有关维修性的最佳标准、要求和经验教训。

第3章:维修性项目规划和管理

本章描述了维修性设计中涉及的任务、维修性计划管理的必要性、维修性计划的基本要素,以及维修性工程与其他工程学科的关系。本章介绍了系统/产品的生命周期,并强调了早期考虑维修性以确保正确设计的重要性。越早根据需求衡量设计特性,更改设计所需的时间和资金就越少。本章还强调,全面系统的维修性项目规划是维修性管理人员工具包中最有效的工具。在整个开发过程中,将维修性工程师集成到整个设计团队中,这对于成功的设计非常重要。

第4章:维修方案

本章将维修方案描述为综合系统、子系统和部件设计的最基本指导原则之一。本章解释了维修方案在定义和影响系统持续规划和实现全生命周期运行能力的核心作用。本章包括对维修能力要求、维修类别、维修级别,综合后勤保障(ILS)简介,以及综合产品保障(IPS)的12个要素。

第5章:维修性要求和设计标准

本章对维修性要求、指南和设计标准进行了全面讲解,并与附录A"系统维修性设计验证检查清单"进行了衔接。本章描述了维修性要求是如何在系统工程(Engineering)过程中开发和演变的。本章重点介绍维修性要求、指南、标准和检查表的提出、实施和使用;解释了如何在设计过程、过程评估、设备选择等环节使用维修性设计标准;强调了设计团队对设计标准应用的重要性,因为它将确保满足维修性要求,并保障系统持续性优化。本章始终强调系统最佳维修性需求的论证与开发,因为它们是成功满足客户需求的关键,并且可以确保对系统或产品进行高效且经济的维修。

第6章:维修性分析与建模

本章描述了各种类型的维修性建模和分析技术,包括功能分析、功能框图、维修性分配、维修性设计权衡研究、维修性设计评估、维修性任务分析、维修性模型和维修级别分析(LORA),以及许多其他类型的维修性分析。将鼓励读者进行多次设计迭代,以期获得使用环境中系统的维修性、可靠性和成本的最优。

第7章:维修性预计和任务分析

本章描述了基于主流标准进行维修性预计的各种方法,并描述了用于支持维修性预计过程的维修性任务分析(MTA)的方法。维修性预计和详细的MTA是确保产品/系统能够在其生命周期内实现预期性能目标的关键步骤。反复使用这些技术,设计师和产品所有者可以确保在指定或估计的财务限制范围内提出最佳的设计,以便在资产的生命周期内提供维修和后勤保障。

第8章:机器学习设计

本章讨论了机器学习和深度学习的含义,以及机器学习(ML)、人工智能(AI)和深度学习(DL)的区别。本章说明什么是机器学习,以及它如何支持维修性活动的设计,这些活动有助于预防性维修检查和服务(PMCS)、数字维修(DPM)、预测和健康管理(PHM)、基于状态的维修(CBM)、以可靠性为中心的维修(RCM)、远程维修监控(RMM)、远程保障(LDS)和备件供应(SP)。

第9章:基于状态的维修和设计

本章说明了基于状态的维修(CBM),即如何通过监控系统监测不符合标准的状态并解释这些数据以检测异常行为/故障来实现智能维修决策的一种预测维修技术。本章进一步解释了 CBM 如何能够通过仅在系统的特定组件需要时进行维修来减少维修系统所需的人工时间。本书介绍了一些帮助读者如何确定维修内容的方法。其中详细讨论了 2 种方法。一种是故障模式和影响分析(FMEA),用于识别系统的故障模式,并用于制定风险缓解措施。另一种是以可靠性为中心的维修(RCM),它利用 FMEA 和逻辑树决定采取何种维修或设计措施。

第 10 章:维修性设计中的安全和人为因素

本章分为 2 节:第 1 节为安全因素,第 2 节为人为因素。本章介绍了维修性、安全性和人为因素是如何相互联系的,以及它们如何相互作用以帮助实现成功的维修性设计。与本书中讨论的其他焦点问题一样,在整个设计和开发过程中,必须尽早考虑用户需求。本章提供了所需考虑因素的示例,以确保系统设计满足安全和符合人体工程学的要求。本章还介绍了分析技术的示例,读者可使用这些技术实现经济高效的维修,同时确保维修人员工作更轻松。

第 11 章:软件维修性设计

本章介绍什么是软件维修性,以及维修性如何影响软件设计。本章还介绍了软件维修方法的 3 种基本类型以及在软件生命周期中可能执行的 5 个主要生命周期节点。本章还重点介绍了相关的 IEEE 标准。本章中的信息将帮助读者努力设计软件维修性,以便在系统生命周期内经济、高效地进行维修。

第 12 章:维修性测试和验证

本章介绍通过分析、测试和过程验证来验证系统或产品的 DfMn“优度”,以确定设计是否满足规定的维修性要求。本章强调了维修性测试和验证理念,该理念包含了来自设计和开发范围内工作的全部产品。本章提供了使用既定标准执行维修性演示(M-Demo)的详细程序以及 M-Demo 的示例。

第 13 章:试验设计和测试性

本章定义了综合测试和测试性设计中维修性设计的工程角色。解释了测试设计如何在开发和生产期间进行测试能力设计,测试性设计是指对开发、生产和维持期间产品的可测试能力的分析。测试性设计是指改变电路设计,以增加测试覆盖率、故障检测概率和故障隔离概率,从而有利于整个系统、产品生命周期的维修性。从某种意义上说,测试性设计是对维修性工程的重要支撑。

第14章:可靠性分析

本章重点介绍几种常见类型的可靠性分析模型,说明可靠性分析工作如何支持其他系统工程设计特性,如测试性、维修性和可用性。工程从业者可以专注于可靠性策略或维修性策略,以实现所需的可用性水平。本章解释了当可靠性不受控制时,可能会出现更复杂的问题,如人力短缺、备件可用性、保障延误、缺乏维修设施以及对维修性和可用性产生负面影响的复杂配置管理成本。本章内容包含几种类型的可靠性分析和建模,包括可靠性框图(RBD)、可靠性分配和可靠性数学模型。此外,还详细介绍了可靠性预测、故障树分析(FTA)和故障模式、影响和危害性分析(FMECA)技术。

第15章:可用性设计

本章介绍了可用性,可用性是度量需要连续运行的昂贵电子系统的一个至关重要的指标。可用性是一个综合性指标,允许资产所有者了解其资产在部署为24h/7天(24/7)连续运行时的可用情况。可用性要求所有者了解维修性、可靠性或保障延误对其任务成功概率的影响。本章介绍什么是可用性、可用性类型以及如何计算可用度。通过利用各种类型的可用组,组织可以确定可靠性、维修性或保障性问题。可用性为资产设计师提供了最具成本效益的解决方案,因为在设计权衡研究分析期间,他们在可靠性设计和维修性设计之间实现了巧妙的平衡。

第16章:保障性设计

本章描述了保障性设计,包括详细的分析和计划。本章解释如何将系统的保障性设计为系统的固有属性,以及为确保系统在其工作环境中有效运行和维修而建立的服务保障系统。本章提供了几个示例,以解释为什么在项目的系统设计和开发阶段考虑可支持性设计非常重要。工程从业者将找到规划要素的例子,以及维修性设计的应用,这也有利于保障性的设计。本章详细讨论了第4章中最初提到的IP的12个要素,作为在ILS规划中考虑保障能力综合设计的必要步骤。

第17章:专题

本章包括3个特殊主题及其应用,它们挑战了维修实践的现状,并提供了关于如何针对未来的维修性进行设计的建议。主题包括:

(1)通过单分钟换模(SMED)缩短主动维修时间,作者James Kovacevic。

(2)《如何使用大数据实现预测性维修》,作者Louis J. Gullo。

(3)自校正电路和自修复材料,用于提高可维修性、可靠性和安全性,作者 Louis. Gullo。

附录A:系统维修性设计验证检查清单

附录A中的检查清单提供了广泛的建议指南、设计标准、实践和检查点,这些指南、设计标准、实践和检查点来自大量的知识来源和参考文献。这些来源包括大量的标准、各种军事指导文件、行业培训和指导手册、白皮书和报告,以及作者多年的经验。

本检查清单旨在为以下项目提供指南、设计标准、实践和检查点:发人深省的讨论、设计权衡研究和设计团队的考虑因素,以促使设计需求生成产品的维修性设计方面的规范及其使用和维修,并验证在产品设计中实施这些设计要求的可接受性。本书提供的维修性设计验证清单并不是一份完整的、包罗万象的清单,并未列出所有客户和所有产品的所有可能的维修性设计注意事项。读者可能需要为适用于特定产品、客户、使用应用和服务保障情况的项目定制检查清单。

第1章 维修性范式设计

Louis J. Gullo and Jack Dixon

1.1 为什么要进行维修性设计

大多数系统和产品的维修成本较高,且修理需要花费较长的时间。如果系统或产品超出原始设备制造商(OEM)的质保范围,则所有者将承担维持系统或产品运行的全部成本。通过对系统或产品进行维修性设计,可以提高系统或者产品的服务性和保障性,从而不会给用户/所有者造成运维和经济负担。维修性主要指系统或产品易于维修,保障性则主要指系统或产品得到了经济高效的维修,并能够恢复到可用状态。

只有通过了解特定系统的设计、性能和构造,人们才能理解如何为特定系统进行维修性设计(DfMn),使得维修成本最小。任何进行维修性设计的人都应认识到,对系统的使用特性、体系结构和拓扑结构的第一手知识是不可替代的。这些知识中最重要的部分是了解系统是如何组装和拆卸的,了解它在按照设计师的意图运行时的性能,验证系统在标准情况和最坏环境应力条件下的性能,以及预测需要何种维修类型和维修活动来修复故障。

1.1.1 什么是系统?

系统为一个网络或一组相互依存的组件和使用过程,它们共同工作以实现系统的目标和要求。任何系统的设计过程都应确保参与使用系统或开发系统的每个人都能获得他们所需要的东西,避免为了系统的另一个关键部分而牺牲系统设计的关键部件。其中包括客户、系统使用者、系统所有者、维修人员、供应商、系统开发人员、社会和自然环境[1]。

注:为了简单和一致,本书中术语“系统”和“产品”可以互换使用。当出现其中一个术语时,两者表述的内容一致。

1.1.2 什么是维修性?

维修性是系统非常重要的一个目标,其确保系统在执行功能时满足系统需求并实现系统目标。对于不同的人来说,维修性要求也不尽相同。维修性可以表示为在现场使用中对系统和设备进行维修而采取的方法和技术的开发过程。维修性由定性和定量设计特征组成。从定性的角度看,维修性是一个工程学科,其重点在于所设计系统的维修性能,使得维修人员具备对应的专业技能和训练,能在每个指定的维修级别按照规定的维修程序和保障设备进行维修。从定量的角度看,维修性设计是一种基于时间的功能,它最大限度地简化设计并节约资源,以在关键系统性能丧失后将系统运行恢复到指定状态。维修性是一种指标,它推动系统设计减少系统停机时间,并将系统故障后恢复至完全运行的时间降至最低。无论如何定义维修性设计指标,所有类型的系统用户都以自己的方式衡量系统性能(或缺乏系统性能)。通常,用户认为与系统维修性相关的最高指标是维修或维持系统的成本。另一种指标是将停机系统恢复到完全运行所需的时间。例如,汽车车主可能主要关心拥有成本,减少去修理厂修理。航空公司可能最关心的是保持航班准时。这些客户关注的问题并不一定包含在维修性设计的要素之内,甚至客户认为衡量产品使用中的维修性方式可能对该产品的设计师没有意义。这意味着,为了确保成功满足客户需求,可能需要将用户关注的问题转化为更适合设计的措施[2]。

维修性适用于可修复的系统。不可修复系统则不需要应用维修性。有2种简单的方法可以知道系统是否不可修复。第一,如果系统在发生失效时被丢弃,则这是一个不可修复系统。第二,如果系统中没有任何部件需要更换以将系统恢复到完美的工作状态并能够在最优性能下运行,则系统是不可修复的。

1.1.3 什么是测试性?

维修性集成了测试性确立的优势。作为一门工程学科,测试性被视为维修性的一个重要子集。测试性是一种设计特性,它提供系统状态、系统故障状态的指示以及及时有效地隔离故障状态的方法。通过高度可测试的设计架构提供的系统状态指示器,包括系统可运行、不可运行或降级的状态确定。在设计中,测试性设计(DfT)与DfMn一样重要。通常,设计有良好测试性特征的系统也非常易于维修。DfT不仅使现场维修人员受益,还具有高效的测试能力,以确保快速、正确地执行维修。当系统或产品部署到客户现场时,DfT还可使现场的系统或产品安装人员受益,有助于熟练的技术人员初始化设置系统/产品,并按照客户的要求将系统或产品投入使用。现场安装人员将使用DfT功能执行系统或产品检验,以确保所有功能都能按照特定客户应用程序的预期工作。

DfT的实现可获得多重收益。系统/产品DfT能力不仅会影响客户、用户和维修人员在现场应用中的体验,还会影响生产运营性能。DfT是改进面向制造的设计(DfMA)的一个因素。DfMA专注于工程设计,以便于在系统或产品的初始构建过程中进行组装。DfMA可将系统或产品的设计与准时制(JIT)和精益制造的制造概念成功相结合，以在大批量制造流程中组装和测试新设计。“检测和隔离系统内故障的能力，以及高效、低成本的检测和隔离能力，不仅在现场很重要，在制造过程中也很重要。所有产品在交付给客户之前都必须经过测试和验证。在产品设计阶段，预先关注测试性问题将带来极大收益。因此，必须注意确保所有设计都可进行测试且无须耗费大量精力”[2]。

1.2 设计考虑的维修性因素

设计师在设计和开发过程中应考虑多个因素，以平衡功能系统设计需求和试图恢复系统故障的现场维修人员的需求。在系统运行、服务和保障过程中这些因素将为系统使用人员和维修人员提供时间、功能、复杂性和成本等方面的帮助。如果设计师在系统或产品设计中不注意这些因素，则系统的总成本和维修人员的福利可能会受到严重影响[3]。设计人员在设计维修性时要考虑的“8 个因素”是：

(1)零件标准化；

(2)结构模块化；

(3)套件包装；

(4)零件互换性；

(5)人员可达性；

(6)故障检测；

(7)故障隔离；

(8)零件标识。

1.2.1 零件标准化

设计师应将常用零件和组件(如螺钉、垫圈、螺母和螺栓)标准化，以尽量减少各种现场应用中客户维修服务的备件库存。设计师应尽可能从最小范围的零件组中进行选择(例如，1 个螺钉而不是 10 种不同类型的螺钉)，并尽可能具有兼容性。最小化备件库存只是其中一个好处。保持设计简单是很难做到的，但其回报是巨大的，因为其不仅使存储的零件更少，将零件运输到现场的重量更少，工具集更小，而且维修程序和使用的复杂性更低，停机时间更短，维修更容易，总体而言，组织更高效地进行维修。想象一下，在一个不再为确定哪颗螺丝钉怎么使用的组织中工作，效率会有多高[3]？

1.2.2 结构模块化

设计师应创建由标准维度、形状、尺寸、功率、接口(机械和电气)、信号连接和模块化元件组成的标准设计模板。使用具有最小设计选项集的标准结构可提供设计模块化和互换性。如果设计师希望使用基准产品模型的标准结构开发具有不同功能的不同产品,那么硬件演进将更简单,更容易在现场维修。使用标准结构和接口允许互换兼容部件以改变功能,而不改变产品的大部分要素。以落地灯的标准灯泡为例。灯具拥有者可以根据所需的功率输出(30W 对 60W)、颜色、灯泡寿命、亮度和房间照明成本,甚至所使用的技术(例如白炽灯、紧凑型荧光灯(CFL)或发光二极管(LED)灯),选择不同类型的灯泡,并且知道所有这些灯泡类型都可以安装在同一个灯具上的灯座中[3]。

1.2.3 套件包装

设计师应计划将特定维修任务所需的所有零件和组件配置并打包到单个套件中。该套件可能包括螺钉、垫圈、O 形圈、垫圈和润滑剂。如果将正确执行产品维修所需的物品放在一个套件中并包含在一个包装中,则维修任务将更快地执行。套件包还应包含套件中物品名称和数量的库存清单[3]。

1.2.4 零件互换性

设计师应避免为零件或组件开发自定义尺寸、形状、连接和配件。自定义尺寸或配件意味着正在设计自定义零件,这降低了零件互换性的可能性。标准化零件意味着零件可以在多个来源之间互换。自定义零件意味着零件的单一来源,这排除或者减少了同一零件多源的可能性,因为自定义零件意味着与其他类似类型的零件不兼容。定制零件导致库存备件的零件总数不断增加,因为定制零件将无法与其他产品常用的同类零件来源的零件互换。此外,如果设计人员希望在设计发展过程中保持自定义形状系数,则自定义零件会限制未来设计变更,需要额外的设计工作来管理和控制零件图纸尺寸和公差[3]。

1.2.5 人员可达性

设计师应在设计结构尺寸之间提供足够的空间,以便接近需要更换的零部件。如果设计人员不注意该维修性因素,则会增加现场维修人员在执行维修任务期间受损或受伤的风险。如果一个装备需要更换或调整,作为预期维修活动的一部分,则设计师应该允许维护人员在不同的环境下进入现场,比如寒冷恶劣的天气。设计师在决定需要多少访问空间时,应考虑维修人员执行维修操作所需的工具。设计师应提供易于拆除的检修面板,以便为维修人员提供更多的工作空间。面板也应易于更换,以尽量减少停机时间。最后,设计师应考虑维修人员的视角、照明需求以及所需的技能和经验[3]。

1.2.6 故障检测

故障检测是执行维修的关键因素。故障检测可以简单地通过执行视觉检查或使用其他人类感官(如听觉、嗅觉或触觉)进行。然而,在复杂系统上,故障检测可能并不明显。例如,对于涉及更换电子电路卡的复杂系统,设计师应向维修人员提供必要的信息,以了解系统问题的原因,并确定如何解决问题。该信息可通过嵌入式测试诊断从系统本身获得,或在维修操作期间从连接到系统的外部保障测试设备获得。例如,自行车车胎漏气对骑车人来说是显而易见的,在骑车过程中,可以通过目视检查或通过听到声音变化或感觉振动来进行故障检测。对于复杂系统,系统必须通知用户发生了需要注意的事件,并提供无法通过人类感官检测到的故障信息。通过最大限度地减少使用工具进行检查和彻底拆卸以执行诊断任务,实现了维修时间和成本的最小化[3]。

1.2.7 故障隔离

一旦检测到故障,应易于隔离。设计者应创建系统诊断功能,为维修人员提供尽可能多的有关检测到的故障类型和故障位置的信息。设计师应该考虑维修人员需要修复问题的实际情况。维修人员需要了解故障发生的所有证据、系统收集有关故障症状的数据,以及可能导致这些症状的故障机制。一旦系统能够确定潜在的故障机制,便可以进行详细的诊断,将故障机制与系统性能的其他指标进行分类,以分析故障原因,并向维修人员提供更换内容和更换位置的信息。例如,保险丝熔断故障事件会指示哪个电路断电,以便维修人员更换保险丝,然后确定保险丝熔断的原因,例如短路。更换保险丝只是对保险丝熔断原因的补救措施。对可能因间歇性短路而过载并导致更多保险丝熔断的电子电路进行故障排除可能需要花费大量时间。故障事件(如保险丝熔断)可能只是保险丝故障或有缺陷,也可能是系统中与保险丝熔断电路无关的部分短路。此外,初始故障事件可能会导致其他电路和组件的性能下降和剩余损坏,从而导致潜在缺陷,这些缺陷将在稍后的某个时间点失效。该残余损伤可以是失效模式的二级和三级效应,如果在初始故障事件发生时未立即解决,则这可能会对未来状态的反映产生重大影响。因此,设计师应确保设计中可能出现的故障的影响得到控制,以将设计中一个产品或系统中另一个设计的故障造成的损坏降至最低[3]。

1.2.8 零件标识

设计师应使用设计规范中所有零件的标准命名约定标记每个零件。每个零件应标有唯一标识符(例如零件号)和日期代码。使用零件标识可以有效将维修人员和维修文档(如维修手册、工作说明和拆卸程序)联系起来,从而简化了维修任务流程。设计师在使用命名约定时应保持一致。零件标识应是意义明确且容易识别,以避免混淆,并有助于维修过程中提升系统新维修人员的学习效率[3]。

1.3　对当前技术状态的思考

在许多机构中,维修性已成功融入系统工程设计和开发过程。作为一门为系统和产品开发过程增加价值的学科,它得到了管理层的大力支持。多年来,许多维修性分析技术已经被创建和发展,以使其更加高效。事实证明,在产品设计和开发中应用维修性设计在降低客户总拥有成本和 OEM 保修成本方面具有重要价值。然而,今天的系统和产品维修性工程师仍然面临许多挑战。维修性学科是一个规模较小且有些模糊的工程学科。维修性工程技能需要在不同机构部门中共同实施。可能很难准确确定在任何一个组织中执行维修性任务的位置。一个组织对维修性任务的责任可能会在多个工程部门之间划分,因此不好明确一个工程职能部门负责启动和完成维修性任务。在组织中应更加注重维修性功能应用,特别是在现场保障人员为客户提供服务,从而产生大量售后收入的情况。虽然许多机构成功地实现了维修性,但许多组织忽视了维修性设计的好处和有价值的贡献,因此,如果维修性设计较差,就要承担向客户交付劣质系统和产品的后果。

注:本书中使用的术语"机构/组织"是指所有系统开发人员和客户实体,包括企业、公司、供应商、运营商、维修人员和系统用户。

其他挑战包括当前开发和未来规划的系统日益复杂。组织不是一次开发一个系统,而是在开发系统体系(SoS)。越来越多的客户要求将多个系统联网并集成到一个控制平台中。这种类型的系统开发称为系统体系集成(SOSI)。考虑到 SOSI 项目的系统和子系统之间的所有交互,SOSI 在如何集成大系统的监控和维修性能方面面临着复杂的新挑战。

不适当的系统和产品规范通常会导致对维修性要求论证不充分。很多时候,提供的样板和通用规范导致了错误的设计,因为具体需求被省略、模糊、混淆或不完整。

在整个系统或产品开发过程中,变更管理是一个持续关注的问题,也是导致问题发生的原因。变更管理可以在开发过程中成功执行,但在整个生命周期的售后系统和产品保障中经常被忽视。组织面临的一个挑战是确保在进行设计变更时,维修性工程师参与设计变更批准流程,以确保从维修角度来看变更是充分的,并且它们不会造成可能导致耗时维修和在高成本维修的意外后果。

另外,设计方面还需要考虑现场执行所需维修活动的人员。维修人员经常因为不了解设计是如何工作或失败的,或者滥用系统或产品而导致问题,从而引入了在正确使用和维修时不是由系统造成的故障。通常，用户或维修人员可能会被系统的复杂性、系统本身的硬件和软件或外部保障测试设备提供的用户界面所迷惑。在设计过程中，应始终考虑人机界面和人的约束。这对于系统或产品的成功安装和部署至关重要。

本书的目标是为读者提供成功成为维修性工程师所需的过程、工具和知识，并帮助读者避免陷阱及纠正前面提到的一些问题，同时借鉴维修性工程人员迄今为止多年的成功经验。接下来，将介绍 9 种维修性范例，这些范例将引导读者进行更深入的系统或产品维修性设计。本章和整本书都提供了正反两方面的例子，因此读者可以学习到真实世界的案例。

1.4 维修性设计范例

如前所述，维修性设计是一个过程。如果使用了正确的过程，那么就会得到正确的结果。正确的知识来自经验和实践。这些经验可能来自读者或其他人。这些经验被称为经验教训，帮助 DfMn 的学生以最有效的方式获取知识。学生通过自己和他人积累的知识学会做出正确的决定。“一个人必须通过练习不断变得更好。以游泳为例。一个人光靠书本是不能学会游泳的，他必须练习游泳。失败是被允许的，因为失败是预防失败的垫脚石。托马斯·爱迪生曾被提醒，在灯泡成功之前，他失败了 2000 次。他的回答是：‘我从未失败过。’在这个过程中有 2000 个步骤。”[4]

巩固知识并从自身或他人的经验中获得最大利益的一种成功方法是以范例的形式使用经验教训。在设计过程中的关键时刻，应该使用范例并使之变得简单，例如在集成设计团队成员进行设计评审期间的头脑风暴会议。设计新的理想系统方法包括开发范例、标准、策略和过程设计模型，以供开发人员在未来的设计工作中遵循。范式通常被称为“智慧之词”或“经验法则”。源自希腊语的“范式”一词贯穿本书的全部内容，用于描述一种思维方式、一种框架和一种模型，用于在日常生活中引导自己成为一名维修性工程师。范式成为您看待世界、感知、理解和解释环境的方式，并帮助您对所看到和理解的事物做出反应[1]。

本书重点介绍管理和设计系统/产品维修性的 9 种范例。这 9 种范例是设计维修性时要考虑的最重要标准。下面列出这些范例，并在列表后面的单独条款中进行解释。

范例 1：维修性与可靠性成反比。

范例 2：维修性与测试性、预测和健康监测（PHM）成正比。

范例 3：争取歧义组（模糊组）不超过 3 个。

范例 4：从计划维修转到基于状态的维修（CBM）。

范例 5:将人类视为维护者。

范例 6:模块化加速修复。

范例 7:基于维修性的维修停机时间预测。

范例 8:了解维修性需求。

范例 9:基于数据的维修性。

1.4.1　维修性与可靠性成反比

系统设计应在 DfMn 目的和可靠性目的设计之间取得良好平衡。随着可靠性的提高,维修性工作内容就会减少。随着更多系统或产品故障的发生,系统的计算可靠性下降,维修活动的数量增加。维修人员执行维修操作所花费的时间增加,增加了系统生命周期内的停机时间。

如果系统的可靠性为 100%,则无须维修,因为系统永远不会出现故障,所以执行维修的时间为零。想想 20 世纪 70 年代美国的 Maytag Repairman 广告。梅塔格电器修理工很无聊,从不接打电话。修理工很无聊,因为 Maytag 的设备从未出现故障,因此不需要维修。这则广告打了个比方,无聊的维修工意味着可靠的设备。由于这一广告,Maytag 家电在 20 世纪 70 年代成为美国最受欢迎的品牌之一。

1.4.2　维修性与测试性、预测和健康监测(PHM)成正比

嵌入式测试诊断、预测和健康监测功能在设备设计中越多,系统的测试能力越多,设备在发生故障后的维修和恢复服务就越快、越容易。随着故障检测和故障隔离百分比越高,设备电路和功能测试覆盖率越大,设备的维修性越好。

PHM 技术增强了系统的维修性、可靠性、可用性、安全性、效率和有效性。PHM 包括无线嵌入式传感器、预测分析、数据存储并通过综合后勤保障基础设施降低风险。

通过在嵌入式处理器中使用嵌入式传感器进行健康监测和预测分析,预测性维修的预测解决方案成为可能。PHM 是系统可靠性和安全性的推动者。我们需要创新工具来发现隐藏的问题,这些问题通常在罕见的事件中出现,例如在碰撞时气囊不展开。对于安全气囊设计,就需要进行一些头脑风暴,以解决诸如“安全气囊该打开的时候会打开吗?”“它会在错误的时间打开吗?系统会发出错误警告吗?”或者“在未知部件故障的情况下,系统是否具有故障保护功能?”

1.4.3　争取歧义组(模糊组)不超过 3 个

歧义组是由手动或自动测试程序确定的产品或项目的可能子组件的数量,

即可能包含故障硬件或软件组件。修复性维修活动应包括拆除和更换任务,歧义组不超过 3 个组件或部件。在故障排除原因并进行故障定位和隔离时,故障模式不总是导致所观察到的故障症状的单一因素。很多时候,故障诊断人员无法确定故障原因是系统或产品中的一个或多个组件或部件造成的。为了加快故障排除过程,故障排除人员将一次拆卸和更换多个组件或部件,以快速恢复系统或产品的功能,使其重新投入使用。这种一次拆卸和更换多个组件或部件的方法称为“猎枪射击”。更换的每个产品都是导致故障的潜在原因。由于故障症状的模糊性,在排故过程中,故障诊断人员需要查找多种故障原因。必须更换的组件或零部件的数量决定了歧义组的大小。歧义组中的部件或组件很多时,由于可能只有一个部件或组件导致出现问题,但维修人员不想花时间依次移除和更换每个组件,而是一次全部更换以节省时间。

1.4.4 从计划维修转到基于状态的维修(CBM)

预防性维修活动应从计划维修任务转移到 CBM。当需要维修人员执行某些任务以防止任务关键型故障时,基于时间的维修便于规划,但与 CBM 相比,它成本更高,导致更多的材料浪费。仅当设备需要时,基于老化和失效物理(PoF)模型确定的材料物理磨损和退化、环境应力条件以及嵌入式传感器确定的参数化设计特性测量,才执行 CBM。CBM 还可包括 PHM 技术。

1.4.5 人是维修的主体

在系统或产品设计和开发过程中,设计师应该想象一个人将如何与系统或产品交互以操作它或执行维修任务。设计师应始终考虑负责维修或更换设备的人员的能力和限制。设计者应考虑可达性、组件重量、连接器位置、操作环境和技术复杂性。设计师还应考虑维修人员在现场可能遇到的不同环境,比如需要穿着笨重的限制性服装抵御寒冷和恶劣天气。

应制定全面的维修培训计划,包括系统的所有人机界面,以供操作(使用)人员和维修人员使用各种功能。制定一个完整的操作人员和维修人员认证培训计划不仅需要识别组件和子系统,还需要了解整个系统。许多培训计划仅侧重于子系统培训。发生这种情况时,意味着操作或维修设备的人员的认证受到限制。因此,操作和维修人员可能没有意识到整个系统可能受到隐患的影响。例如,只有一个电源可能会对维修人员的工作产生负面影响。对于安全关键工作,冗余电源是一个很好的缓解措施。但是,如果所有电源都丢失(主电源、次电源和应急电源),则整个系统将无法工作,直到进行了校正。必须开发场景,为教师和学生提供对整个系统的现实理解,以及如何保护人们免受伤害[1]。

维修培训代表了一种主要的降低风险的方法,用于因对复杂系统进行维修而导致的事故和人为故障。必须提供系统的培训,以便在任何时候和所有可能的情况下正确操作和维修系统。

1.4.6 模块化加速维修

通常,系统设计规范中没有足够的模块化要求。规范要求需要充分详细地说明互操作性功能,尤其是内部系统机械和电气接口、外部系统接口、用户 - 硬件接口和用户 - 软件接口。

设备的模块化设计和结构简化了维护和维修。模块化最大限度地减少了在系统上进行维修的人机交互的数量和持续时间,这最终对系统可靠性、安全性、可测试性、可用性和后勤有积极影响。插入式、易于拆卸的电路板、零部件和组件成本合理,便于拆卸和更换。限制各种模块化组件的成本将有助于确保经济效益。

1.4.7 基于维修性的维修停机时间预测

正如可靠性工程预测故障可能发生的时间一样,维修性工程预测故障发生后系统停机等待维修的时间。维修性对拆除和维修活动进行预测分析,预测将系统恢复至完全运行所需的维修任务时间。从检测故障事件到最终测试和检查系统以验证全寿命功能的总时间,应是维修性工程的主要预测任务。总时间计算包含导致停机时间预测。这些预测的准确性对于任何维修概念和计划的成功至关重要。

主动维修的计划停机时间对于系统的平稳运行至关重要,但必须权衡。为主动或修复性维修而计划的停机时间过多会占用设备宝贵的运行时间。维修性工程师必须确定系统使用人员计划的维修时间的最佳分配,该时间与系统状态和客户执行任务的需求相平衡,在降低任务关键故障概率方面具有最大的回报。

1.4.8 了解维修性要求

设计师应该在系统设计和开发的早期阶段花费大量时间来生成和分析系统需求。这是为了避免以后在开发产品中出现系统故障的可能性。大多数系统故障源于规范中的不足或缺失功能需求。当一个系统由于不足或缺少的需求而失效时,它被称为需求缺陷。大多数需求缺陷的原因是不完整、不明确和定义不当的规范。这些需求缺陷导致产品中昂贵的后期工程变更,在产品需求开发阶段之后,在长时间的开发过程中一次添加一个新需求。这种冗长的需求变更被称为“范围蠕变”。通常,由于开发产品在向生产过渡过程中已经延迟,或者设计资源不可用于实现新功能,则无法进行稳健的设计需求变更[1]。

维修级别分析(LORA)为理解和分析维修需求提供了一种逻辑手段,必须在设计过程的早期生成和分析系统或产品需求时进行。最小化生命周期成本不仅仅涉及设计,还需要一种整体的方法来规划和准备资产。拥有正确的技能集,知道哪些技能和活动需要外包,以及拥有正确的工具,对于最小化计划内停机时间和维修成本至关重要。LORA 对于预先了解维修需求和规划维修需求至关重要。

1.4.9 基于数据的维修性

为了提供有效的维修,必须向维修人员提供正确的数据和信息。数据通常分为 2 类:设计数据;维修任务时间数据。设计数据是与系统运行相关的技术数据,或者是与描述设计如何失效的相关开发过程中的数据,例如故障模式和影响分析(FMEA)。维修任务时间数据使用基于经验或历史的证据来支持预计执行每个单独维修任务的时间。必须执行重复维修使用的次数和执行该维修任务的概率基于从可靠性分析中提取的故障发生概率。

原始设备制造商往往得不到供应商提供的必要设计数据。供应商需要提供包括装配图、零件清单、材料清单(BOM)、竣工图和操作手册在内的技术数据包,但由于多种原因,供应商未提供设计数据以支持维修性分析。此外,组织需要确保以适合维修人员使用的电子格式提供供应商的所有技术数据。这可能包括完整的零件清单和 BOM 表,以及经批准的分类法描述的部件和材料。

注:本文引用的这些范例在本书的整个过程中都被引用。表 1.1 提供了本书中各种范例的定位指南。

表 1.1 范例在各章节中的布局

范例序号	1	2	3	4	5	6	7	8	9	10	11	12	13	14	15	16	17
1	√			√										√	√		
2	√	√					√	√	√				√				
3								√				√	√				
4	√							√	√							√	√
5	√		√	√	√	√				√		√					√
6	√				√						√						√
7	√					√	√		√						√		√
8	√	√	√	√	√					√						√	
9	√	√	√			√	√				√	√		√	√	√	√

注:1—维修性与可靠性成反比;2—维修性与测试性、预测和健康监测(PHM)成正比;3—争取歧义组不超过 3 个;4—从计划维修转到基于状态的维修;5—将人类视为维护者;6—模块化加速维修;7—基于维修性的维修停机时间预测;8—了解维修性要求;9—基于数据的维修性

1.5 小　结

总之,这些 DfMn 范例帮助设计师在正确的时间做正确的事情,以避免不必要的维修操作,防止造成过度停机,使现场的用户和维修人员受益,并有助于降低整个系统或产品生命周期的总拥有成本。

通过实施早期的 DfMn 行动,包括本书中描述的各种维修性任务和分析,同时使用9种范例并早期纳入稳健的设计流程,设计师将为客户创造一个成功的设计,在设计生命周期内具有潜在的巨大投资回报(ROI)。与毫无目标的投资成本相比,DfMn 的投资回报率高达1000%。

本书所示的范例为读者提供了实现维修性设计的方法。当向客户发布维修设计时,以本书为指导,经过充分的准备和深思熟虑,结果将是一个易于维修且经济的设计,并保证客户满意。

参考文献

1. Gullo, L. J. and Dixon, J. (2018). Design for Safety. Hoboken, NJ: Wiley.
2. US Department of Defense(1997). Designing and Developing Maintainable Products and Systems MIL – HDBK – 470A, 1. Washington, DC: Department of Defense.
3. Schenkelberg, F. (n. d.). 8 Factors of Design for Maintainability. Accendo Reliability. https://accendoreliability.com/8 – factors – of – design – for – maintainability(accessed 10 August 2020).
4. Raheja, D. and Gullo, L. J. (2012). Design for Reliability. Hoboken, NJ: Wiley.

第2章 维修性历史

Louis J. Gullo

2.1 导 言

本章探讨了维修性和维修工程的历史、定义以及将维修性作为一门重要工程学科的关键标准。然而,在深入研究这个主题之前,让我们先考虑一下这些词的含义以及它们是如何派生出来的。维修性和维修植根于动词"maintain",意思是继续、保留、保持存在、保持适当或良好的状态。这个词来源于古法语单词"maintenir",它来源于中世纪拉丁语单词"manutenere",意思是"握在手中"。因此,维修性意味着某人有能力采取一种或多种特定类型的行动,以确保继续使用某物或使某物保持良好的工作状态。此外,维修是为确保持续使用预期可维修的东西而采取的行动。

2.2 早期历史

历史记录多种有关古代文明中人们分步骤修理他们用于日常工作的工具和设备。其中一些步骤至今仍在延续。例如,早在公元前3000年,甚至更早的时候,就有了金属刀、锯子或凿子。如今,刀具需要磨得更快,电子磨刀器使磨刀变得简单快捷。想象一下数千年前甚至数百万年前磨刀的难度。考古学证据表明,在250万年前,古代人类使用了石器。石头被制成锋利的形状,充当切割工具和箭头。根据易磨性,从周围环境中选择石头作为刀具,但随着时间的推移,石头易碎且易于损坏。9000多年前,人们开始使用金属。金属工具在耐久性和锋利性方面优于石器工具。

在古埃及,纸莎草卷轴记录了熟练石匠在建造吉萨大金字塔时所做的工作。古埃及石匠用铜凿和木槌采石并雕刻用于建造金字塔和其他美丽建筑的石块。石匠的工具,如金属凿子和楔子,在不断锤击石块时会积累高应力,其锋利的边缘会随着持续使用而磨损。这意味着刀具在使用一段时期后需(例如,每小时或每天)进行维修,以恢复锐利边缘,从而有效使用工具。工匠和铁匠从石匠那里获得专门的金属工具,磨锐边缘,并以"如新"的状态将工具归还石匠。金属工具可以一次又一次地被使用,直到它们无法修复而被丢弃。

公元前 3500 年发明了左右双轮车,在早期的埃及、希腊和罗马时代,手推车、战车和马车得到了广泛的使用。这些文明中的马车夫们意识到,当车轮摇晃或从车轴上脱臼时,战车或马车不应被废弃。对应的修车工具和程序被这些车工开发,以便在车轮发生故障时轻松更换。随着时间的推移,人们对车轴设计进行了修改,以减少轮毂上的摩擦,并便于拆卸和更换。图 2.1 显示了苏美尔人根据“乌尔标准”(约公元前 2500 年)制造的弩炮手推车。

图 2.1 早期苏美尔人根据乌尔标准制造的弩炮手推车
(资料来源:匿名,http://www.alexandriarchive。org/opencontext/iraq_ghf/ur_standard/ur_ standard_8.jpg。知识共享 CC0 许可证)

尽管人类从一开始就感觉到需要维修他们的设备,但现代维修工程的开始可能被认为是 1769 年英国詹姆斯·瓦特(1736—1819 年)发明的蒸汽机。在美国,杂志厂首次出现于 1882 年,其在维修领域的发展中发挥了关键作用。1886 年,出版了一本关于铁路维修的书[1]。

2.3 维修性与维修工程的区别

维修性作为一门工程学科首次出现在 20 世纪 60 年代的军用标准文件中。正是在这一时期,维修性得到了认可,并成为系统和产品工程开发的主流。经过多年的工程开发过程演变,实现了这一里程碑。维修性工程的发展始于第一个维修性标准制定前约 60 年。

1968 年 6 月发布的国防部(DoD)指令 4151.12[2] 中定义了维修工程,该指令标题为“国防部维修工程政策”。正如国防部指令 4151.12 中定义的,维修工程是指设备的维修活动,包括方案开发、方案和采办阶段的标准和技术要求生成,并在作战应用阶段保持规定状态,以确保及时、充分和经济地为武器和装备提供维修保障。

虽然国防部指令 4151.12 于 1968 年生效,但最近的国防部指令 5000.40[3]在定义维修工程目标以及对应的维修性措施方面更为具体。它将可靠性和维修性(R&M)工程定义为“通过一组设计、开发和制造任务获得产品的 R&M”,维修性是指“当具有特定技能水平的人员使用规定的程序和资源在每个规定的维修类别和维修级别下进行维修时,物品保持在或恢复到指定状态的能力”。它扩展了 R&M 活动的总体目标,指出维修性工程“应减少维修和维修时间、每次预防性和修复性维修行为所需的任务数量以及对专用工具和测试设备的需求”[4]。维修性工程和维修工程紧密相连,但它们有很大的不同。

2.4 早期的维修性参考

维修性可追溯到 1901 年,当时美国陆军通信兵团签订了莱特兄弟飞机开发合同。在本合同中,它规定飞机应“易于操作和维修”[1]。一些人认为维修性作为一门工程学科始于第二次世界大战(约 1939—1945 年),另一些人认为它始于 20 世纪 50 年代,当时各种类型的工程工作直接或间接地关注维修性。其中一个例子是 1956 年由美国空军(USAF)出版的 12 篇系列文章,发表在题为《机器设计》的期刊上。“预防性维修”一词在 20 世纪 50 年代就有了明确的定义。术语“维修性”于 1964 年在 MIL - STD - 778[5]中定义并记录,其中指出:“维修性是设计和安装的一个特征,表示为当按照规定的程序和资源执行维修行为时,一个产品在给定时间内符合规定条件的概率。”

早期发表的关于维修性的文章涵盖了该主题中的一般和特定主题。其中一些文章包括以下主题[6]:

(1)电子设备的维修性设计;

(2)通过将电子设备分为单元、组件和子组件实现硬件模块化的设计建议;

(3)盖子和外壳的设计;

(4)线束、电缆和连接器的设计;

(5)电子设备中硬件部件的维修可达性设计建议;

(6)测试点的设计建议;

(7)维修控制的设计;

(8)设计视觉显示时要考虑的因素;

(9)设备安装设计;

(10)考虑维修保障设备,如测试设备,实物模型和工具;

(11)准备维修程序的系统方法;

(12)介绍维修说明的方法。

2.4.1 第一个维修性标准

美国空军发起了一项有效开发系统维修性方法的计划,该计划于1959年发布,制定了维修性规范 MIL - M - 26512,标题为"航空航天维修性计划要求"[1,7]。该军用规范引用了军用系统的维修性要求。该规范产生了3个与维修性主题相关的军用标准,以支持系统级维修性需求的建立。这3个军用标准文件是 MIL - STD - 470、MIL - STD - 471 和 MIL - HDBK - 472。MIL - STD - 470[8]是名为"维修性计划要求"的军用标准。标题为"维修性演示"的 MIL - STD - 471[9]提供了验证 MIL - M - 26512、MIL - STD - 470 和其他相关规范规定的维修性要求的方法。军用直升机 HD BK - 472 型直升机[10]是名为维修性预计的军用手册,该手册为维修性技术提供了指南,确保符合 MIL - M - 26512 规定的维修性要求[7]和测试前正确设计出其他军用标准。这3份文件[8-10]由美国国防部1966年发表。

1957年第一本关于维修工程的商业书籍出版——《维修工程手册》[11]。1960年,第一本关于维修性的商业书籍出版——《电子产品维修性》[12]。

2.4.2 MIL - STD - 470 简介

军用标准470(MIL - STD - 470)[8]包含了执行维修性计划的要求。MIL - STD - 470 是一份三军协调文件,意味着美国陆军、海军和空军的代表共同创建和发布该标准。MIL - STD - 470 替代了3个军种之间拥有的7份单独的维修性相关文件。正如本标准前文所述,MIL - STD - 470 的目的是"通过国防部采购的标准项目要求建立维修性项目"。MIL - STD - 470 接着指出,所达到的维修性程度是2个因素的函数:"施加的合同要求和注重管理"[8]。MIL - STD - 470 旨在适用于所有军事系统和设备,其中维修性计划是适当的。如果根据国防部指令3200.6中规定的重大工程开发和作战系统开发的预期,认为维修性计划适用于军事系统,则系统尺寸和类型的相关维修性要求将包含在采办合同文件中,包括招标书(RFP),使用需求文件(ORD)、顶层系统规范和工作说明书(SOW)。

随着 MIL - STD - 470 的创建,所有美国国防部可修复系统军事项目采购均会受到影响并确保:①制定和使用适当的政府、承包商和客户维修管理程序;②利用最新的政府和行业技术以及分析技术,在系统的整个生命周期内优化维修程序;③将维修性与其他工程学科和后勤保障职能相结合。如果这3个重点领域得到有效结合,军事项目的维修性任务将确保高度的置信度,即所有维修性相关任务要求都是可实现的。

表2.1是按照 MIL - STD - 470 中规定的顺序列出的详细维修性计划要求

的概要。该概要是维修性项目的原始路线图。表2.1显示了客户可能期望其承包商提供的维修性计划的离散任务要求。客户可要求其承包商在维修性项目计划(MPP)中,将这些维修性任务要求分解为单独的详细说明。承包商的维修性计划应参考客户的合同文件,并提供一份任务计划表,其中包含在工程开发或操作系统开发计划过程中规划的维修学工程活动的逻辑顺序。

表2.1　MIL－STD－470中的维修性规划大纲[8]

任务编号	维修性计划任务标题
1	维修性计划
2	维修性分析
3	维修性输入
4	维修性设计标准
5	维修性权衡研究
6	维修性预计
7	供应商管理
8	集成
9	维修性设计审查
10	维修性数据系统
11	维修性演示验证
12	维修性状态报告

MIL－STD－470要求MPP至少包括以下内容:

(1)采办项目任务(使用表2.1中的任务列表作为指导);

(2)责任;

(3)重大维修性采办项目里程碑;

(4)时间安排;

(5)通信;

(6)接口;

(7)技术。

2.5　原始维修性计划路线图

表2.1中列出的每个维修性计划任务将在接下来的12节中详细描述。

2.5.1　任务1:维修性计划

MPP是系统或设备承包商在客户指定定量维修性要求以及系统或设备总

体任务要求后，所有项目执行的第一项任务。这项任务由承包商完成，通常在承包商的建议书中包含初步 MPP，以响应客户的 RFP。MPP 的目的是让承包商尽可能详细地描述其计划如何实施维修性计划，以满足定量维修性要求[13]。承包商的 MPP 应确定并定义承包商为完成表 2.1 所示计划的所有任务而打算完成的所有步骤，以及 MIL－STD－470 要求的所有内容和相关信息。如果承包商在其建议书中提供了初步 MPP，在项目的合同要求定义和开发阶段，承包商期望扩展和修改 MPP，以创建在整个开发项目生命周期内指导承包商的 MPP。第 3 章提供了有关 MPP 的更多详细信息。

2.5.2　任务 2：维修性分析

维修性分析作为一项任务，可以用不同的方式进行解释。根据行业或政府的观点，维修性分析功能可分别以工程、后勤为重点，或将两者结合执行，其中工程和后勤在项目的系统或设备开发阶段具有同等的重要性。过去一直存在一些问题，涉及行业和政府在维修性分析与维修分析以及维修性学科的工程与后勤职能方面的语义差异。一些组织认为术语“维修性分析”和“维修分析”是同义词，并且将这些功能完全集成到他们的组织中。一些组织认为，一项任务是另一项任务的延伸，而维修分析与后勤职能相关，后勤职能涉及维修效能所涉及的所有资源，不仅仅是由承包商和设计机构控制的资源[13]。为了成功实现采办项目的维修性要求，必须认识到工程和后勤职能在维修性分析中的作用。MIL－STD－470 要求承包商定义维修性计划、设计工程组织和后勤保障组织之间的接口。

维修性分析任务涉及生成定量维修性度量，该度量是估计或测量的维修任务时间的函数。维修性分析将确定用户或维修人员在现场需要执行的每项维修任务。每个维修任务将分解为离散的维修行动，并为其分配时间值。这些维修行动时间中的每一个都将被总结为所需任何特定维修任务的总维修任务时间。定量维修性指标，如平均维修时间（MTTR），将根据离散维修任务时间的分布确定。这些维修性指标将分配给设计规范中系统/设备所有重要功能级别的维修性任务需求。MPP 将定义开发项目期间采用的维修性分配技术。维修性分析任务是一个迭代过程，其结果是初步的维修性分配，随后的分配使用细化的数据，将度量发展到成熟的程度，并在设计需求文件中明确。进一步的维修性分析将在过程中进行，以完成维修性权衡研究和预测。设计应随着维修性分析过程的进行而发展，直至确定并标准化维修概念。

2.5.3　任务 3：维修性输入

为了维修性设计的迭代分析，需从多个工程来源和接口收集数据。在数据收集过程的早期阶段，数据可能是原始数据，但随着时间的推移，数据会被分析、过滤并简化为可立即用于维修目的的数据分组。这些数据被提供作为维修任务准备和维修计划过程的输入。其中一些是输入数据[13]：

（1）承包商和政府概念阶段研究；

（2）设计工程报告；

（3）人员、技能、工具和成本方面的客户资源和约束；

（4）使用和保障方案；

（5）预计设施和保障设备可用性；

（6）定量维修性要求和其他影响维修性的任务要求。

这些输入转化为详细的定量和定性需求，成为维修性指标分配、维修性设计标准和维修性特征设计的依据，并纳入系统和设备设计规范。这些数据主要作为详细维修方案和详细维修计划的输入。维修概念从客户的广泛陈述开始。在数据收集和维修性分析过程中，承包商对其进行了更详细的定义，直到维修方案基线化并在控制文件中发布。当维修方案基线化时，编制详细的维修计划。

详细维修计划随着硬件和软件的设计和发布而演变，以满足系统/设备的功能要求。随着硬件和软件的发布和测试，更多的数据可用于维修性分析。这些数据最初只关注现场应用中要执行的每个维修任务的时间参数，并为其提供分析依据，后续数据关注范围会扩大，包括维修所需的额外资源，如执行维修任务所需的人员数量、基于培训和经验的维修人员技能水平，维修和储存设施的容量和能力，以及工具和保障设备的可用性。这些数据不仅用于维修性分析任务，还用于完成维修计划。作为闭环过程的一部分，维修性数据用于准备和完成维修方案、维修性分析和维修计划的相互依赖的工作。数据集更改对其中一项任务产生影响，将以相同的方式影响所有三项任务。因此，当数据集发生变化时，受数据影响的各方之间必须进行密切合作并实现数据的无缝流动。

2.5.4 任务4：维修性设计标准

维修性设计标准用于存在可用选项时分析不同的设计选项，以便在设计决策时选择最优选项。作为不断完善的定量维修性分配是维修性分析的最终迭代结果，维修性设计标准将在开发项目的过程中生成和调整。这些维修性设计标准基于维修性准则实施，这些原则起初可能是通用维修性的设计准则，但后来成为针对采办项目特殊需要而定制的特定设计标准和原则。早期维修性设计标准和指南可适用于军事系统和设备研发行业，包括 MIL－STD－803（三卷），《航空航天系统和设备的人体工程学设计标准》[14]；ASD TR 61－381，《机械设备维修性设计指南》[15]；ASD TR 61－424，《集成系统维修性设计指南》[16]；NA VSHIPS 94324，《维修性设计标准手册》[17]。

2.5.5 任务5:维修性权衡研究

当存在解决工程设计问题或设计新系统/设备的多个选项时,维修性分析可能需要进行设计权衡研究。维修性设计标准用于分析不同的设计方案,以供设计权衡研究参考。维修性权衡研究包括创建决策矩阵,将设计标准与行动方案或设计选项进行比较。设计标准可以包括定量的维修性指标,例如预测的MTTR、执行维修操作的时间或执行维修的成本。通常,设计标准在决策矩阵中进行两两比较加权,以赋权重最高的标准为优。当选择了设计选项或行动方案时,这些设计标准最终成为维修性设计特征,并纳入系统和设备设计规范。

2.5.6 任务6:维修性预计

维修性预计是必要的,以便在维修性权衡研究之后,对选定的设计方案给予确定。该预计为客户提供了保证,即定量维修性要求将在一定程度的置信度下得到满足。如果预计结果表明无法满足维修性要求,则预计将提供改进建议,说明在开发项目期间需要进行哪些设计更改,以纠正这种情况并确保项目成功。维修性预计是对定量维修性分配的评估,类似于维修性分析,以确保橡胶满足道路要求(客户使用系统或设备时的俚语)。MIL-HDBK-472[10]是进行维修性预计的标准方法。将维修性预计结果与维修性演示(M-Demo)结果进行比较,以进一步确保在设计成熟并准备部署时满足维修性要求。"本标准允许采购活动指定特定技术的使用或提供MIL-HDBK-472中技术的替代方案,以供承包商选择。进一步规定,当承包商认为需要时,可提议使用MIL-HDBK-472中未包含的技术。在任何情况下,采购活动将指定或行使对所使用技术的批准权"[13]。

2.5.7 任务7:供应商控制

一旦完成所有维修性分析、预计、设计标准、权衡研究、维修方案和维修计划,就必须生成定量和定性维修性需求,并将其传递给所有硬件和软件项目承包商、供应商和分包商。必须编写这些要求,以便承包商、供应商和分包商能够验证其是否满足要求,并证明符合要求。MIL-STD-471是所有供应商验证其维修性要求的最佳参考。如果维修性需求流向供应商,则维修性工程师必须参与制定所有规范、SOWS和合同文件。维修性工程师还必须通过审查供应商的分析和测试报告,参与验证和遵守这些要求。

2.5.8 任务8:集成

为了获得成功,维修性必须与其他工程学科、业务运营和后勤保障职能集成设计。所有功能(包括工程和业务)之间的通信和数据交换将使系统/设备及其所有组成部分能够在生命周期内正确设计和集成,以造福于客户。维修性工程师必须理解,集成是系统设计的不同部分(如电子部件和机械组件)之间的连接,以使它们能够正确地协同工作。集成也是不同业务部门之间的连接,比如商业组织和后勤保障机构,使他们能够为项目和最终用户的利益高效地共同工作。

将所有组件、部件、软件、设备[包括政府提供设备(GFE)和承包商提供设备(CSE)]和子系统集成到系统或体系(SOS)中是一项挑战,其复杂程度取决于系统的规模以及硬件和软件承包商、供应商和分包商的数量。正如系统硬件和软件接口或设计元素之间的联系的强度只取决于它们最薄弱的环节一样,业务方面也是如此。单个链路系统中的任何故障都会导致系统故障。应考虑集成接口和链接应如何工作,如果可能出现故障,应如何维修它们以防止故障出现或者修复故障。

对于集成链中的每个链接,在系统开发和部署后必须有一种方法来维修该链接。该集成链涉及在开发过程中建立接口,包括但不限于电气硬件设计接口、机械硬件设计接口和软件设计接口、客户—用户社区接口(操作和物流)以及供应链接口。显然,电气、机械和软件设计接口对于系统设计集成非常重要,这需要在开发过程中尽早从维修性中获得输入。对于系统集成商不控制的接口,系统和设备开发商应从系统集成链中的子系统或项目的采购活动中请求维修性参数值。采购活动中的这些维修性参数值必须包含在任务 3 讨论的数据中,并按照任务 2 中讨论的内容进行分析,以得出系统中其他项目的维修性参数值。如果所需的维修性参数值不可用,签约系统或 SOS 开发人员必须估计维修性参数值,作为维修性分析的输入,以开发集成链中每个环节的所有维修性分配和需求。

除了开发过程中的系统设计集成外,与项目的业务、运营、物流和供应链方面相关的集成链中也必须涉及维修性。维修性应与采购人员集成,以确保零件和组件的不间断供应,以保障现场应用服务的维修和备件。有效的供应链整合是必要的,以确保在执行维修行动时持续供应必要和可靠的部件和组件,补充现场供应库存。供应减少可能会导致组织从危险来源采购部件和组件,从而将劣质或假冒部件和组件引入其供应线和库存,甚至导致国家安全问题。“将几乎无法控制的承包商项目集成到系统中是当今面临的更麻烦的合同或系统管理问题之一。及早发现问题并在相关机构之间进行良好沟通可以减轻其总体影响”[13]。

2.5.9 任务 9:维修性设计审查

大多数项目进行设计评审,需保持对系统或设备开发的全过程中设计的控制。这些评审可以是涉及客户的正式评审,也可以是非正式的内部承包商评审,从而确定开发工作的状态,并确保所有任务都按照项目进度表和成本预算顺利完成。在每次设计审查期间,应适当考虑维修性要求。它依赖于客户和承包商管理层,期望对维修性状态进行审查,并在完工前保持跟踪。负责实施和执行维修性计划的承包商组织工程和后勤保障人员必须出席每次设计审查,并向管理层提供维修性项目状态。“除了定期审查外,还需要在发布生产图纸和规范之前进行最终审查。这些审查是重要的内容,为确保设计中包含可维修性提供了机会。它们代表了维修性计划的一个主要保证方面”[13]。

范例8:了解维修性需求

2.5.10 任务10:维修性数据系统

必须建立综合数据收集、分析和纠正措施系统,确保每个项目的成功。如任务3所述,需要收集维修性数据,并将其用作维修性分析的输入,以及用于其他目的,以支持所需的开发过程。必须在综合数据系统中说明数据的谱系。这样,如果对数据的合法性或准确性有任何疑问,可以轻松确定数据源并快速提供答案以解决问题。维修性数据库的设计必须防止不良数据的输入,并避免“垃圾输入、垃圾输出”。维修性数据可以存储在与可靠性工程相同的数据收集系统中,称为故障报告、分析和纠正措施系统(FRACAS)。数据收集系统应与客户使用的其他数据系统兼容,以便为客户输入和检索数据提供最大效益。

范例9:基于数据的维修性

2.5.11 任务11:维修性演示验证

对于任何维修性要求,应进行充分的分析,从而支持在系统或设备设计的能力范围内满足要求,但这并不一定意味着要求得到验证和确认。维修性演示通常是验证和确认满足维修性要求的最佳手段。MIL-STD-471[9]是进行维修性演示的最佳参考。成功完成维修性演示后,承包商将证明其是否达到了维修性合同定量要求。

2.5.12 任务12:维修性状态报告

客户要求对某些项目的采购活动进行定期状态报告,以正确监控承包商的维修性项目活动,并提供反馈,从而建议在开发过程中进行纠正或调整。根据每个特定客户的参与情况,这些状态报告可以每月或每季度编写一次。在将每个状态报告发送给客户之前,承包商的项目工程管理层应对其进行审查。这些报告可以与其他系统采办项目状态报告相结合,并作为合同数据需求列表(CDRL)报告提交给客户。状态报告通常提供一个表格,总结截至该节点已确定的维修性参数,如分配的、预计的和观察到的维修指标。"此外,报告应提供对趋势、遇到或预期的问题以及采取或提议的行动的描述和图形处理。状态报告将是承包商的维修性小组和采购活动维修性监督员之间信息和沟通的主要官方来源,并应按此进行处理"[13]。

2.6 1966—1978 年间的维修性演变

在3份军用标准文件 MIL - STD - 470、MIL - STD - 471 和 MIL - HDBK - 472 首次发布后,电子元件和计算机行业的技术迅速发展,影响零售、消费、商业、工业、航空航天和军事市场。1966—1978 年间,维修性工程学科的发展与技术进步保持一致。

1973—1975 年,为跟上电子系统行业的最新技术发展,MIL - STD - 471 经历了几次变化。1973 年 3 月,MIL - STD - 471A[18]发布了第一组变更,其依据是美国空军罗马航空发展中心(RADC)保障各种新设备的维修性要求的研究结果。MIL - STD - 473 于 1971 年 5 月发布,是 MIL - STD - 471 航空航天系统和设备的特例。大约 7 年后,MIL - STD - 471A 取代了 1966 年 2 月发布的 MIL - STD - 471。1973 年 4 月,MIL - ST - 473 被取消,2 年后又被 MIL - STD - 471A 通知取代。MIL - STD - 471A 通告 1 于 1975 年 1 月发布,其中包括标题从维修性演示更改为维修性验证/演示/评估。"通告 1 增加了四项平均/百分位组合测试和预防性维修演示测试"[6]。1978 年,MIL - STD - 471A 第 2 号通知中加入了一项新的内容。该变更描述了维修性演示中的可测试性设计特征,以及适用于可测试性验证测试方法的分布函数和置信区间。此外,泊松分布被引用为评估误报率的计时方法。新增加内容作为 MIL - STD - 471A 的附录发布,标题为"设备/系统内置测试/外部测试/故障隔离/可测试性属性和要求的演示和评估"。这一变化反映了美国海军的新举措。"海军电子实验室中心于 1976 年编制了一份内置测试设计指南;海军航空电子设施公司于 1977 年赞助了一项标准 BIT 电路研究;联合后勤指挥官(JLC)于 1978 年成立了一个 JLC 自动化测试小组,来协调和指导联合军种自动化测试计划;海军和罗马航空发展中心(RADC)1979年发布了钻头设计指南"[6]。

在同一时期,进行了研究,以评估维修性预测技术。"产生的方法使用了故障模式矩阵,将系统故障特征与其故障信号联系起来。在回归分析中使用了若干熵度量开发后续预测方程。尽管这些方法未正式纳入MIL-STD预测方法,但它们确实预示了下一代系统中需要的预测技术分析类型。"[6]

2.7 1978—1997年间的改进

到20世纪70年代末,大量维修性设计分析、预测和测试程序和工具已被开发出来,并用于电子设计。与20世纪50年代相比,维修性已成为一门成熟的学科,可以进行调整和发展,从而满足电子设备持续发展技术的一部分需求[6]。

MIL-STD-470于1983年1月被MIL-STD-470A[19]《系统和设备维修性计划》取代。本次修订是对原始文件的实质性扩展。MIL-STD-470A中的变更包括各种维修性计划要素和任务的详细描述。MIL-STD-470A规定了客户必须按照要求向其承包商提供的具体细节。MIL-STD-470A还提供了附加指南,其中包含一个全面的附录,供客户或承包商用于根据采办项目特定需求调整维修性采办项目要求。

MIL-STD-470B[20]于1989年5月发布。它提供了更多类型的定量维修性要求。这些参数是系统的平均修复时间(MTTR)、恢复功能的任务时间(MT-TRF)、每次维修活动的直接工时(DMH/MA)、保障单位工作时间(MTUT)所需的平均设备修复性维修时间(MR)、平均服务时间(MTTS)、平均预防性维修间隔时间(MTBPM)和平均预防性维修时间(MPMT)、故障检测概率、故障隔离比例,以及重新配置时间。MIL-STD-470B还将这些参数分类为期望值和最坏情况需求值。

MIL-STD-471A[18]在1978—1983年未发生变化。1995年6月,MIL-STD-471A重新发行并指定为MIL-HDBK-471,然后立即取消。后来于1997年8月被MIL-HDBK-470A取代。

随着MIL-HDBK-472的发布,MIL-HDBK-472在1984年1月发生了变化。注意事项1包括了一种新的维修性预计技术,它有2种方法。第一种方法是在开发的早期阶段,当只有粗略的初步设计数据可用时,将其应用于新设计概念或模型的快速估算程序。第二种方法是一种详细的程序,当详细设计和保障性分析数据可用时,将其应用于开发过程后期创建的更成熟的设计。"详细程序包括分析系统故障模式,以将其与潜在故障候选关联"[6]。

1981年,RADC赞助了一份关于加利福尼亚州富勒顿休斯飞机公司进行的维修性预计和分析研究[21]结果的报告,该报告提供了完整详细的维修度预测程序。该研究旨在提供一种更面向工程的维修性预测方法,与当前的军用标准程序相比,该方法更为复杂,成本更低。新的维修性预测方法涉及更精确的分析和权衡过程,该过程直接量化了为满足维修性需求由测试设备需求驱动的故障诊断和隔离能力的益处。IEEE 可靠性协会 1981 年发表的一篇论文,题为"现代维修性预测技术"[22],提供了维修性预计程序的总结版本,包括 2 种新方法。

到了 20 世纪 80 年代,为保证增加功能,集成电路(IC)已经达到了显著的组件密度和复杂性,尺寸、重量和成本都有所降低,从而支持了从组件级设计到系统级设计的维修性设计改进。IC 芯片包括用于嵌入式诊断的硬件和软件,用于执行功能测试、故障检测、电子系统健康监测以及用于统计趋势分析的关键电路性能参数测量。从嵌入式诊断中收集的数据可以从嵌入式内存和数据存储设备中存储和检索,用于进一步深入的数据监控、分析和记录的目的。维修性工程师现在能够规划维修使用,在现场环境中定期实施系统内置测试(BIT)程序,从而利用 IC 嵌入式诊断能力来确定系统健康状态,并提醒使用人员和维修人员需采取修复性维修或预防性维修行为,进而避免应用任务场景中的关键型故障发生。

2.8 测试性简介

到 1978 年,为制定电子系统和设备测试性说明和演示指南,RADC 已经进行了几项研究。RADC 指南包括如何制定和演示测试性,以及如何进行涉及测试性的设计和成本权衡研究,如 RADC TR-79-309《BIT/外部测试度和演示技术》和 RADC TR-79-327《目标印刷电路板可测试性设计指南和评级系统》[6,23-24]。RADC 于 1982 年出版了"测试性笔记"[6,25],其中包含了前几年的测试性研究结果。此后不久,又发表了测试性分析程序[6,26],讨论了政府机构的运筹研究分支的分析技术,这些研究可能在未来成为测试性应用。1983 年,作为国防分析研究所(IDA)/国防部长办公室 R&M 研究的一部分,发布了测试技术工作组报告,确定该领域的高回报行动[6,27]。20 世纪 80 年代初,在测试性领域进行了更多的研究,通过减少保障问题和增强系统部署性方面获得回报。如 IEEE AUTOTESTCON 上 ARINC 研究公司的系统测试性和维修计划(STAMP)会议论文所述,1982 年 10 月,实现了测试性和维修性的集成[6,28]。STAMP 是一种测试性设计和故障诊断系统建模工具,使用一阶测试点和组件相关性作为输入,生成高阶相关性及其含义。STAMP 允许通过自动识别组件模糊组、冗余和不必要的测试点以及反馈回路进行测试性评估。

范例2:维修性与测试性、预测和健康监测(PHM)成正比

2.9 人工智能介绍

与传统手动维修技术相比,人工智能(AI)在维修技术的自动化方面提供了大量改进。人工智能在现代军事系统中无处不在,这些系统需要使用各种自动化维修工具执行广泛的维修程序。这些技术可以包括自然语言处理、数据库推理检索、组合/调度问题、机器感知、专家咨询系统和机器人技术。1983年,作为IDA/OSD R&M研究的一部分,发布了“人工智能应用于维修技术工作组报告”,以确定人工智能技术在国防部维修环境中的潜在应用[6,29]。人工智能应用委员会的任务是检查将人工智能应用于维修的机会,评估所需的成本、风险和开发时间,并向国防部提出行动建议。委员会的建议是利用当前技术的成熟度,为高优先级维修系统应用创建维修专家系统,为特定领域培养通用的维修专家,为培养维修专家创建自动创建系统特定数据的工具,开发智能BIT系统,从而降低误报率和提高BIT覆盖率,为维修应用人工智能研究提供资金。最后,通过一个三军工作组促进国防部-工业综合方法,来协调现有自动测试小组下的所有活动。人工智能的顶级关注始于20世纪80年代,一直持续到今天,随着新的自动化技术的发展和增长,人工智能的维修流程不断改进,直到它被认为足够成熟,可以应用于现代电子系统和设备为止。

2.10 MIL-HDBK-470A简介

MIL-STD-470B[20]于1995年6月重新发行,并被指定为MIL-HDBK-470。该版本几乎在同一个月内立即被取消,然后在1997年8月被MIL-HDBK-470A[30]取代。MIL-HD-470A分两卷发行。两卷都包含在一个电子文件中,可以从美国政府标准网站下载。MIL-HDBK-470A的标题是“设计和开发可维修的产品/系统,第1卷和第2卷”。MIL-HDBK-47A的第1卷是主要标准。第2卷是MIL-HDBK-470A的设计指南部分,也称为附录C。MIL-HDBK-47A第1卷附录B描述了取代MIL-STD-471A的维修性演示和测试方法。附录A为合同组织制定采办项目的维修性要求提供了指导。

与以前的手册不同,MIL-HDBK-470A只关注维修性,它反映了在整个系统工程工作中突出维修性的信息。本手册定义了维修性,描述了其与其他学科的关系,阐述了所有健全维修性计划的共同基本要素,描述了与这些要素相关的任务和活动,并为选择这些任务和活动提供了指导。表 2.2 提供了 MIL-HDBK-470 和 MIL-HDBK-470A 之间任务的交叉参考,以显示两个标准之间的差异和相似性。

由于维修性的多个方面以及相关学科的约束,MIL-HDBK-470A 在某些主题深度有限。表 2.3 总结了从 MIL-HDBK-470A[30] 中提取的关键主题的范围。

表 2.2 从 MIL-HDBK-470 到 MIL-HDBK-470A 中的共同资料

MIL-HDBK-470A 中的章节	MIL-HDBK-470 中的章节											
	101	102	103	104	201	202	203	204	205	206	207	301
4.2 管理方法	√	√	√									
4.3 Mt 的设计			√	√	√	√	√	√	√	√		
4.4.1 分析				√	√	√	√	√	√		√	
4.4.2 测试				√								√
4.5 数据收集和分析				√		√	√				√	
附录 B												√
附录 C										√		
附录 D					√		√					

任务集:101—项目计划;203—维修性预计;102—监控和控制分包商;204—故障模式和影响分析;103—项目评审;205—维修性分析;104—数据收集、分析、纠正措施;206—维修性设计标准;201—维修性建模;207—维修计划和 LSA 输入;202—维修性分配;301—维修性和测试性演示

表 2.3 MIL-HDBK-470A 中的关键主题范围

主题	论域范围
可用性和完好性	基本概念,维修性的影响
生命周期成本	基本定义,维修性对各种成本要素的影响描述
制造	制造对维修性影响的说明
人素工程	人素工程学学科的描述以及与维修性的关系
安全性	与维修性关系的安全说明
测试性	作为维修性子集的可测试性定义、概念描述、关键问题的一般信息、设计技术和指南、度量定义和演示测试(附录 B)。可测试性在其他手册和标准(如 MIL-HDBK-2165)中有更详细的介绍
后勤保障	一般性讨论,重点讨论维修性对其影响
以可靠性为中心的维修	以可靠性为中心的维修介绍,概述了一般程序
预测	附录 D 中包含 MIL-HDBK-472 中最常用方法的应用预测说明

2.11 小 结

本章追溯了维修性和维修工程的起源和发展,考察了几个关键标准,这些标准推动了维修学在电子行业的发展。此外,本章还探讨了一些有助于开发维修性和测试性实践和技术的研究。"随着20世纪60年代维修性工程的发展,设备维修时间由拆卸、更换和重新组装任务决定。随着电子技术从管到晶体管再到各种集成电路的发展,电子系统变得模块化,模块易于拆卸和更换,更换后几乎不需要或根本不需要对齐。因此,维修性设计现在强调诊断能力和设备可测试性。计算机已成为维修过程的一个组成部分"[6]。随着新技术创新的实现以及现代电子系统和设备的应用,维修性不断发展。MIL - HDBK - 470A 标准汇集了过去60年中的有效标准、要求和经验教训,为系统和设备项目的维修性工程提供了简化的规范路径。

参考文献

1. Dhillon, B. S. (2006). Maintainability, Maintenance, and Reliability for Engineers. CRC Press, Taylor &Francis Group.
2. US Department of Defense(1968). Policies Governing Maintenance Engineering Within the Department of Defense, DoD Instruction 4151. 12. Washington, DC: Department of Defense.
3. US Department of Defense(1980). Reliability and Maintainability, DoD Directive 5000. 40. Washington, DC: Department of Defense.
4. US Department of Defense(1986). Defense Maintenance and Repair Technology (DMART) Program, Volume II: Appendices, Report AL616R1. Washington, DC: Department of Defense.
5. US Department of Defense (1964). Maintainability Terms and Definitions, MIL - STD - 778. Washington, DC: Department of Defense.
6. Retter, B. L. and Kowalski, R. A. (1984). Maintainability: a historical perspective. IEEE Transactions on Reliability R - 33(1):56 - 61.
7. US Department of Defense(1959). Maintainability Program Requirements for Aerospace, MIL - M - 26512. Ohio: United States Air Force, Life Cycle Management Center, Wright - Patterson Air Force Base.
8. US Department of Defense (1966). Maintainability Program Requirements, MIL - STD - 470. Washington, DC: Department of Defense.
9. US Department of Defense(1966). Maintainability Demonstration, MIL - STD - 471. Washington, DC: Department of Defense.
10. US Department of Defense(1966). Maintainability Prediction, MIL - HDBK - 472. Washington, DC: Department of Defense.

11. Morrow, L. C. (ed.) (1957). Maintenance Engineering Handbook. New York: McGraw – Hill.
12. Ankenbrandt, F. L. (ed.) (1960). Electronic Maintainability. Elizabeth, NJ: Engineering Publishers.
13. Stanton, R. R. (1967). Maintainability program requirements, Military Standard 470. IEEE Transactions on Reliability R – 16(1): 15 – 20.
14. US Department of Defense (1964). Human Engineering Design Criteria for Aerospace Systems and Equipment, MIL – STD – 803. Ohio: United States Air Force, Life Cycle Management Center, Wright – Patterson Air Force Base.
15. US Department of Defense (1961). Guide to Design of Mechanical Equipment for Maintainability, A S D TR 61 – 381. Ohio: US Air Force Systems Command, Wright – Patterson Air Force Base
16. US Department of Defense (1961). Guide to Inte – grated System Design for Maintainability, ASD TR61 – 424. Ohio: US Air Force Systems Command, Wright – Patterson Air Force Base.
17. US Department of Navy (1962). Maintainabil – ity Design Criteria Handbook, NAVSHIPS 94324. Washington, DC: US Navy Bureau of Ships.
18. US Department of Defense (1973). Maintain – ability Verification/Demonstration/Evaluation, MIL – STD – 471A, also designated MIL – HDBK – 471. Washington, DC: Department of Defense.
19. US Department of Defense (1983). Maintain – ability Program for Systems and Equipment, MIL – STD – 470A. Washington, DC: Departmentof Defense.
20. US Department of Defense (1989). Maintain – ability Program for Systems and Equipment MIL – STD – 470B. Washington, DC: Department of Defense.
21. Pliska, T. F., Jew, F. L., and Angus, J. E. (1978). Maintainability Prediction and Analysis Study, TR – 78 – 169 – Rev – A. Rome, NY: Rome Air Devel – opment Center (RADC), Griffiss Air Force Base (AD – A059753).
22. Lipa, J. F. (1981). A modern maintainability pre – diction technique. IEEE Transactions on Reliability R – 30: 218 – 221.
23. Pliska, T. F., Jew, F. L., and Angus, J. E. (1979). BIT/External Test Figures of Merit and Demonstra – tion Techniques, TR – 79 – 309. Rome, NY: Rome Air Development Center (RADC), Griffiss Air Force Base (AD – A081128).
24. Consollo, W. and Danner, F. (1980). An Objective Printed Circuit Board Testability Design Guide and Rating Systems, TR – 79 – 327. Rome, NY: Rome Air Development Center (RADC), Griffiss Air Force Base (AD – A082329).
25. Byron, J., Deight, L., and Stratton, G. (1982). Testa – bility Notebook, TR – 82 – 198. Rome, NY: Rome Air Development Center (RADC), Griffiss Air Force Base (AD – A118881L).
26. Aly, A. and Bredeson, J. (1983). Analytical Proce – dures for Testability, TR – 83 – 4. Rome, NY: Rome Air Development Center (RADC), Griffiss Air Force Base (AD – A126167).
27. Neumann, G. (1983). Testing Technology Working Group Report D – 41 (ADA137526). Washington, DC: Institute of Defense Analysis (IDA). https://apps.dtic.mil/sti/citations/

ADA137526(accessed15August 2020).

28. Simpson, W. R., and Balaban, H. S. (1982). The ARINC Research System Testability and Mainte - nance Program(STAMP). Presentation at IEEE AUTOTESTCON conference, Dayton Convention Center, Dayton, Ohio, October 1982.
29. Coppola, A. (1983). Artificial Intelligence Applica - tions to Maintenance Technology Working Group Report, D - 28(AD - A137329). Washington, DC: Institute of Defense Analysis(IDA).
30. US Department of Defense(1997). Designing and Developing Maintainable Products and Systems, MIL - HDBK - 470A, vol. 1 and 2. Washington, DC: Department of Defense.

第3章　维修性项目规划和管理

David E. Franck, CPL and Anne Meixner. Pho

3.1　导　言

本章描述了维修性设计中涉及的任务、维修性项目管理的需要、维修性项目计划(MPP)的基本要素以及维修性工程与其他工程学科的关系。本章旨在为MPP的制定提供指导,包括:

(1)系统或产品开发过程中可能执行的与维修性工程相关的设计、测试和管理任务和活动的描述;

(2)规定系统或产品维修性要求的基本原理;

(3)用于验证和确认维修性要求的方法;

(4)维修性计划的结构要素。

维修性计划的目标是创建和实施一个MPP,该MPP定义了如何设计和制造一个系统/产品,该系统/产品可以在其生命周期内从非运行或故障状态进行维修,或维持在运行/功能状态,以将其生命周期中的运行/功能故障风险降至最低。如MIL-HDBK-470A所述,健全的维修性计划的目标是"设计和制造一种产品,当由具有特定技能水平的人员在每个规定的维修级别下使用规定的维修程序和资源进行维修时,该产品能够轻松、经济的保持或恢复到规定的状态"[1]。

3.2　系统/产品生命周期

本章提供的信息有助于读者理解整个系统工程工作中的维修性,包括对整个系统生命周期过程的考虑。所有产品和系统都遵循类似的生命周期过程,尽管它们可能有不同的名称,或者有不同的里程碑、门限、阶段或阶段划分。标准的系统生命周期过程始于对系统的构想、方案或客户需求,然后是早期初始系统需求、系统性能特征或选项列表创建,以及对实现预期系统目标和需求的技术能力的评估。系统生命周期过程在初始阶段开展系统设计和开发工作,包括生产制造评估和系统生命周期保障建模。在设计和研发阶段之后,是生产阶段。一旦生产开始，系统生命周期保障规划将继续向高级准备状态发展，以提供在系统和产品的预期使用寿命内系统和所有相关产品可被提供充足的保障，从而交付给客户，并为系统/产品所有用户进行部署。在生产阶段之后，使用寿命阶段开始。使用寿命阶段也称为使用与保障（O&S）阶段。根据系统或产品的设计寿命或使用寿命，使用寿命或O&S阶段可能很长，有时长达几十年。在使用寿命耗尽后，寿命终止（EOL）过程或处置阶段开始，将系统和产品从使用中废弃，并处置组成部件。

这是一个具有许多变化的非常复杂的生命周期过程的总体简化。通用生命周期可由许多行业、国家、产品和技术量身定制。示例包括简单或复杂的商业产品，一次性消费品，高科技制造业、电信业、医疗业、航空航天和国家航空航天局（NASA）系统，国防部（DoD）设备，各种类型的军用、商用和工业系统，其适合世界各国使用。

商业消费品行业中普遍存在的一种生命周期变量涉及潜在客户的市场研究，而不是直接接收客户需求，进而在生命周期中推动决策。该变量中的生命周期重点更多的是产品的预期市场寿命，而不是产品的设计、使用和保障。消费电子产品的EOL决策基于市场趋势和技术转型预测，而不是产品的设计寿命或使用寿命。商业产品市场生命周期通常包括6个阶段：市场分析、产品介绍、产品增长、产品成熟度、产品饱和和市场衰退。

本书更偏重于基于产品设计寿命、使用寿命要求和保障要求的产品或系统生命周期，相当于美国国防部的实践，而不是商业产品市场生命周期。以设计寿命、使用寿命和产品保障为重点的生命周期在许多军事防御系统、政府机构监管和认证的系统或产品中普遍存在，也在涉及各种环境压力条件下的多种非军事环境中使用的资本设备和系统中普遍存在。国防部生命周期工程实践所涉及的情况通常以长寿命的系统和产品为特征，保障成本占总生命周期成本（LCC）的很大一部分。通常这些系统/产品的任务寿命超过系统/产品的规定的设计生命要求与总的LCC相比原始设备购置成本微不足道，考虑到这些系统/产品具有运行速度和操作概念意义，如何在预定义的用户环境和保障基础设施使用和支持的系统和产品。截至2019年，美国国防部采用了典型的生命周期，如图3.1所示。

注：为了简单和一致，本章中术语“系统”和“产品”可互换使用。

图3.1中的过程是复杂图表的一个相当简单的版本，描述了系统工程国防采办过程中的所有重要事件和任务。这一过程的完整详细描述需要大量的图表和更多的解释。国防部生命周期中需要特别注意的一点是：在过程中对许多点进行了评审或定为里程碑，如图3.1中用三角形符号指定的重要里程碑A、B和C。这些旨在提供过程中的各个节点，在这些点上，各级管理层能够评审产品开发，根据其预期基线对其进行评估，并评估任何产品开发工作中固有的风险。

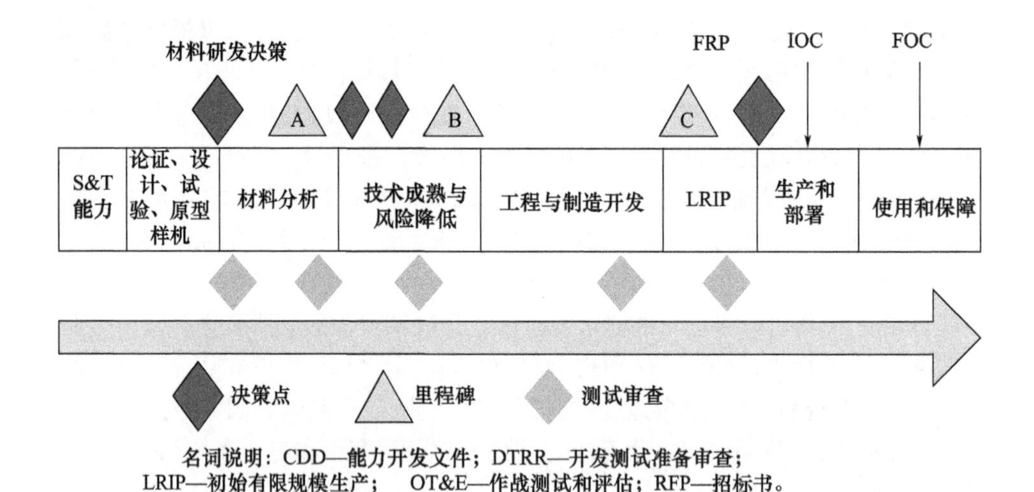

图 3.1　武器系统开发生命周期

（资料来源：美国国防部，《国防采办指南》（DAG），第 3 章—系统工程，国防部，华盛顿特区，2017 年）

自然，随着产品的复杂性和产量的增加，实现可接受结果的过程变得更加复杂。无论产品是用于商业市场还是军事市场，都鼓励严谨的决策，因为如果不仔细评估和考虑这些决策的影响，后果可能非常严重。此外，考虑不足的影响也可能意味着使用人员和维修人员危险或死亡，以及对其他设备的损坏。

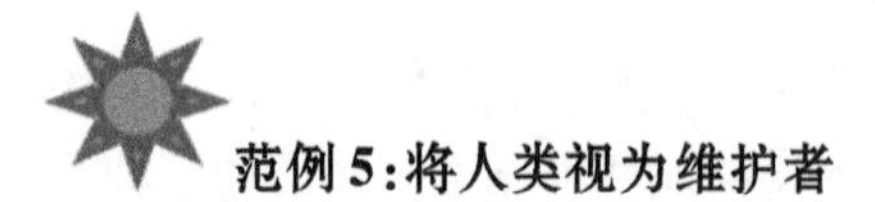

范例 5：将人类视为维护者

在军事和特定商业环境等组织中，复杂产品的广泛和长期维持是标准使用要求，产品开发过程（图 3.1）必须详细和审慎。尤其是军队，他们在开发和使用的产品上应用标准化的维修规划、程序、培训、文档、资源等。在任何地方和任何情况下，通过有限维修、持续性资源使用和保障如此多的不同产品极其艰巨。为了确保产品的可用性和持续性，设计过程中需要有一个结构化的强制性规范。由于必须从一开始就将这些因素纳入设计，因此必须高度重视设计和开发过程、评审和决策点，从而确保所需的全部要素都经过深思熟虑，并完全包含与产品及其生命周期有关的所有组织。为了实现这一目标，现场设备的安装过程是经过深思熟虑的。其他情况可能并不表明这种复杂性是合理的。当预计产品不会得到有力保障时，产品经理可能会在早期产品权衡决策中更加重视制造成本，而不是保障成本。

在国防部和其他政府组织中出现了一种新的模式，旨在简化系统采购和开发流程,更快地为军事用户提供产品。这一趋势随着新的案例和可能的替代方案的深入探索愈发明显。随着新概念和开发工具的成熟,该领域的变化继续深入。目前的重点是简化合同流程,减轻政府和承包商的管理负担。其他关注的领域似乎是非重复性和研发(R&D)内容较少的产品和系统,以及减少传统工艺通常强加的一些设计和开发要求的机会。有必要继续关注这方面的变化和发展。

由于维修性特征及其固有成本负担是过程设计的综合结果,因此在设计过程中对其影响最大。许多研究表明,80%的产品维修成本都是在设计过程的早期锁定的。在设计过程中,有许多机会影响产品的维修性成本,但由于其影响直到产品投入运行时才会体现出来,因此在做出决策和实现影响之间存在时间延迟。由于国防部跟踪此类成本和关系,因此他们能够描述典型延迟及其对总O&S成本的贡献,如图3.2[3]所示。

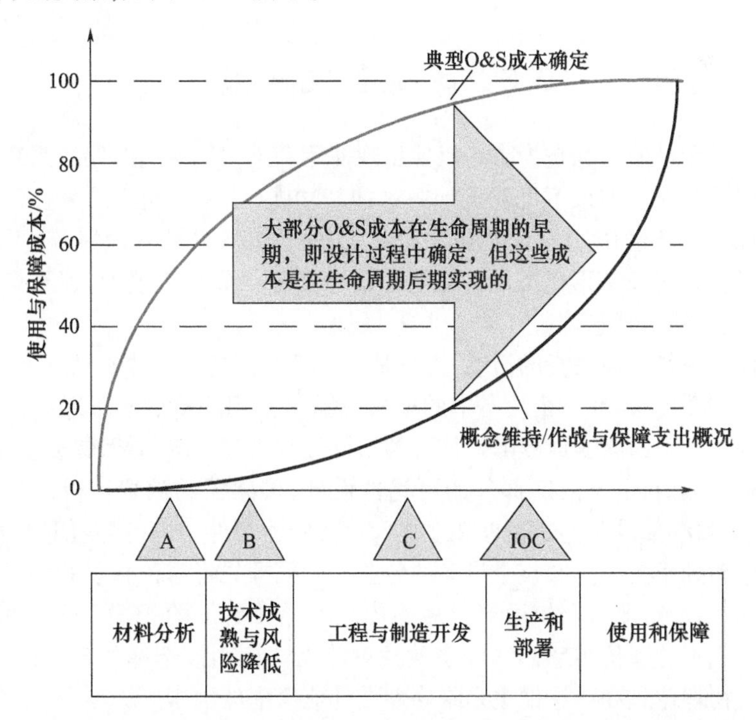

图3.2 影响使用与保障(O&S)成本的决策与这些成本实现之间的时间延迟
(资料来源:美国国防部,《使用保障成本管理指南》,国防部,华盛顿特区,2016年)

通过及早发现和纠正错误或问题,可以节约成本,从而降低开发过程的速度和构建暂停点以反映备选方案的成本。此外,尽早让产品保障和用户人员参与,有助于确定提高产品保障性和降低成本的概率,并有助于及早了解保障规划。

如前所述,产品的维修性特征是在设计过程中产生的。缺乏有效的维修性特征需求是导致其整个生命周期成本增加的重要因素。只有在产品设计中才能有效降低此类成本。因此,降低成本的工作应尽早开始,通常应贯穿整个生命周期的需求和设计阶段,以解决并尽量减少对维修性产生负面影响的因素。如果设计团队接受了关于维修性对生命周期和生命周期成本的影响的观点,并且他们熟悉提高产品维修性的设计措施,则此类工作尤其富有成效。设计团队中全面参与的综合后勤保障(ILS)专家可以帮助进行这些工作和培训。ILS 与维修性专家的合作是确保在整个产品设计中考虑并完成这些维修性特征的一种极好方法。

范例 8:了解维修性需求

3.3 影响设计的机会

维修性设计的目标是为防止以后出现使用和维修问题,在产品/系统中预先设计维修性功能。如果不更改设计并添加新功能,就无须纠正维修性问题。您可能听说过一条适用于设计变更的流行公理:“如果它没有损坏,就不要修复它。”这条公理可以变形以适用于维修性设计变更:“如果它损坏,那么您需要能够快速、经济地修复它。”

设计变更是一项昂贵的活动,无论是从工程时间还是从成本角度来说。

假定一个场景:在一个设备中的电子电路是使用廉价的不可靠的传感器组件来识别设备中的问题或故障。传感器组件经常出现故障,导致错误警报过多,需要更换。然而,由于故障部件的可达性设计,传感器的放置使得修复非常昂贵,因为必须移除设备的物理框架才能到达传感器部件。设备必须重新设计,将传感器移动到不需要拆卸整个设备的位置。如果预先考虑传感器的可靠性和总拥有成本(TCO),那么与使用更可靠的传感器导致更低的 TCO 相比,使用具有更低材料成本的廉价传感器的经济效益可能无法证明该选择的合理性。至少,传感器的物理位置和可达性也是维修性设计应考虑的因素。

在下一节将重点讨论工程设计和常见设计活动中的维修性设计。

3.3.1 工程设计

复杂系统的设计需要一个工程师团队,代表涉及的各种工程学科,以设计、制造、验证、测试和维修/保障系统内的产品。此外,工程师的角色是对设计采取更全面的方法,他们将参与进来,深入了解一个工程团队做出的决策对另一个工程小组的影响。负责可靠性和维修性要求的工程师具有更全面的角色。与测试性一样，维修性也是设计的一个特征；如果不改变设计，就无法修复或改进。

受益于维修性设计的产品通常是昂贵的系统（100 万美元以上），使用时间长（至少 5 年），并且是具有大量零件（1000 多个零件）的复杂系统。这些大型复杂系统的设计需要一个庞大的工程师、科学家和技术人员团队来支持产品的设计。产品设计包括产品的整个生命周期，包括制造、测试、验收和维修。

在设计期间，有很多机会正式讨论设计要求，深入研究规范、设计评审，以及成立工作组来评审设计的不同组成部分。为了了解如何最好地表达维修性问题，以及如何识别问题，需要了解项目使用的时间框架和会议结构。在本节中，我们将讨论一般可接受的设计过程，并描述通常举行的会议类型和通常创建的文档。

3.3.2 设计活动

在复杂的设计中需要进行多次权衡，但通常所有属性都可以映射到 3 个“E”：效率、功效和经济性。负责维修性的工程师应将维修性要求映射到这些方面，以更容易对其他工程团队产生影响。使用上述设备示例，工程师应已将传感器成本映射到经济性；传感器的放置会影响更换损坏传感器的效率，这与维修成本有关。

影响其他工程团队的能力取决于以下工程实践和技能。

（1）通过编写需求和规范，尽早参与设计过程。

（2）定期参加设计会议，并准备指出设计决策对客户维修产品的影响。

（3）采用最知名的分析方法来识别和量化维修性属性。

（4）审查具有类似特性的先前设计，以及维修性问题可能说明当前设计存在问题的地方。

（5）与设计、制造和测试工程师建立关系。影响既来自一系列事实，也来自人际关系。

产品设计是具有确定终点的相关活动的流动和渐进汇合，当设计被冻结并成为生产构建的设计准则时，就会发生这种情况。设计过程是技术、进度、成本和可保障性考虑因素之间的一系列折中。

当设计团队在其影响范围内寻求到最佳解决方案之前一般不会停止工作。事实上，管理设计过程的一个更困难的问题是知道何时停止工程。很多时候，一个产品设计过程会受到设计团队追求最佳设计的影响，因为“足够好”就足够了。这种潜在的失控追求是项目和技术管理层应密切关注符合合同要求的设计进度的原因之一，并准备在满足这些要求时停止设计团队。然而，项目和技术管理层还必须认识到，产品的设计特征和性能是设计团队有意设置的设计特征，以满足合同要求和客户对产品生命周期的期望。一旦设计停止,产品进入生产阶段,这些特性将不会改变,除非通过设计工程干预。在确保满足所有要求和期望之前,管理层不应停止设计团队并冻结设计。对于维修性来说尤其如此。当设计活动流程完成且设计冻结时,产品设计团队完成并锁定维修产品所需的保障资源以及实际维修任务本身。因此,设计团队应寻找并利用所有机会,在设计冻结之前影响产品设计,并在管理层将项目转移到生产之前影响产品的设计。

在设计冻结和生产开始之前,有许多机会影响设计,这些机会可以构建到精心规划的产品设计过程中。图 3.3 总结了一些更重要的机会。如图所示和下文所述,有许多机会影响设计。本书还讨论了影响设计的其他机会。

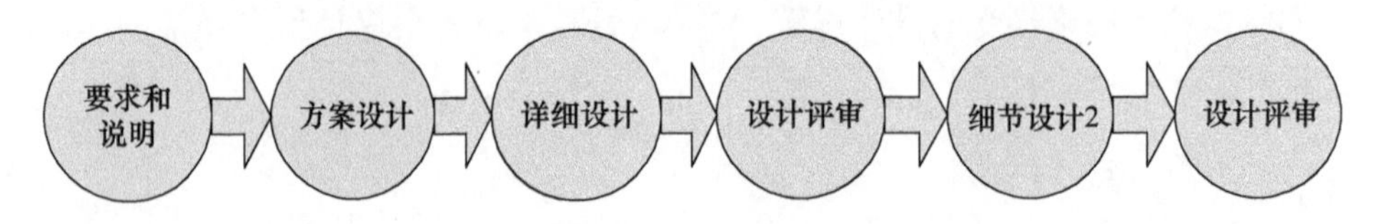

图 3.3　设计活动流程图

(1)需求定义和规范文档:在强大的需求管理工具中定义和正式捕获产品维修性设计需求的重要设计活动。这些要求将会转化为实际产品特征,因此要充分重视。规范文件编制是从设计的最高层次到设计的最低层次。高层次需求向下传递、分解并分配给低层次需求。随着产品较低层次元素的细化,产品规范用于捕获所有与维修性相关的设计特征和要求。这些规范将为生产产品提供连续性和设计准则。强制使用单个需求数据库和管理工具,以及适当的变更和访问控制工具,是满足产品维修性需求的关键。供应商和分包商的维修性要求和性能应与主要产品维修性、报告和数据共享要求相同。分包商的要求和设计活动应尽可能融入整个产品设计活动中。在按原样购买和使用商业产品的情况下,重要的是验证零件的特性是否符合分配的要求。如果零件不符合所有要求,则可能需要额外的测试和评估以允许其使用,从而增加零件的有效成本。

(2)方案设计:一个关键的机会来思考和捕捉如何使用和维修产品的重要使用和设计元素;在使用、存储和维修期间,它将受到什么环境的影响? 以及产品中需要或期望的维修性特征。方案研究(如概念化或概念设计)通常是项目规划的一个阶段,包括产生想法并考虑实施这些想法的利弊。产品的这一阶段是为了将错误的可能性降至最低,管理成本,评估风险,并评估预期产品的潜在成功。

(3)详细设计:在该阶段做出许多详细设计决策,包括初始设计活动、原型开发、初步设计和设计同行评审。其中许多影响维修性,或决定最终产品的最终维修性特征。建议将重点放在维修性要求及其对产品生命周期适用性和成本的重要性上。在此阶段,会发生许多设计迭代。如图3.3所示,先进行初始详细设计,然后进行设计审查和详细设计。在工程设计过程中,当初始实施不可行时,会发生变更。然后,团队改进并实现,或者将其抛弃,并从新的内容开始。设计过程越接近尾声,发生重大变化的可能性就越小。执行详细设计2阶段,以纠正初始设计审查中发现的问题。第二次设计审查是为了确保所有更正有效,并完成详细设计阶段。这就是为什么参与设计评审很重要的原因。详细设计阶段执行的典型活动如下所示:

①初始设计活动:早期设计活动提供了一个重要的时间来捕获和探索维修性需求,并确保设计团队充分了解需求及其重要性。在此阶段,将做出许多与维修性相关的设计决策和权衡。

②原型开发:原型的创建为设计团队提供了实际的产品代表性硬件和软件,用于评估设计决策的维修性结果。建议使用保障计划中定义的工具和资源来处理、使用和维修产品,以发现工具和维修行动的任何问题。

③初步设计:初步设计或高级设计,弥补了设计概念和详细设计之间的差距,特别是在构思过程中实现的概念化水平不足以进行全面评估的情况下。在此活动期间,定义了整个系统配置,各种产品设计的示意图、图表和布局提供了早期产品和系统配置。在详细设计和优化期间,创建的产品或系统参数将发生变化,但在初步设计阶段,重点是创建用于构建产品和系统的通用工程框架和设计基线。

④同行评审:设计团队内的定期和非正式同行评审是访问、重访和再次强调维修性要求并检查其是否得到解决和满足的持续机会。

(4)设计评审:正式设计和客户评审是验证和证明设计团队熟悉并理解维修性要求以及设计满足这些要求的重要机会。

3.3.3 设计审查

如图3.1和3.2所示,如果LCC是产品、系统、用户的问题,则维修性的贡献是一个巨大而关键的贡献,值得关注和重视。众所周知,国防部的系统开发过程非常艰辛,但在该过程中,独立组织有意测量维修性设计进度,这有助于保持重点并使项目保持在正轨上。该开发过程包括许多正式的项目评审和设计评审,这些评审是保障主要项目开发过程的一部分。在所有正式的设计评审中,维修性应以与产品的所有其他工程和设计方面相同的详细程度和严格程度进行处理。这包括对维修性要求及其理解的彻底审查(包括与维修性相关的所有要求,如维修性工具集和技能水平、可用的测试和保障设备、时间定义、可靠性,以及要求和产品如何适应预期的使用环境);审查所有需求分配和分解;对所使用的设计和分析工具进行彻底审查;讨论使用的任何后勤保障分析(LSA)数据库分析工具;保障演示和设计工作如何集成并相互支持,以实现最佳维修性解决方案;审查计划的测试、核查和演示工作;以及识别存在或预期的任何问题域或问题。

可能适用于产品设计过程的一些常见正式设计评审包括:

(1)概念设计评审——通常由发起或开发组织执行,以评估设计概念,但有时在大型系统设计中用于评审设计概念的逻辑性、完整性和充分性。

(2)系统需求评审(SRR)——对所有系统级需求的正式评审,以确保定义的需求准确反映客户、用户或市场的需求和目标;识别任何定义不明确或不完整、措辞不当、在技术上不可行或不符合计划产品开发限制的要求;将系统需求确定为稳定的基线,并将其置于配置管理版本控制之下。

(3)初步设计评审(PDR)——建立分配基线的正式技术评审[包括产品的配置项(CI)的建立以及所有系统功能和性能要求分配给配置项]。PDR 的目标是确保产品在操作上有效,并且早期设计方法、假设和决策与客户的性能和进度需求一致。PDR 是对概念设计的详细审查,以确保计划的技术方法在分配的预算和进度内有合理的前景满足系统要求。PDR 的评审项目包括但不限于:需求分配和分解;分析和结果;系统和子系统规范、接口规范;CI 规范和设计基线;图纸计划和状态;测试计划;使用的工具(设计、绘图、分析、测试、仿真、模型、配置和需求管理、成本和进度管理等);考虑中的设计决策、备选方案和相关问题。PDR 的成功完成通常被视为进入开发的详细设计阶段的批准。

(4)关键设计评审(CDR)——一种正式的技术评审,用于确定产品的初始产品基线(IPB)(在 CDR 之后,IPB 置于正式的配置变更管理控制之下),在所有事项上都是完整的,设计实施满足其所有要求。CDR 是一项多学科、详细的产品设计审查,其目的是确保产品能够进入制造、演示和测试阶段,并合理预期在成本、进度和风险范围内满足规定的性能要求。CDR 期间提供和审查的信息类型与 PDR 中的信息类型相同,只是在提供或可供审查的所有适当备份数据、分析和研究的情况下对其进行了更详细的审查。CDR 成功后,产品将获准进入测试和预生产计划阶段。

(5)测试准备就绪评审(TRR)——确定系统或其 CI 是否准备好进行正式测试的正式评审。在 TRR 中,将审查所有测试程序,以确保其完整并适当测试适用要求,并验证其符合采办项目测试计划。TRR 通常在每个主要系统、子系统或 CI 测试之前进行,并向管理层提供被测试单元已经经历了彻底的测试过程并准备好进行下一次测试的信心。维修性演示(M – Demo)就是这样一种测试。

(6)生产准备就绪审查(PRR)——一种正式的技术审查,以确保产品设计完整、准确地记录在案,并准备发布到制造部门。除了与产品有关的技术问题外,PRR 还非常重视主承包商和主要分包商的制造和生产资源、能力和准备情况,以便在不经历不可容忍的风险或任何不可接受的进度、性能或成本问题的情况下开始生产。本评审通常不涉及产品的维修性,但可解决制造设备的可维修和纠正制造缺陷或错误。

3.4 维修性计划

产品设计和开发通常需要相当长的时间,并且受到相互竞争的优先级和其他问题的影响,这些优先级和问题可能会分散设计和开发团队的注意力。此外,人员配置经常是不稳定的,难以保持对原始目标的一致关注。为缓解此类组织和运营问题的影响,建议采用 MPP。维修性计划有助于使设计和开发团队专注于所需的过程、接口和需求。当出现问题和困惑时,它还可以作为经验丰富的团队成员和新团队成员的试金石。它也是工程设计、项目、公司和客户管理的一个重要工具,有助于了解和理解产品维修性工作的意图,以及这些工作如何与产品结合。

MPP 包括合理性程序计划中所有元素,如关键项目成员(包括客户和用户)的角色和职责、进度、管理方法、背景、关键文件、产品要求和接口、使用的设计和开发工具和过程以及验证和测试计划。计划的内容和结构取决于公司的指导方针或客户的需求。不管结构怎样,一个考虑周全的维修性计划应包括:

(1)明确了解客户的维修性要求,包括适用的操作使用场景、用户环境、技能和工具。

(2)描述如何将维修性工程集成到产品设计和开发过程中,尤其是系统工程过程中。

(3)充分记录产品、其接口和环境,以全面了解产品及其所需和所需的可维修性特征。

(4)确定创建产品所需的设计指南和过程,其中确定的产品要求须在设计范围内安全、经济且易于执行。

(5)确定如何验证和测试产品,以测量和证明达到了预期的维修性水平。确定要使用的模拟方法、分析工具和测试工作。

(6)确定是否以及如何在运行期间跟踪产品维修性性能,以及如何使用这些信息纠正问题,确定改进,并将其纳入未来产品的设计指南。

3.4.1 典型维修性工程任务

在开发 MPP 时,应考虑许多维修性工程任务。表 3.1 总结了这些任务,并指出了本书的哪一章涵盖了每个主题。

维修性计划、项目和要求也应在其他相关项目计划中进行说明,包括项目管理计划、系统工程计划、ILS 管理计划、工程计划、分包商/供应商管理计划、需求管理计划和测试管理计划。通常,客户要求或期望单独的合同交付计划或输入,以帮助他们完成自己的管理计划。建议注意客户对维修性规划文件或信息的需求。

表 3.1 建议的维修性工程任务

活动类型	任务及描述	相关元素					涉及的章节
		明确需求	明确设计	维修性设计	维修验证	使用监控	
设计	测试性和诊断 设计并结合用于确定和隔离故障的特征			×			9,13
设计	设计审查 对设计进行正式或非正式的独立评估和修正,以识别和纠正硬件或软件缺陷	×		×			3,12
设计	环境特征 确定预期进行维修的操作环境		×	×			5,6,16
设计	供应商控制 监控供应商的活动,以确保采购的硬件和软件具有足够的维修性	×			×	×	2,3,16
设计	标准化和互换性 为通用项目的使用和合并而设计。设计为无须修改或更改即可交换物品			×			5
设计	人类工程学 设计设备,使其能够安全、方便、高效地由系统的人为因素使用、操作和维修			×			10
分析	测试性 系统地确定故障检测和隔离能力的覆盖范围和充分性。包括相关性和故障建模		×	×			13
分析	人为因素 分析设计,以确保充分满足用户、操作员和维修人员的强度、访问、可见性和其他生理和心理需求/限制		×	×	×		10
分析	设备停机时间分析 确定并评估系统因维修或供应而不可用的预期时间	×		×			6,7,15
分析	故障模式、影响与危害性分析(FMECA) 系统地确定部件或软件故障对产品执行其功能的能力的影响。该任务包括 FMEA			×	×	×	6,14
分析	故障报告分析和纠正措施系统(FRACAS) 数据收集、分析和传播的闭环系统,以确定和改进设计和维修程序			×	×	×	12

续表

活动类型	任务及描述	相关元素					涉及的章节
		明确需求	明确设计	维修性设计	维修验证	使用监控	
分析	生命周期规划 通过考虑对产品预期使用寿命的影响,确定维修性和其他要求	×	×	×	×	×	6,13
	建模和仿真 产品预期维修性的表示,通常为图形或数学表示,并通过仿真验证所选模型		×	×	×	×	7
	零部件过时 分析技术变化将使当前可用零件的使用不受欢迎的可能性	×		×			4,7,9
	预测 根据可用设计、分析或测试数据或类似产品的数据估算维修性	×	×				5
	修理策略 确定产品故障后恢复运行的最合适或最具成本效益的程序		×	×	×	×	6
	质量功能部署 根据用户的操作要求确定产品设计目标(即产品维修性)		×	×			12,13
	分配 将系统级或产品级维修性要求分配到较低的装配级别		×	×	×		12,13
测试	功能测试 验证产品是否按预期运行。维修性工程师感兴趣的是与人为因素相关的问题		×	×	×		12
	性能测试 产品满足其性能要求,包括维修性				×		12
	验证测试 为确定从工程分析中获得的分析数据的准确性和更新而进行的测试				×	×	7,9,12,16
	演示 由产品开发人员和最终客户进行的正式过程,以确定是否已达到特定的维修性要求。通常在生产或预生产项目上执行	×		×	×	×	9,12,13
	评估 确定操作、维修和保障环境对产品可维修性性能的影响的过程	×	×				3
	测试策略和集成 确定产品的最有效和最经济的测试组合。确保测试的集成,以尽量减少重复并最大限度地利用测试数据	×					8

续表

活动类型	任务及描述	相关元素					涉及的章节
		明确需求	明确设计	维修性设计	维修验证	使用监控	
其他	标杆管理 将供应商的性能属性与其竞争对手的性能属性以及任何供应商在可比活动中取得的最佳绩效进行比较	×					3,5
	统计过程控制(SPC) 将产品的可变性与统计预期进行比较,以确定是否需要调整生产过程				×	×	12
	市场调查 确定潜在客户的需求,他们对潜在产品的可能反应,以及他们对现有产品的满意度						
	检查 将产品与其规格进行比较,作为质量检查						

资料来源:US Department of Defense, *Designing and Developing Maintainable Products and Systems, MIL-HDBK-470A*, Department of Defense, Washington, DC, 2012.

随着产品开发工作的进行,建议制定时间表,以审查维修性计划的工作、进度和问题。应包括对 MPP 的审查,以确保其是最新的,并反映当前的项目管理和客户指导。

3.4.2 典型维修性计划大纲

建议的通用 MPP 大纲可以跟随作为开始的大纲。当然,每个 MPP 都应遵循合同或公司指南,并应根据具体情况进行调整。

(1)适当的标题页——标题、日期、签约机构、创作组织、文件编号和任何专有声明。

(2)引言——简要介绍计划及其内容。

(3)目的——用一两段短文描述计划的原因及其拟记录的内容。

(4)目标——简短描述计划的目标及其打算实现的目标。

(5)背景——描述项目/产品的历史,解释到目前为止活动和任务的时间线,说明该产品如何适应客户的运营,以及它如何与其他产品/系统互操作,确定随着时间的推移正在开发的组织。

(6)范围——讨论维修计划的范围与边界,包括什么和不包括什么,确定任何例外情况。

(7)角色和职责——确定并描述与本计划执行相关或涉及本计划的重要参与者。确定组织、组织层次结构,描述每个参与者的角色,确定每个参与者的责任和责任限制,确定通信线路、重要联系点、电子邮件和电话联系详细信息。

(8)设备——详细描述产品/系统,确定产品及其每个组件的用途和功能,包括与其他设备的接口、产品的每个主要部分、功能和维修性特征(可能包括重量、尺寸、可靠性等技术数据)。

(9)进度计划——确定总体计划进度,显示产品和维修性计划在计划进度中的位置,显示计划中包含的任务细节。

(10)需求——确定可维修性需求的来源、层次和优先级,解释需求的开发和管理方式(包括需求管理计划和工具,如有),识别每个可维修性需求及其上级需求,直至顶层系统需求,以及如何满足(检查、演示、测试、分析)的每项要求。

(11)指导文件——包括合同文件、技术规范、适用的客户和公司指令和标准(即国防部 MIL STDs 或公司设计指南)、总体工程管理文件[即系统工程管理计划(SEMP)、ILS 计划和项目管理计划]。确定文件的层次结构,并在指南冲突的情况下确定优先顺序。

(12)维修性计划——确定并描述 MPP 中包含的每项任务,包括每项任务的目的和预期结果、任务参与者、任务时间表、任务中包含的行动和步骤、任何工具或计算机模型或其他要使用的资源,并由负责人或组织负责每项任务。

(13)维修性测试——确定将应用的工程程序及其适用的地方。考虑以下任务:需求分析和管理、设计评审、可测试性和诊断设计、运行使用考虑因素纳入、设计过程中的环境考虑因素、供应商控制、标准化和互换性、设计过程的人为因素应用、线路可更换单元(LRU)定义、维修概念、操作员和维修人员的说明、维修所需的预期工具和测试设备、维修级别说明、维修设施、故障排除计划、建模和仿真、零件过时[减少制造源和材料短缺(DMMS)]、维修分配和预测、维修策略、质量控制流程、市场分析(若适用)、竞争对手分析(若适用)、制造接口、向维修性测试的过渡。

(14)行为组件——提供维修性计划行为项目、说明、涉及的设备、行为项目状态、所有者、开启日期和关闭日期的列表。

(15)结论和评论——讨论在采办项目过程中得出的任何适当结论,以及与维修性采办项目相关或影响维修性的任何其他主题的任何评论。

3.5 与其他功能的接口

产品维修性特征直接或间接地影响产品整个生命周期的设计、制造、使用和保障相关的许多功能。维修性工程师通常被分配到开发项目中,以管理开发项目中的维修性项目,为维修性设计任务提供开发支持,并与设计团队的其他设计职能部门联系。了解这些功能是什么,了解维修性如何影响这些功能,对于设计有效的维修性产品非常重要。下面将讨论其中一些与产品相关的功能和接口。

ILS 或持续性保障工程是采办项目设计和开发团队基础设施的一部分,提供成本和运营分析,以确保产品在其生命周期内的有效使用、维修和供应。ILS 成本和运行分析与设计到产品中的维修性特性密切相关。通过设计团队和保障团队之间的早期、一致的互动和联络,以确保产品具有适当水平的维修性特征,从而实现持续性保障计划的最大有效性。为了实现产品的最佳维修性,经验丰富的 ILS 和维修性工程师的经验和见解对于识别和纠正阻碍维修和保障的设计问题非常宝贵。

维修性工程师也是项目设计和开发团队中的设计师与 ILS 保障团队之间的重要设计接口,ILS 保障小组负责在规划产品交付给客户后的保障。通常,设计团队专注于解决大量高优先级设计问题,以满足关键设计里程碑的需求,从而完成开发阶段,但不容易解决不直接属于这些问题的设计因素。这在设计的彻底性上造成了差距。只有那些眼前的设计问题才能得到解决,以确保短期成功,但无法保证长期设计成功。经验丰富的 ILS 和维修性工程师的技能集将重点放在设计工作的维修性考虑上,以填补这一长期设计领域的空白,并在产品生命周期内改善设计结果。

作为产品设计和开发团队职责的一部分,实现经济高效的保障基础设施需要付出相当大的努力,包括维修数据收集、维修性预测和维修性分析。产品的维修性能要求推动了这些工作。这些维修性分析将确定此类保障需求,如在所有维护级别支持产品所需的工具,在所有维护级别将进行哪些维修行动,部件将在何处维修,影响维修所需的技能和支持设备,所需维护人员的数量及其技能,以及所有级别的维修文档需求。保障能力的确定和开发需要时间,并且与设计过程一样是迭代的。维修性工程师是收集所需数据、进行正确类型的预测和分析以及向保障团队以及整个项目设计团队提供数据和分析结果的关键。

范例 9:基于数据的维修性

产品保障的一部分包括培训维修人员(以及操作员)如何进行故障排除和执行维修。课件开发包括确定要执行的任务以及执行维修所需的技能、工具和设备。本课件包括产品每项维修操作的逐步故障排除、故障诊断和维修说明,包括修复性和预防性维修操作。开发本课件的部分知识来自维修性工程师和 ILS 维修保障与设计团队之间的接口。

与维修性工程师一样,维修保障联络员应是项目设计和开发团队的一个组成部分。由于项目成本限制,维修保障联系员和维修性工程员的角色可由一个人执行。联络员的职责是积极协调平衡团队,但不介入没有任何价值或合法贡献的活动。应积极参加设计会议,并查阅所有设计文件。候选电气和机械零件以及选定零件的零件清单有助于评估备件供应的零件通用性,以便控制维修现场中更换零件的供应库存。还可以访问实体模型、原型和测试单元。维修联络员应能够在设计团队内创建问题或发布报告,并对其他报告进行评论。应鼓励参与变革委员会的审查。设计团队的维修性工程接口和维修保障联络有时可能具有挑战性,但共同设计目标的共同目的可能对所有相关人员有利。

产品维修不是从用户开始的。制造产品的过程可被视为一种形式的维修,包括在装配期间纠正任何相关的制造问题。维修性工程师感兴趣的类似产品设计维修性特征可能与项目生产阶段设备组装和安装的制造工程和运营团队相关。在生产制造操作期间执行的测试也可用于客户使用和维修应用中的维修保障功能。生产和维修人员都希望尽可能减少完成任务所需工具的种类和数量,并最大限度地使用现有制造和维修环境中已经很常见的工具。新工具需要更高的采购成本,以及更多的生产培训和文档成本。此外,新的和不熟悉的工具通常意味着最初较低的生产吞吐量、较高的维修周转时间(TAT)和较高的错误率,直到生产和维修人员熟悉这些工具并逐渐成熟。目的和经验的共同性使得维修性联络和制造团队接口非常重要。

采办项目里程碑进度表可能是受维修性影响的一个容易被忽视的界面。项目进度表的要求之一是一个现实且完整的进度表,包括所有项目功能、要素和影响因素。另一项采办项目进度要求是确保使用的数据准确无误。维修性工程师对设计问题的早期识别有直接影响,这些问题可以在成为实际问题之前得到解决,从而有可能降低进度风险。如果这些设计问题没有及早发现,它们可能会在项目后期成为主要的进度和成本风险。此外,由于维修性驱动了较多下游保障功能,因此它们的计划符合性取决于对设计数据的早期准确访问,以及对以后可能需要的其他设计数据的轻松连续访问。因此,维修性功能应为采办项目进度做出贡献。与设计团队的维修性互动交流,作为影响项目成本的显著设计特征,会额外影响开发成本,但却是避免制造、运营和保障成本升高的潜在动力因素。

维修保障的互通交流活动还可通过更容易及时获得所有相关任务所需的准确数据,从而降低其他后勤保障功能的开发成本。在制定项目财务预算时,考虑维修保障是合适的。

由于维修性功能和结果会影响采办项目的成本、技术和进度,因此管理功能应关注采办项目维修性工作的性能、功能、结果和影响。在采办项目要素状态报告的正常过程中,维修性功能向采办项目管理层报告活动和状态是合理的。

不同客户对不同产品的保障性要求会有所不同,产品维修性工程从某种程度上会反映出客户的需求。设计师应适当和用户进行沟通交互合理确定产品的维修性水平和客户的需求。共享维修性和其他设计数据,根据具体情况确定是部分数据还是所有数据。但应注意保护数据,尤其是涉及机密或专有数据时。

产品用户根据产品和客户的需求,参与产品设计。与许多军用产品开发项目一样,用户可能会大量参与开发项目,并在开发项目中有全职代表。通常,与用户方的良好关系会对维修性和保障团队提供宝贵的帮助,帮助他们从操作角度了解产品将要面临的使用和维修活动。他们还为可能的解决方案和设计思想提供了有价值的输入。

3.6 管理供应商/分包商的维修性工作

管理零件供应商或分包商会带来第二层管理监督和对产品管理的详细关注。通常,这一职能委托给具有工程和分包专业知识的职能专家。建议产品管理计划(PMP)包括管理供应商和分包商。该管理计划可以采用单独文件的形式,称为采办项目零件和过程管理计划(PPPMP),可在 PMP 中引用。根据其参与项目的程度,项目管理计划可能会将其作为一个完整的章节、附录或独立的分包管理计划来解决。

也许将产品问题降至最低的最佳方式是将供应商或分包商与主承包商的设计、开发和生产流程相结合。此选项的优点是,如果执行得当,技术问题往往会在工程团队中进行社会化,从而最大限度地减少意外和沟通失误。该流程还具有减少主承包商与其分包商职能部门之间正式沟通造成的延迟的效果。

供应商集成通常是不可能的,尤其是当产品对零件的需求在供应商生产中所占比例很小的情况下。例如,如果产品需要 100 块芯片,而计算机芯片制造商正在生产 100 万块芯片,那么期望该制造商花费成本和精力组建一个团队,将其集成到该产品流程中是不现实的。此外,它们通常不适合提供广泛的零件设计数据,尤其是在这种情况下的专有数据。当然,可以制定保密协议(NDA)来获取和保护敏感数据。

当供应商或分包商同意加入产品设计工作时,在适当的分包合同或采购协议中记录所有期望、限制、任务、假设、时间表和限制非常重要。各方之间不应存在误解,并应遵守公开沟通。应该期望正式交付特定数据、产品、报告等,即使其中一些数据是通过团队互动非正式提供的。正式文件提供了合同合规性的书面记录,减少了分歧或误解。

产品总承包商向供应商或分包商索取有关其产品的技术数据是合理的。产品设计团队需要技术性能数据来全面了解零件,以便将其成功集成到产品中。此外,要求提供有关零件分析和测试以及测试条件的数据也是合理的。出于后勤考虑,应要求提供有关零件可靠性和维修性分析和预计的数据,包括预计中使用的假设。关于零件预测的背景数据应包括其是否基于实际现场性能、内部测试、分析、用户现场数据。应包括预测周围的条件,如环境、用户活动、测试时间、运行时间等。了解进行预测、测试的条件可使产品支持团队深入了解数据的来源。由此,他们可以调整自己的分析,以便考虑测试条件和产品预期条件的差异。

与供应商/分包商和产品所有者的合同和工程专家进行仔细协调,将大大有助于明确确定双方的期望。如果清楚地确定了所有适当的联系点,以及他们的头衔、角色和联系信息,这也会有所帮助。

3.7 变更管理

在产品管理的众多信条中,有一条信条是"一切都会改变"。管理这种改变是产品管理中最困难的部分之一。也许最好的管理策略是假设所有事情都会发生变化,并据此进行规划。在项目开发阶段,预计会发生一些变化,如人员变更、工程图纸变更、项目进度变更和项目资金变更。影响产品维修性能的变更不太明显,需要更深入的工程参与和规范。审慎的 PMP 和/或 PPPMP 将包括指导设计团队在开发过程中创建变更请求、准备变更单和适应工程设计变更的流程和程序。

维修性设计过程将详细设计知识与生命周期支持保障分析和规划知识相结合。一般而言,设计过程本身不会改变,并将通过参考纳入 PMP,包括设计评审和设计基线冻结点的建立。该计划还应包括基于用户需求和预期保障环境的产品设计指南。例如,此类指南将包括用户可用的工具。但是,设计者选择的零件可能会有所不同,零件可用性可能会发生变化。

一个有效的变更管理工具对于控制所有设计变更是必要的,这些设计变更导致设计需求锁定。在设计冻结并锁定到设计基线之前,必须控制变更。建立设计需求基线是控制设计的第一步。设计需求基线应有能力让工程师创建满足父需求的分解和派生需求。所有父子需求关系都应在任何变更管理工具中可见。所有需求都应通过需求规范树结构向前和向后可追溯。该工具应便于识别有缺陷的需求,如孤立需求(未追溯到顶层需求的低层需求)或无子需求的父需求(如未向下流动或分解为低层需求的顶层需求)。有效的需求管理过程包括一种正式且严格的方法,供所有既得工程专业审查和批准需求基线的任何变更或添加,以解决需求缺陷或添加新的设计特征。

产品设计团队根据设计基线中建立的一组严格要求进行设计。需要管理这组严格的需求。产品团队应建立一个控制和批准设计基线及其变更的过程，类似于控制需求基线的过程。这种控制需求和设计变更的机制通常称为变更控制委员会(CCB)。当实施和遵循CCB时，CCB是经验证的有效控制需求和设计变更的管理工具。

有效的构型控制委员会的一个重要特征是对所有拟议变更进行影响评估。变更请求的提交人必须包括拟议变更对产品的影响。这些影响应包括变更对设计和制造工作、零件成本、进度、产品保障的所有要素以及成本受到影响的任何其他要素或领域的影响。由于拟议变更的影响非常广泛，成本领域的每个领导者通常都会为其特定领域提供影响说明。

受大多数拟议设计变更影响的成本领域之一是后勤保障领域，尤其是维修性成本部分。这一维修性成本构成非常重要，因为维修性对许多其他后勤保障要素及其相关LCC(如工具、培训、手册和备件)具有下游影响。特别重要的是LRU的定义、车间可更换单元(SRU)、用于连接零件和组件(如螺钉、螺母、螺栓、电线连接器)的普通库存硬件的可周转库存，以及影响维修行为的软件代码实施。长期、大批量生产和维修操作的挑战之一是零部件和商用现货(COTS)组件的持续可用性。

三级供应商可自行决定更改其单个零部件和COTS组件的设计或可用性。构型控制委员会参与评估所有此类变更的影响及其对维修性和后勤保障的影响。简单锁紧螺母的变更可能会导致需要额外的工具尺寸，从而增加维修人员的工具包、工具包的成本、技术文件的变更以及进行维修所需的时间。

零件报废是长期生产情况下的一个常见问题，应作为产品CCB流程的一部分。对于复杂的产品和与其他产品密切互动的产品，过时通常会让设计团队感到意外。为了减轻过时的影响和意外因素，通常会成立一个特殊团队来监控零件供应商的变更通知以及关键或重要部件的交付周期。DMMS一词是为了定义建立一个团队来考虑这些影响的重要性。DMMS团队的有效执行为制造商停止生产零件提供了早期通知，以便寻找替代品。DMMS项目还必须遵守采办项目的CCB流程。

DMMS团队应与零件供应商保持密切关系，以了解其产品制造计划和新产品开发计划。许多零件供应商向其客户发布称为产品变更通知(PCN)的通知，说明其计划变更其产品设计或生产线。一些PCN可能会提前通知供应商打算停止生产和交付特定零件。这些类型的PCN称为EOL通知。此EOL通知允许客户采购额外数量，以保障其未来需求，直到确定并采购替换零件。这些EOL通知为客户下最后一次购买(LTB)订单提供了一段时间。此外，供应商通常同意分享未来的产品开发计划(通常有NDA)，这样他们的战略客户就可以提前计划他们自己的未来产品计划,包括新技术的引入和更新。DMMS 团队的部分责任可能包括让零件供应商了解其未来设计所需的设计特征。该信息有助于零件供应商确定其客户所需的未来设计特征,并帮助产品开发人员选择使用其生产生命周期早期零件的设计选项。这种共生信息交换有助于缓解潜在未来产品的短缺,并有助于持续的产品设计演进过程。

控制产品维修成本以及生命周期保障成本取决于控制产品开发中必然发生的变化。在产品生命周期的早期阶段,设计和生产中的不受控制的变更可能会在短期内产生意外的、不受控的成本,并在整个产品生命周期中产生不必要的更高的维修和保障成本。控制变更不会消除此类变更带来的成本,但它确实提供了一个机会,可以在了解成本影响的情况下做出最具成本效益的变更决策,并确定是否有预算来支付此类成本。某些更改可能会延迟,直到有了预算。对于没有预算的关键变更,管理层预算准备金可用于支付这些变更的成本。

3.8　成本效益

维修性成本效益是产品设计团队的竞争要素之间的一系列设计折中,以满足其保障需求。更多的时间和金钱应该投入到在需求生成和细化中,以便最终设计在整个生命周期内保障使用成本最低。但实际上,时间和预算的限制常常不允许产品开发团队获得实现最佳设计方案和成本效益目标所需的资源。由于设计需求不断变化,以及后勤保障基础设施未知或未标准化,因此通常无法实现承诺的保障成本和成本效益目标。一种更现实的成本效益分析方法是及时关注设计剖面中包含规定的限制、参数和理解。随着时间的推移,必须更新此快照以反映当前的现实。这就要求找到衔接因素,以帮助在当前成本效益评估和下一次成本效率评估之间进行比较,从而能够客观地对每种趋势进行比较和判断。

在产品的成本效益问题上有许多考虑和观点。成本效益权衡可以描述高水平的成本效益,如避免一次性成本,从而节省 100 万美元的成本;低水平成本效益,例如增量成本降低,每年将特定零件的成本降低 5%,直到供应商决定该零件应达到 EOL 并过时。成本效益的定义因被问者和问题背景而异。需要回答的一个问题是:成本效益是否会在实施设计变更的一年内为客户带来成本效益投资回报(ROI)。也许成本效益只是为了证明产品 OEM 的优势。鉴于缺乏标准化术语,以及成本效益度量的定义和流程不清,在确定或评估产品成本效益的任何问题上必须谨慎。评估成本效益时,首先要考虑定义成本范围和边界,例如高水平成本和低水平成本约束范围。比如,产品制造成本与所有者的占有成本之间有着相当清晰的界限。然而,由于产品和其要求不用,LCC 评估考虑的因素差异也很大。一些 LCC 评估包括产品研究和开发成本,而其他可能不包括。进行成本效益分析的人员应确定、定义并协调所有被投资方之间的成本效益条款，特别是获得项目团队财务部门领导的认可。财务负责人应验证所收集的所有成本数据的准确性，尤其是高水平成本数据及假设的有效性，并分析所述的低水平和高水平潜在的成本效益。除非提供特定的成本指标作为产品要求，否则以公认的两个或多个类似 ROI 备选方案中的最佳结果视为成本效益权衡结果。

就其性质而言，评估成本效益自然要求对“成本”和“效益”进行比较。“成本效益”一词的“成本”部分非常清楚，评估应以某种货币形式进行，通常是以赞助商本国的货币进行。在开始分析之前必须要明确使用的货币。还必须确定是否要处理和包括多国货币。如果是这种情况，则必须确定商定的货币汇率。

确定“成本效益”一词的“效益”部分往往比较困难。很多时候，效益目标是成本效益权衡的核心问题，但往往不能被进行成本效益研究的人有效定义和理解。通常，需要额外的工作和研究工作来识别、完善、定义其有效性，以助于分析团队和消费者对该术语有共同的理解。如果对最基本的基础术语理解不足或存在分歧，则确定成本效益设计权衡的分析工作和技术方案对管理层或客户几乎没有用处。

效益可以由客户在需求中定义，也可以是人们先前的经验想法。效益可能是出自管理人员的开放式概念，也可能是预算编制时的指令。无论如何定义，成本效益都存在于可接受和不可接受的程度之间。成本效益评估最重要的方面是，成本分析过程需要全面、客观和一致。所有方案都必须采用通用的分析方法，成本分析结果必须经得起公平性和准确性的审查。

成本效益评估涉及多个选项或备选方案的比较，以确定最佳投资回报率。成本效益评估的目的是使用一个共同参数客观地比较 2 种或 2 种以上的情况，一般来说，共同因素是货币。它被称为成本效益分析（CBA）、备选方案分析（AOA）、商业案例分析（BCA）、权衡研究或权衡分析、设计备选方案分析、期权分析或任何其他类似名称都无关紧要——所有人都有相同的过程。

在成本效益分析的早期建立一套分析目标和流程是很重要的。理解和记录分析的目的对于为团队和结果评审员在整个分析过程中建立一个统一标准至关重要。这对于复杂或长期分析尤其重要，因为团队很难长期保持专注力。为了防止出现在审查了成本效益研究结果后分析发起人发表评论“但这不是我要求你做的”的类似问题。一份简短的成本效益分析计划适合记录计划分析的所有相关方面，以规避产生此类问题的可能性。

成本效益分析计划应包括将在分析中评估的所有因素。它应说明如何考虑这些因素、分析所涵盖的时间长度、每个因素的权重、分析中的具体选项、工作目标、团队成员以及有助于团队和消费者理解结果的任何其他相关信息。成本效益分析团队应能够访问其所需的所有数据以及所需的任何主题专家，如财务专家、设计人员、合同专家和分析工具专家。

有许多不同的比较分析方法。有时,需要将现有产品与虚拟、概念性产品或设计选项进行比较。其他时候,可能与商业市场有竞争力的产品,针对特定用户问题、任务的多个需求而设计的产品分析相比较。无论是什么背景,在备选的选项中,测量术语或参数的量化特征通常会有所不同,并且这些差异很难进行统一度量。尽早确定备选方案中的共同因素将有助于对其进行比较。其余的非共同因素需要成本效益分析团队探索以共同术语量化特征和性能特征的方法,然后设计将该性能转化为可用成本度量的方法。

成本效益分析中需要考虑的一些因素包括:

(1)时间:考虑成本的时间长短对建立和保持设计规划非常重要。分析员应考虑成本分析的时间或频率,无论分析是在收集更多当前成本数据时进行一次还是多次。分析师还应考虑收集数据的时间窗口。数据是否基于一致或不规则的时间窗口(例如,周、月、年)? 这些数据是基于古代历史的数据,还是基于当前的精确测量? 2 年的分析窗口可能会产生与评估 20 年寿命不同的产品寿命成本观点。在考虑这个问题时,一个合理的方法是查看产品的预期寿命及其要完成任务的预期寿命。对 2 年寿命的产品进行 20 年的成本分析不是很有成效,而对 2 年产品进行 2 年的分析将提供更有用的结果。随着产品寿命接近任务寿命,成本分析的效用增加。适当的术语应具有操作代表性。期限太短将无法涵盖通常在生命周期后期才会发生的相关成本。这可能会以不现实和意外的方式扭转结果。请注意,最近的一些政府武器系统在 50 年的时间跨度内进行了成本评估,而之前的类似系统是在 20 年或 30 年的时间跨度内进行评估的。在比较类似系统的寿命成本以及试图确定哪种系统更具成本效益时,这自然会引起一些问题和混淆。分析员在选择成本效益分析时间框架进行评估时应小心谨慎。

(2)国家:如果产品涉及多个国家,则需要注意制定用于评估目的的通用货币参数。还有 2 个重要的考虑因素需要解决。第一个是确定和定义要采用的汇率。第二个是确定每个评估年每种货币的适当成本上涨率。这些因素对于在不断变化的多货币形势下建立和保持一致性和可信度至关重要。

(3)规模:如果成本评估的目的更倾向于 LCC 评估,则需要对所有相关人员进行相当严格的规划。建议将财务分析、成本分析和 ILS 方面的专家纳入评估团队。LCC 分析的范围很广,包括经常被忽略或忽视的参数。可以从经验丰富的专业人员那里寻求帮助,他们可以协助分析,或者作为独立的评审员、检查人员。分析员应扩展分析工作,以便在需要时提供正确的资源。

(4)预算:在分析计划中,预算限制将影响或限制进行评估所需的计划资源。必须仔细规划,以确定这些限制是什么以及哪些资源受到影响。该计划自然需要遵循预算限制,并确定如何在有限制的情况下进行评估。预算限制问题应在计划中直接解决,并解决如何使用人员和设备资源管理来维持预算。分析人员应考虑可用于提高所需资源有效性的工具或预先研究。

(5)加权:并非所有成本在评估或对客户而言都具有相同的优先级或重要性。需要建立加权因子,以便对重要性不同的因子进行公平比较。有几种加权因子的方法。一种方法是基于每个因素对彼此的相对重要性,对每个因素应用一组简单的1到9(示例)权重。另一种方法是组合因素,例如,因素1和2的重要性是3的2倍,4和5的重要性比7和8高50%,6和9的重要性是1或2的1/3。分析员可以在决策矩阵中考虑在每个因素之间进行成对比较,以确定权重。无论使用哪种方法,都必须确保分析包括权重因素。

(6)标准:应在评估计划中确定评估标准和可接受参数。如果要使用通过/不通过标准,分析人员应说明这一点。如果涉及通过/不通过评分的滑动标尺,分析人员应说明每个评估级别的等级。重要的是将这些项目包括在计划中,以防止错误或误解。

(7)保修:如果适用,应说明保修成本以及维修和退货成本,以及维持维修能力的成本。

(8)产品责任:如果合适,考虑与产品使用责任相关的风险和成本以及潜在的诉讼成本。分析人员可能希望咨询法律顾问机构,以了解该责任风险主题。

(9)定期更新:长期成本效益分析评估应包括以下因素:产品定期更新的成本、计划周期内新产品更换的零件成本、大修成本、保障人员培训和更新成本、零件过期、将新技术引入现有产品及在后勤保障基础设施中的成本。

3.9 维修和生命周期成本

维修的经典定义通常由后勤人员进行,它是指将产品恢复到其原始运行状态和条件,或将产品保持在运行状态和条件的过程。导致产品不可用的原因比较多,包括常规部件故障、设计不良、维修引发的故障、意外事故、战争行为、处理事故、其他设备故障、自然灾害,甚至货物从飞机上掉下来时降落伞不能打开时的“硬着陆”。预防性和计划性维修也包含在经典定义中。为了全面地表示维修的范围,必须包括产品生命周期中涉及的所有维修活动。这些活动包括组装产品、拆卸和重新组装、拆除产品以修复另一个零件、进行大修、规划增量产品更新、合并设计变更、产品非军事化或执行EOL处置活动。因此,在产品的生命周期中需要维修的方式和原因很多。

产品的生命周期远远超出了购买价格,相关成本也是如此。如前所述,产品的生命周期保障成本通常比购买价格高得多,这对于负责提供保障的人员来说非常重要。在这种情况下,与维修相关的成本从产品在设计之初就产生了,因为在设计之初维修性和维修需求就会被整理、验证,然后转化为需求。并且不断以早期设计概念成本、买方和卖方的合同成本以及设计、原型制作和测试工作的形式累积。这些成本均发生在销售或购买单个产品之前。

负责产品生命周期规划的人员必须考虑其整个生命周期,确定并量化维修涉及的所有活动。规划较长的产品时间框架需要人们确定和考虑许多成本高昂事件发生的机会,并计划保障这些事件,同时认识到使用时间较长的产品会磨损和失效,因此需要更多的更新。对于现有产品,过去的性能是未来事件和成本的一个很好但通常不是最好的预测指标,对于新产品没有过去的性能可供考虑,因此成本估算的准确性要低得多。这就是为什么如此重视新军事系统和大型商用产品的早期设计工作和维修性分析(以及其他相关后勤分析)的原因之一。

LCC 分析师试图提前几年预测未来。他们的产品数据进入预算过程,最终用于指导购买和保障产品。大型公司和政府的预算周期以年为单位,通常为 5 年或 5 年以上,有时为 10 年。此外,大型系统(如主要军事武器系统)的生命周期成本估算有 30 ~ 50 年的时间范围。由于无法准确了解这期间的实际成本,生命周期规划和预算必然涉及利用最佳可用数据预测未来几年或多年的保障成本,并对未来事件做出判断。因此,对与 LCC 相关的维修成本长期预测是有困难的。通常,估计值越远,准确度就越低。做出更好与 LCC 维修相关的估算的一个因素是全面了解与产品保障相关的所有维修活动的所有成本要素。恰当和准确了解产品 LCC 的维修估算要求、需了解其整个生命周期中所有使用用途以及所有与维修相关的要素。一旦充分了解了整个生命周期,就可以很好地了解维修对保障成本的影响,以及如何减少或最小化其影响。其本质就是评估这种更改行为产生的效益是否值得采用。同样,可以评估保障方案和计划中的潜在变化,以确定此类变化是否会产生有价值的效益。这些分析和权衡研究可以在产品设计初期缓解与维修性以及与之相关的保障问题,并以最低的成本进行。在生命周期的后期,设计变更的成本将非常高。如果变更设计不可能或不符合成本效益,则维修保障规划可以在规划阶段使设计与产品要求相匹配,而不是事后做出反应。

可能采用的一个相对较新的保障概念是基于性能的保障(PBL)。该保障方案是一种备选方案,需要对"正常"维持 LCC 假设进行调整。在 PBL 概念下,供应商承担产品的维修和修理的责任,并向用户保证商定的使用性能水平,通常包括在使用条件下的指标,如使用可用度(A_0)。包括维修在内的维持成本由 PBL 承包商承担,PBL 承包商还负责维修性性能指标。显然,这种范式改变了成本方程和 LCC 计算中的假设。任何 PBL 合同都需要大量的思考和谈判,必须详细确定许多条款和条件。通常,要使条款生效,必须满足特定的时间框架。此外,

PBL 涉及的数据的准确性对于有效的 PBL 工作非常关键，PBL 用户和使用人员都很关注。在考虑 PBL 类型的计划时，必须进行大量职能履行情况调查和研究，并在整个考虑和实施过程中与合同和后勤专家进行大量协商。

权衡研究应着眼于产品，确定并评估所有工具、测试设备、特殊保障设备、设施、个人防护设备（PPE）、技能、特殊认证和培训、特殊搬运或运输要求以及支持基础设施的任何其他要素的相关成本，从而实现节约成本。此外，对于长寿命产品，需要确定定期升级或大修的成本。在不改变产品基本架构的情况下提高产品的设计水平是一个重要减少成本的机会，减少大修频率也是如此。

最后，如果生命周期分析不包括与 EOL、服务终止（EOS）、非军事化、解密、危险材料处理和处置、机密和专有材料处理、涉及爆炸物的维修、电池、油漆和油漆去除等材料的处置相关的维修活动和成本，则生命周期分析将不完整。因此，需要考虑在核、生物、化学环境任务导向的防护方案（MOPP）下，恶劣环境中设备工作的特殊要求。

3.10 质 保

除了消费零售产品外，产品性能保证并不常用。产品保修在成本效益分析中的应用并非千篇一律，并且在许多类型的工业、国防和航空航天产品中其标准化程度不一。虽然不常使用，但从本质上讲，维修性保证可以规定产品将在指定时间段内提供指定水平的维修性性能。为了有效，保修必须由双方（至少）接受，即报价人（通常是产品制造商）和买方（通常是用户）。此外，需要准确规定保修条款，包括提供的产品、如何计量、保修有效和/或无效的条件、保修有效的时间范围以及保修的所有意外情况。此外，保修应规定因不符合保修条款而生效的任何处罚，以及买方/用户和报价人评估和裁决保修索赔的程序。其他条款和条件也可能适用，这取决于许多因素，因此分析员在考虑或处理任何保修合同条款时，建议咨询合适的法律顾问。

通常，维修性保证的性能是根据进行维修所需的时间来规定的，通常以平均维修时间或平均故障修复时间（MTTR）来衡量。由于维修性是基于许多因素的统计估计，因此 MTTR 的含义可能有许多警示意义。这对报价人很重要，因为他们在生产产品和提供保修时会承担风险。

这对于用户来说同样重要，因为他们正在围绕报价人的性能预期构建保障基础设施。双方将发现，进一步分解 MTTR 术语有助于提供此类产品的更多定义，如维修类型（预防性、修复性、现场级、退修、车辆段、拆卸和更换、大修等）、使用的工具和测试设备、维修人员的技能水平和培训、备件的可用性、保修索赔报告的及时性以及如何收集和报告维修和时间数据。

通常,特别是对于军用产品和系统,客户认识到保障大型产品所涉及的LCC,并进一步认识到早期设计参与对降低全寿命维修成本的价值。正是由于这些原因,在政府,尤其是军用产品开发项目中,人们将看到客户的大量参与,强调多层次的设计审查和进度报告,包括问题报告。虽然这有时看起来是侵入性的,但它确实反映了客户为维修和保障一个产品20年或更长时间而接受的固有风险。因为风险和成本高,所以客户参与度也高。

维修性保修讨论应在产品采购阶段早期进行,导致保修生效的指标应在每次正式设计评审时进行评审,如PDR、CDR和PRR。通常,政府客户还将指定在整个开发过程中进行特定的维修性预计,最终进行M-Demo,这是保障演示的一部分。

可以预见政府用户,特别是军事用户,有一个现有的数据收集和报告系统,用于收集和分析维修使用等。假设对数据的准确性和有效性达成一致,该数据收集能力是用于维修性保修目的数据的极好资源。大规模数据收集系统在广泛、多用户的系统中可能存在固有的不精确性,在同意将其用作保修执行源之前,应对此进行讨论和协调。例如,在高压力时期、战时或其他紧急情况下进行维修时,数据收集上优先级可能会下降。这一点应事先得到各方的理解和同意。

普遍存在的一种维修性保修形式是自保修,尽管这种形式并不经常被认可。自保修是指用户接受任何维修性性能,并期望不会太差。在这种情况下,用户承担所有风险。在自保修的情况下,前期成本与维修性预计的预测分析、详细维修性设计分析、M-Demo和测试以及现场评估无关。这可以使产品的开发更快,成本更低,但对用户来说风险更大。这在许多商业情况下都可以看到,当对制造商和以前的产品有信心时,用户通常可以接受。它很少用于大型产品或专用产品,除非时间至关重要且比下游成本较低。

如果PBL保障合同是产品保修条款的一部分,则应仔细考虑条款、要求、约束和限制。在某些情况下,PBL包括已打开或用户已尝试维修的项目的额外费用。此类限制对用户的影响可能很大,用户的维修人员和保障系统必须接受适当的培训并得到此类规定的通知。

3.11 小　结

在维修性计划的建立和执行中,有许多障碍和问题需要解决。虽然不能保证成功,但做出明智的选择可以大大有助于实现高效、低成本的维修。如本章所述,全面、周密的规划是维修性管理工具包中最有效的工具。需要确定产品任务所需的资源,并做出安排,以便在需要时随时准备好所需资源。必须与产品设计、开发、制造、运营、测试和保障中涉及的所有组织要素进行密切、早期和持续的协调。

维修性管理层有责任确保为所有团队成员提供数据、信息、理解、上下文、解释、澄清和指导。还需要控制信息，以便整个团队都在处理相同的信息集和版本。配置控制和访问控制措施将大大有助于这项工作。

产品的开发生命周期从概念开发阶段开始，并通过测试和生产进行。清晰、明确和可衡量的需求定义是开发过程成功的必要条件。根据需求进行设计和正式测试应是设计和开发过程的组成部分。有必要测量和验证正在设计的产品是否满足基线要求。越早根据需求测量设计特性，对设计进行更改所需的时间和资金就越少。

设计团队应当考虑产品的整个生命周期，并从生命周期的最早阶段就让维修和保障人员参与。特别是在早期，建议从实际用户和维修人员处获得可持续性信息，包括在产品中任何新的见解都应该被捕获并记录下来，如果合适的话，还应该转化为正式的需求。

维修性工程应纳入整个设计团队，因为其要求由设计人员实施。设计备选方案和零件选择应包括维修性以及其他 ILS 功能，以审查并同意提议的变更。软件设计应包括维修性工程，以提供对用户界面的洞察，以便于使用和一致性，并指导如何使软件维修更容易和防止出错。出于更多的机械考虑，重量和平衡等特性通常被忽略，在设计过程后期才会注意。同样的情况也发生在装载能力以及通道运输，例如船舶上的受限空间。维修通道和安全作业考虑也是维修性工程研究的重要方面。

维修性和 ILS 工程师的关键任务之一是作为设计团队的一部分，努力影响设计决策。这要求知识渊博的维修性和 ILS 人员熟悉设计和技术事宜，并且在设计团队中发挥重要作用。虽然最初并不总是完全了解，但维修性工程师的知识和观点是成功、系统完成设计要求的一个重要因素。强烈建议产品 ILS 负责人和各种 ILS 功能负责人（可靠性、维修性、备件等）审查并签署所有提议的需求变更和提议的设计变更。

参考文献

1. US Department of Defense (2012). Designing and Developing Maintainable Products and Systems, MIL – HDBK – 470A. Washington, DC: Department of Defense.
2. US Department of Defense (2017). Chapter 3 – Systems engineering. In: Defense Acquisition Guidebook (DAG). Washington, DC: Department of Defense.
3. US Department of Defense (2016). Operating and Support Cost Management Guidebook. Washington, DC: Department of Defense.

补充阅读建议

1. Blanchard, B. S. (2004). System Engineering Management. Hoboken, NJ: Wiley.
2. Blanchard, B. S. (2015). Logistics Engineering and Management. India: Pearson .
3. Maslow, A. H. (1943). A theory of human motivation. Psychological Review 50:370 - 396.
4. Pecht, M. and The Arinc Inc (1995). Product Reliability, Maintainability, and Supportability Handbook. Boca.
5. Raton, FL: CRC Press. Raheja, D. and Allocco, M. (2006). Assurance。Technologies Principles and Practices. Hoboken, NJ: Wiley.
6. Raheja, D. and Gullo, L. J. (2012). Design for Reliability.
7. Hoboken, NJ: Wiley. US Department of Defense (1988). Maintainability Design Techniques , DOD - HDBK - 791. Washington, DC: Department of Defense.
8. US Department of Defense (1997). Designing andDeveloping Maintainable Products and Systems, MIL - HDBK - 470. Washington, DC: Department of Defense.
9. US Department of Defense (2001). Configuration Management Guidance, MIL - HDBK - 61A. Washington, DC: Department of Defense.
10. US Department of Defense (2011). Product Support Manager Guidebook. Washington, DC: Department of Defense.
11. US Department of Defense (2013). Acquisition Logistics , MIL - HDBK - 502. Washington, DC: U. S. Department of Defense.
12. US Department of Defense (2017). Defense Acquisition Guidebook (DAG). Washington, DC: Department of Defense.

第4章　维修方案

David E. Franck, CPL

4.1　导　言

维修方案是综合系统、子系统和组件设计的最基本指导原则之一。维修方案是定义和影响持续性保障计划和能力的核心，从而实现全生命周期的运用。这种生命周期思维，从本质上讲，包含了许多系统性能、使用和维修因素，这些因素通常不包括在设计规范中，但它们是至关重要的。因为只有系统具备该能力时，才能确保产品在全寿命周内的关键时刻可用。在传统的设计概念中，似乎维修性、保障性与设计没有很大关系。本章提供了推翻这一理念的基本原理，并证明了为什么维修是系统或产品设计过程中的一个重要考虑因素。此外，产品的维修性和保障性参数及其预期很难确定，尤其是当这些参数未知、不受控制、未定义时。本章和本书的其他章节提供了产品在生产和制造之前的维修性和保障性参数，这些参数可以用于产品的设计和开发过程。

真正包容性设计包括考虑并适应系统或产品在其预期使用寿命期间所需的维修和保障要素。这些经验包括超出典型设计性能规范的因素，如重量、尺寸、数据吞吐量、功率利用率、接口等，也超出系统或产品使用方式的因素。设计包容性包括预测和判断系统或产品的全生命周期历程。为了实现生命周期的效益和效率，设计考虑必须包括系统或产品将在其全部生命周期中的维修环境。

为简便和一致起见，本章中术语“系统”和“产品”可互换使用。当其中之一被提及时，所指对两者场适用。

历史证明，典型系统的生命周期成本（LCC）中绝大多数是制造后的使用保障成本。维修方案为保障决策奠定了基础。维修专业人员根据维修方案制定计划和决策。他们分配资源，实现产品的固有能力，并基于维修方案确定和节约成本。因此，需谨慎考虑以上因素。不合理的产品设计将不能有效兼容保障系统，因此增加产品的维修时间从而降低产品的可用性，同时使得产品的维修保障成本增加。这些成本将会导致较高的维修工时以及变更设计费用，否则产品将会被淘汰。

设计行业有一个基本准则,随着设计过程的不断深入,更改设计的成本会急剧增加。在设计过程早期进行开发权衡研究期间的设计变更比在设计过程后期进行的设计变更更容易进行,成本也低得多。设计变更的成本取决于变更的类型和被变更的硬件类型,无论是复杂的还是简单的组件、单元或子系统设计变更。显而易见,就设计变更而言,变更越早进行,就越容易越便宜。

这种“更早更容易更便宜”的通用方法适用于产品及其整个生命周期中的整个保障/维持环境。产品维修方案越早建立且标准化,产品的维修资源和所有保障的固有能力就可以越早的进行规划和编制预算,同时也可以更早开始建设保障基础设施。

产品的设计工作与保障该产品持续运行的基础设施的创建之间存在一定程度的协同作用。这种协同作用的水平反映在基于维修方案的维修计划对产品设计要求的影响。这就像鸡和蛋的情况,先考虑哪个因素?产品设计是否先于保障基础设施建立?产品的维修能力取决于产品的设计,而产品的有效保障取决于维持基础设施的能力和资源。在最好的情况下,产品设计参数应包括提供有效保障和维修的设计功能。正如有些人会说,在鸡和蛋的场景中,蛋是第一位的,同样的道理也适用于产品设计与设计保障基础设施的难题。保障基础设施必须放在首位。如果尚未创建保障基础设施,则不可能产生新产品。在没有现有保障基础设施的情况下向公众发布的新产品设计注定会失败。

事实上,在许多情况下,保障基础设施都相当完善,例如在军事或汽车制造领域。对基础设施的了解有助于在正确的基础上开始设计过程,需要将这些保障基础设施作为设计需求的一部分。否则,设计团队需要在前期采取额外的工作来满足对产品维修和保障的要求。

一旦明确了维修方案,就必须将维修方案以文档形式记录下来并颁发给设计、开发、制造、运营、销售、分销和产品现场保障中涉及的所有人员。正如生产和部署到现场的任何产品设计都有一个使用方案(CONOPS),维修和保障基础设施也有一个 CONOPS。在设计过程中使利益方、利益相关者和设计团队成员获悉相关信息并及时反馈。这一过程越早完成越好,因为许多产品设计、开发和生产决策都依赖于这一早期信息来完成彻底的工作。

反复强调“早期”是有目的的。“早期”很重要,它关系到设计的优劣、时间、设计成本、生产成本和维持成本。例如,维修方案是设计决策背后的主要驱动力,需要在确认和锁定产品的设计基准之前做出这些决策。在这一点之后,对设计的所有更改只会变得更加困难、耗时更长、实现成本更高。此外,早期维修方案定义提供了额外的时间来进行成本效益设计权衡研究,以优化设计。

考虑这一点:产品所有者在产品的整个生命周期中都与产品相关。在许多情况下，例如，在许多政府军队的维修方案中，保障周期一般长达几十年。例如，对于长寿命军事系统，相关作战与保障（O&S）成本通常平均约为67%，大部分占LCC的70%～80%或更高范围内。相比之下，设计和生产成本相对较小[1-2]。一个谨慎的产品开发人员和产品所有者最好尽早搜索、识别和考虑最小设计投资，并使得投资在数十年的产品支持中具有积极的影响。此外，将这些产品概念和要点灌输给设计团队将会产生一个对产品预期用途和保障环境进一步优化的设计。

早期建立维修方案的另一个原因是需要时间来建立维修保障基础设施。对人员、培训（如操作员、维修人员、产品保障）、出版物、工具、测试设备、维修位置和能力、网络故障排除、存储容量、备件库存等能力都必须进行评估并落实到位。

由于没有资金就无法形成保障能力，因此必须考虑预算编制过程。大型保障组织，特别是政府组织的预算周期一般在需要保障能力形成之前几年开始。

资金申请还需要详细的预算以供批准，这同样需要对所需的设计和保障资源进行早期和提前分析。进行这些分析需要时间和信息，包括设计信息。目标应该是在预算周期内有足够的时间进行分析，以便在向用户提供产品的同时，确定保障能力到位并投入使用。

早期保障导向会影响设计及时部署保障能力。需要考虑的数据：在美国国防部（DoD），通常系统约LCC的85%在需求定义阶段和设计基线建立之前提交并锁定[3]。这一事实应该成为设计团队的指南，否则会在产品生命周期中的某个环节为此付出代价。

4.2 开发维修方案

维修方案影响产品设计、生产、运行、维修（包括维修、校准、更新、拆卸、更换和回溯支持）、运输和处置过程中涉及的所有产品参与者。此外，它还影响并提供指导：开发培训需求和课件、创建技术文档、工具和测试设备需求、现场可更换单元（LRU）设计、包装和存储需求、定义维修辅助工具以及设计内置测试能力。LRU通常定义为电子电路卡组件或连接有零件和组件的印制线路板组件。LRU通常是系统的最低级别，可以在基层级维修级别进行维修。设计可靠性决定了需要多少保障资源的频率和数量，以及必须纳入设计备选方案的考虑范围，以及它们对保障基础设施和相关成本的影响。

由于维修方案的影响非常广泛，因此，设计和项目团队的所有成员都要充分了解其影响及其与产品设计的关系，这对于高效的设计至关重要。让设计和开发团队熟悉维修方案以及他们的设计选择如何影响他人的一种有效方法是：在团队环境中，让团队成员列出他们能想到的所有潜在用户和维修人员（或保障人员，如果需要），然后让他们列出每个人如何参与产品维修（或保障）。

接下来，询问团队这些投资方将如何实际执行其任务，在什么条件下，使用什么工具，需要什么技能，需要什么设施，以及所有维修需要什么测试设备。此外，调查团队在整个生命周期内完成产品维修可能需要的其他资源，包括报废。

探索这些活动发生时产品可能处于的潜在环境及条件。设计团队应进行设计审查，以考虑系统使用人员或维修人员可能面对的所有工作范围内的条件，以及考虑可能进行维修的环境条件。

例如，在不同环境条件下应考虑以下相关问题：

(1)预计使用人员、维修人员的行动是否将发生在加热、空调室内设施中，或在寒冷、多风和多雪的道路、机场坡道、山坡上？

(2)使用人员、维修人员能否在寒冷天气下进行工作，而不会使他们感到沮丧，很少或根本无法进入要使用或维修的区域？

(3)预计使用人员、维修人员的行动是否会发生在潮湿的热带丛林或干燥的沙漠中？

(4)使用人员、维修人员是否在颠簸、移动的车辆、船舶、船只、飞机内或在稳定的地面上受到机械冲击和振动？

(5)是否考虑人员的身体、情绪和精神状况？

(6)是否考虑了现实世界中的问题，如疲劳、疲惫、工作强度、经验水平和工作压力？

(7)是否准备所有类型的应对恶劣暴风雨天气的装备，如雨衣和雨靴，使用人员或维修人员可能会使用这些装备来完成工作？

(8)是否在含有核、生物、化学制剂的危险环境中？操作人员或维修人员是否考虑使用防污染装具，如面向军事任务的防护装具（MOPP）？

此类练习为所有产品团队成员（包含用户和维修人员等）提供了更好地了解产品使用和保障环境的机会，并使他们对其设计选择的后续工作影响更大。

开发维修方案需要仔细考虑如何在所有生命周期时间和事件中使用和维修产品。确定基本要素——产品的预期寿命及其生命周期中的主要事件。此类事件可能包括在役日期、大修、计划更换日期、预期更新以及预期寿命或使用期限。

除了上述进行维修的环境条件外，还需要确定和定义维修环境的其他方面。有助于澄清产品维修环境的一些考虑因素可能包括：

(1)这些活动将在哪里进行？这些活动是否可以在露天进行，如在飞行现场，在车间或棚子中，在临时设施，在仓库设施或大型永久性结构中进行？

(2)维修活动的性质是否要求人员在面向机械任务、电子硬件任务、计算机软件任务或所有3种类型的任务中接受培训并具有经验？

(3)产品何时可用于维修？任务结束后？2 年后？在使用时？还是下个月两天？一直再使用 6 个月？

(4)维修人员的工作周是什么？有哪些节日？

(5)维修人员是否轮班工作？如果是的话，是哪些轮班？

(6)谁有权做什么？例如，是否涉及工会、工人组织？如果是，对其员工有哪些要求或限制？

(7)有哪些维修专业，它们是如何运作的？

(8)维修人员的语言是什么？

(9)有哪些设施和保障基础设施可供维修？

(10)在生命周期内，设计变更、更新和升级将如何进行？是否需要定期更新？是否计划定期升级？他们的时机是什么？它们是否对应于计划的重大维修事件，如计划的车辆段大修？

必须定义预期生命周期。如果产品的预期寿命为 2 年、20 年、50 年，则设计方法会有所不同。更长的使用寿命需要考虑使升级更容易的设计选择，例如开放式体系结构。是否计划保修期？在生命周期内是否需要第三方提供额外的产品保障？与产品的预期寿命仍然相关；是 30s 还是 1 年？对于设计团队来说，使用可靠性应该成为更重要的因素。然而，保障团队将更关注对影响存储寿命和条件的设计特性。

如果产品是一次性且不可维修的，则必须采用一种不同的维修方案和设计选择。即，不可修复产品可能遵循“故障时丢弃”维修方案。此外还需考虑整个产品是一次性的还是仅产品的某些选定部分是一次性的。手电筒或电池就是这种情况。便携式手电筒是一种在电池电量耗尽时不应丢弃的产品。手电筒设计应便于更换电池。如果在电池发生故障时无法更换电池，手电筒必须丢弃或扔掉，则手电筒将被视为不好的设计。

人们越来越感兴趣的是对环境影响的处置问题。产品的任何部分是否需要特殊处理或处置限制？该产品是否包括镍镉电池或锂离子电池？是否使用了特殊的军用涂料，如耐化学剂涂层(CARC)涂料？维修期间是否计划处理某些零件或物品，如脏抹布、润滑脂、油浸密封件和部件、石油产品和清洁材料？

如果产品有安全方面的考虑，也需要将其纳入维修方案中。需要确定安全级别以及安全信息获取的条件和过程。此外，必须确定设施(包括储存)、设备和人员要求，以及特殊处理或销毁过程和许可。通常，有既定的流程、要求和定义，以符合保密设备的设计、使用和保障。相关组织和人员在该类事项中要发挥关键作用。

维修方案的另一个考虑因素是产品是否在不同国家使用和维修。通常，典型维修人员工具包中包含的工具因国家而异。此外，公制与美式工具或连接件

(即螺纹、螺栓头、长度)的使用也各不相同。此外,维修人员的技能定义及其技能水平因国家而异。这些特性需要成为维修概念的一部分。

维修方案的另一内容是审查和确定任何适用的进出口法律和限制。技术转让通常是此类法律的重点,但各国的情况也有所不同。某些物品在一个国家的运输可能受到限制或禁止,因此有必要仔细审查法律和产品设计。

在不同国家产品零件的环境处置应当考虑不同因素,关于某些材料的使用、处置和运输的法律也是如此。电池和电池技术是一个经常被忽视的因素。如果电池是产品的一部分,它们的布置方式可能会影响设计决策。镍镉电池和锂离子电池是当前电池处理问题的最常见来源,但它们不是唯一的来源。流体、气体、致癌材料和类似材料是维修概念中需要解决的潜在问题。

另外,一个经常被忽视的维修方案部分是预期用户和维修人员的标识和语言要求。应考虑设计预期用户和维修人员安全维修和标识标准所需的适当语言。

作为上述讨论的一些示例,请考虑为英国(UK)设计和构建大型系统时面临的许多维修方案相关主题中的部分内容,该系统也打算在另一个欧洲国家使用和维修。考虑因素的小样本可能包括:

(1)谁是维修人员,如政府人员、军事人员、承包商?

(2)每组操作人员和维修人员都具备哪些技能?

(3)维修人员是多技能的还是单技能的?

(4)在不同的地方适用哪些劳动法?

(5)是否涉及工会,适用哪些特殊维修定义?

(6)国家对电气布线的惯例和要求是什么?

(7)在什么位置使用什么警告和警示标签?

(8)标识、标签、警告、说明、手册、培训等使用什么语言?

(9)设计每个设施的环境考虑因素是什么?

(10)每个设施之间的人为因素差异是什么?例如工人的时间/温度限制?

(11)不同地点的天气和内部环境条件有哪些不同,以及它们对供暖、通风和空调(HVAC)设计有何影响?

(12)涉及两国及其军队、民间组织和商业数据传输资源的安全考虑因素应该是什么?

如前所述,维修方案是定义和确定保障产品所需维修和保障资源类别的基础。维修方案的核心项目是如何快速地完成定义的维修。这通常被称为系统维修性,通常用主动维修的平均故障修复时间(MTTR)来规定。MTTR是一个重要的维修性指标,但它可能会有几种不同的解释和相关变量。MTTR的目的是定义需要多快完成维修,它是产品所有潜在维修活动的统计平均值。维修性有许多方面可能适用于特定情况。例如,MTTR的子集可能包括预防性文献、站点、车间维修,或有效与总维修时间之比。MTTR 计算的总时间中不包管理或后勤停机时间。

MTTR 是保障计划的一个重要指标,因为它决定了在计划保障中包括的每个维修级别的时限内可以执行哪些维修行动。这反过来又决定了在每一级维修和进行维修的地点需要哪些维修工具、测试设备、培训、内置测试(BIT)能力、文档、备件等。

如果系统可修时,维修方案还必须包括可靠性要求,通常称为平均故障间隔时间(MTBF)。如果系统不可修复,则可靠性规范不应具有 MTBF 要求,则为平均故障时间(MTTF)要求。类似于 MTTR 驱动维修性定量需求以确定需要哪些维修活动,MTBF 驱动可修复系统的可靠性定量需求,并用于确定需要维修资源的频率。自然,维修的频率决定了保障产品群所需维修相关资源的程度,从而决定了提供保障的成本。设计团队应该熟悉可靠性和保障成本之间的关系,因为一旦设计完成,产品的可靠性不会改变。由可靠性驱动的产品在寿命内影响保障的唯一机会在于设计团队。

范例 1:维修性与可靠性成反比

4.2.1 维修性要求

维修方案通常是根据产品的使用要求制定的。在顶层设计中,通常包括产品的一些维修相关需求、其预期用途和重要性、计划的产品保障能力和基础设施以及预期的生命周期。这些顶层需求被分解为多个重点,从而提出更详细的需求。需要提出的问题要充分聚焦且足够详细,从而生成要纳入维修方案的需求:

(1)系统在其使用寿命期间将经历哪些使用条件?

(2)产品将如何使用、搬运、储存和运输?

(3)产品在使用寿命结束时的处理和处置计划是什么?

(4)是否确定了产品的生命周期?

(5)产品有质保期吗?换言之,产品在非运行状态下(以及在何种条件下)可以储存多久,然后从储存中取出并投入运行?

(6)在产品的使用寿命期间,将执行哪些级别和类别的维修?

(7)产品是否会进行计划内或计划外的升级或大修?

(8)产品的工作周期是什么?

(9)考虑到在某些区域执行维修所需的空间,以及维修人员在将人员与任务匹配方面的能力和限制,进行维修的约束是什么?

范例8:了解维修性需求

随着系统设计的进展,维修方案需求转化为系统设计和保障需求。在执行系统设计活动时,维修方案提供了一个框架,根据维修设计标准形成系统设计权衡研究决策,从而产生详细的维修和保障需求。第5章将更详细地讨论维修性设计标准和维修性要求。

4.2.2 维修类别

根据维修的性质,可分为2类。这些类别是定期维修(计划)和非计划维修。每个类别可根据维修原因进一步细分:

(1)计划维修

①预防性维修

②升级和更新维修

③新功能维修

④更换维修

⑤拆卸和更换(R&R)维修

(2)非计划维修

①修复性维修

②初期失效

③使用安全

④异常情况

以下章节将讨论这些类别及其详细划分。这些分组之间的定义可能有一些重叠,有时定义可能因客户而异。仔细评估适用于每种情况的假设是适当的,以确保各方使用相同的术语,并避免今后出现不必要的“意外”。明确了解设计团队、保障规划人员和客户之间使用的维修设计目标和维修术语非常重要。此外,在设计团队和后勤保障(LS)团队之间建立密切的工作关系是对整个产品开发过程的宝贵补充,应予以鼓励。这样做的好处是,在设计过程的早期,需要彻底检查和协调术语、定义和期望,最好是在需求定义阶段。为了确保设计团队在使用术语和定义时保持一致,通常需要额外的规定。

4.2.2.1 计划维修

顾名思义,此类维修是根据定义的可预测指标进行的,通常基于计划或使用指标。定期维修所依据的一些示例包括:运行小时数;日历时间;每日、每周、每月、季度、年度计划;通电时间;通电/断电循环;起飞、着陆;潜水计数(潜艇);行驶里程;发射炮弹;过时状态。

计划维修可进一步细分为以下段落中描述的子类别。

(1)预防性维修。预防性维修是为了预防故障或失效而主动进行的维修。就其性质而言,预防性维修旨在发现故障、问题以及即将发生的问题或趋势,这些问题或趋势在产生之后将会导致修复性维修。预防性维修包括多种维修行为,通常基于产品使用情况确定。例如:

①每3000英里(1英里≈1.6km)换油一次;

②每发射2000发子弹后更换枪管;

③轮胎每5000英里更换一次;

④每运行100h检查一次系统标记;

⑤每次飞行前检查轮胎;

⑥每次工作时,检查液压、机油和燃油管路是否泄漏;

⑦每5000次循环后对发动机进行内视镜检查。

预防性维修活动的范围很广,从耗时数天的大规模维修活动到数小时或可能需要数分钟完成的简单目视检查。预防性维修活动的需求和细节取决于所解决的产品问题的设计。它们可以像目视检查裂纹、污垢、零件磨损一样简单。它们也可以包括很复杂的操作,如运行内置故障检测软件、执行校准程序,对整台发动机进行检查,检查飞机油箱内部,手动检查船舶的舱底。

从设计过程的早期开始,设计团队和保障规划团队应考虑设计选项与其各自维修需求之间的权衡。这些权衡研究应使整个产品生命周期的使用与保障协调。通常,生命周期内最终运行产品数量随着维修需求的增加而增加,从而实现全生命周期内的运营目标。虽然完美设计是一种理想的结果,但它不应以用户的过度维修为代价,尤其是对于预期使用寿命较长的产品。应对设计生产成本与保障成本之间的权衡进行全面管理。

(2)升级和更新维修。产品和系统,尤其是那些软件内容丰富或生命周期长的产品和系统在其使用寿命期间通常需要一次或多次升级。单纯在形式上,升级和更新通常涉及维修,以替换过时的部件,更新软件,使产品与其他接口的产品兼容,添加(通常)不会显著改善系统的运行能力。系统运行中的重大变化主要与新产品、更换产品、大修活动有关。

在电子LRU零件和组件的世界中,当试图在相当长的时间内管理大量产品时,退役可能是一种比较常见的选择。许多电子零件在两三年内就过时(停产或材料不再可用),而18个月的周期对于快速变化的商业零件来说并不少见,有些甚至快到12个月。为便于升级而设计,并使用具有长期供应历史的零件,会减少因过时而需要更新的可能性,从而降低产品的保障负担。对于基于计算机的系统,如果不添加新的功能或性能,通常是不需要维修的。因此,与升级相关的维修经常与添加新功能的维修同时进行。

(3)新功能维修。旨在向现有产品添加新能力、性能和功能的维修,是具有独特挑战的维修子集。长寿命系统为产品保障管理带来了特殊挑战,需要在竞争需求之间找到最佳解决方案。这些考虑包括:何时何地添加新功能;管理不断变化的套件需求与新产品组件需求竞争;与现有维修资源竞争进行维修;努力将对客户的运营影响降至最低;资金问题。

假设产品和软件设计在其设计架构中包含此功能,实际维修使用可以像安装软件更新一样简单。否则,维修可能还需要对主机设备进行完整的 LRU 拆卸和重新组装,并进行设计修改。可能需要更换 LRU 上的相关电子零件或组件,这可能很简单,也可能需要进行大量拆卸,以便更换 LRU 零件。在大型复杂系统上,如飞机、船舶、坦克和类似复杂系统,通常需要大量拆卸和复杂的维修活动,涉及许多维修技能和详细的维修计划。

如果可能的话,需要一种面向未来的设计。有助于实现这一目标的特征包括:易接近、拆卸和更换零件;使用标准接口和零件尺寸;使用软件和电子/数据接口标准;使用尽可能少的不同类型的连接器和连接硬件(螺钉、螺母、螺栓等);易于在现场接近,同时尽可能少地移除其他部件或系统以便于维修。此外,设计额外的裕度和能力以及多余或备用的保障能力是有利的。这些因素可能包括:电源和加热/冷却部分的额外容量;用于额外电子板的额外插槽;加强支撑结构,以吸收预期的重量、速度、搬运增加;增加结构安装强度和连接位置,以适应未来的能力;在可能的情况下使用开放架构。

(4)更换维修。在每一个系统的生命周期内,总会由于故障或事故而不得不更换,为下一代系统更换让路,为新系统腾出空间。在这种情况下,易于维修并不是设计考虑的重要因素。相反,一个更为相关的考虑因素是如何将旧设备从其位置中取出,以及如何安全处置设备或使其无法使用。在设计阶段,更换的设计考虑因素通常包括销毁、保留产品中的专有信息、设计,专有零件,保密软件、零件,环境敏感材料(化学品、辐射源、毒物),致癌、危险材料(电池、酸、铅、腐蚀性物质),处置产品所需的致癌、危险材料(CARC 涂料、石棉)、贵金属。此外,需要考虑解决最终处置、处理、储存、运输和运输所有特殊要求。例如,锂离子电池的空运受到严格限制,铅酸电池的处置受到控制,放射性材料需要特殊处理。要求对当地和国家的处置、处理和运输限制和流程进行仔细审查。

(5)拆卸和更换(R&R)维修。R&R 维修通常通过将故障的 LRU 与已知良好的 LRU 交换来补救系统故障。有时,进行 R&R 维修是为了允许对系统的另一部分进行维修,特别是在具有多个子系统的系统中,而不是因为 LRU 中的故障被排除。在可以预见的情况下,有利的是设计便于 LRU 移除和重新连接的特性,并且不会对相邻 LRU 造成任何损坏。与产品所连接设备的产品所有者协调,可以确定问题或机会,以适应进一步的研发行动。

权衡研究是有效的,因为可以估计 R&R 行动的频率,以评估做出有助于 R&R 活动的设计选择的可行性。一些设计选择成本较低,而另一些则较昂贵。示例包括:使用更坚固的安装硬件;使用能够进行更多拆卸和插入的固定组件和安装硬件;使用无须工具或与固定设备所需工具相同的安装硬件(降低维修人员和保障基础设施的负担);确保重量使疲惫的维修人员易于拆卸;设计操作组件以允许更频繁的关机和重启,而不会损害产品或需要大量的重启过程;确保更频繁的停机和拆卸不会降低产品或任何寿命有限部件的有效寿命;消除拆卸和更换产品所需的所有专用工具;确保任何电气或信号接线连接器受到保护,免受冲击、灰尘、污染、短路。

4.2.2.2 非计划维修

非计划维修通常对用户至关重要,因为这意味着产品无法正常执行其预期功能。非计划性维修会影响其他等待维修的产品分配维修资源的计划。就其性质而言,非计划维修活动会干扰正在运转的系统。依靠产品完成工作或任务的用户需认真对待这些中断。可以肯定的是,无论是军事行动中不可用的系统,还是商业航空公司无法按时起飞的飞机,还是停电时需要的零售消费者手电筒,还是运营通信所需的无线电,非计划维修都具有破坏性,应受到高度重视。

进行非计划维修的原因多种多样:零件故障、维修错误、其他设备故障导致、人为错误、雷电、洪水、极端天气、预防性维修不佳或不足、疏忽、恶意或犯罪行为、误用。良好的设计实践将引导设计团队在设计过程中考虑此类情况,并在可行的情况下将应对措施纳入产品设计。

当然,没有任何产品是永恒的:设备磨损、零件失效或东西断裂。为了减轻产品故障的影响并建立现实的预期,设计团队使用组件和产品可靠性指标来估计产品可能出现故障的频率。他们还使用磨损数据来估计零件的使用寿命,以预测(估计)产品何时会磨损。这两个主题之间的区别可以在可靠性工程的许多技术来源中找到。

简而言之,机械零件磨损,其性能通常会随着磨损的增加而下降,例如汽车轮胎或变速器齿轮。机械部件的一个特点是,磨损越严重,故障的可能性越大。精确预测这些故障率不是一项容易的任务,必须相当专业。

电子部件具有完全不同的故障特征,具有不同的故障率预测功能。某些部件的故障率可以由指数分布函数表征,具有恒定的故障率。这意味着电子部件在运行的第一个小时内(除老化外)发生故障的可能性与它们在寿命中的任何其他时间相同。

如果不能精确预测电子元件,则可以基于选定置信范围内的统计方法对其进行预测。因此,使用术语 MTBF 可确定平均故障间隔时间。换句话说,如果故障数据是正态分布的,则在规定的 MTBF 之前,所有特定零件的一半将发生故障。利用这些知识,设计和保障团队估计设计中不同故障的频率,以预测非计划维修的频率。这些指标推动了保障规划和成本研究。

建议所有利益相关者就用于估算 MTBF 的术语和假设以及故障模式达成共识。一旦设计过程完成,就无法有效地改变产品的可靠性,也就无法改变其对维修需求的贡献。建立通用术语和理解应从使用和功能需求阶段开始,然后分配给适当的设计机构。通过这种方式,在性能预期和设计团队之间建立明确的联系。

通常,用户群体希望了解并合理预期产品的预测故障率、如何确定故障率以及数据谱系是什么(即,基于发布的预测数据、实际现场性能数据和类似设备性能测试数据)。环境和应力因素,以及电子和机械降额、安全因素和设计裕度,也是设计团队应用的重要因素。

可靠性对于修复性维修非常重要,因为可靠性直接影响执行修复性维修行动的预期频率。由于每项修复性维修行动都是对产品用户正常运行计划的干扰,这也是保障成本的来源,因此产品可靠性直接影响用户任务完成和 LCC 参数(如备件、人员、工具、测试设备、设施和培训)。

范例 1:维修性与可靠性成反比

全面的设计分析和深思熟虑的设计决策可以生产出更好的产品。作为设计目标,应减少需要大量维修时间和资源的维修行动发生。同样,应对频繁发生的故障进行设计,以便能够轻松快速地修复。非计划维修可进一步细分为以下段落中描述的子类别。

(1)修复性维修。当零件损坏或无法正常执行其功能时,需要进行修复性维修。修复性维修可修复故障并使产品恢复正常功能。在某些情况下,不可能实现全部功能,功能降级是可以接受的。在其他情况下,客户可能需要或允许切换到备用功能路径。每种情况都由使用需求和设计权衡决定。

采取修复性维修的情况会导致计划外服务和运行中断。产品无法按计划使用会对用户造成影响,有时会造成严重影响,设计团队应认真对待。适当考虑并预计解决使用时会遇到的所有意外情况、使用场景和紧急情况。设计审查需要解决操作使用和用户交互的范围。同样,测试应该是彻底的,尤其是对于所有基于软件的元素。如果条件允许,应考虑与用户社区共享测试计划和结果。这不仅建立了他们的信心,而且提供了一个额外的机会,以改进测试或产品。

设计团队应确定其设计所需的所有可能的维修活动,定义每个活动所需的资源,预计需要的频率,以及每个活动需要多长时间。强烈建议与保障团队建立密切的工作关系和沟通,并使用后勤保障分析(LSA)工具。LSA 工具提供了一种收集和快速分析故障及维修指标并评估其保障影响的机制。

此外,测试确定的修复性维修程序——所有这些程序。考虑诸如故障模式、影响和危害性分析(FMECA)、维修活动桌面验证和维修性演示等工具。FMECA 是一种标准化的维修保障分析工具,其可识别每个故障机制及其对产品使用或其他设备的影响。然后评估分析其中的每个要素,以确定这些影响对任务运行、人员安全和设备安全的重要性。桌面验证有助于识别故障模式以及解决这些问题所需的资源和程序。将设计、保障和用户参与者聚集在一起,讨论每个零件故障,以确定故障是如何被发现到的,其影响如何,修复故障所需的步骤(包括工具、测试设备、技能等),然后恢复完整的使用。

军事合同中经常要求进行维修性演示。维修性演示是一种正式演示,有客户观察员在场,其中使用定义的维修流程和工具修复对应的产品故障。捕捉每个维修行为的维修时间。维修性演示的目的是证明预测的修复性维修过程和时间是可实现的。这些结果对于建立的保障系统满足作战需求的信心非常重要。

对软件元素的彻底测试,尤其是那些识别故障或用于故障排除的软件元素,应该是上述整个过程的组成部分。

(2)初期失效。初期失效是指零件处于失效边缘但尚未实际失效的情况。一般来说,最好在零件出现故障之前进行更换,而不是等到它实际出现故障后再进行更换。这样会减少对运转的影响,并有机会围绕可用的保障资源规划修复性维修活动。根据预期的早期故障更换零件的关键在于确定何时开始维修。等待时间过长会导致实际故障过多,过早启动更换会浪费零件的剩余使用寿命。

没有黄金法则来指导这一决策过程。每个产品因其关键性、任务重要性、安全问题、零件成本以及设计和历史证据而有所不同。对于每个产品、用途、客户和需求,这些都是不同的。例如,知道某架飞机的刹车预计在未来 3 个月内某个时候会失灵,这是有限的。知道它们预计在未来 3 天内会带来严重的安全风险是有帮助的。但正确的答案是什么?视情况而定。如果飞机定期飞往规定的地点,这些地点都具备所需的备件和维修能力,并且分配了额外的时间来更换飞行线上的刹车,那么提前较少的维修通知可能是可以接受的。如果同一架飞机没有全面的保障基础设施,在进行维修之前可能需要提前更早的通知。

这些决定不是二元的;相反,通常有 2 个以上的简单选项可用。了解用户和客户的任务、使用注意事项和保障计划,有助于制定和评估维修计划,以及最符合用户和客户需求和期望的设计权衡决策。设计团队应考虑并记录客户的立场以及设计权衡决策的原因。权衡选项应包括实施选项所需的保障成本。例如,对于很长时间难以明确的故障通知意味着额外的备用备件成本,以及额外的存储成本(可能在多个位置)。对初期故障的模糊识别也意味着保障和运行规划人员不知道故障实际发生的时间或地点。为了确保对运行的干扰最小,需要额外的非必要备件,以及额外的运输、搬运和人员成本,以快速将更换零件送到需要的地方。这些费用不包括损坏、安全或不便的费用。

显然,早期故障预测的准确性至关重要。保障经理不喜欢不确定性。由于全生命周期保障的高成本,保障规划经过大量优化以确定何时何地需要什么。客户没有资金购买零件,也没有人坐在那里等待可能发生或不发生的故障。

设计团队在帮助客户最小化未知因素和最大化产品使用方面扮演什么角色?电子技术、计算机技术、传感器技术和通信技术的发展为设计提供了前所未有的契机。鼓励和激励设计团队考虑新技术并进行开放式思考,则设计团队有能力在未来几年影响用户和保障人员。

该产品是否允许传感器用于通电时间、操作时间、日历时间、速度、电流、电压、距离、温度、摄像头、语音、磁性、移动、GPS 等参数?一些示例包括:芯片传感器探测器,用于测量发动机振动、轮胎压力、电流引入电机、枪弹射击(射击计数器)、加热和冷却循环、冷却时间、超温条件、机械冲击、运动检测、角度测量、方向、位置、磨损指示器以及人员在场情况。此类参数提供了测量、跟踪和报告重要信息的能力,不仅与产品的正确使用有关,而且还可用于初期问题需要特别注意的情况。第 9 章详细讨论了更多这些的主动式设计功能。

该产品是否具有为用户提供手动或自动传输维修数据(无线或有线)的设计功能?考虑可用的通信技术,以提醒使用人员或维修人员相关问题。在这方面有 2 种方法。

第一种方法是测量、跟踪和保留性能数据。这些数据将在运行期间或非运行的维修检查期间手动下载。数据下载可通过维修诊断设备插件、使用近距无线连接、从产品上的数据显示器读取性能参数或从连接的维修诊断设备读取来执行。在这种情况下,趋势或状态分析将在本地或远程位置进行,从而有效指导现场进行维修操作。

这种情况下的另一种选择是将趋势或状态分析构建到产品中,以便用户/维修人员仅在参数趋势达到指示短期维修的点时才能看到。这种方法通常使用复杂系统中常见的 BIT 或监控功能,用户需要了解初始或实际故障,但没有时间直接监控数据。飞机、坦克、汽车、冰箱、无人驾驶车辆和船只就是这项技术常见的例子。第 13 章对 BIT 能力进行了进一步讨论。

第二种方法是将数据自动传输给用户和负责的保障人员。这种能力在复杂的、基于计算机的系统中越来越普遍,如军用和商用飞机。在存在通信的地方,越来越常见的设计是系统监控自身,并向保障实体自我报告其状态和检测到的问题,以提供即将出现的维修需求通知。一个例子是在商用汽车上普遍使用的,根据定义的标准对车辆使用进行监控并向集中站报告。示例包括自动识别车辆何时发生事故,启动与车辆的通信(语音和数据),并向当局报告事故及其位置,以便作出适当响应。此类系统还监控文献参数,并提供即将到期的换油、轮胎轮换、其他计划维修到期、可能生效的召回等提醒。车辆的维修状态也经常与当地维修来源共享,例如从其购买车辆的经销商,以便让他们知道可能需要的维修,并帮助他们为可能进行的维修做好准备。

然后,数据可用于告知使用人员问题(如果适用),并建议采取措施以减轻任何后果。试想一下,一架在大洋中部的客机收到了一条信息:导航、动力、液压、发动机设备工作不正常。同时,航空公司保障基础设施将收到问题通知,适当的技术支持、备件和人员正在航班目的地等待进行维修。虽然没有得到很好的宣传,但这实际上是一种常见的情况。毫不奇怪,商用客机上使用的发动机具有大量的性能和故障分析功能,可自动向运营商、航空公司和发动机制造商报告性能数据。

(3)使用安全。任何产品的一个关键基线设计考虑因素应是为安全操作和维修而设计。设计团队的第一个目标是设计不会给用户、维修人员、其他人员、其他设备造成不安全情况的产品。

有时可能无法进行绝对安全的维修。在这种情况下,设计需要确定不安全条件。操作人员和维修人员需要意识到这一点,以便他们能够采取适当措施保护自己和其他设备。通常,要求或命令系统部分或完全关闭,以防止或缓解危险、风险及其他不安全情况。其他考虑因素包括通知用户不安全情况(轮胎漏气、液体过量泄漏、备用系统停机),在用户丧失能力的情况下自动启动紧急行动,在发生碰撞的情况下保护设备,这可能包括燃油管路关断和断电。

(4)异常情况。在非"基准"条件下需要进行维修的情况很少发生,而且通常是不可预测的。这些情况包括不可避免的情况,以及异常的维修挑战。此类条件的成因通常是作战行动、极端天气、事故、爆炸、火灾、洪水、车辆移动、混乱或其他设备故障造成的损坏。异常维修一般发生在极端条件下且必须执行维修的情况下,如绝对安全性降低或受损时。无论原因如何,设计团队的主要考虑因素包括:

①如何识别和分类情况。

②如何向用户和上级监督和控制(如控制计算机系统、运行管理、保障管理、用户)报告情况和设备状况。

③确定确保设备和人员安全的适当措施。

④如何减轻不安全条件,以允许维修活动。

⑤识别对用户和维修人员重要的信息,以确保安全操作和维修。

设计团队还应探索和解决其他设计选项,因为这些选项与正常操作或可能发生事故的条件下的产品性能有关。设计团队可能会在产品中添加一个设计选项,在潜在的不安全情况发生之前主动识别,并提醒用户,从而防止事故的发生。

该产品设计选项可能包括启动自动紧急关机或从用户手中夺走控制权的软件。这种类型的产品设计选项的一个例子是一些喷气式战斗机中的编程软件，该软件监控飞行，感知接近地面的情况，并识别何时即将飞入地面。该软件自动启动一系列动作，包括警告、晃动飞行员控制装置、从飞行员手中控制飞机、启动方向俯仰以避免坠入地面，以及在不可避免的坠机情况下启动机组弹射。机组弹射决策可由飞行员手动或由飞行计算机自动启动。在这种情况下，如果机组没有或无法自行弹射，系统能够控制并自行启动机组弹射。

对于许多现代高性能军用飞机来说，如果飞行计算机不工作，它们就无法飞行。即使飞行员在没有飞行计算机的情况下仍然可以驾驶飞机，但飞行计算机的故障将导致飞机在执行维修之前在飞行线上停飞。飞行计算机执行各种适航和安全关键功能，因此在允许飞机起飞和再次飞行之前，它必须完全运行。如果无法避免运行不安全情况，设计团队需要解决的问题是：如何减轻不安全情况的后果？不安全和异常情况通常会导致调查，以确定发生了什么、原因以及可以采取哪些措施来防止再次发生。

对于设计团队来说，谨慎的做法是考虑保留事件数据以供事后分析。例如，是否可以记录和保存使用和性能数据，以便在事件发生后重现原状？这种能力见于飞行数据记录器(黑匣子)；记录设备中的数据缓冲，如安全摄像头、电视记录器；在运行数据的最后××秒(例如，30s或设计要求中规定的任何时间)内，位置和状态数据的数据突发传输；包含维修性能和访问信息的最后××天(××指设计要求中规定的一定时间)的数据。

对于设计团队来说，通过仔细检查单功能设计思路并以此探索在非正常使用情况下设计思路也是有利的。一些建议包括：由于外部原因，例如，车辆碰撞、火灾、爆炸、地震、战争行为、雷电、洪水，在不安全的情况下会发生什么？产品的行为和反应如何？它会变得危险吗？例如，它是否有在压力下易燃的液体、气体、爆炸物、危险材料使情况更糟？

设计团队应审查并确定适当的响应、行动、工具、防护、个人防护设备(PPE)以及必要的缓解措施，以使维修人员能够在异常情况下安全工作。紧急停机程序是否可行？自动关机是不安全情况下的选项吗？产品是否能够感应到启动停机的条件，它是否来自外部？来源是什么？可以远程、自动、轻松地从设备上断电吗？在不安全的情况下，可以显示警告以保护无辜的旁观者、用户和维修人员吗？产品设计是否允许在意外或不安全的条件下进行维修，如受到攻击、极端寒冷/高温、无保障设备、人员不足、人员疲劳或暴露在恶劣环境中的人员？系统能否在设备上或传输到外部设备上向用户和维修人员显示存在不安全状况的警告信息，并可能提供备用维修程序？设计是否将对其他设备、系统、人员、结构、不安全条件下的环境的影响降至最低？

范例5:将人类视为维护者

4.3 维修级别

有许多定义和描述符用于试图定义维修和不同级别的维修。很多时候，定义因国家而异，或者试图适应新技术和工作标准。通常，系统的维修，特别是包含多种技术的复杂高科技设备，需要多个级别的维修和维修人员的复杂性专业知识和技能。这些级别可能有不同的名称，具体取决于客户、保障使用的组织、国家，或者用户是军队还是平民。设计团队需要了解客户维修组织计划采用的维修能力和限制，在何处(室内或室外)进行维修，以及它们的位置。产品的设计应便于维修，并减少各级维修需求。这可能需要一些设计权衡，以优化所有维修级别的总维修负担。稳健性和容错性是期望的特性，可显著减少维修行动的频率、维修时间、工具和保障设备需求、新技能以及特殊设备或设施。

美国军方通常使用的维修级别在其他地方也普遍使用，本书也采用了这些级别。维修级别分为：

(1)基层级

(2)中继级

直接的

间接的

(3)基地级

这些维修级别描述如下：

基层级维修：这包括当设备处于其运行位置和环境时，操作人员或维修人员可以执行的维修。一般来说，执行此级别的维修不需要移除设备，并且执行的维修任务相对简单，例如高级故障排除、调整、校准、重新启动，可能是一些软件加载、运行故障检测和隔离软件(即BIT)、电源和连接检查或电池更换。基层级维修有时细分为使用人员维修和维修人员维修。基层级维修也可包括修复性或预防性维修。

中继级维修：该级别维修通常在设备从其操作位置移除的情况下进行。通常，这种维修意味着简单地将零件从设备机架上拆下或从更高级别的设备上拆下，但也包括将其从飞机或车辆上拆下以进行维修。这一级别的维修通常包括一些设备拆卸、零件和电缆/接线的R&R、选择软件修改或加载、更密集的故障排除、校准、机械检查或调整以及处置决策等维修。中继级维修可在操作位置(即直接)、在提供更广泛维修能力(即间接)的更坚固维修设施中进行。

基地级维修:这一级别的维修能力被认为是广泛而复杂的,需要专业技能、工具和保障设备。它通常仅用于最密集、详细和困难的维修。通常,基地级维修能够执行制造商能够执行的任何维修,包括完全拆卸和重建产品。在某些情况下,仓库可能是实际的工厂。基地级维修很少进行,因为它维修范围大、耗时且昂贵。如果可能,设备的设计不应使维修需要在日常基础上进行此类维修。

4.4 后勤保障

完整的维修方案涉及与产品持续性相关的所有主题。产品持续性保障通常称为后勤保障(LS)、综合后勤保障(ILS)或综合产品保障(IPS),包括在开发、生产、测试、使用和退役期间保障设备或系统的所有方面。ILS 涉及实现整个保障基础设施的所有相关活动,从培训到运输到技术文档,从备件和仓库到工具和测试设备以及 PPE。对于那些不熟悉综合 ILS 的范围和广度的人,有许多资源可供他们熟悉。需要注意的是,综合后勤保障包括许多与产品持续性保障相关的主题和子主题,每一个主题都需要整个职业生涯不断学习。根据国防采办大学(DAU)在 S1000D 中的定义,IPS 有 12 个元素[4]。这些 IPS 元素是:

(1)产品保障管理;

(2)设计界面;

(3)持续性工程;

(4)供应保障;

(5)维修规划和管理;

(6)包装、搬运、储存和运输(PHS&T);

(7)技术数据;

(8)保障设备;

(9)培训和培训保障;

(10)人力和人事;

(11)设施和基础设施;

(12)计算机资源。

通常,设计团队对后勤保障与系统或产品设计之间的关系感到困惑。从表面上看,这似乎是一个合理的问题,尤其是在产品公司和工程教育者必须重视工程和设计基础的情况下。单纯从工程的角度考虑将设计向产品的后端延续,即将工程考虑因素的范围扩展到包括相关设备、接口和功能的更广视角。这种扩展视图自然开始将用户和操作环境作为设计参数，并进一步扩展，包括产品的整个生命周期。建立一个适当的 ILS 系统需要大量的规划、协调，以及许多人员和技能集的工作。实现强健的保障系统需要更多的努力。

如果设备或系统拟用于商业用途，大多数军事组织的所有广泛 ILS 考虑将不适用。虽然所有 ILS 元件都适用于商业产品，但这些保障元件地提供分散在许多元件中，并非所有元件都直接参与其保障。组件制造商通常不关注主要产品开发人员的问题，用户和保障组织将保障许多产品作为一项业务，运输服务为许多客户运输许多产品。这些辅助服务要素的重点是其特定的专业知识，任何人都可以获得。这与军事系统形成鲜明对比，在军事系统中，保障基础设施设计用于并侧重于保障一个客户群。无论如何，设计部门仍有责任确保产品的设计符合客户的保障概念、计划和能力，无论是在家中使用产品的平民还是在现场使用产品的贸易工人。

设计团队还应考虑并记录产品的预期寿命。与基本上没有客户保障（如零售产品）或尚未建立成熟保障能力但预期寿命相当长的产品相比，具有很少或没有客户保障能力的短期产品，需要采用不同的设计方法。在前一种情况下，设计团队和客户都需要一个教育培训过程来回答在尝试保障产品时出现的各类问题。

4.4.1 设计接口

在做出全速生产（FRP）决策之前，军方使用的典型系统的总 LCC 的绝大多数（约 90%）被设计决策锁定[2]。从这一数据点上可以明显看出，产品的设计是一个巨大的决定因素，影响着产品对客户和用户的成本。早期和中期设计阶段的设计决策锁定了系统或设备的后勤保障成本，只要其仍在使用。这就是为什么在任何成熟的 ILS 规划工作中，如此强调早期设计阶段的参与。这些工作通常被称为设计接口，旨在获得设计活动的早期知识，并影响设计决策，以提高产品可保障性并减少 LCC。

当在产品生命周期的需求定义阶段（甚至概念开发阶段）开始时，设计接口工作最有效。正是在这个起点上，产品的未来性能和保障性才得以初步确定。产品的功能、重量、维修的容易程度等都可以直接追溯到系统级需求、保障子系统级需求，并进一步分解为组件需求。

如果保障系统是期望的目标，则这是设计开始的起点。在产品设计团队中嵌入保障性专家（或多个）是很常见的。该专家应带来适当的经验和技能，以有意影响设计团队有关影响产品保障性的决策和选项，降低保障成本，并提高系统的现场可用性。这是设计/保障集成的一个常见结果，所有参与者都可以了解系统的新方面以及产品保障需要什么。

4.4.2 改进后勤保障的设计考虑

在设计过程中,有时很难确定实际影响后勤和LCC成本的机会或决策。一般来说,设计团队工作努力,专注于以工程为中心的问题,没有时间解决"后续"问题。摆在他们面前的问题已经够难了。这就是为什么保障性专家是团队的重要组成部分。他们可以寻找这些问题,并提出建议或进行分析,以增加产品设计的整体性。正是他们理解全局和保障多个领域的能力,以及设计意识,才有助于设计更好的产品。

大多数公司都有详细的产品设计指南,这是很好的第一步。此外,还可以随时获得一般行业设计指南。在国防部环境中工作的人员熟悉国防部系统和设备设计及开发中使用的无数、广泛和详细的设计指南。不熟悉国防部的人仍然可以从多个公共信息源获得相同的军事、国防部、联邦、NASA、能源部和政府规范、标准、手册、出版物和设计指南。本章末尾列出了一些补充阅读建议的来源。

4.4.2.1 工具

有效的维修依赖于正确的作业工具和足够的通道。优化维修需要尽可能少的不同工具,最大限度地利用维修人员熟悉且手头现有的工具(始终检查维修人员标准工具包的工具库存),为工具和维修人员提供访问空间,为故障零件或更换零件的进出提供空间,不需要新的培训,并且能够快速执行。在可能的情况下,使用通用连接硬件。螺钉、螺母、螺栓、垫圈、开口销、紧固件等的类型和尺寸越少,维修就越容易。

快速断开连接器的使用简化了所需的工具并增强了维修操作。请注意客户对公制、标准、梅花工具的需求(梅花工具由Camcar Textron开发)。尽量减少对专用工具或测试设备的需求。如果需要测试或保障设备,尝试使用具有多种功能的设备以及符合技术和行业标准的设备。

4.4.2.2 技能

产品维修所需的技能是长期保障中影响成本的主要因素之一。设计过程早期的技能定义很重要,原因有2个。一是它促使设计团队在做出设计决策时解决这个问题。二是发展新技能和随之而来的培训需要时间。尽早识别新的培训或修改的培训材料有助于保障系统在产品需要时做好准备。

开发和维持技能的成本很高,而且随着保障人员的不断变化,这些技能必须不断更新。管理保障技能的发展是一个持续的重点项目,以确保他们在需要时可用并准备就绪。当设计团队注意最小化或至少识别任何特殊技能,特别是独特技能时,保障产品的能力就会增强。

如果产品要在国际上使用和维修,则团队应该格外小心。不同国家的可用技能及其定义各不相同,也许差异很大。应研究这些技能的细节,并预期其基本定义的差别。

设计团队还应注意劳动法中的监管限制、约束/定义和其实施。这也包括有些组织的劳动效力或政府对劳动的控制的普遍情况。

4.4.2.3 测试/保障设备——通用和专用

除了正常的工具包外,维修通常需要设备进行测试、故障排除、诊断或确认维修。这些项目通常称为测试和保障设备,并进一步分为普通和特殊两类。当测试设备被广泛使用和可用时(如数字万用表),测试设备被视为“通用”。当测试或保障设备的应用有限或用于专门技术或应用时,将其视为“特殊”。

为了有效维修,设计应减少需要的测试和保障设备。这可以通过让产品本身进行测试和诊断工作来实现。这并不总是可能或可行的。在不可行的情况下,产品应尽量减少对测试设备的需求,尤其是专用测试设备。

如果可能,产品设计应包含所有可能或可行的故障排除和健康运行能力。BIT 软件和基于扫描的计算机引导诊断和维修辅助工具等功能可加快维修速度(为客户提供更多操作时间)并降低保障成本。设计审查应包括验证对额外工具的需求,特别是特殊工具和保障设备以及独特保障设备的需求是否得到充分记录和证明。

如果未来的 LCC 保障成本是产品的关注点,那么设计团队也应该关注工具要求和选择。增加的工具和保障设备,特别是特殊和专用的物品,是保障成本增加的主要因素。必须对其进行采购和维修,每个产品都需要培训(初始和定期),经常需要定期校准。如果容易发生故障,则需要备件。随着时间的推移需要升级和更换,也需要备件,并且需要使用操作和存储空间。

数字万用表是常用测试设备的一个示例,而发动机内窥镜则是专用测试设备。喷气发动机支架将被视为特殊保障设备。汽车中的千斤顶可能被视为特殊保障设备,因为它不在常规工具包中,通常适用于特殊情况下的特定汽车。插入系统或飞机的定制笔记本电脑是一种特殊的测试设备,它允许维修人员访问系统健康和使用参数,而别的设备无法访问系统。

4.4.2.4 培训

培训是有效形成保障能力的关键要素,设计团队的决策将推动培训需求。创建新的培训需要一系列的规划和准备,包括需求和技能分析,确定培训目标和方法,以及设施、培训辅助设备和培训设备。在产品中包含新技术或能力的决策应与为所需技术、知识或技能开发新培训的成本进行权衡。

对现有课件的修改有时是一种选择。虽然与开发新课件相比资源密集度较低,但仍需要进行大量的分析和工作。此外,培训材料和模型可能需要修订或开发,这增加了准备产品保障所涉及的难度。培训能力开发通常与产品开发并行。在这种情况下,产品设计和培训系统设计之间需密切协同,因为任何设计变更都可能对培训的成本和可用性产生重大影响。

培训设施始终是保障规划人员关注的问题,尤其是在需要新设施的情况下。预算规划过程,加上承包和施工过程,意味着新的培训设施往往需要数年时间才能到位。为了在产品交付时做好准备,必须尽早确定培训需求和设施。在某些情况下,使用模拟技术进行培训。模拟是有效的培训工具,但它们需要特殊的开发知识和技能。一些模拟功能可以储存在笔记本电脑上,但大型模拟系统需要专门的设施,有时需要自己的建筑物。

4.4.2.5 设施

维修方案应涉及容纳、操作、储存、维修、处置和运输产品及其所有附属元件所需的设施。应与控制这些设施的主体评估和确认在预期产品推出时间范围内可用的现有设施。一旦确定了最终的设施要求,应开始从设施利益相关者处获得这些设施的承诺。应针对产品保障的所有领域解决设施影响和需求,包括直接和间接。考虑将在何处进行所有级别的维修,以及每个级别需要哪些资源和能力,包括原地维修、现场维修、中继级和基地级维修。

还应考虑设施设计的所有方面,例如:高压交流、电力(类型和数量)、地板承载和装载、灰尘控制、湿度控制、气压、进出需求(包括移动设备门的尺寸,船舶上的有限通道)、火灾探测和响应、安保系统、人员支持设施,以及液压或气动分配。需要解决的一些设施问题包括:

(1)设备和备件的储存设施,短期和长期,本地和中央。

(2)人员设施包括工作和非工作时间以及人员护理,如食物、睡眠、洗衣、衣物保养等。

(3)如果安全是一个考虑因素,则需要开发和维修安全设施,特别是在需要额外人员操作或保障此类设施的情况下。

(4)运输设备、备件、工具、测试设备、文件和人员需要运输设施。

(5)使用产品的设施,包括电力、道路、消噪声、人员通道、安保和安全。

(6)维修要求,如:工作台、防静电、清洁空气、特殊电源、消声、通风和安全。

4.4.2.6 可靠性

当产品设计对产品的后勤保障起主导作用时,可靠性是其中的重要因素。整个保障基础设施及其成本取决于产品的可靠性。保障元素是整体连接的,这与蜘蛛网没有什么不同,在蜘蛛网中,对一件物品的拖拽会影响所有物品。维修人员的需求与维修水平相关,维修水平与所需工具和设备相关,维修人员与培训经历相关、维修文件相关。所有这些都与提供培训、安置人员和储存备件的设施相关联,这些设施与运输和装运需求相关联,与物流和管理零件、活动和使用的文件系统相关联。所有这些元素和更多元素的数量由它们所需的频率驱动。高度可靠的设计对保障资源的需求较低,且产品所有者的成本较低。

可靠性被定义为故障之间的平均运行时间,这是几乎所有应用中对可靠性的一般理解。事实上,没有任何一个定义可以适用于所有情况,除了其经典定义:设备或系统在不降级或故障的情况下执行其目的或功能的能力。

可靠性通常指的是 MTBF 或设备完成规定任务而不降级或故障的概率。可靠性术语还有许多适用于不同场景的术语或者其他变体。有时,两次故障之间的距离是一个更合适的度量,或者是两次故障间的平均着陆次数,或者是故障间发射的平均子弹数。应用适当的术语和统计方法对于获得针对每个特定情况的有意义的指标至关重要。选择不适当的术语将不利于确定产品的适当支持需求。设计团队应包括可靠性专业知识,以确保正确应用可靠性估计、预测和术语。

计算可靠性通常是一个复杂的问题,涉及许多细节。对于设计团队和用户群体来说,就可靠性对产品的意义达成一致是明智的,而且确实是必要的。可靠性可以通过许多不同的方式进行测量、分析和使用。所有产品方都需要有一个共同的理解,以防止在设计、开发、测试和操作阶段出现误解或分歧。一个简单的词如何引起问题的,真实例子来自一个武器可靠性测试项目,测试团队的监督管理层会议同意实行双周会议制。这种混淆正是源于"双周"的意思。是一周两次还是隔周一次?这个问题在经过多次讨论后得到了解决,但这只是一个小例子,说明了细节在可靠性领域的重要性。(顺便说一句,字典上说两者都是。)

所有相关方应正确科学的定义的术语包括:

(1)任务:定义一个典型的任务或剖面,用作设计目标,并根据其衡量产品性能。应考虑定义可能适用于评分目的的备用任务或任务极限。

(2)故障:并非所有的故障都是一样的。仔细定义可能发生的故障级别。建议包括灾难性的、维修引起的、共性的、相关和非相关的、非测试的、可量化的、误操作的、事故等。

(3)可接受的使用:确定产品预期执行的功能或性能功能。这定义了可接受的使用,未满足这些参数即为故障。通常,无法满足这些参数会导致设备停机。

(4)最低使用条件:在许多情况下,有一组最低性能是可接受的,而产品不被视为失效。这是复杂系统中的常见情况,其中并非所有功能都完全可用,但部分功能足以保持项目运行。该特征需要额外的工作来定义部分成功,以及如何评估失败定义内的发生情况。

(5)时间:有许多形式的时间需要考虑:通电时间、运行时间、被动非运行时间(即机翼上的导弹)和日历时间。替代等效物包括通电/断电循环、着陆、发射子弹、行驶里程等。

(6)测试条件:确定并定义产品测试的条件。一般来说,这些都是从需求文件中衍生出来的,应该解决正常和极端条件。条件通常包括环境因素,如振动、温度上升或下降、大气压力、盐环境、浸水、设计或客户操作员或维修人员、实验室或现场位置等。

(7)测试员:定义谁将在测试期间使用设备,以及他们需要什么培训、技能和工具。如果测试是内部制造商测试,也可以这样做,但要说明用户代表是否会出席或参与。

(8)文件:商定确定用作测试的设施、被测装置(UUT)、实际运行环境、运行日志、维修日志、故障或异常文件表、日期和时间记录或运行时间指标(ETI)读数以及所有其他相关数据所需的文件。事后才意识到某些数据是需要的,但却未收集,就会错过良机。

在影响产品/系统 LCC 的基本和保障特性设计因素中,可靠性应是任何产品的首要设计因素。产品可靠性设计水平较差时将经常出现故障,让用户失望,并且会额外增加维修和相关保障源的需求。由低可靠性引起的额外 LCC 将远远超过设计更高可靠性的成本。也就是说,高度可靠且不需要频繁维修的产品具有较低的保障成本,并且通常具有更好的用户满意度。

范例1:维修性与可靠性成反比

每种产品和情况都是不同的,最终结果总是在众多竞争标准之间达成妥协。设计选择并不简单。有些妥协是技术性的,例如重量、尺寸、功率需求。其他则不那么直接,如设计预算、制造目标成本、允许完成设计的时间、设计指导限制。

产品设计和保障的一条格言是:可靠性是在设计中实现的。一旦设计完成,它就无法改进。

4.4.2.7 备件供应

与产品可靠性直接相关的就是备件以及成套备件相关的成本。完整的维修方案应包括完整的备件供应方案,足够详细,使设计团队能够清楚地理解产品备件供应规划的类型和重要性,并为保障计划人员制定采购与供应备件计划提供足够详细的信息。维修方案应涉及以下有关备件的主题:

(1)在每个维修级别,产品的可更换部件是什么?

(2)在哪里可以更换整个产品?

(3)每个 LRU 或零件的预期故障率是多少?

(4)产品的可靠性要求是什么?

(5)谁将提供备件?

(6)何时在每个需要的场合提供备件?

(7)备件将如何运输至储存地点?

(8)每个位置需要多少空间/体积来存储备件?

(9)备件需要什么特殊搬运或搬运设备?

(10)备件在储存期间是否需要定期检查和维修?

(11)备件有哪些环境要求或保质期?

(12)备件在安装前是否需要校准、维修或软件加载?

(13)安装备件后,如何处理包装材料?

(14)拆除的LRU或零件应如何处理?

(15)备件需要哪些文件、工具、保障设备或安全项目?

以上列表并不包含完整的要素。随着规划转变为具体的计划,然后转换成为实际行动,清单会变得越来越长,越来越详细。设计团队需要了解这些因素,并与产品团队的保障人员进行讨论。

4.4.2.8 后方保障

产品保障的一个要素经常被给予不充分和不及时的关注,那就是在现场产品之外所需要的保障。维护概念需要处理所有级别和形式的维护才能完成,设计团队需要在其设计过程中包括这些考虑因素。

后方维修通常被视为不涉及产品单元现场级直接维修的任何维修或技术保障能力。一些军事组织将后台称为中继级、I级维修、支撑维修,或真正的梯队维修。越来越多的基地级和制造商级维修组织提供后方维修保障,特别是对于非常复杂或复杂的系统。不管叫什么,后方维修人员通常需要比现场维修人员有更多的培训、技能和维修权限。后方维修人员能够执行比基层级或中级维修人员更深入、更复杂的维修。

作为产品专家,后方维修人员有时会被要求在使用现场协助解决问题。用于后方维修保障的工具、测试和保障设备以及设施相当专业,需要时间来正确定义、规划和建立。尽早确定后台所需资源将有助于负责设置设施和能力的保障团队按时实现目标。

随着新技术的应用,设计和保障团队应考虑实现所需保障的技术选项。随着无所不在的数据和通信能力的出现,现在可以通过网络聊天、交互式视频聊天以及涉及技术研究或保障培训的战略/战术回溯援助提供后台技术保障。产品设计可以使后方维修人员能够访问产品并启动远程诊断和故障排除,指导现场人员通过虚拟保障执行操作。

产品的使用环境在确定保障机会方面起着重要作用。例如,对于维修人员或电信部门很少访问的远程系统,大量冗余、自诊断和自修复功能可能是降低保障成本的适当设计目标。人工智能的发展为设计团队提供了远程系统自我诊断和修复的新能力。

有些远程操作是可以通过物理或通信方法访问。比如航空公司的飞行员在飞行中需要技术援助,但在偏远地区,无处着陆和获得帮助。在这种情况下,他们使用无线电通信回访请求技术专家帮助诊断和纠正飞行中的问题。这一过程还允许飞机着陆时在目的地提供维修人员和备件。

4.5 小 结

成功的产品设计的一个关键因素是提前规划。对于那些在产品设计过程中受过培训或经验丰富的人来说,这并不奇怪。可以明确地说,你不能设计你不能定义的东西,这有助于避免产品生命周期早期的模糊和不充分的通用需求。事实上,正是这句话让我们关注需求。这也是为什么在当今开明的设计环境中,需要在产品生命周期的早期投入大量时间、精力和资源,识别、定义和完善影响产品的相关因素。在这条通往启发性产品设计和开发的道路上,我们已经吸取了许多教训,并重新学习了这些教训,从而达到了这样一种境界:早期设计规划和文档不仅被视为"最佳选择",而且被视为产品成功的必修课。

在早期的产品定义中,一个越来越重要的因素是定义如何维修产品,以及是否维修产品。对于具有显著预期寿命的产品,随着维修概念的定义和成熟,用户的维修成本负担作为产品总成本的一部分,通过实施设计属性来减轻,这些属性在设计过程的早期被作为设计考虑因素。人们还认为,维修和保障设计特点提供了机会和竞争优势。如本章所示,产品的维修影响设计,设计也影响产品的维修方式。维修和设计人员需要携手合作,从设计过程的早期开始,探索、识别、定义、优化、建模和社会化产品预期使用寿命的各个方面,从而使得设计团队对维修方案中的各个方面的要素和概念有一个全面、共同的理解。

参考文献

1. US Department of Defense(2014). Operating and Support Cost – Estimating Guide. Washington, DC:Department of Defense.
2. US Department of Defense(2016). Operating and Support Cost Management Guidebook. Washington,DC:Department of Defense.
3. United States General Accounting Office(2003). Best Practices:Setting Requirements Differently Could Reduce Weapon Systems' Total Ownership Costs,GAO – 03 – 57. Report to the Subcommittee on Readiness and Management Support,Committee on Armed Services,US Senate. Washington,DC:United States General Accounting Office.
4. Defense Acquisition University. (2019). Integrated Product Support (IPS) Element

Guidebook. https://www. dau. edu/tools/t/Integrated - Product - Support - (IPS) - Element - Guidebook - (accessed 18 August2020)

补充阅读建议

1. AeroSpace and Defence Industries Association of Europe. (2014). International Procedure Specification for Logistic Support Analysis (LSA), ASD/AIA S3000L. Brussels, Belgium: ASD/AIA. www. s3000l. org/.
2. Blanchard, B. S. (2003). Logistics Engineering &Management. Pearson .
3. Raheja, D. and Allocco, M. (2006). Assurance Technologies Principles and Practices. Hoboken, NJ: Wiley.
4. Raheja, D. and Gullo, L. J. (2012). Design for Reliability. Hoboken, NJ: Wiley.
5. UK Ministry of Defence(2016). Integrated Logistic Support. Requirements for MOD Projects, D E F S T A N 00 - 600. London: UK Ministry of Defence.
6. US Department of Defense (1993) . Logistics Support Analysis (LSA), MIL - STD - 1388. Washington, DC: US Department of Defense.
7. US Department of Defense(1995). Definitions of Terms for Reliability and Maintainability, MIL - STD - 721. Washington, DC: US Department of Defense.
8. US Department of Defense(1995). Reliability Prediction of Electronic Equipment, MIL - HDBK - 217F. Washington, DC: US Department of Defense.
9. US Department of Defense(1996). Maintainability Prediction, MIL - HDBK - 472. Washington, DC: US Department of Defense.
10. US Department of Defense (1997). Maintainability Verification/ Demonstration/ Evaluation, MIL - STD - 471. Washington, DC: US Department of Defense.
11. US Department of Defense (2011). Logistics Assessment Guidebook. Washington, DC: US Department of Defense.
12. US Department of Defense (2012). Designing and Developing Maintainable Products and Systems, MIL - HDBK - 470. Washington, DC: US Department of Defense.
13. US Department of Defense(2012). Design Criteria Standard, Human Engineering, MIL - STD - 1472. Washington, DC: US Department of Defense.
14. US Department of Defense(2013). Acquisition Logistics, MIL - HDBK - 502. Washington, DC: US Department of Defense.
15. US Department of Defense (2016). Product Support Manager Guidebook. Washington, DC: US Department of Defense.

第5章　维修性要求和设计标准

Louis J. Gullo and Jack Dixon

5.1　导　言

如第1章所述,设计师应在系统设计和开发的早期阶段花费大量时间来生成和分析系统需求。开发和理解新系统或产品的需求是一项重大挑战。这一挑战有以下几个主要原因。“首先,客户经常不能考虑到所有的产品功能和需求。开始只能提出产品或者系统的部分需求。其他需求似乎需要时间才能发现。之后才能了解产品在非正常输入下的表现如何(产品稳健性)。此外,还有满足业务和监管需求的要求。然后是基础设施问题,通常没有具体说明。它们通常被认为是存在的,只有在它们不存在时才被注意到”[1]。

Davy 和 Cope[2] 指出:“很明显,需求获取没有做好,失效会导致相当大的问题。”在2006年的一篇论文中,Davis、Fuller、Tremblay 和 Berndt[3] 指出:“需求获取是系统分析和设计过程中的一项中心和关键活动。”他们接着宣布:“众所周知,需求获取是系统分析和设计中最重要的步骤之一。在准确捕获系统需求方面遇到的困难被认为是90%大型软件项目失效的主要因素。”林德奎斯特(Lindquist)[4] 的一项早期工作也观察到:“分析师报告,多达71%的软件项目失败是因为需求管理不善,这是导致项目失败的最大原因——比糟糕的技术、错过的最后期限或变更管理失败的概率更大。”与需求获取失败的相关成本是巨大的。Browne 和 Rogich[5] 发现,2000年仅在美国,故障或废弃的系统就要花费1000亿美元。因此,早期开发良好的需求以避免以后出现系统故障的可能性非常重要。大多数系统故障源于规范中的不良或缺失功能需求。大多数需求缺陷的原因是不完整、不明确和定义不当的规范。这些需求缺陷可能导致项目后期需要昂贵的工程变更。

5.2　维修性要求

除了性能外,还有其他重要的系统设计考虑因素,包括可靠性、安全性和维修性等。本章主要介绍维修性要求和设计标准。

良好的设计要求确保了良好的设计。将维修性考虑因素主动纳入产品、设备和系统的设计中，是确保用户可以维修它们的重要举措。系统的总体效能包括产品的性能和用户的效益。对于一个系统/产品，它必须有良好的可用性和维修性。因此，在整个设计和开发过程中，必须尽早考虑如何维修系统/产品。

系统/产品要求必须满足客户在高效安全的使用和维修方面的期望。规范和要求不足困扰所有行业的系统工程学科。如果向设计师提供要求模糊或不充分的通用规范，结果将是错误的设计，最终导致客户不满意。对于任何系统/产品，确保维修性要求满意客户的最有效方法是从概念设计阶段开始，并在其开发、制造、测试、生产、使用和最终处置过程中实施有组织的维修性工程工作。基于系统的维修性方法要求应用科学的技术和管理方法，以确保在系统全生命周期中考虑维修性。

维修性是保障性的关键要素。"保障性是指系统设计特征和规划的后勤资源满足系统各种要求的程度。保障性指整个系统设计以可承受的成本保障整个系统使用寿命内的作战和准备需求的能力。它提供了一种评估整个系统设计在预期运行和保障环境（包括成本约束）内满足一组运行需求的适用性的方法。保障性特征包括整个系统各个要素的许多性能度量。例如：维修周期时间是独立于硬件系统的保障系统的性能特征。平均故障间隔时间（MTBF）和平均修复时间（MTTR）分别是系统硬件的可靠性和维修性特征，但它们影响整个系统运行保障的能力也使其具备保障性特征"[6]。这些类型的需求对产品/系统的保障性至关重要。

维修性工程提供了在使用期间优化维修产品/系统的要求和方法。除了正常运行期间的系统/产品使用外，维修性工程还必须提供如何在极端条件下高效、安全地操作和维修系统/产品的要求和方法。必须向用户提供需求，以便他们了解系统操作的边界。这些面向用户的需求可以通过培训材料、认证操作人员和维修人员的技术课程以及描述系统使用和维修的使用人员/维修人员手册提供给用户或维修人员。当使用人员和维修人员不遵守既定程序和提供给他们的工作说明时，可能会发生设备损坏或事故。防止设备损坏或事故的方法是执行明确和有效的维修性要求。

应在设计阶段早期进行维修性分析，并确定保障要求。维修级别分析（LORA）通常在系统设计的早期进行，提供分析系统和开发维修需求的方法。LORA 对于预先了解维修需求和规划维修需求至关重要。维修级别分析（LORA）是国防后勤规划的规定程序。维修级别分析是一种分析方法，用于根据成本约束和作战准备要求确定在何处更换、维修或丢弃产品。对于一个包含数千个组件、子组件和部件的复杂工程系统，这些组件被规划成多个级别的产品，并具有多个可能的维修决策，LORA 试图确定最佳的维修活动和维修设施,以最小化整个生命周期成本。后勤保障人员不仅要检查、更换、维修零件,还要检查确保正确完成工作所需的所有要素。这包括人员的技能水平、执行任务所需的工具、测试设备、测试修复产品的需求以及容纳整个操作所需的设施[7]。

5.2.1 不同市场的不同维修性要求

顶层的维修性要求可能由客户提出。当政府机构与私营企业签订合同,生产系统/产品时,必须明确维修性要求。国防部(DoD)、国家航空航天局(NASA)、联邦航空局(FAA)和其他政府实体通常会在其投标申请书(RFP)中规定高级维修要求以及性能和其他要求。当大型工业客户(如航空公司、能源行业公司和汽车行业)采购产品或系统时,客户强加的要求(包括维修要求)也很普遍。

在向一般市场供应消费品或小型工业产品的情况下,这些产品的生产商将制定维修性要求。这些维修性要求是通过考虑市场、客户需求和能力、产品的使用和寿命以及竞争来确定的。建立适当水平的维修性要求可能是一项棘手的工作——过高的维修性要求可能会使产品失去市场,而如果设置得太低或根本不存在,则可能会对产品产生不利影响,导致销售损失。

5.3 系统工程方法

本节只对系统工程过程进行简要概述,并不对系统工程进行详尽论述。读者可阅读本章末尾“建议阅读”部分推荐的书籍,以获得更深入的系统工程论文。

无论是一家签约购买复杂武器系统的政府实体、开发该系统的主承包商、供货商、分包商,还是一家制造将在公开市场上直接销售复杂小部件的小企业,系统工程方法已被证明是最好、最有效的,以及成功开发复杂系统和产品的具有成本效益的过程。

INCOSE 2004 系统工程手册[8]将系统工程定义为:“实现成功系统的跨学科方法和手段。”系统工程集成了许多专业领域,以便在系统的整个生命周期内设计和管理系统。系统工程提供了一种从概念阶段开始、开发和分析需求的从摇篮到坟墓的方法,并通过系统设计和开发持续到生产,最终交付给客户。系统工程还将所有保障功能以及报废处置考虑因素集成到开发过程中。

系统的生命周期包括以下阶段:ISO/IEC/IEEE 15288[9]中定义的概念、开发、生产、利用、保障和退役。在方案阶段,从用户的角度定义系统,在一组初始使用需求中反映客户的系统性能需求。在方案阶段早期(通常在系统采办开始时)需创建作战概念(CONOPS),第4章对此进行了讨论。作战概念定义了在定义的用户环境和保障基础设施中如何使用和保障系统。初始需求文档和架构图在概念阶段创建，并在开发阶段完善。在开发阶段，将执行详细的设计、实现、集成、测试、验证和验证过程。在此过程中，设计评估和设计审查评估系统满足客户/用户需求的能力。系统制造的生产阶段从系统成功验证之后开始。使用、保障和退役阶段从系统交付给客户之后开始。

功能分析在系统工程过程的早期进行。这项工作基于系统必须执行的功能定义系统。功能最初是在定义系统的需求和顶级需求时确定的。然后定义系统运行需求和维修概念，并进行功能分析。根据功能分析的结果确定资源，如硬件、软件、人员、设施和各种保障要素，其中还包括维修性标准，所有这些都是确保系统设计成功所需的。在这些活动的基础上，将制定设计标准，并将这些标准纳入设计中，以便最终满足系统的总体要求。

系统工程过程可能需要量身定制以适应手头的开发项目，并且可能需要放大或缩小以匹配项目的规模和范围。“系统工程过程是连续的、迭代的，并包含必要的反馈规定，以确保收敛”[10]到最优设计。

5.3.1 需求分析

在早期概念阶段，在评估运营需求并完成 CONOPS 和顶层概念定义后，下一步首先是创建需求，通常由客户创建。通常的顶级需求将涵盖系统的各个方面，包括用户需求和能力、操作环境、质量、保障需求等。需求的进一步分析通常由系统工程师进行，在政府或采购大型复杂系统的情况下，通常由主承包商进行。该分析将解决顶层系统规范中可能忽略的需求缺口，并将用户需求转化为系统需求。分析还将分解需求，并将其分配给较低级别的子系统规范。

需求分析是一个迭代过程，它将论证说明客户使用需求逐步转化为一组可实现的需求，其中：

(1)定义主要系统功能；

(2)将这些功能分配给较低级别的系统元素(即子系统、组件等)；

(3)导出较低级别的功能需求；

(4)将衍生需求逐步分配给低级别的要素。

顶层系统需求通常使用顶级系统规范文件中的正式“Shall”需求声明。术语“Shall”的使用迫使产品/系统开发人员强制实现所描述的能力，以满足“Shall”的要求。在需求可能随时间变化的情况下，更具辨别力地使用“Shall”可能是有益的。过度使用“Shall”语句可能会过度约束设计师，并导致成本过高的解决方案。使用“should”而不是“Shall”的不太正式的需求声明可以用来说明客户的偏好，但在设计解决方案的开发中允许更多的自由。

随着需求分析过程的深入，确保考虑最终产品的维修性至关重要。定义并正式获取产品的维修性设计要求非常重要。需要为从最高层次到最低层次的设计需求编制规范文件。高层次需求被向下流动、分解并分配给低层次需求。随着设计中较低层次元素的细化,其规范将用于捕获所有设计特性和需求,包括与维修性相关的特性和需求。这些规范将提供需求的可追溯性以及生产产品的设计准则。

5.3.1.1　要求的类型

系统工程学科中使用了许多不同类型的需求。系统工程过程将顶层需求分解为下层系统功能流、接口需求、性能需求和约束。以下简要介绍许多类型的需求中的一些。

(1)系统要求:这些是客户通常提供的顶层需求。

(2)操作使用要求:这些是客户提出的要求,描述了系统将在何处何时以及何种条件下使用。它们还将描述系统预期完成的功能以及需要执行的功能。它们还将定义系统的生命周期。维修方案通常是根据产品的使用要求制定的。

(3)功能需求:这些是设计需求,主要来源于使用需求,定义了功能能力,如系统需要执行什么功能以及何时何地和如何执行这些功能。

(4)性能需求:这些通常是与特定功能需求相关的定量值。性能通常与数量、质量或及时性相关。

(5)接口要求:这些要求定义了系统、子系统或组件之间的接口(即电气、机械、通信等)。

(6)验证要求:这些要求定义了所有设计要求的验证方法和成功标准。

(7)维修和保障需求:这些需求源自运行需求,并定义了系统在整个生命周期内如何维修和保障。这些要求将涉及备件、测试和保障设备、运输和搬运设备、人员技能和培训、设施、手册和其他数据等项目。

(8)使用操作和维修培训要求:这些要求定义了系统操作人员和维修人员所需的培训计划。

(9)衍生需求:这些需求源自更高层次的需求,使系统能够有效运行,但并非由用户直接施加。这里列出的许多需求被认为是衍生需求。

5.3.1.2　良性需求

良性需求的生成是系统工程的一项关键功能。如果需求是错误的、不完整的或不明确的,它们将在整个开发过程中产生连锁的负面反应。如果需求/要求从系统设计过程开始就不正确,则需要昂贵的返工和/或系统无法按预期执行。

根据 MILSTD - 961E[11],一个好的规范应该做 4 件事:①确定最低要求;②列出用于测试是否符合规范的可再现测试方法;③允许竞争性投标;④以尽可能低的成本规定公平裁决。最后两项更多地涉及项目管理和采购过程,而不是工程设计。关注与系统工程过程更相关的需求,使我们了解“良好”需求的属性。

清晰——易于理解，明确。

完整——包含所有相关内容。

一致——与其他要求无冲突且与其他要求兼容。

正确——指定实际需要的内容。

独特——仅声明一次以避免混淆和重复。

可行——技术上可行。

客观——无主观解释空间。

面向需求——仅说明问题，无解决方案。

单一——具体，仅关注一个主题。

简洁——无多余材料，避免过度规范。

可验证——可测量（测试）以显示需求得到满足。

可追溯——可追溯到其来源，如系统级需求，反过来可追溯到运营需求。

这些特征中的每一个都有助于正在开发的系统的需求质量的提高。在整个需求开发或后续活动中应用这些特性将有助于保持整个开发工作的规范性和一致性，并有助于避免生命周期后期的问题。需求过程的目标是定义一个系统，使其满足用户需求，并确保在构建时满足这些需求、在成本范围内按时交付，并具有预期的性能特征，包括质量、可靠性和维修性等特征。

5.3.2 系统设计评估

系统工程过程的一个重要部分是系统设计评估。随着设计的发展，系统设计评估通常在开发过程中进行多次迭代。它应该在设计概念化的早期和整个开发过程中进行，以评估设计备选方案。它可能涉及正式或非正式的设计评审。

第一步是建立准则，根据该准则评估给定的设计方案。该准则使用需求分析创建，包括确定需求、确定可行性、定义使用需求以及维修方案。系统的功能需求首先在系统级描述，然后分配到较低的级别，这些将导致被纳入设计的特性被确定下来。使用性能以及维修和保障职能必须在顶层确定。应优先考虑这些功能需求，以便通过对特定设计标准的不同强调来影响设计过程。一旦确定了具体的设计标准，将对可能的设计方案进行分析和权衡。然后可以完成设计合成，并重复设计评估过程。该过程在系统级、子系统级和较低级别进行，以满足总体客户需求。

假设维修性是一项重要的顶层需求，则维修性设计标准，如可达性、互换性、标准化、模块化、包装等，以及所有其他重要的操作标准，应通过系统设计评估过程纳入设计。有关维修性设计标准的详细信息将在本章后面进行更详细的讨论。

5.3.3 系统工程过程中的维修性

保障性和生命周期成本通常由系统工程过程的方案和开发阶段产生的技术设计决策驱动。因此,了解技术决策对系统可用性、维修性和保障性的影响非常重要。作为系统工程过程的一部分,开发团队必须考虑其决策的后勤保障影响。

维修性最终决定了已部署系统在发生故障后恢复的程度和速度。在制定维修性要求时,应考虑预防性维修、基于状态的、内置测试(BIT)、维修水平、备用策略、维修人员技能水平、维修人员培训、维修手册以及所需保障设备的识别。很容易理解为什么这些考虑因素产生的需求及其对后勤保障的依赖性将对持续性和生命周期成本产生直接影响。虽然一些维修性需求被视为上层总体需求,但通常需要将这些上层需求分解为与设计相关的下层定量需求,如MTBF和MTTR。这些较低级别的需求在系统级指定,然后分配给子系统和/或组件。

5.4 制定维修性要求

功能分析完成后,设计师和使用人员不仅可以开始定义系统的维修性要求,还可以定义所有不同子系统的维修性要求。只有定义维修性要求,才能确保系统不仅满足功能需求,还满足任何供应链和成本要求。这些要求将确保系统可以在任何位置得到保障,而不会给系统所有者/运营商带来不必要的负担。

范例8:了解维修性需求

维修性需求可以采取定量和定性需求的形式,如表5.1所示。定量需求是具体的可测量需求,可在分析期间或基于系统性能确定。定量要求可规定整个系统以及单个子系统或组件所需的MTTR或平均修复时间(MCT)。

表5.1 定量和定性要求

定量要求	定性要求
平均修复时间(MTTR)	不得超过安全界限;所有维修将在现有设施进行;所有设计面板的检修要求不超过15%;每侧超过4个紧固件(或每周长总共12个);在第95百分位,90%的修复性维修时间必须小于60min
平均修复性维修时间(MCT)	
每工作小时平均工时(MMH/OH)	
最大修复维修时间(在特定置信水平下),$M_{Max}(F)$	

定性需求不易测量,或者根本不可测量,但可定义特定需求。定性需求可以确定故障隔离、工作空间需求或模块化的需求。这两种类型的需求都应该定义,

因为设计师可能很容易实现某些定量需求，而忽略了可能对总成本产生重大影响的定性需求。

良好的维修性需求文件将包含定量和定性度量，以及单个系统的具体需求分解（如果需要）。维修性要求文件还可能包含以下方面的要求：

(1)标准化；

(2)模块化；

(3)互换性；

(4)可达性；

(5)组件识别；

(6)故障隔离；

(7)故障通知；

(8)使用 COTS 组件提高供应链性能。

维修性要求文件应为设计人员提供足够的信息，以便在考虑维修需求的同时，以保障系统功能要求的方式设计系统或子系统。

5.4.1 维修性定量要求

定量维修性要求应使用一致且可重复的流程来定义，该流程可用于开发其他系统设计要求，如可靠性或质量。通常使用的流程是质量功能开发（QFD）过程。QFD 是一种工具，用于在设计和开发的每个阶段将客户需求导出为适当的设计需求。该方法使用了一个称为质量屋[12]的矩阵（图 5.1）。

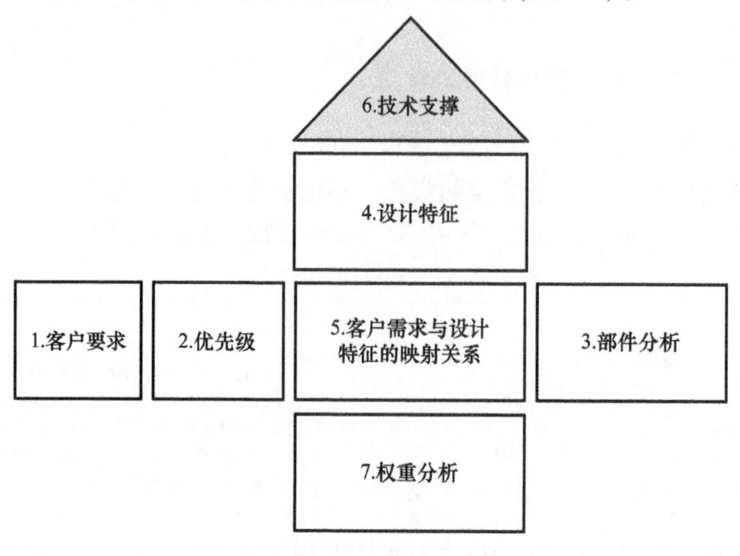

图 5.1 质量屋

分解“质量屋”,我们可以通过一种合理的方法来了解客户需求,从而得出量化的要求:

(1)此处列出了所有客户要求。例如,这些时间可能是资产(系统)将运行的给定时间段内所需的运行或飞行小时数。这些需求可以细分为初级、次级和三级需求。

(2)确定对客户最重要的内容的优先级。这将使设计师能够评估潜在的权衡。这应在数字范围内进行,以确定对客户最重要到最不重要的要求。

(3)竞争对手提供什么?竞争对手能否达到或超过要求?这些应被列为:不符合、符合、超过。您可以为多个竞争对手执行此操作。

(4)为满足客户要求,必须具备哪些设计特征?顶部列出了所有设计特征。例如,这可能是满足给定时间段内飞行小时数的可用性要求。

(5)确定客户需求和设计特征之间关系的强度。应使用非常强、强、弱或数值对这些进行排序。

(6)确定设计特征之间技术相互关系的强度。应将其评估为非常强关系、强关系、弱关系,或使用数值表示。

(7)评估每个设计特性对客户优先级和要求的影响。为此,将客户优先级排名乘以设计特性满足需求的程度,算出垂直列中的每个客户需求,然后总结每个设计特征的所有值。还要考虑每个设计特征相对于竞争分析的权重。

通过在图5.2中的系统级使用质量屋,可以优先考虑特定的设计特征。在评估系统的每个附加子系统级别时,可以使用附加的质量屋来确保纳入正确的设计特征[12]。一旦质量屋过程完成,就可以最终确定具体的定量维修性要求。有许多定量维修要求,下面列出了最常见的方法:

每个运行周期的最大停机时间。

每工作小时平均工时(MMH/OH)。

每次维修行动的平均主动维修时间(MAMT)。

修复性维修时间(CMT)。

平均修复性维修时间(MCMT)。

中位主动修复性维修时间(MACMT)。

预防性维修时间(PMT)。

平均预防性维修时间(MPMT)。

主动预防性维修时间中值(MAPMT)。

平均修复时间(MTTR)。

最大修复时间(在特定置信水平下,F)[Max(F)][12]。

预防性维修平均间隔时间(MTBPM)。

故障检测概率(PFD)。

D—不符合
M—符合
E—超过

V—非常强(5)
S—强(3)
W—弱(1)

S V W

		不锈钢组件	COTS组件	控制系统	人机工程设计	经验证设计		公司A	公司B
可靠的	1	S	S			S		E	M
易维修的	2	W	S		S	S		D	E
最大泵值500GPM	5					S		M	M
可变流量	4			V		S		M	M
耐腐蚀	3	V				S		M	M
加权等级		20	9	20	6	45			

20加权等级=(1×3)+(2×1)+(3×5)

图 5.2　完成后的质量屋

维修性定量需求通常分为 2 类——预防性维修性要求和修复性维修要求。

此外,许多定量要求侧重于平均值、中值和最大值。这样做是为了更好地了解资产(系统)在现场的真实表现。如果维修时间分布为正态分布,则平均值和中值将相同。不幸的是,在现实世界中,修复时间不是正态分布的,为了解决修复时间中的异常值,必须了解平均值与中值(图 5.3)。

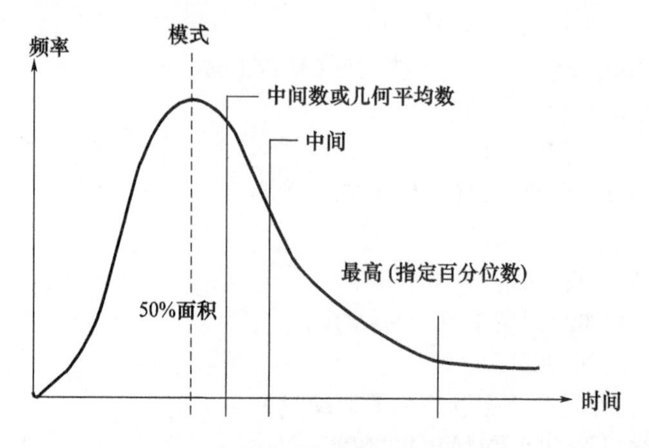

图 5.3　平均值、中值以及最大值

此外,需要具有给定置信区间(通常为 95%)的最大维修时间,以确保能够满足最大停机时间要求。

5.4.2　预防性维修的定量要求

预防性维修要求主要用于确保系统能够在给定时间内进行维修,以满足资产/系统的可用性要求。通常,用于定义预防性维修性要求的主要措施是 MPMT。

MPMT 通常由以下公式表示:

$$\mathrm{MPMT}=\frac{\sum(fM_{\mathrm{p}})}{\sum f}$$

式中:f 是每 10^6h 发生预防性维修行动的频率,M_{p} 是执行预防性维修任务的时间(以 h 为单位)。

根据表 5.2 所示的执行预防性维修任务的时间和频率,我们可以确定 MPMT。

$$\mathrm{MPMT}=\frac{71289.73}{21737.97}=3.28$$

表 5.2　预防性维修行为

M_{p}	f	fM_{p}
0. 5	1388. 89	694. 44
1	1388. 89	1388. 89
4	694. 44	2777. 78
7	231. 48	1620. 37
2	462. 96	925. 93
9	114. 16	1027. 40
4	462. 96	1851. 85
9	1388. 89	12500. 00
3	694. 44	2083. 33
6	114. 16	684. 93
8	231. 48	1851. 85
1	1 694. 44	694. 44
0. 25	2976. 19	744. 05
1	2976. 19	2976. 19
5	5952. 38	29761. 90
7	231. 48	1620. 37
2	462. 96	925. 93

续表

M_p	f	fM_p
6	925.93	5555.56
10	114.16	1141.55
2	231.48	461.96
$\Sigma=87.75$	$\Sigma=21737.97$	$\Sigma=71289.73$

根据这些信息,可以得出结论,系统的 MPMT 为 3.28。

5.4.3 修复性维修的定量要求

修复性维修活动通常更受组织的关注,因为与预防性维修相比,它们往往更不可预测,更不一致,因为存在广泛的未知和变量。未知数和变量可能与故障排除、在修复性维修活动期间发现额外维修等有关。为了考虑这些变量,修复性维修要求通常定义了 MCMT、MACMT 和最大维修时间(在特定置信水平 F 下)[$\boldsymbol{M}$max($\boldsymbol{F}$)],置信水平设置为 95%[13]。这些要求确保了对修复性维修要求的真正理解。

MCMT,也称为估计修复时间(ERT),用于确定每运行 100 万小时的平均修复时间。

$$\text{ERT}=\frac{\sum(\lambda R_{\text{P}})}{\sum\lambda}$$

式中:λ 是每 106h 发生预防性维修行动的频率;R_{P} 是执行纠正性维修行动所需的维修时间,单位为 h。

在我们的示例中,系统有 20 个不同的可修复部件,每个部件都有自己的平均更换时间和故障率(表 5.3)。鉴于我们希望了解 8760h 运行时间内的 MC-MT,我们可以使用上述公式计算 MCMT,如下所示:

$$\text{ERT}=\frac{1704.68}{1720.69}=\text{MTTR}=0.99$$

表 5.3 可修复部件

R_p	λ	λR_p
0.67	83.49	55.66
1.18	43.64	51.64
1.25	114.08	142.60
1.12	105.29	117.57
1.43	103.00	147.63
0.97	41.93	40.54

续表

R_p	λ	λR_p
0.87	40.82	35.38
1.07	150.38	160.40
0.68	61.07	41.73
1.23	60.24	74.29
0.72	47.25	33.86
0.92	56.05	51.38
0.80	75.91	60.73
0.90	51.82	46.64
0.85	84.72	72.01
0.75	139.28	104.46
1.07	186.15	198.56
0.65	52.63	34.21
0.50	45.95	22.98
1.20	176.99	212.39
$\Sigma = 18.82$	$\Sigma = 1720.69$	$\Sigma = 1704.68$

现在我们可以得出结论,假设数据是正态分布的,系统将经历 0.99h 的 MC-MT。如果数据服从指数分布,则 ERT 方程描述如下:

$$\text{ERT} = \; = 0.69\text{MTTR}$$

基于上述示例,如果数据服从指数分布,ERT 将为:

$$\text{ERT} = 0.69 \times 0.99 = 0.6831$$

当修复时间服从对数正态分布时,公式为:

$$\text{ERT} = \frac{\text{MTTR}}{\text{antilog}(1.15\sigma^2)}$$

式中:σ 是修复性维修时间以 10 为底的对数的标准偏差,σ 约等于 0.55,在这种情况下:

$$\text{ERT} = \; = 0.45\text{MTTR}$$

继续上面的例子,我们可以得出结论,如果数据服从对数正态分布,ERT 将为

$$\text{ERT} = 0.45 \times 0.99 = 0.4455$$

如上所述,了解数据的分布对于获得准确的 ERT 或 MCMT 至关重要。

MACMT[13]用于划分所有校正维修值,以便等于或小于 50% 数据集的中值,等于或者大于 50% 的数据集。如果数据是正态分布的,则该值将与 MCMT 相同。然而,如果不是,则该指标将提供系统或资产现场可能发生的情况的见解。要计算 MACMT,公式为[14]

$$\text{MACMT} = \frac{\sum(\lambda_i)(\log \text{MCMT})}{\sum(\lambda_i)}$$

有时还需要定义最长修复时间(在特定置信水平下,F)[$M_{max}(F)$][14]。通常情况下置信水平为90%或95%。该指标规定了在特定停机时间值以下预计完成的修复性维修活动的百分比。用于计算$M_{max}(F)$的公式为[12]

$$M_{Mst} = \text{antiln}[\overline{t'} + z(t'_{1-\alpha})\sigma_{t'}]$$

式中:$z(t'_{1-\alpha})$是正态分布函数中对应于百分比$(1-\alpha)$的值;t是每次故障的维修时间;$t' = \ln t$;st为维修时间的标准偏差。

特定行业和客户可能有超过所列数量的额外数量要求。无论使用何种定量测量,设计团队都必须了解每项需求以及如何计算和测试需求。

5.4.4 定义维修性定性要求

通常不能给出特定可测量值的维修性需求,如MTTR或CMT,属于定性需求类别。这些定性要求在很多设计成果中都有体现,其不仅确保资产能够满足运营商的需求,而且对成本效益权衡至关重要。这些要求通常与工具、培训、保障设备或保障设施有关。定性维修性要求通常来自维修性设计标准。常见的维修性定性要求包括:

(1)使用维修人员标准工具包中的可用工具可以完成不少于75%的维修操作。

(2)安全使用线或锁线标记。

(3)必须在操作层面使用现有的技能水平。

(4)必须使用现有基地级的维修设施。

(5)不超过25%的所有检修面板每侧需要3个以上的紧固件。

(6)所有润滑活动将在资产在防护装置就位的情况下运行时进行。

(7)皮带和链条的所有防护装置应易于接近并易于拆除。

(8)设备运行时,可从防护装置外部安全完成所有状态监测动作。

(9)根据NAVSHIPS 94324,*Maintainability Design Criteria Handbook for Designers of Shipboard Electronic Equipment*,所有工作空间必须包括各种身体位置所需的限制间隙。

通常,设计可能无法将定性要求转化为具体的设计标准,例如在所有维修级别使用现有技能水平。因此,设计团队必须考虑这一要求,并提出设计指南或规则,以支持目标的实现。

设计团队还应咨询上一代类似资产的运营商,以发现资产的其他维修性问题,然后将其纳入设计。只有当资产的设计和潜在运营商走到一起时,才能定义有意义的维修性要求,并为维修性设计资产。

5.5　维修性设计目标

维修性工程的目的是开发易于维修的产品或系统，以确保其以可持续的成本效益使用，并为客户提供最大的可用性。为了实现这一点，必须在产品开发的早期建立维修性设计目标。系统设计阶段的一些典型维修性目标可能包括：

(1)最大限度地减少对保障资源的需求；

(2)将维修人员的技能要求降至最低；

(3)最小化维修培训需求；

(4)最大限度地提高使用和维修人员的安全性；

(5)最大化模块化；

(6)确保易于访问；

(7)优化组件的通用性和可互换性；

(8)确保可以容易地确定和修复缺陷的原因；

(9)确保所有需要维修的产品都有清晰的标签；

(10)最小化保障设备需求；

(11)最小化特殊工具需求；

(12)最小化校准和校准要求；

(13)确保易于测试。

一旦确定了目标，就需要将其转换为清晰、简洁的可维修性标准和需求，这些标准和需求可以纳入产品开发规范中。

5.6　维修性指南

“虽然随着设计的发展，定量测量被广泛用于维修性的评估设计，但维修性设计的许多‘艺术’涉及应用久经考验的……指南”[12]。韦氏词典将指南定义为“政策或行为的指示或大纲”[15]。维基百科将指南定义为“确定行动方案的声明”[16]。指导原则通常是一般规则，而不是必须始终遵循的绝对规则。设计指南通常用于在各种设计方案（即可维修性、性能、可靠性、安全性等）之间进行权衡。

指导方针可以有许多来源。例如，MIL-HDBK-470A[12]包含大量指南（超过7000条），涵盖许多类别、主题和不同类型的设备。另一个有用的来源是MIL-STD-1472[17]，其中充满了与人为因素相关的指南。许多公司为他们开发的各种类型的设备制定了自己的指南。

范例5:将人类视为维护者

本书的附录A包含一份维修性设计验证清单,其中有从众多渠道和参考文献中提取的一系列指南。使用这些和其他指南汇编创建适合特定用户产品的维修性指南。

为了使指南对特定产品或系统开发工作有用,通常需要进行一些筛选:

(1)根据正在开发的特定产品类型剪裁指南。

(2)在开始概念设计工作之前,筛选适用于手头项目的指南。

(3)随着设计的发展,在迭代的基础上审查指南。

(4)特别注意可能有助于防止事故或损失、人员伤亡或附带损害的指南。

(5)关注可能会阻止产品/系统执行其功能或任务的指南。

(6)修订、扩展和更新指南,使其在技术变化时保持最新。

一旦为正在设计的产品类型确定了适当的指南,每个指南应转化为具体的定量或定性设计标准。

将指南转化为设计标准的示例如下:

避免使用旋转式接头和配件的气体、燃油和液压管路接口,因为它们的可靠性较低。本指南不禁止使用旋转式连接器和配件。然而,如果使用,则必须采取一些措施来避免之前发生的低可靠性问题。此外,如果要进行交易,无论通过使用旋转接头获得什么好处,都必须与其历史上的低可靠性(以及相应的高维修率)进行权衡[12]。

5.7 维修性设计标准

设计标准的以下定义提供了关于它们是什么以及如何使用它们的说明:

(1)"设计标准由一组'按设计'的要求组成,可以用定性和定量的术语表示。这些要求代表了设计师在分析和评估迭代过程时必须'运行'的范围。可以为系统分层结构中的每一级建立设计标准"[18]。

(2)第二个更简单的定义是,设计标准是"作为设计过程输入的一组特征(例如,决定设备设计的因素)"[19]。

(3)维修性设计标准的另一个定义是,它们"描述或引用直接适用于正在开发的系统的特定设计特征(即标准)。这可能涉及与设备包装、可达性、诊断规定、安装、互换性、部件截面等相关的定量和定性因素。这些标准构成设计过程的输入"[20]。

制定维修性设计标准,以确保在系统的设计和制造过程中优先考虑维修性。如前所述,系统工程过程用于分解客户或用户的性能需求,并将其分配给下级子系统、组件等。该过程还包括分配作为顶层需求、维修方案、标准和指南一部分提供的维修性相关需求。这些要求必须转化为具体的维修性设计标准。将实施这些设计标准,以确保现有设计符合规定的维修概念和系统性能要求。可能指定的一些常见的顶级定量性能要求示例如下:

(1)MTTR 是指定维修性要求的最常用指标之一。

(2)MMH/OH 是一种需求,是执行每项任务所需的工作和人员的组合。

(3)BIT 或可测试性要求确保适当的 BIT 级别,以减少所需的维修时间。它还有助于减少所需的测试设备数量。

(4)故障检测/故障隔离(FD/FI)要求定义了必须检测的故障百分比。

为了实现既定的维修性目标,维修性设计标准是根据先前制定的目标、要求(如上述要求)和指南制定的。然后,随着设计的发展,这些设计标准被用作评估拟议设计的基础,包括其可维修性、可测试性/诊断性等。

随着设计的成熟,设计标准用于设计必要的可维修性特征,并进行权衡研究以优化设计解决方案。制定维修性设计标准时需要考虑的一些方面包括:

(1)标准化:最大限度地使用标准件简化维修并减少备件库存。

(2)模块化:使用模块设计设备有助于维修和更换故障部件。

(3)简单性:使用最简单、最不复杂的设计将简化维修。

(4)互换性:物理和功能互换性将促进部件拆卸和更换,减少停机时间,并最大限度地减少库存。

(5)可达性:提供对部件的合理访问将允许更容易地诊断、维修和更换,同时减少维修时间。

(6)人体测量考虑因素:设计设备时考虑到人为因素,如维修人员完成指定任务的能力和限制、显示和控制要求、照明要求等,将有助于维修活动,同时保护工人的健康和安全。

(7)故障识别、检测和隔离:实施故障识别、检测和隔离技术将简化维修并缩短修复性维修时间。

(8)测试性和测试点:简化测试将加快诊断和修复时间。

(9)环境适应性条件:在设备暴露于温度/湿度、振动、天气等条件下确保设计满足规定的要求。

(10)保障性要求:在设计期间考虑备件、供应链、维修级别等,将确保系统在部署时得到适当保障。

(11)工具和保障设备:定义必要的工具和保障装备,使用指定维修地点可用的工具和设备,尽量减少专用工具和设备将提供最佳维修能力。

(12)维修人员要求和技能水平:设计设备以使用可用的人员资源,并由具有指定技能水平的人员使用和维修。

(13)培训要求:定义将提供给维修人员的培训数量和范围,将有助于人员选择,并确保提供足够的培训。

(14)包装、搬运和储存:定义设备的包装方式、需要什么材料搬运设备、需要什么存储空间以及设备将暴露在什么环境中,以确保设备的设计能够满足这些需求。

(15)设施:尽早确定所需设施的大小、位置和要求将确保其在需要时可用。

范例6:模块化加速修复

有许多维修性设计标准通常在系统设计期间制定。此处提供了几个示例,以说明如何将上述清单中的考虑因素转化为详细的维修性设计标准。

(1)使用快速释放电缆和定位电缆,以便于拆卸和更换,并避免必须拆下一根电缆才能接触到另一根电缆。为电缆(包括套管和系紧装置)提供足够的空间,并提供足够的维修回路,以便于组装/拆卸。

(2)使用正向锁定、快速断开的电气接头以节省工时。

(3)避免在相邻区域使用相同的电气接头。

(4)为起重机配件附件提供易于接近的起重机配件或固定点。

(5)在人机界面中使用人体测量,以满足5% ~95%男/女性的人员身体测量范围。

(6)避免修复材料的特殊搬运或运输要求。

(7)确保固定表面和活动表面之间的电气、电子和同轴接口包含快速释放和快速断开的紧固件和连接器,以简化活动表面或电子模块的更换。

(8)确保电子设备的拆卸或更换不需要拆卸任何其他设备。

5.8 维修性设计检查表

清单在我们的日常生活中被用来提醒我们要考虑的事情或需要采取行动的事情。我们经常在日常生活中使用清单,甚至没有考虑它们。几乎每个人都有一个“要做”的清单来记录必须做的事情,尽管我们可能并不总是按照自己的意愿完成所有事情。你的杂货购物清单、假日购物清单和每日日历都是熟悉的清单的例子。

检查表是维修性工程师可以使用的另一个工具。检查表在系统工程领域,尤其是维修性工程领域,发挥着重要作用。检查表有助于确保将维修性纳入新产品和系统的设计、生产、维修和保障使用中。

维修性设计检查表通常用于帮助分析员记忆,并可用于支持任何数量的维修性功能。维修性设计检查表可提供材料来源,用于在设计的早期阶段确定维修性要求和设计考虑因素。

维修性工程师不应完全依赖检查表来帮助他们开展设计工作。应使用其他方法配合检查表的使用。这些方法可能包括与了解正在开发的系统的专家组进行头脑风暴、分析类似系统或经验教训数据库。然而,高质量的维修性设计检查表将提供一个良好的起点。

检查表的另一个重要用途是支持第5.3.2节中所述的系统评估过程。随着系统设计和开发过程的进行,有时可能需要对设计进行评估。随着系统设计的成熟,这些评估或设计评审可以是正式的,也可以是非正式的,它们可以作为临时评审或在开发过程中的离散时间进行,如客户或公司政策所要求。为了支持评估过程,设计审查清单通常突出强调审查期间应解决的问题。

维修性工程师可以使用许多来源创建检查表,这些检查表在开发新产品或系统时可能会有所帮助。例如,一些常见的来源包括:

(1)合同、规范和/或标准的要求;

(2)法规;

(3)公司政策;

(4)类似系统的清单。

检查表应进行调整,以支持手头的工作。应根据正在开发的设备类型、所涉及的子系统和/或正在使用的规范和标准进行调整。

当使用设计检查表帮助设计新系统或产品时,维修性工程师必须记住,没有一个检查表可以包罗万象。设计清单不是解决所有问题的最终目的,它们只是用来帮助激发工程师思维的工作助手。

附录A包含一份清单,可作为读者创建自己清单的起点。本手册旨在向读者提供一系列项目,这些项目可能有助于生成产品维修性设计方面的要求,促进权衡研究或验证产品设计中设计要求的实施情况。附录A中的检查表主题为:

第1部分:需求管理

第2部分:可达性

第3部分:工具

第4部分:维修性

第5部分:软件

第6部分:故障排除

第7部分:安全性

第8部分:互换性

第9部分:其他主题

检查表还有许多其他来源,本章末尾的建议阅读中提供了一些。

总之,检查表是一个有价值的工具,可用于多种目的,但必须谨慎使用检查表,不得将其作为唯一工具。

5.9 提供或改进维修性的设计标准

“在国防部,21世纪的挑战将是改进现有产品和设计易于改进的新产品。由于武器系统的平均使用寿命为40年或更长,开发系统时必须考虑未来的需求,无论是可预见的还是不可预见的。这些未来的需求将根据需要升级到安全性、性能、保障性、接口兼容性或互操作性;改变以降低拥有成本;进行重大重建。提供这些所需的改进或修正构成了系统工程师的大部分后期生产活动”[21]。

虽然这一说法涉及军事系统,但同样的概念也适用于许多商用系统,在这些系统中,一部分产品在使用中远远超过了预期的使用寿命。例如,根据交通统计局的数据,目前使用的飞机平均年龄为25.49年,有些飞机是20世纪五六十年代的[22]。因此,通常需要对产品进行改进。这些使用寿命延长计划可翻新和/或升级系统,以延长其使用寿命。

使系统或产品的使用、维修或保障成本更低的潜在可靠性和维修性升级可能包括:

(1)开发新的供应保障来源;

(2)改进的故障检测系统或软件;

(3)使用寿命更长或更换过程更简单的零件;

(4)基于故障数据的故障报告和纠正措施系统(FRACAS)升级;

(5)基于保修数据的改进,该数据通常跟踪与部署后问题相关的成本;

(6)软件维修活动,如修补程序、升级和新软件修订;

(7)对关键组件或子系统进行定期检查,以确定需要改进的子系统或系统组件。

与系统工程师一样,维修性工程师必须努力确保以最小的成本和精力延长和改进未来系统的寿命。

5.10 小　结

本章着重于开发、实施和使用维修性需求、指南、标准和检查表。维修性工程师在评估过程中使用设计标准,并将其作为设计过程和设备选择的输入。设计团队应用设计标准将确保符合维修性要求,并支持系统可持续性的优化。良好需求的重要性怎么强调都不为过。它们是开发满足客户或用户需求和愿望的产品成功的关键,并且它们将允许对已开发的系统或产品进行高效益的维修。鼓励读者使用附录A中的检查表来制定和定制自己独特的维修性设计要求、标准和设计指南,然后在开发后的设计中验证这些标准和要求的存在。

参考文献

1. Raheja, D. and Gullo, L. J. (2012). Design for Reliability. Hoboken, NJ: Wiley.
2. Davy, B. and Cope, C. (2008). Requirements elicitation – what's missing? Informing Science and Information Technology 5:543 – 551.
3. Davis, C. J., Fuller, R. M., Tremblay, M. C., and Berndt, D. J. (2006). Communication challenges in requirements elicitation and the use of the repertory grid technique. Journal of Computer Information Systems 46:78 – 86.
4. Lindquist, C. (2005). Fixing the Soft – ware Requirements Mess. CIO. https://www.cio.com/article/2448110/fixing – the – software – requirements – mess.html (accessed 20 August 2020).
5. Browne, G. J. and Rogich, M. B. (2001). An empirical investigation of user requirements elicitation: comparing the effectiveness of prompting techniques. Journal of Management Information Systems 17(4):223.
6. US Department of Defense (1997). Hand – book Acquisition Logistics, MIL – HDBK – 502. Washington, DC: Department of Defense.
7. Defense Acquisition University (2011). Integrated Product Support (IPS) Element Guidebook. Fort Belvoir, V A: DAU.
8. INCOSE (2004). Systems Engineering Handbook. Seattle, WA: INCOSE.
9. ISO/IEC/IEEE (2015). ISO/IEC/IEEE 15288, Systems and Software Engineering: System Life Cycle Processes. Geneva: IOS/IEC/IEEE.
10. Blanchard, B. S. (1998). Systems Engineering Management. Hoboken, NJ: Wiley – Interscience.
11. US Department of Defense (2014). Military Standard: Defense and Program – Unique Specifications Format and Content, MIL – STD – 961E. Washington, DC: Department of Defense.
12. US Department of Defense (1997). Designing and Developing Maintainable Products and Systems, MIL – HDBK – 470A. Washington, DC: Department of Defense.
13. Dhillon, B. S. (2006). Corrective and preventive maintenance, Chapter 12,. In: Maintainability, Maintenance, and Reliability for Engineers. Boca Raton, FL: CRC Press.
14. Blanchard, B. S. (2004). Logistics Engineering and Management, 6e. Upper Saddle, NJ: Pearson Education Inc.
15. Merriam – Webster Dictionary. "Guideline." https://www.merriam – webster.com/dictionary/guideline (accessed 20 August 2020).
16. Wikipedia. "Guideline." https://en.wikipedia.org/wiki/Guideline (accessed 20 August 2020).

17. US Department of Defense(2012). Department of Defense Design Criteria Standard: Human Engineering, MIL – STD – 1472G. Washington, DC: Department of Defense.
18. Blanchard, B. S. and Fabrycky, W . J. (1981). Systems Engineering and Analysis. Englewood Cliffs, NJ: Prentice – Hall.
19. Blanchard, B. S. (1974). Logistics Engineering and Management. Englewood Cliffs, NJ: Prentice – Hall.
20. Blanchard, B. S., Verma, D., and Peterson, E. (1995). Maintainability: A Key to Effective Serviceability and Maintenance Management. Hoboken, NJ: Wiley – Interscience Publication, Wiley.
21. US Department of Defense(2001). Systems Engineering Fundamentals. Fort Belvoir, V A: Department of Defense, Systems Management College.
22. Bureau of Transportation Statistics(2019). Average Age of Aircraft 2019. Washington, DC: US Department of Transportation, https://www. bts. gov/content/average – age – aircraft(accessed 20 August 2020).

补充阅读建议

1. Blanchard, B. S. (1976). Engineering Organization and Management. Englewood Cliffs, NJ: Prentice – Hall.
2. Knezevic, J. (1997). Systems Maintainability: Analysis, Engineering, and Management. London, UK: Chapman & Hall.
3. Raheja, D. and Allocco, M. (2006). Assurance Technologies Principles and Practices. Hoboken, NJ: Wiley

维修清单的其他来源

US Department of Defense(1997). Designing and Developing Maintainable Products and Systems, MIL – HDBK – 470A. Washington, DC: Department of Defense.

US Department of Defense(2012). Department of Defense Design Criteria Standard: Human Engineering, MIL – STD – 1472G. Washington, DC: Department of Defense.

US Department of Energy(2001). HumanFactors/Ergonomics Handbook for the Design for Ease of Maintenance, DOE – HDBK – 1140 – 2001. Washington, DC: Department of Energy.

US Department of the Navy(1972). Maintainability Design Criteria Handbook for Designers of Shipboard Electronic Equipment, NAVSHIPS 0967 – 312 – 8010(formerly NAVSHIPS 94324). Washington, DC: US Department of the Navy.

第6章　维修性分析与建模

James Kovacevic

6.1　导　言

必须在资产或系统中设计维修性。维修不是偶然发生的事情，因此必须考虑并将其纳入设计中。维修性是设计的一项功能，设计师必须计划并理解各种设计对维修性的影响。因此，必须对设计进行建模，以了解产品是否满足客户的需求。无法通过更好的培训、良好的供应链或更好的工具，克服在现场维修性水平低或缺乏维修性等问题。考虑维修性的严格性将使产品所需的绝对停机时间最小。这就是为什么在设计阶段必须对维修性进行分析和建模。

为了了解设计所需的固有维修性水平，产品设计师需要了解功能需求以及设备的任务剖面。有了对需求的正确理解，设计师可以使用各种分析方法和模型来验证并确保产品满足客户需求。满足客户需求的能力基于产品的独特设计，可能存在多个设计迭代，以平衡给定使用环境中的维修性、可靠性和成本。

最初，设计师将使用维修性分配来确定在程序开发阶段子系统和组件级别以及其对应的维修级别。在此阶段，设计者可能不得不牺牲一个子系统中的维修性，以提高另一个子系统的维修性。正是这种微妙的平衡将使设计满足客户的需求。该系统需求平衡将为产品的每个组件或子系统设置设计需求，这将作为低层设计团队的指南。

设计完成后，维修性建模技术用于在各种条件或使用环境中验证设计。该建模将使维修性设计能够与可靠性一起进行评估，以了解系统在现实世界中如何运行。此外，维修性模型将通过确定员工数量、技能、所需工具和所需停机时间等因素，为资产的长期保障方式设置框架。有了这些信息，可以使用各种技术，如维修级别分析（LORA）来帮助确定资产在其使用生命期间的维修预期成本，这将纳入生命周期成本计划。这使组织能够证明增加的前期成本与未进行维修性设计的全生命周期成本（LCC）的合理性。

6.2 功能分析

由于维修性必须从客户需求开始,因此产品设计师必须对资产的功能需求以及对功能需求的潜在维修性影响进行彻底分析。设计师不能仅依赖客户提供的维修性要求,因为无法确认维修性需求是现实的还是需要实现的。

维修性设计的第一步是从功能分析开始。该功能分析将审查资产及其子系统的所有功能需求,以确定哪里可能需要维修(计划维修和修复维修)。这使设计团队能够为产品达成现实和具体的维修性要求。功能分析基于产品的主要和次要功能。功能是产品必须满足的特定要求。例如,泵的主要功能是在给定距离内以给定流速移动液体。可能还有其他功能,如无泄漏运行、每年只需要维修一次等。

功能分析是一种从系统或产品的功能需求向下挖掘的方法。该分析使设计人员能够了解系统需要做什么,以及任务剖面。随着任务剖面的进一步深入,可以定义系统组件或子系统的具体需求。该分析不仅着眼于使用需求,还着眼于针对系统的每个功能故障可能采取的维修措施。通过这种方式,可以定义每个组件或系统的功能需求,以及维修性和可靠性需求。功能分析通常采用功能框图的形式,如图 6.1 所示。

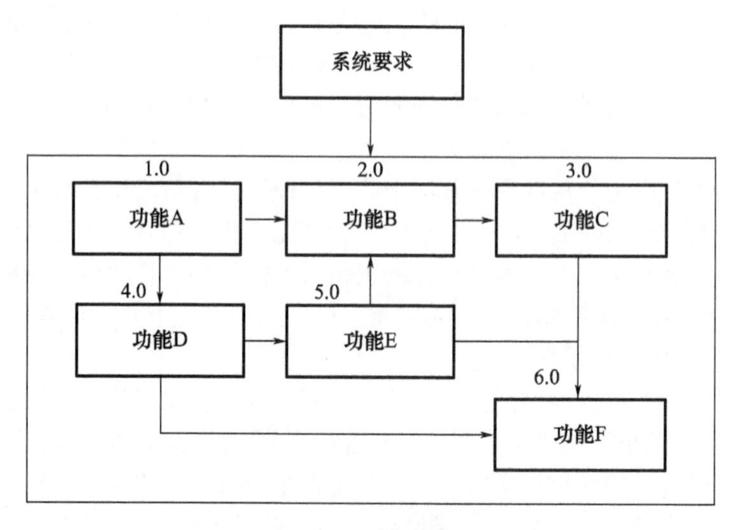

图 6.1 功能框图

功能框图可以有许多不同的层次,从系统层次开始,从较高层次描述系统的功能需求。下一层称为子功能层,描述执行每个功能的具体方式。可以根据系统的复杂性进一步分解,如图 6.2 所示,功能框图通常包括使用 Go 和 No - Go

线,这将说明如果功能失效,需采取哪些维修措施。每个功能块应按顺序编号并链接到其父块。

使用No-Go线可以初步开发维修需求。当确定不可通过事件时[1],设计师可以考虑所需的修复性维修以恢复功能,或采取预防性维修措施以防止功能故障。维修要求可能包含其他步骤,如"运输至仓库""更换*xyz*组件""重建组件""返回库存"[1]。详细程度取决于团队对资产的理解和愿景,或过去的经验。虽然这不是为了开发整个维修计划,但功能分析确实允许设计团队确定可能需要的维修,然后可以在维修性分配分析中使用。在分析过程中识别维修行动还使设计团队能够开始评估对保障性要素的需求,并开始评估与维修相关的成本,并开发替代方案。

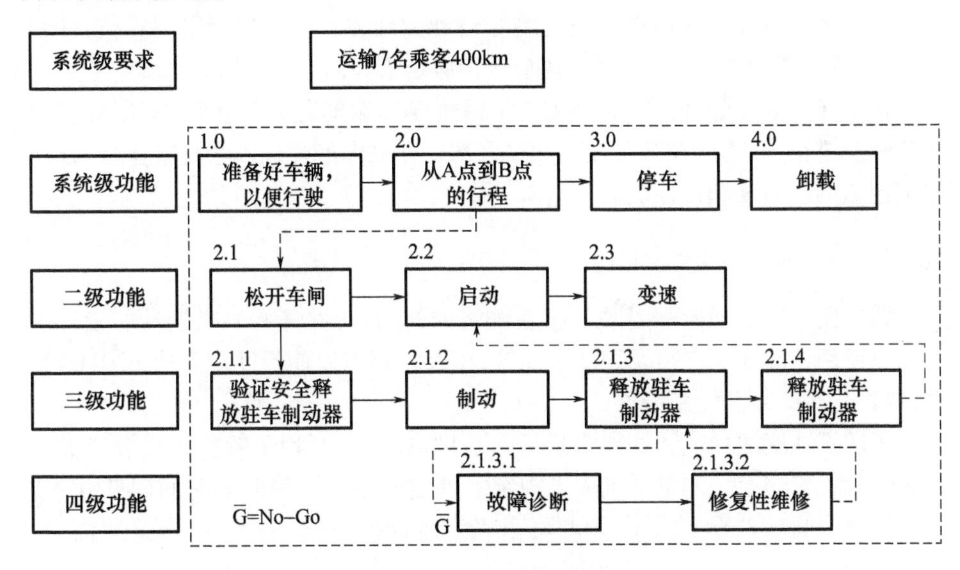

图6.2　多层功能框图

6.2.1　构建功能框图

要创建功能框图,应使用已定义的方法,以确保其齐全完整。正确完成的功能框图将使设计人员能够正确评估系统的维修性和可靠性,并将需求分配给所有子系统。该图还将使设计人员和操作/维修人员能够进行保障性分析。正是由于这个原因,必须完整、准确地构建图表。以下是构建功能框图的建议方法。

(1)创建功能框图:首先在系统级构建模块,确定资产预期执行的每个独特功能。系统执行的每个单独功能应在图中用单个方框表示。每个功能块都是系统(硬件和/或软件)、人员或其组合在系统生命周期的某个时间点或不同时间点需要执行的特定操作。确定每个功能后,可能需要构建各种子级功能图。

(2)为功能模块编号:在完成功能框图后,必须按顺序(1.0,2.0,3.0,4.0等)为系统级方框编号。每个子级应采用父标识符和顺序小数,例如第二级可以采用一个序列,如2.1、2.2等。图中的所有块都将继续使用该序列。

(3)绘制连接:对所有块进行编号后,可以为图构建连接线。这些线可以指示系统功能流中的串联和并联路径。应使用箭头绘制连接,以反映系统的顺序。

(4)添加门:在某些情况下,系统在功能流中可能有"与""或"门。"与"门用于确定系统在过程中必须在何处执行2个功能才能继续。"或"门用于识别多个功能中的单个功能可以在何处启动序列中的下一个功能。这些门有助于设计者理解系统功能的真实关系,这将使他们能够更好地理解和识别禁行路径。

(5)识别通过和不通过路径:符号G用于识别不通过路径,指示发生功能故障时应发生的情况。这通常是确定维修行动的地方。为了保持图的整洁,建议只标记"无连接"(No-Go)路径,其余连接假定为"连接"(Go)路径。

根据作者的经验,使用"便利贴"注释创建功能框图非常有帮助,因为在最初的开发过程中,功能经常会被移动很多次。便利贴能使图表较容易重建,还增加了团队的参与度和协作度。

6.2.2 使用功能框图

设计团队使用功能框图来了解系统将如何运行,并开始方案设计。设计者还可以使用该图来确定需要哪些子系统,以及是否可以使用商用现货(COTS)组件,或者是否必须开发新组件。

了解了系统的功能和功能需求后,设计师就可以开始了解整个系统所需的可靠性和维修约束。如果系统需求规定了特定的平均故障间隔时间(MTBF)或平均修复时间(MTTR),则设计者可以确定可能需要哪些特定的子系统需求。这称为维修性分配,见第6.4.5节。

此外,在完成功能框图后,设计者可以开始汇总使用和保障性需求。使用要求可能是使用装置所需的员工人数、特定操作人员培训和持续发展能力。至于保障性,它可以定义所需维修设施的类型、执行维修的人员、所需的特定工具、软件或诊断能力,以及维修人员的数量和培训要求。这些使用性和保障性要求的制定将使资产的设计者和运营商能够评估在何处可以进行潜在变更以降低系统的总LCC。

6.3 维修性分析

维修性分析是系统工程过程的一项基本活动,与开发过程并行进行。它用于将顶层作战需求转化为设计标准,评估设计备选方案,并为保障性分析过程提供输入,包括识别备件、培训和保障设备需求,并验证设计是否符合系统需求。

维修性分析的目的是将维修概念、需求和约束转化为详细的定量和定性维修性需求。维修性工程师使用维修性分析来帮助根据顶层需求达到规定的维修性水平。维修性分析的产品用于生成设计标准,该标准稍后将用于解决已集成到系统/产品设计中的维修活动的易用性、准确性和成本效益问题。维修性分析的另一个好处是在设计周期中尽早识别潜在的维修和保障问题,以便进行权衡。为确保设计最终包括这些维修性标准,考虑了许多顶级文件和因素,并为维修性分析过程提供了输入。

(1)使用和保障方案;

(2)维修方案;

(3)使用要求;

(4)维修级别;

(5)测试性和诊断方案;

(6)进行维修的环境条件;

(7)维修人员的技能水平;

(8)维修性要求;

(9)后勤保障要求;

(10)设施要求;

(11)保障设备和工具;

(12)软件维修注意事项。

与大多数系统工程一样,维修性分析是一个迭代过程,在设计和整个设计过程中的所有级别都进行。维修性分析过程通常按照 MIL - HDBK - 470A[2] 的指导进行,本节大部分内容改编自该手册。

6.3.1 维修性分析的目标

维修性分析有5个主要目标:

(1)建立设计标准,以提供必要的维修性特征;

(2)保障设计备选方案的评估和权衡研究;

(3)为确定和量化保障需求(如备件、培训、保障设备等)的过程提供输入;

(4)评估保障方案和维修政策的有效性,并确定对方案和政策所需的变更;

(5)验证设计是否符合维修性设计要求。

6.3.2 维修性分析的典型产品

进行维修性分析的产品包括但不限于:

(1)平均和最大维修时间(在不同维修级别);

(2)LORA 的输入;
(3)每项任务或操作的维修时间或工时;
(4)维修人员要求的输入(例如,所需数量、现有或特殊技能等);
(5)备件需求输入;
(6)保障设备要求;
(7)虚警率、故障检测方法和内置测试(BIT)的有效性;
(8)计划性维修和预防性维修的平均间隔时间;
(9)维修性模型和框图。

6.4 常用维修性分析

以下各节重点介绍用于以最具成本效益的方式实现总体保障性目标的常见维修性分析类型。各种类型的维修性分析包括但不限于:
(1)设备停机时间分析;
(2)维修性设计评估;
(3)测试性分析;
(4)人为因素分析;
(5)维修性分配;
(6)维修性设计权衡研究;
(7)维修性模型和建模;
(8)故障模式、影响和危害性分析——维修措施(FMECA - MA);
(9)维修活动框图;
(10)维修性预计;
(11)维修任务分析(MTA);
(12)维修级别分析(LORA)。

这些分析的深度和范围将随可用的设计细节和设备的复杂性而变化。以下各节对这些分析进行了说明。

6.4.1 设备停机时间分析

设备停机时间分析用于评估由于维修或供应延误而导致设备不可用(即停机)的预期时间。该值是经过的维修时间、等待零件时间和等待维修时间之和。它是考虑可靠性、维修性、保障系统属性和作战环境的主要性能指标。分析结果可用于计算其他设备的性能指标,如任务能力比率和设备可用性。分析结果表明哪些因素导致设备不可用,可用于评估替代设计和保障概念。

设备停机分析在项目/产品生命周期的任何时间进行。早期进行停机分析将提供影响保障性设计的标准,而后期进行将指出可通过设计或保障系统变更采取的纠正措施。随着系统开发后期研究不断深入,这种分析的深度将增加。

范例 7:基于维修性的维修停机时间预测

设备停机时间分析产生一个称为“设备停机时间”的优值(度),以小时、天或其他适合于所评估设备的时间周期来衡量。它可用于确定驱动系统不可用的因素,比较替代设计或保障系统方案,并作为其他设备能力度量的输入。有关可用性和停机时间的更多详细信息,请参阅第 15 章。

6.4.2 维修性设计评估

维修性设计评估是分析迭代设计的维修影响并及时向设计团队提供反馈的过程。该评估的主要目标是确保从一开始就将维修性设计到产品中。该过程从一组可供设计者和维修工程师使用的系统文件开始。这些通常包括系统使用方式的初步描述、维修方案、顶层定性和定量维修性要求以及经验教训。设计评估用于完善维修方案,这些方案稍后将构成后勤保障分析维修要素的基础。该分析的深度将取决于设计所处的阶段和所设计设备的复杂性。设计标准将为评估维修性设计提供依据。

6.4.3 测试性分析

测试性分析在设计的各个层面都很重要,可以通过多种方式完成。例如,在设计复杂集成电路(IC),如专用 IC 或 ASIC 时,重要的是开发测试向量,以检测高百分比的“检测”故障(即信号卡在逻辑“1”或“0”)。

对于非数字电子设备,故障检测效率通常通过故障模式和影响分析(FMEA)确定,如前一节所述。FMEA 将识别导致故障的各种原因,因此可以检测到。然后,测试工程师必须制定一项测试,以验证操作并检测 FMEA 中确定的任何故障。这一过程可以在所有设计层次上进行。第 13 章详细讨论了测试和可测试性。

6.4.4 人为因素分析

最基本也是最重要的维修性要求之一是系统易于维修。系统的维修性分析通常涉及确定零件或子组件的维修或拆卸和更换所需的维修任务。维修任务通常包括拆卸设备,以接近需要维修或更换的部件。

范例 5:将人类视为维护者

进行人为因素分析,以确定与执行每个维修任务时维修人员和设计之间的交互问题。该分析用于验证每个所需的维修任务是否可以由人执行。这种分析通常更多地涉及定性需求,而不是定量需求。与许多分析一样,在设计的早期阶段进行分析非常重要。

人为因素分析涉及 3 个主要考虑因素:

(1)力量——在各种身体姿势下搬运、举起、握持、扭转、推拉物体的能力;

(2)可达性——维修人员进入工作区域的能力;

(3)可见性分析——能够清楚地看到工作区域、标签、显示和控件。

有各种现代、动画、计算机辅助设计(CAD)工具和虚拟现实技术可用于帮助维修性工程师有效地执行这些分析。当在人为因素分析过程中发现问题时,可以使用这些相同的工具和技术快速验证拟议的设计修改的有效性。

第 10 章详细介绍了人为因素分析,第 17 章对虚拟现实在维修性设计中的应用进行了一般性讨论。

6.4.5 维修性分配

本节改编自 MIL - HDBK - 470A 第 4.4.1.6.2 节,设计和开发可修产品和系统。

定义了系统或产品维修性要求后,设计者必须决定如何为每个子系统分配或预计维修性。所有子系统的组合应当满足系统维修性要求。这种分配是设计者必须进行的平衡活动。如果重点放在一个子系统或组件上,则可能会牺牲另一个子系统的维修性,或者可能导致构建系统的成本高于预期。维修性分配模型是维修性模型的一种。

维修性分配是将系统级维修性需求分配给较低级别组件的过程。换句话说,系统需求被分配给每个子系统;每个子系统的需求分配给子系统内的组件和设备;最后,可以将组件和设备需求分配给模块单元。

维修性分配需要对各种类型系统、子系统等的特性进行详细分析。分配主要用于修复性维修要求。历史上,如果没有原型或系统的第一个生产版本,系统级需求很难完全评估。因此,经常用维修性分配水平评估在系统级维修性要求方面取得的进展。维修性分配是一种自然的管理工具。客户、主承包商、分包商和供应商使用它们:

(1)推导系统较低级别组件的维修性指标不超系统的指标(即最大 MTTR)。

(2)为设计师和维修性工程师提供一个标准,用于监测和评估是否符合规定的维修性目标。

(3)确定需要额外加强的产品(关于维修性)以及维修性改进对系统影响最大的区域。

维修性分配提供了维修性“预算”阈值,如果满足该预算,将以高度的置信度确保达到系统级要求。该预算是比较后续维修性预计和演示(即测量)值的标准。必须完成维修性要求的分配,并在项目早期将结果提供给设计师和所有分包商。

分配是一个迭代过程。必须确定实现初始分配值集的可行性与可评估性,如果分配的值不合理,则必须修改。

关于分配的最后一点注意事项:正如到目前为止所讨论的,并将在下面的具体方法中显示的,分配给子系统、组件等的维修性要求用共同的术语表述(例如,MTTR)。尽管有些产品可以简单地移除和更换部分部件。但是,产品本身仍然需要维修。例如,飞机(产品)的发动机内部出现故障,发动机将被拆除并更换。然后将其送到发动机车间或发动机制造商进行维修。对于可移动的复杂产品(轮式和履带式车辆、飞机、火车、汽车,以及较小的船舶),许多“维修”包括移除和更换故障项目或部件。表6.1显示了产品可进行的维修和维修类型(即就地维修)。

表6.1 原位维修和修理的典型类型

维修类型	执行内容
修理	液压、气动、润滑和燃油管路电缆和布线结构部件控制电缆
校准和调整	子系统、组件或单元
加油和维修(包括润滑)	产品、部件、单元

6.4.5.1 故障率复杂度方法

在该方法中,最苛刻的维修性要求(即最低MTTR值)分配给可靠性最低的子系统和部件。反之,最低维修性要求分配给具有最高可靠性的子系统和组件。假设最复杂产品故障率最高。因此,该方法被称为故障率复杂度方法(FRCM)。该方法的程序如下:

步骤1. 确定 N_i,即分配产品中每个单元的数量。

步骤2. 确定 λ_i 每个单元的故障率(假设故障率恒定)。

步骤3. $N_i \times \lambda_i = C_{fi}$,即单元对总故障率的贡献。

步骤4. 计算每个单元的MTTR、M_i、λ_H/λ_i 和 M_H,H 是故障率最高的单元。

步骤5. 将步骤4中的每个结果乘以相应的 λ_i、结果记为 C_{Mi}。

步骤6. 使用以下等式,求解故障率最高项目的MTTR。

$$\text{MTTR}_{product} = \sum C_{M_i} / \sum C_{f_i}$$

式中:$C_{M_i} = M_i C_{f_i}$。

步骤7. 通过将步骤6中MTTR乘以 λ_H/λ_i，确定到其他单元的MTTR。

表6.2说明了图6.3所示子系统使用FRCM进行维修性分配的示例。使用相同的方法将子系统B的MTTR分配给其组件。

表6.2 基于复杂度的分配方法

项目	步骤1	步骤2	步骤3	步骤4	步骤5
	确定产品数量 N_i	确定产品故障率 $\lambda_i \times 10^{-3} fh^{-1}$	计算总的贡献率 $C_{fi} = N_i\lambda_i \times 10^{-3} fh^{-1}$	计算产品的MTTR $\lambda_h/\lambda_i \times M_H$	计算产品MTTR的贡献率 $C_{Mi} = M_i C_{fi}$
A	1	5	5	M_a	$5M_a$
B	1	1.111	1.111	$4.5M_a$	$5M_a$
C	1	0.833	0.833 $\sum C_{fi} = 6.944$	$6M_a$	$5M_a$ $\sum C_{Mi} = 15M_a$
步骤6：求解 M_a，$\text{MTTR}_{\text{prodouct}} = \sum C_{Mi}/\sum C_{fi} \Rightarrow 1.44 = 15M_a/6.944 \Rightarrow M_a = 0.67h$					
步骤7：求解 M_a 和 M_c，$M_b = 4.5M_a = 3h$；$M_c = 6M_a = 4h$					

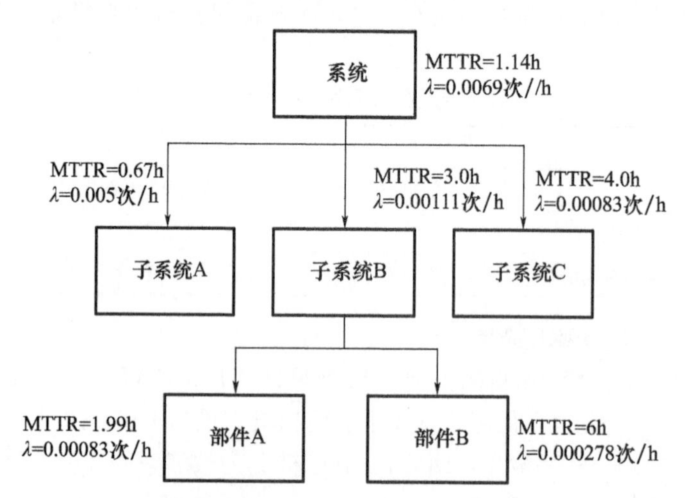

图6.3 维修性分配示例

6.4.5.2 故障率复杂度方法的变化

Blanchard和Fabrycky在其文本[3]中使用的方法是FRCM的变化形式。在这种方法中，假设每个单元的初始MTTR已知，并计算产品级MTTR，即 M_{product}。如果结果等于或小于所需的 M_{product}，则分配完成。如果不是，则选择每个单元MTTR的新值，并重复该过程，直到计算出的 M_P 乘积等于或小于所需的 M_P 乘积。

单元的 MTTR 的初始值可基于已使用的类似单元或工程估算进行选择。

6.4.5.3 基于统计的分配方法

IEC－706－6[4]中提供了一种用于执行维修性分配的记录良好、统计合理的方法。关键的基本假设是，在产品中，项目维修性与项目复杂性成反比。

该方法基于经常使用的假设，即维修时间，尤其是其中的主动修复性维修部分，通常由供应商控制，可通过对数正态分布进行描述，平均主动修复性维修时间(MACMT)和第95百分位最大主动修复性维修时间(ACMT95；也称为 $M_{max}(95)$)。还确定了比 ACMT95 更长的 ACMT，以便为指定的累积 MACMT 提供补充。

6.4.5.4 平均分配法

当物品的故障率相等且恒定时，此方法适用。平均分配法是将产品级别的可维修性值分配给每个较低的组件。如表6.3所示，对于图6.3所描述的产品，对每个项目使用产品级 MTTR 可实现产品级需求的分配。这种方法的基本假设是：维修时间与故障率无关(即，MTTR 不受复杂性的影响)。该方法与可靠性分配的等分布法在原理上是一致的。

表6.3 平均分配法示例

项目	每个产品的项目数量 N_i	产品失效率 $\lambda_i \times 10^{-3}$	对总故障率的贡献 $C_{fi} = N_i\lambda_i \times 10^{-3}$	平均修复时间 MTTR(M_i)	对系统 MTTR 的贡献 $\sum C_{Mi} = MC_n$
A	1	5	5	1.44	7.2
B	1	1.11	1.11	1.44	1.6
C	1	0.833	0.833 $\sum C_{fi} = 6.943$	1.44	1.2 $\sum C_{Mi} = 10$
检查 $MTTR_{product} = \sum C_{Mi} / \sum C_{fi} = 10/6.943 = 1.44h$					

6.4.6 维修性设计权衡研究

当设计师努力提升维修性时，他们必须做出牺牲，主要按成本方面。虽然提高部件子系统和系统的可靠性和维修性是可能的，但通常都需要付出很大的代价。因此，为了让设计师在任何特定的设计权衡研究中做出适当的权衡，设计师需要审查资产、系统或设备的要求，并确定资产购买者和运营商的优先级。在许多情况下，设计师必须进行权衡，以平衡整体可用性与资产在其使用寿命期间的总运营成本。在资产生命周期内运行的成本称为生命周期成本(LCC)。LCC 不仅考虑了购买资产的成本，还考虑了运营、维修、翻新和处置资产的成本。

确定产品的 LCC 将使设计师有机会了解维修性的变化如何影响资产整个寿命期的成本，而不仅仅是前期成本。设计者可能有许多 LCC 模型，每个模型都反映了维修性或可靠性设计的潜在变化。生命周期成本分析(LCCA)是评估各种设计权衡的一种行之有效的实用方法，但它既是科学又是艺术。已故的保罗·巴林格是 LCCA 的大力倡导者，并为此提供了大量资源。总之，巴林格先生为 LCCA 提供了一份大纲，总结和修改如下，以反映维修性设计过程[5]。

(1)定义需要 LCCA 的问题：维修性，这将定义各种行动方案，在这些行动方案中，可针对可靠性损失、可用性变化或成本增加改进维修性。

(2)定义备选方案和采购/维持成本：对于每个备选方案，必须为其制定和估算采购成本，如设计、测试和采购。维持成本可能包括员工、培训、设施、零件和资产使用寿命期间的处置成本。此外，应记录每个备选方案的任何停机时间或机会损失成本，因为这通常会在真正理解维修性设计的好处方面发挥重要作用。应为每个备选方案定义所有要素。通常，一个备选方案是“无所事事”备选方案，其中对当前设计进行分析，为其他备选方案提供基线。

(3)选择分析成本模型：成本模型的范围从电子表格到高级 LCCA 专用工具。成本模型应合并财务数据、工程数据和良好维修实践。例如，将过滤器与油一起更换是一种良好的做法，则将对该活动的零件和劳动力成本以及资产寿命期间的预计发生率进行估算。财务计算通常考虑成本的净现值(NPV)。

(4)收集成本估算和成本模型：构建成本模型后，设计师必须捕获每个备选方案的成本。这就是艺术的用武之地。设计师可能没有所有的持续成本数据，因此他们必须基于类似的资产和系统进行假设。应确定所有成本要素，并记录每个备选方案的假设。

(5)为每一年的研究制定成本概况：应评估每个备选方案在其使用寿命期间的总成本，以及使用寿命开始、中期或结束时的一次性总成本。

(6)为备选方案制定收支平衡图：为了更好地评估每个备选方案的真实成本，建议绘制每个备选方案寿命期间的成本。这将向设计师展示资产生命周期中投资于维修性改进的投资回报率。该投资回报率可能是某些客户的决定因素，因为他们可能有一个特定的最低投资回报率。

(7)确定关键的几个贡献者：利用 LCC 数据，设计师可以进行帕累托分析，以确定是否有其他选项来降低 LCC。此外，应选择高贡献者进行额外分析，以确保模型能够代表实际应用。

(8)对高成本进行敏感性分析：应对高成本贡献者进行敏感性分析，以了解这些贡献者的不确定性影响。该分析可用于提供最坏情况、最佳情况和中间路线情况。灵敏度分析可以使用各种数学模型，更高级的分析可以使用蒙特卡洛模拟。

(9)进行高成本产品和事件的风险分析：通过对高成本产品进行敏感性分析，可以分析每个成本因素的风险，并制定预防或纠正措施，将风险降低到可接受的水平。

(10)选择合理的行动方案：通过对每个备选方案的成本模型、敏感性分析和风险进行评估,设计师可以与资产所有者/运营商合作,评估备选方案,并确定最适合设计的行动方案。

LCCA 的最终结果不仅应是成本分析,还应提供各种备选方案对维修性、可靠性、可用性和成本的影响。这使设计师和资产所有者/运营商能够选择正确的权衡级别。

LORA(见第 6.4.12 节)是另一种方法,可用于评估潜在变化,并利用 LCC 对维修性进行建模。无论选择哪种方法,设计师都必须根据产品的初始成本及其在整个使用寿命中的影响来评估改进的维修性成本。

作为一个实例,客户可能要求利用现有维修设施,并利用基层级进行 50% 的所有维修活动。这意味着将在运营或产品现场执行的维修活动减少 50%。该级别的维修通常仅限于定期性能检查、目视检查、清洁、有限维修、调整以及某些组件(即产品的组成模块、零件、项目或组件)的拆卸和更换。由于这一要求,应改进可维修性,以使现有员工能够执行所有日常维修,这意味着降低复杂性或向资产添加智能系统。这将持续推高资产成本,最终由设计师评估这样做的成本与客户将为产品支付的成本。

6.4.7　维修性模型和建模

维修性建模活动被认为是现代设计和开发产品的必要条件。如果设计过程没有准确的模型来预测和评估产品性能并提供跟踪测试结果,则应视为可疑。维修性模型应该是产品开发工作的一个组成部分。维修性模型应包括与可靠性模型或任何数量的系统性能和预测模型相似的严格程度。维修性模型在整个设计和开发过程中经常更新,以反映系统或产品设计、分析结果和测试结果。维修测试的主要目的是验证设计模型的准确性,并提供更新模型的机会,以准确反映从测试结果中收集的维修性设计性能,找到设计不足以实现成本效益设计变更的情况,并提供产品满足维修性要求的可信度。

维修性模型和建模是一项关键的维修性分析技术,它进一步允许设计者完善和增强产品设计。

(1)建立设计标准;

(2)保障设计评估并支持备选方案的评估,如 LCCA;

(3)建立并量化设计的保障要求,如备件、培训、保障和设备[2];

(4)评估保障系统和维修计划的有效性[2];

(5)验证设计符合设计要求[2]。

维修性模型将考虑系统或资产的功能,以及所有保障要素,以确定其在现实生活中运行的可能性。因此,它是执行 LCCA 或 LORA 的重要贡献者。维修性模型将为设计和业主/运营商提供重要的系统信息,如 MTTR、最大维修时间,以及每小时任务时间需要多少维修时间或工时。此外，该模型还将预测需要哪些保障要素，如备件需求和预测、维修人员数量和技能需求，以及将在组织、中级或基地级执行哪些维修。

一些最常见的维修性模型是FMECA－MA和维修性框图。这些模型将验证分配是否正确执行，并验证设计是否满足定量和定性要求。

6.4.7.1 维修性模型中的泊松分布

鉴于维修性模型通常基于故障频率或一段时间内发生的次数，泊松分布非常适合用于维修性建模。泊松分布模型计算修复事件或预防事件的数量等。泊松分布表示在一定周期内给定数量事件的概率，如果这些事件以已知的恒定平均速率发生，并且与自上次事件以来的时间无关。例如，我们想考虑一个事件以5的恒定平均速率发生的概率，则可以在图6.4中看到从1～12的每个变量的概率值。我们还可以看到在一段时间内发生4～5个事件的概率是如何最高的，以及随着我们远离中值，概率是如何减小的。

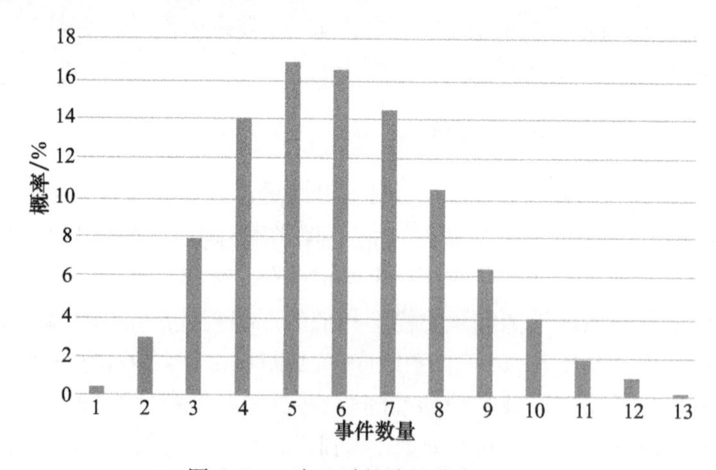

图6.4 λ为5时的泊松分布 $\lambda=5$

泊松分布与指数分布相关，因此如果x是指数随机变量，则1/x是泊松分布随机变量。与指数分布一样，提供的每个时间间隔或空间的机会是相等的。从维修性的角度来看，如果由于10次修复性维修事件中的后勤延迟（例如，没有零件）而导致维修行动延迟的概率为1/100，则在100次修复性维修事件中后勤延迟的概率将为1/10。

例如，让我们考虑一下，我们平均每年经历6次缺货延迟。使用泊松分布，我们想确定明年零缺货延迟的概率。

$$P(x)=(\mathrm{e}^{-\lambda} * a^{x})/x!$$

$$P(0)=(\mathrm{e}^{-6} * 6^{0})/0!$$

$$P(0)=1.487\%$$

这表明,一年内零缺货的概率为 1.487%,而 4 次缺货的可能性为 13.385%。知道了这一点,我们可以调整维修性模型,以反映现场可能出现的缺货情况。

泊松分布也可用于考虑备用系统的任务成功率。

在一个简单的示例中,考虑一个具有 6 个组件的部分冗余系统。平均 λ 如果立即修复或更换每个故障,则可以预期每小时的故障。如果我们假设 $\lambda = 0.002/\text{h}$,$t = 100\text{h}$,并且元素的数量是 6,那么我们可以确定系统在 0 次故障或系统中有 1 次、2 次或 3 次故障的情况下存活的概率。这假设系统可以使用至少 3 个部件运行。

采用一般泊松表达式[6]:

$$f(x) = \frac{(\lambda t)^x \mathrm{e}^{-\lambda t}}{x!}$$

我们必须扩展表达式,以反映系统内组件的数量,以及任务小时数中的平均故障数。考虑到这一点,我们将有一个新的泊松表达式[6]:

$$f(x) = \frac{(n\lambda t)^x \mathrm{e}^{-n\lambda t}}{x!}$$

式中:$\lambda = 0.002/\text{h}$,$t = 100\text{h}$,$n = 6$,则 $m = n\lambda t = 6 \times 0.002 \times 100 = 1.2$。

$$f(x=0) = 0.301 = P(0)$$
$$f(x=1) = 0.361 = P(1)$$
$$f(x=2) = 0.217 = P(2)$$
$$f(x=3) = 0.087 = P(3)$$

使用泊松分布表达式,我们可以看到,在 100h 任务中,系统的成功概率为 0.301,部件故障为零。故障次数为 1 次或更少的情况下,成功概率为 $P(0) + P(1)$,为 0.662。如果系统 1 次最多可成功完成 3 次故障,则成功概率为 $P(0) + P(1) + P(1) + P(2)$,为 0.966。该模型可用于突出现场维修的优势,允许在不牺牲任务成功的情况下发生故障。它还可用于确定为使任务成功而需要规划什么级别冗余。

6.4.8 故障模式、影响和危害性分析——维修措施(FMECA - MA)

FMECA - MA 用于确定预防性和修复性维修的实际维修行动。FMECA - MA 基于 FMECA 方法,但它侧重于维修所需的行动,忽略了重新设计或过程变更等行动。FMECA - MA 是一个非常稳健的模型,用于在保障性的六大要素方面建立非常具体的需求,如备件需求、设施需求、人员需求、培训和技能开发、保障和测试设备以及技术手册[2]。

故障模式、影响和危害性分析(FMECA)是可靠性方面的常用工具,用于识别故障模式、对资产运行的影响以及危害性排名。临界性排序通常基于每个故障模式的潜在后果(C)和概率(P),以及检测(D)故障的能力。这3个风险因素的乘积称为风险优先数(RPN),使设计人员能够对设计中最关键的故障模式进行分类和关注。在许多情况下,设计师和业主/运营商只关注基于RPN的部分故障模式。FMECA - MA定义了导致每个功能故障的原因,以及单个故障模式对系统的影响,以及防止或纠正故障模式所需的任何维修要求。

在表6.4(泵的示例)中,FMECA - MA评估了每种故障模式,对其进行排序,并确定了每种相应的维修措施。

表6.4 FMECA - MA输出结果

功能	功能故障	故障模式	故障影响	C	P	D	RPN	维修行为
在扬程25′处输送100gpm的水	输出量低于100gpm	叶轮因气蚀磨损	泵的输出降低,过程减慢。修复时间2h	7	4	2	56	PM:监控流速并根据下限和下降率触发报警
								CM:需要以下内容:叶轮(零件号12345)、密封件(零件号17548)和垫片(38573)。1名二级技工,现场维修
	不送水	轴承因润滑不足而卡住	泵故障,流程停止,修复时间3h	8	5	3	120	PM:通过安装的传感器监测振动。润滑要求:每个润滑点使用一级润滑技术3min,超声波润滑工具;NLGI双润滑脂 CM:需要以下内容:2×轴承(零件号49502)、密封件(零件号39112)。一级二级机械师,需要轴承加热器、轴承拉拔器和轴承冲压工具
		叶轮因异物堵塞	泵故障,流程停止,修复时间2h	7	2	9	126	CM:需要以下内容:叶轮(零件号12345)、密封件(零件号17548)和垫片(38573)。1名二级技工,现场维修

从示例中可以看出,预防性和修复性维修行动都推动了保障性需求,使设计者能够评估设计,并为维修性模型和其他分析提供输入。FMECA - MA 中要求的详细程度将由最终用户及其维修性要求决定;然而,FMECA - MA 越详细,模型和其他分析就越准确。

6.4.9　维修活动框图

维修性建模也可以采用 MABD 的形式(见图 6.5)。MABD 是一个非常稳健的过程,它提供了维修任务的图形表示,使设计者能够评估维修行为的长度以及六大保障性指标。与许多其他建模技术一样,设计师可以开发替代模型来反映提出的设计变更,以评估对系统维修性的影响[2]。

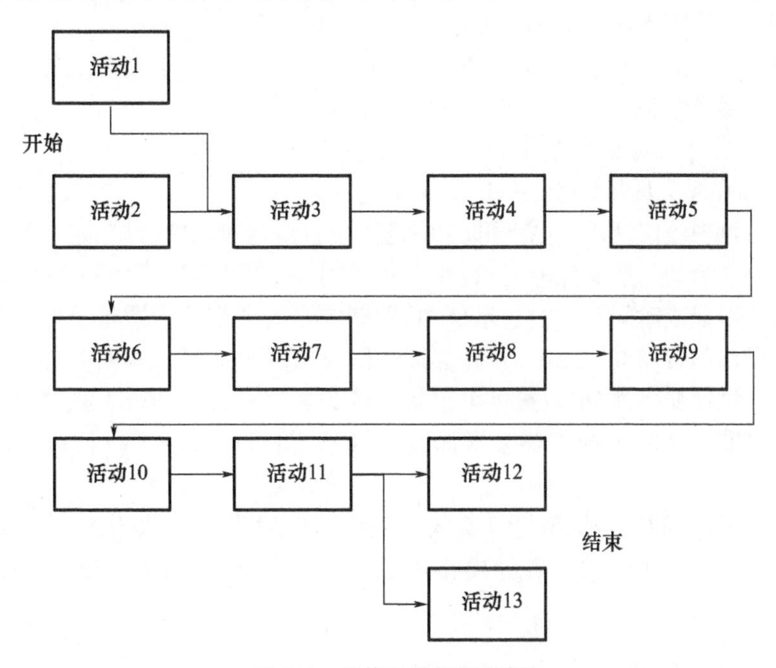

图 6.5　维修活动框图示例

理想情况下,随着设计变更和备选方案评估,在整个设计过程中全面使用 MABD。在 MABD 中串并联关系路径表示哪些活动顺序发生或哪些活动同时发生。这一点很重要,因为增加额外人力的并行活动的能力可以显著降低停机时间,这是一种提供 MTTR 的方法。

例如,我们将使用 MABD 评估更换驱动泵的一组皮带的维修活动。

任务描述:更换冷却器泵皮带

维修人员数量:2

设备/零件:皮带锁紧器、8′ × 2″尼龙索具带、3/4″扭矩扳手、3/4″套筒、1″套

筒和 8 × D 尺寸皮带(P/N MC88071)

活动:

(1)收集工具和零件——1 人 5min

(2)锁定/挂牌(LOTO)泵和驱动器——1 人 5min

(3)验证 LOTO——2 人 10min

(4)拆下安全带护罩——2 人 5min

(5)松开驱动螺栓并消除皮带(8)的张力——1 人 8min

(6)拆下旧皮带——1 人 5min

(7)安装新皮带——1 人 3min

(8)对齐皮带轮——2 人 8min

(9)将所有皮带的张力调整至 18 ~ 22lb(1lb≈0.45kg)——2 人 5min

(10)将驱动螺栓拧紧至 150ft(1ft = 30.48cm) - lb——1 人 7min

(11)重新安装安全带护罩——2 人 10min

(12)启动并验证泵的正常运行——1 人 10min

(13)收起工具和设备——1 人 5min

应为每项维修活动(包括预防和修复措施)构建 MABD,以深入了解每项活动以及每项活动的所有保障要求。MABD 完成后,设计可以评估每个步骤,并确定如何缩短完成时间。在上述示例中,重新安装安全带防护罩是最耗时的活动之一。设计师可以询问原因,并确定其体积较大,需要工作人员对齐螺栓孔。通过拟议的设计变更,防护装置可以重新设计为通过搁置在凸台上或使用定位销进行自对准。这两个选项都会增加设计成本,但可能会减少执行活动所需的时间。

无论采用何种方法,MABD 都将详细说明保障要求,并提供完成每项任务的估计时间,这对于建立各种模型和预测至关重要,如 RAM 分析、LCCA 或 LORA。

6.4.10 维修性预计

维修性预计是从维修性角度对设计性能的估计[7]。预计被用作比较和评估设计备选方案的另一种方法,以及确定资产是否能够达到资产所有者/运营商定义的维修性要求。维修性预计通常在系统设计的早期进行,以帮助确定设计者可以采取的先进替代方案。

维修性预计不精确,通常包含一定程度的不确定性,因为它们充满了假设。这些假设必须记录在案,因为它们将对结果产生重大影响。与维修性分配一样,维修性预计是一个迭代过程。因此,维修性预计应与其他分析一起使用,以确定设计的最佳行动方案。维修性预计的优势在于其向设计者提供以下信息的能力:

（1）确定设计缺陷；

（2）保障维修性权衡分析；

（3）根据所选方法确定设计是否准备好进入下一阶段[7]。

维修性预计用于验证维修性分配是否可行或制定保障性规划。维修性预计的输出通常是通用维修性指标[1]，例如：

（1）平均维修时间（MTTR）；

（2）平均维修间隔时间（MTBM）；

（3）平均修复维修时间（MCMT）；

（4）平均预防性维修时间（MPMT）；

（5）每工作小时的维修工时（MLH/OH）。

第 7 章详细介绍了维修性预计。理解维修性预计是至关重要的，因为它直接输入到 LORA 中。

6.4.11　维修任务分析（MTA）

MTA 是设计团队可用于确定系统满足维修性要求的能力的另一种方法。维修任务定义为将项目保持在指定状态、更改为指定状态或将其恢复到指定状态所需的维修工作量[8]。MTA 描述并评估所有维修任务和相关后勤保障任务，以确保满足维修要求。MTA 收集数据，以验证执行所有所需维修任务活动和行动（纠正和预防）所需的所有维修和后勤要求。MTA 是一种收集维修任务数据的方法，用于维修性预计。当积累了足够的历史维修数据时，它可作为维修性预计模型的基础。

MTA 以及相关的后勤信息不仅使组织具备设计资产和维修资产的能力，而且还使团队能够分析潜在的设计变更，以减少任何后勤需求。因此，MTA 应在资产设计阶段的早期进行，并在设计变更时进行修订。这最终将允许设计人员对系统设计进行特定更改，以改进系统并使其满足维修性要求。

MTA 是一种工具，允许设计师验证现有设计及其满足维修性要求的能力，并提供有关资产运营商将需要的所有后勤要求的信息包。MTA 根据对任务的详细逐步分析，得出执行维修任务的估计时间。通过分析每项任务以及每项任务的相关频率，设计团队可以准确建模系统的维修性。有关 MTA 的更多信息，请参阅第 7 章。

6.4.12　维修级别分析（LORA）

LORA 是用于评估和提供维修性保障性权衡决策以及保障性分析的最常用方法之一。LORA 是用于根据成本考虑确定哪些项目将被更换或维修的一种分析方法。LORA 还用于根据人员配置、能力、成本和作战准备要求确定维修级别。这使业主/运营商能够在一线员工、中级员工和基地级员工之间达成正确的平衡，以及确保维修工作得以进行所需的设计师级别。

在深入 LORA 之前，必须了解执行维修的不同级别。通常，组织将有 3 个不同的维修级别——基层级、中继级和基地级[2]。在某些情况下，例如美国海岸警卫队(USCG)将中继级和基地级结合起来[9]。

基层级维修通常在运营现场进行。该级别的维修通常包括性能检查、清洁、检查、润滑等基本保养，还可能包括调整、拆卸和更换某些部件等有限维修。大多数日常维修都是在此级别进行的。大多数部件，即使可维修，也不在此级别维修，可能会进入中继级别进行诊断和维修。基层级层面的目标是保持装备处于就绪状态，同时能够使用低级别技能到中等技能的员工将装备快速恢复到运营状态[2]。

中继层可以很容易地定义为车间维修，例如电子车间。中继级别通常通过诊断故障和更换特定零件或模块对可修复部件进行维修。中继层还可以执行更大的维修活动，例如重建或大修。中继级别的技能水平通常高于基层级，因此，与中继级别相关的任务比基层级更复杂[2]。

基地级是最专业的维修和维修级别。基地级维修可能由资产所有者/运营商控制，或者是资产制造商的一部分。基地级通常进行广泛的重建、大修和非常复杂的诊断。基地级具有最高水平的技能，通常包括最复杂的测试和维修设备。因此，执行维修通常是 3 个级别中成本最高的。每个级别的维修可能包括内部员工和承包商的组合。

LORA 最终是一种分析，旨在了解在资产寿命期间必须进行的维修的经济和非经济因素，同时寻求建立系统设计标准，以降低和优化成本。经济因素通常包括执行维修的成本要素，如零件、保障设备、劳动力、合同工、培训成本等。非经济因素通常由确定是否存在应/不应执行维修的首要原因的标准组成，其中可能包括维修约束、操作要求或环境限制。非经济驱动因素可能包括劳动力熟练程度、维修理念、工具、环境、组织政策、支持合同、培训、供应链和设施[9]。在开展 LORA 工作时，必须同时考虑经济和非经济因素。

最简单地说，LORA 是一种决策工具，一种设计权衡研究的形式，它定义了何时何处以及如何执行各种维修活动。

6.4.12.1 修理工作分析

虽然 LORA 背后的思维过程很简单，但分析可能很快变得复杂，需要大量的数据和信息。为了获得 LORA 的好处，设计师必须进行足够彻底的分析，以影响产品的设计，同时建立最具成本效益的产品维修方式。图 6.6 取自 Lucas Marino 及其论文[9]，旨在引导设计师和分析团队完成 LORA 过程。

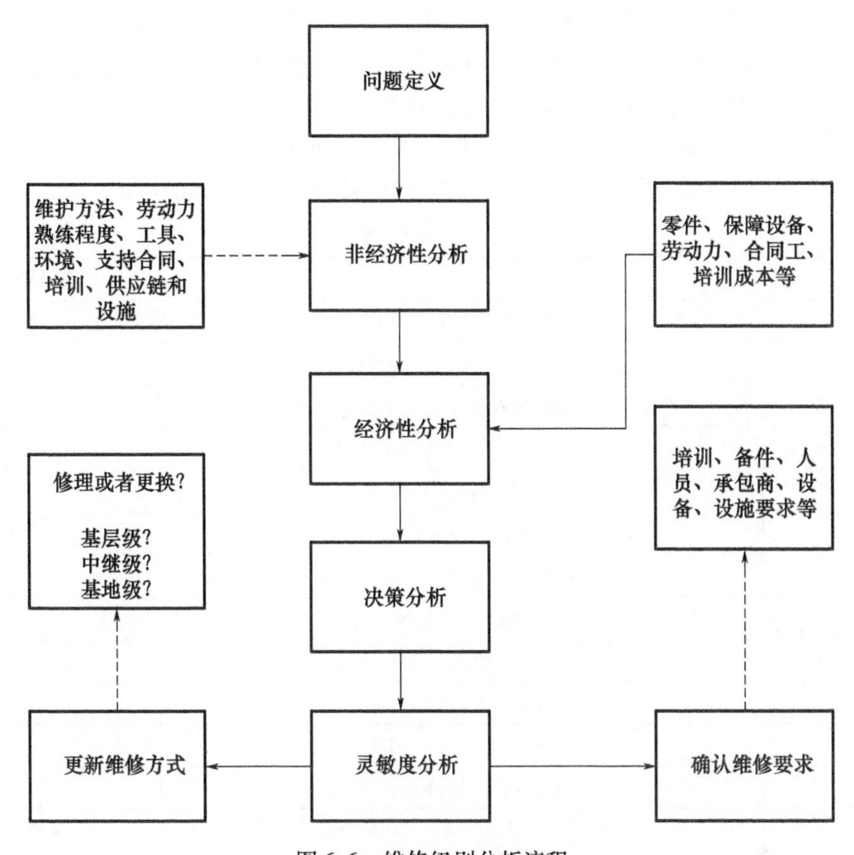

图 6.6 维修级别分析流程

执行 LORA 的第一步是了解试图解决的问题。例如,LORA 可能不需要在系统级别执行,而是在子系统级别执行,因为它是维修成本的主要影响因素。理解产品如何执行预定的功能就可以开展对应范围内的维修级别分析,使得分析和权衡更为全面有效。例如,船舶涡轮机是船舶的最大成本来源,因此,必须仔细分析涡轮机的维修方法。一旦正确定义了范围,团队将需要收集相关信息,如图纸、维修计划、维修活动框图和维修性预计。这些数据将支持团队确定分析的非经济和经济因素。

定义了 LORA 的范围后,分析团队可以开始考虑非经济因素和驱动因素。非经济要素在性质上既有定性的,也有定量的[9]。对现有人员、技能、工具等的识别将使分析团队能够确定需要补充哪些要素,然后将这些要素作为定量数据传递给经济分析。在评估风险时,可在决策分析和敏感性分析阶段使用其他定性要素,如运营需求和环境。

经济分析的重点是确定各级(基层、中继和基地)系统内各种部件的维修和更换成本,以及内部人员和承包商的使用。该经济分析旨在评估所有潜在选项及其相关成本。相关成本应包括所有专用工具、设施、招聘和培训成本。经济分析应导致 LORA 范围内所有预期维修活动的详细成本细分。

借助经济和非经济分析,LORA 团队可以开始确定维修方法的最佳行动方案。建议使用决策分析表(表 6.5)[8]进行此类设计权衡研究。

表 6.5 分析决策表格

分析决策表格		Y(是)/N(否)
1	维修费用是否可以接受?	
2	支持要素是否到位以确保成功?	
3	拟议的维修是否有适当的资金?	
4	产品处于哪个生命周期阶段?	
5	非基层级保障资源是否有能力满足需求?	
6	外部维修资源的响应是否令人满意?	
7	基层级是否有能力完成维修任务?	
8	维修需求是否满足使用要求	
9	最低估计维修成本是多少?	
10	最高估计维修成本是多少?	
11	分析如何影响现有 ILSP?	
12	最不确定的成本是什么?	

资料来源:马里诺,L.,《加强船舶生命周期维修资源的维修水平分析》,论文,乔治．华盛顿大学,2018 年。

决策分析表的使用使决策者能够完全了解维修方法决策的组织影响和风险[9]。根据表格中问题的答案,分析团队可以决定每个维修活动的最佳行动方案。每项决策都应记录和评估风险,因为风险将作为敏感性分析的输入。

在完成决策分析时,分析员将确定两个选项之一。

第一个是在哪里维修每个组件(在基层级、中继级或基地级),以及在出现故障时丢弃哪些组件。使用这种方法,分析员应该检查发生的交互,并以尽可能低的成本实现。本质上,每个组件都是根据某些经济和非经济驱动因素单独评估的。然后在总体背景下对结果进行审查,并评估任何可能的反馈,以确保决策不会产生重大影响[1]。

第二个问题是,如果将整个系统视为一个实体,则确定成本负担最小的方法。如果是这种情况,所有组件将默认采用最低成本方法,例如,在中继级进行修复[1]。

在决定采用何种维修方法时,应使用灵敏度分析对决策进行分析,以了解不确定性对这些决策的影响。该分析可提供最坏情况、最佳情况和折中情况。灵敏度分析可以使用各种数学模型,更高级的分析可以使用蒙特卡洛模拟。敏感性分析可确定存在与特定方法相关的重大风险或成本,这可能需要分析团队审查和修订 LORA。此外,敏感性分析可能包括“如果”情景,如果制定了缓解计划,则可以接受这种情景。例如,如果资产制造商赢得一份新合同,那么对仓库级设施的访问可能会大幅减少,从而增加资产的不可用时间。为了克服这个问题,团队可能会决定支付额外费用以缩短等待时间,或者他们会投资将更多的活动提升到中继水平。

一旦做出决策,必须更新资产或子系统的维修方法,以便 LCCA 能够反映新的变化。此外,LORA 中出现的任何设计变更都应立即提交给设计师进行整合。最后,一旦设计完成并更新 LORA 以反映竣工,应将维修需求传达给可保障性团队,以便他们可以开始准备保障产品。

由于 LORA 基于维修性预计,通常在产品设计的早期进行,因为结果可能会建议设计变更。随着设计的成熟,应更新 LORA 模型,以反映当前的设计,并验证是否已获得改进。最后,应将 LORA 模型与对产品进行的实际维修进行比较,以确定产品保障性的任何改进机会。

6.4.12.2 管理 LORA 数据

数据是 LORA 的重要组成部分,因此,数据的质量可以极大地影响结果。虽然在理想情况下,LORA 团队将拥有完整而准确的数据,但情况并非总是如此,尤其是对于全新的设计。因此,数据和假设的缺乏必须谨慎管理。

范例 9:基于数据的维修性

LORA 团队使用的大部分数据将是任务数据。任务数据通常包含任务持续时间、技能、频率、工具/设备和零件信息。理想情况下,任务数据将包括物料清单和定价信息。如果这些数据不易获得,LORA 团队可以从类似的设备中提取数据,但必须确保根据新的用例记录对数据集的任何假设和更改。如果没有这些假设的记录,LORA 对于那些将使用信息的人来说可能是不可重复或可信的。

此外,LORA 团队还必须获取维修组织的数据,如人员、历史绩效、技能水平、保障设施信息等。通常,来自维修组织的信息,特别是历史绩效方面的数据是可疑的,必须谨慎对待。其实际持续时间可能包括后勤延迟,而不是真正的维修时间。

LORA 的成功不需要完美的数据,但应审查数据,并记录所有风险和假设。数据的质量以及风险和假设将在很大程度上推动敏感性分析。

6.4.12.3 维修级别的结果分析

LORA 完成后,即可开始维修规划和保障性过程。通常,直到第一批产品到达现场基层,才开始进行保障性规划。这将使资产和组织处于风险之中,因为基层可能没有适当的零件、工具、人员和技能来保障产品资产。LORA 分析允许组织在流程中走在前面,以确保从一开始就正确的维修产品。

此外,LORA 分析可供采购团队用于确定中继级和基地级维修的正确支持承包商。真正了解这些要求将确保保障合同反映资产所有者/运营商的实际需求,并允许承包商正确规划即将开展的工作。这将确保高水平的服务和改进的维修周转时间。

最后,随着更多地了解资产在现场的表现,LORA 可用于推动未来的设计变更。通常,车队中的第一个系统投入运行,而车队中的大部分仍处于计划阶段或刚刚开始施工过程。通过在第一批资产投入运营后使用 LORA,可以发现更多的机会,并进一步降低下一代资产的维修成本。

6.5 小　结

在设计阶段产品建模的能力对于确保设计满足规定的性能要求至关重要。建模工具是迭代的,应用于开展设计变更,从而生成满足产品维修性的要求。虽然有许多建模工具(定量和定性),且每种方法都有本身的独特之处,但是可以结合使用。

通常要进行权衡设计,在维修性得到改善的情况下,可能会牺牲可靠性或成本。此外,进行维修以及提供所有所需的标准设备可能不是最具成本效益的方法,但承包商喜欢这种选择。正是这种在设计阶段进行的权衡确保了产品及其保障系统的正确设计。当建模与各种预测工具相结合时,可以验证设计,产品所有者和运营商可以放心,产品将满足运营可用性要求。

参考文献

1. Blanchard, B. S. (2004). Logistics Engineering and Management, 6e. Upper Saddle, NJ: Pearson Education Inc.

2. US Department of Defense(1997). Designing and Developing Maintainable Products and Systems, MIL - HDBK - 470A. Washington, DC: Department of Defense.

3. Blanchard, B. S. and Fabrycky, W. J. (1981). Systems Engineering and Analysis. Englewood Cliffs, NJ: Prentice - Hall.

4. IEC 706 - 6(1997). Guide on Maintainability of Equipment - Part 6: Section 9: Statistical Meth-

ods in Maintainability Evaluation. Geneva, Switzerland: International Electrotechnical Commission.

5. Barringer, P. and Weber, D. (1996). Life Cycle Cost Tutorial. Fifth International Conference on Process Plant Reliability. Houston, TX: Gulf Publishing Company.
6. Morris, S. (2011). Poisson Distribution. Reliability Analytics Blog. http://www.reliabilityanalytics.com/blog/2011/08/31/poisson-distribution/#more-312 (accessed 21 August2020).
7. US Department of Defense (1966). Maintainability Prediction, MIL-STD-472. Washington, DC: Department of Defense.
8. Dhillon, B. S. (2006). Corrective and preventive maintenance. In: Maintainability Maintenance, and Reliability for Engineers, 143-160. Boca Raton, FL: CRC Press.
9. Marino, L. (2018). Level of repair analysis for the enhancement of maintenance resources in vessel life cycle sustainment. Unpublished dissertation. George Washington University.

补充阅读建议

1. US Department of Defense (2015). Level of Repair Analysis, MIL-STD-1390. Washington, DC: Department of Defense.

第7章 维修性预计和任务分析

Louis J. Gullo and James Kovacevic

7.1 导 言

本章描述了根据一个重要标准执行维修性预计的方法,该标准将维修性预计看作工程中一个重要的过程。该标准为 MIL - HDBK - 472[1]。本章介绍了标准 MIL - HDBK - 472 涉及的一些预测技术。维修性预计的目的是帮助评估系统或产品在维修性设计准则、特征和参数方面的成熟度,以满足维修性设计的要求。维修性预计使设计人员可以权衡所提出的设计方案与相关的维修性要求的兼容性。维修性预计提供了设计标准的评估结果,通过将不同的设计方案的评分标准进行权衡区分,确定方案选择的优先次序,来选择最佳的设计方案。

本章还介绍了维修任务分析(MTA)方法。MTA 是客户现场发生故障后,对恢复到正常运行状态所需要的维修工作进行的工程分析。MTA 定义了部署后维修项目、系统、产品、设备或资产所有可能的后勤保障需求。MTA 是一个完整的数据包,包括所有计划和非计划维修任务和可能发生的任务序列,以及所有相关的任务时间与后勤信息。MTA 使管理人员能在应用产品后做好维修相关的准备工作,优化设计,减少后勤保障需求。此外,MTA 收集的维修任务数据可以用于新设计的维修性预计,当积累的历史维修数据足够多时,对维修性模型的创建很有帮助。

7.2 维修性预计标准

MIL - HDBK - 472 是题为《维修性预计》的军用手册,该手册是维修性分析技术指南,确保特定系统在验证和测试之前满足维修性要求。MIL - HDBK - 472 的早期版本提出了维修性预计的 4 个程序(Ⅰ-Ⅳ)。维修性预计程序Ⅰ和Ⅲ适用于电子系统和电子设备。维修性预计程序Ⅱ和Ⅳ则适用于所有类型的系统和设备。1984 年发布了 MIL - HDBK - 472 变更通知 1(CN1),增加了一个新的程序Ⅴ,该程序用于军用航空电子设备、陆基系统和舰载电子设备。程序Ⅴ用于预测基层级、中继级和基地级维修的维修性参数。在以下关于维修性预计的章节中,将简单介绍这些程序的主要内容,以便读者参考。这些方法的具体细节以及这些方法之间的差异在本书中没有进一步展开。如果读者有兴趣了解更多超出本章范围的内容,可以查看相关文献。

7.3 维修性预计技术

维修性预计和维修性分析类似,用来对维修性定量分配的评估,以确保满足维修性要求。维修性预计为维修性折中研究后选择设计方案提供了依据。

维修性预计程序取决于可靠性和维修性的数据记录,这些数据是在类似使用场景和工作环境条件下的类似系统/产品中收集和整理的。此外,维修性预计程序还依赖于工程师对相关知识的掌握和操作维修类似系统/产品的经验。为了使先前的系统/产品数据以及工程师的工程知识经验对新的设计有用,必须应用迁移性原则。该原则允许将从部署在现场应用中的一个系统/产品中积累的经验数据应用于另一个类似系统/产品,以预计系统/产品的维修性。当系统/产品之间相似程度高,并且其设计之间的差异最小时,迁移性原则是合理的。由于具有高度的相似性,所以在设计功能、特征、操作程序、维修任务时间和维修级别时有较高的参考价值。

维修性预计程序都有下面这2个基本参数:

(1)根据可靠性预测得到的故障率(FR)。

(2)根据MIL-STD-472中的方法,以实际时间或历史模型得到特定维修水平下的维修时间。

FR数据有很多来源,其中包括基层维修过程中实际发生的故障、受控测试环境下发生的故障、供应商提供的数据、军用手册和工业手册。FR数据是使用和环境条件的函数。FR用每百万小时故障数(FPMH)或每10亿小时失效数(FIT)计算。

范例9:基于数据的维修性

维修任务时间从基层级维修历史中收集,由预防性维修或修复性维修产生的系统或设备维修的真实数据日志组成。预防性维修活动不包括修复时间,因为开展维修不是为了排除发生的故障,而是为了防止故障发生。预防性维修(PM)活动可分为6类PM任务子类别:

(1)维修准备时间(MPT);

(2)检查时间(IT);

(3)校准和调整时间(C&AT);

(4)拆卸和更换时间(R&RT)或部件更换时间;

(5)维修时间(ST);

(6)功能检查(FCO)或最终测试时间。

可以用下面的公式计算 PM 任务的总时间:

$$\text{PM 总时间} = \text{MPT} + \text{IT} + \text{C\&AT} + \text{R\&RT} + \text{ST} + \text{FCO}$$

修复性维修活动包括故障发生开展维修的修复时间。修复时间会被总结和分析,以制定结果指标。这些结果指标通常是平均修复时间(MTTR)和最大维修时间(M_{max})。M_{max}可分为预防性维修的最长时间(MTPM)或修复性维修的最长时间(MTCM)。

与修复性维修相关的修复时间通常分为以下子类别。这些修复时间的总和用于计算修复性维修活动的总修复时间(TTR)。所有修复性维修活动的 TTR 平均值用于计算 MTTR。TTR 的数据分布函数计算特定时间内的修复概率。修复性维修的最长时间可根据函数分布第 95 百分位所对应的时间取值计算。

(1)维修准备时间(MPT);

(2)故障验证时间或故障检测时间(FDT);

(3)故障定位时间(FLT)或故障隔离时间;

(4)拆除和更换时间(R&RT)或部件更换时间;

(5)功能检查(FCO)或最终测试时间。

以下等式用于计算修复性维修活动的 TTR:

$$\text{TTR} = \text{MPT} + \text{FDT} + \text{FLT} + \text{R\&RT} + \text{FCO}$$

7.3.1 维修性预计程序 I

MIL - HDBK - 472 中的该程序用于预测基层级维修和航空航天维修对机载电子系统进行模块化更换的停机时间。该程序收集数据并跟踪修复活动的离散维修作业时系统停机的所有基本要素。该程序考虑了每个维修作业的时间,并将其累积到修复性维修任务的系统总停机时间指标。总系统停机时间指标考虑了以下几类维修作业时间:

(1)准备;

(2)故障验证;

(3)故障定位;

(4)零件采购;

(5)修复;

(6)最终测试。

列出与每个类别相关的离散维修作业并加以说明。

7.3.1.1 准备作业

以下修复性维修作业与准备类别有关。准备类别下的每一项作业都应测量时间。这些单独的时间测量值将汇总为总的准备作业时间。

(1)打开故障系统的电源,调整控件,根据需要设置刻度盘和计数器,并允许系统预热。

(2)在系统通电并开始工作时,记录任何可见信息;并记录任何异于平常的声音、振动或气味。

(3)回顾过去的维修记录。

(4)获取测试设备、技术订单和维修手册。

(5)拆除面板接近测试连接器。

(6)根据维修手册或技术订单的要求,将测试设备安装到系统上。

(7)打开测试设备的电源,调整控制装置,根据需要设置刻度盘和计数器,并让测试设备预热。

7.3.1.2 故障验证作业

以下修复性维修作业与故障验证类别有关。故障验证类别下的每个单独作业都应测量时间。这些时间测量值将汇总为总故障验证作业时间。

(1)运行相关测试以排除系统故障。

(2)观察并记录所有测试信息和指示。

(3)观察并记录所有故障现象。

(4)使用额外的测试设备验证。

(5)测试压力泄漏(如果适用)。

(6)对测试装置进行目视检查和物理完整性检查。

7.3.1.3 故障定位作业

以下修复性维修作业与故障定位类别相关。故障定位类别下的每个单独作业都应测量时间。这些单独的时间测量值将汇总为总的故障定位作业时间。

(1)根据现象观察结果确定故障是否明显。

(2)使用额外的测试仪表或设备解释故障现象,分析潜在原因。

(3)从控制设置和测试消息或指示的不同组合中收集数据。

(4)确定哪个单元或组件最有可能导致系统故障。

(5)确定装置或组件在系统中的位置。

(6)拆除怀疑导致系统故障的装置或组件。

(7)按照目视检查、检查状态、与系统分开进行测试的程序观察装置或组件。在维修手册和技术规程允许的情况下,可以立即于起飞线上或稍后在维修车间对装置或组件进行测试。

(8)确定可替换装置或组件的位置和可用性。

7.3.1.4 零件采购作业

以下修复性维修作业与零件采购类别相关,与备用装置或组件是否在起飞线随时可用无关。零件采购类别下的每项单独作业都应测量时间。这些单独的时间测量值将汇总为该类别的总零件采购作业时间。

(1)如果备用装置或组件随时可以从存储场所中更换,则确定将更换的装置或组件运输到本地停机线备件存储场所或维修场所的方法。(注:该作业的时间可能需要几个小时,这取决于停机线上系统与储存场所的距离。)

(2)如果装置或组件不可用,并且有另一个因维修而需等待则很长时间(例如,数周或数月)进行维修而停机系统,则确定是否可以从该系统上拆下可更换的装置或组件。如果要从另一个停机维修的系统上拆下一个单元或组件,则应采取步骤验证停机系统中的单元或组件是否没有故障(导致系统停机维修的原因,或者可能是故障系统损坏的原因),且能正常工作。

(3)如果在等待维修的故障系统中无法获得更换装置或组件,则尝试通过正常维修供应物流渠道订购更换装置或组件,并确定装卸和运送的最快方式。(注:该作业的时间可能需要几天,这取决于起飞线上的系统距离最近的具有可用装置或组件的存储场所的距离,以及运输的方法,如空运或陆运)。

注:在可能的修复性维修作业中,此类零件采购不被视为计算 MTTR 的时间参数。它相当于综合保障停机的时间参数。本书后面将详细描述综合保障停机时间。

7.3.1.5 修复作业

以下修复性维修作业与修复类别有关。修复类别下的每项单独作业都应测量时间。这些单独的时间测量值将汇总为总的修复作业时间。

(1)使用维修手册或技术规程中记录的安装程序,更换装置或组件。

(2)使用安装工具包中提供的零件安装。

(3)确保所有电线和电缆连接正确,布线合理。

(4)确保更换的装置或组件与拆下的装置或组件安装一样。

(5)清理该区域并处理安装过程中产生的多余材料。

7.3.1.6 最终测试作业

以下修复性维修作业与最终测试类别相关。最终测试类别下的每项单独活动都应测量时间。这些单独的时间测量值将汇总为最终测试活动总时间。

(1)执行功能检查测试,以确定系统故障是否排除。

(2)如果系统故障仍然存在,从第 7.3.1.1 节中的准备活动开始,按顺序重复步骤,并在第二次作业序列上记录每个类别的所有时间,记录初始序列的时间。

(3)必要时重复该序列,直到最终测试完成,如结果正常,表明系统故障已排除。

7.3.1.7　概率分布

预计程序包括维修作业时间符合的三种概率分布函数。

(1)拟合正态分布(高斯分布);

(2)拟合对数正态分布;

(3)修正时间的对数正态分布。

根据以往的经验,维修时间通常是符合正态分布的。维修性预计做这种假设并不罕见。然而,当根据数据标准差和平均值得到的分布函数绘制维修性曲线时,可能会发现使用正态分布拟合并不好。在这种情况下,其他两个对数正态分布可以更好地拟合,并进行更准确的预计。

7.3.2　维修性预计程序Ⅱ

MIL - HDBK - 472 中的该程序用于预测修复性、预防性和主动性维修参数。主动性维修结合了修复和预防性维修参数。该程序用于收集数据并跟踪系统停机的所有基本要素,作为每个维修行动的离散维护活动,与程序Ⅰ一样,但不包括与零件采购相关的所有时间与管理停机或后勤保障停机相关的任何任务。本程序考虑了每个维修作业实际维修的时间,即维修工作开展的时间。累积所有实际维修时间到修复性维修任务的系统总停机时间指标。系统总停机时间指标考虑了 7 类维修作业时间,与程序Ⅰ中使用的时间类似。这些类别包括:

(1)定位;

(2)隔离;

(3)拆卸;

(4)互换;

(5)重装;

(6)对正和校准;

(7)检查。

该程序还包括 2 种不同的修复性维修测量:实际运行时间和工时。“工时”是指在给定时间内完成维修作业所需人力的度量。

范例 7:基于维修性的维修停机时间预测

7.3.2.1　修复性维修的维修性预计

修复性维修预计使用程序Ⅱ,采用以 h 为单位执行特定维修任务的装备修复时间(ERT)。ERT 定义为修复时间的中位数及其相应故障率。ERT 经常用基于测得的维修时间分布得到的方程式计算。对于正态分布,中值等于平均值。

当分布函数为正态分布(高斯分布)时,用于计算平均修复性维修时间(MCMT)或ERT或MTTR的方程为

$$\mathrm{MCMT} = \mathrm{ERT} = \mathrm{MTTR} = \sum(\lambda \times \mathrm{TTR})/\sum(\lambda)$$

式中:λ是故障率(FR);TTR是完成修复性维修任务的时间(h)。

当修复时间服从指数分布时,ERT方程如下:

$$\mathrm{ERT} = 0.69\mathrm{MTTR}$$

当修复时间服从对数正态分布时,ERT方程描述如下:

$$\mathrm{ERT} = \mathrm{MTTR}/\mathrm{antilog}(1.15\alpha^2)$$

式中:α是维修时间以10为底数的对数的标准差。

α的平均值近似约为0.55。该近似值可以使ERT方程简化,如下所示:

$$\mathrm{ERT} = 0.45\mathrm{MTTR}$$

当修复时间服从对数正态分布时,几何平均修复时间等于中值。在这种情况下,MTTR方程描述如下:

$$\mathrm{MTTR} = \mathrm{antilog}[\sum(\lambda \times \mathrm{logTTR})/\sum(\lambda)]$$

式中:λ是故障率(FR);TTR是完成修复性维修任务的时间(h)。

7.3.2.2 使用维修性预计的预防性维修

用工时表示的平均预防性维修时间(MPMT)的计算公式如下:

$$\mathrm{MPMT} = \sum(fM\mathrm{p})/\sum(f)$$

式中:f是每100万h预防性维修活动发生的频率;Mp是执行预防性维修活动所需的工时。

可以用不同的公式计算预防性维修时间的中位数(PMT中位数),当分布函数是对数正态分布,PMT是以h为单位时计算公式如下[2]:

$$\mathrm{MedianPMT} = \mathrm{antilog}[\sum(\lambda \times \mathrm{logPMT})/\sum(\lambda)]$$

式中:λ是故障率(FR),PMT是完成预防性维修任务的时间(h)。

该替代方法不是MIL-HDBK472程序Ⅱ的一部分,可以将两种方法对比理解。当绘制预防性维修任务时间分布图像并确定其为正态分布时,根据PMT数据集得到的中值等于该MPT数据集的平均值。选择哪一种方法的取决于MTA收集的维修时间数据的分布函数。

7.3.2.3 使用维修性预计进行主动维修

以工时为单位的平均主动维修(MAM),包括修复性和预防性维修参数,由以下等式确定:

$$\mathrm{MAM} = [(\sum(\lambda)M_{c}t + \sum(f)M_{p}t)/\sum(\lambda) + \sum(f)]$$

式中:λ是基于运行时间的故障率(FR);f是基于日历时间的每百万小时预防性维修活动的发生频率;$M_{c}t$是平均修复性维修时间,$M_{p}t$是平均预防性维修时间。

7.3.3 维修性预计程序Ⅲ

本程序描述了利用随机抽样基本原理对地面电子系统和设备进行维修性预计的方法。该方法涉及从组成系统的全部项目中选择可更换项目(例如,单元、部件或组件)的随机样本,将该样本按离散的项目类别细分为较小的子样本,并对子样本中的每个可更换项目进行维修性分析。

本程序中使用了修复性和预防性维修参数。本程序测量的基本参数为:

(1)平均修复性维修时间(MCMT),在本程序中也被定义为 M_{ct}。

(2)平均预防性维修时间(MPMT),在本程序中也被定义为 M_{pt}。

(3)平均停机时间(MDT),在本程序中也定义为Mt。

(4)修复性维修的最大时间(MTCMT),在本程序中也定义为 M_{max}。

对修复性和预防性维修参数的维修性预计的基本方法是随机选择样本进行维修性分析和评估。用样本代表组成系统的可更换项目总体。所有的样本称为样本大小N。然后将N个样本细分为多个大小为 n 的子样本,也称为“任务样本”。每个任务样本代表一个特定类别的零件,如电阻器、电容器、电机等。每 n 个样本(任务样本)的大小是通过考虑特定类别可更换项目的相对故障频率来确定的。故障率相对较高的项目类别将比故障率低于平均故障率的项目类别采用更大的子样本表示。MIL-HBDK-472程序Ⅲ[1]详细解释了如何确定样本大小、准确性和置信水平。MIL-HDBK-472中的样本量与置信水平、总体标准差、总体平均值和预计精度(以百分比表示)有关。但这并不是计算样本量的唯一方法。另一个被广泛使用的方法仅基于2个参数:样本量表示总体的置信水平和待采样项目的可靠性。

基于同类可更换部件的更换和维修时间的设计一致性,在预测停机时间时使用抽样是合理的。也就是说,平均而言,更换任何电阻器或电容器所需的时间应与更换任何其他电阻器或电容器所需的时间相同。也就是假设安装、故障定位、调整、校准和最终测试的方法与同类可更换零件相似。因此,这些维修活动被称为维修任务的样本。这些样本是随机选择的,以提供普遍适用性。应用这些维修活动的项目称为维修“任务样本”。在此基础上,如果从每类可更换项目中随机选择足够的维修任务样本,则这些样本应足以预测该特定类别的停机时间。

停机时间是通过对维修任务进行维修性分析来计算的,这需要对逻辑诊断程序进行逐步核算。这会产生分数,这些分数是按照通用检查表的某些评分标准分配的。然后将这些分数转化为停机时间的定量测量值(以h为单位)。该数据转换通过将分数输入线性回归方程来完成,该方程是根据过去的研究和具有可比性的系统经验得出的。有关该回归方程及其使用方法的详细信息,请参阅 MIL - HDBK - 472 程序Ⅲ[1]。

7.3.4 维修性预计程序Ⅳ

该程序基于使用历史经验、主观评估、专家判断和选择性测量来预测系统或设备的停机时间。该程序尽可能使用现有数据，以提高预测结果的准确性。该程序与程序Ⅱ相类似的整合了预防性和修复性维修任务数据。估计了执行各种维修活动的时间，然后将其组合以预测整个系统/设备的维修性。系统/设备的固有维修性是在假设系统/设备部署后，在维修测试设备和人员最合理安排使用的情况下进行预测的。

本程序测量的基本参数如下：

(1)平均预防性停机时间(MPDT)；

(2)平均修复性停机时间(MCDT)；

(3)总平均停机时间(TMDT)。

预防性 MTA 使用先前系统/设备的预防性维修任务时间数据，预测新设计系统的类似类型任务时间。将先前系统/设备的维修任务时间数据输入到公式中，以计算维修任务的预防性停机时间(PDT)。计算 PDT 的公式是完成系统/设备一个项目的所有预防性维修活动时间的总和。也可以将多个系统/设备执行的单个项目维修任务活动的时间分布开发成一个模型。该模型将包括平均预防性停机时间(MPDT)，该时间通过对程序Ⅱ中执行的特定维修任务的所有 PDT 数据求平均值计算。对于同类型系统/设备的每个维修任务，可能会有不同的 MPDT 模型。

将新的类似系统/设备的观测数据集与预测模型进行比较，可能会发现新设计系统/设备的预防性维修任务时间比模型大得多。在这种情况下，观察到的数据与模型的非比例相关性可以说明，在将新系统/设备的任何产品部署到客户现场之前需要进行识别关键设计改进。如果观察到的数据与模型匹配度高，则具有较高的预测精度，可将新数据添加到预计模型的数据集中，以期在未来再次使用预测模型时更新精度。

与预防性维修任务一样，修复性 MTA 使用来自先前系统/设备的所有可用修复性维修任务的时间数据来执行新的修复性维修任务。该程序利用系统/设备可检测的预防性维修活动数据和恢复操作功能过程中产生的维修数据，来预测新设计系统的修复性维修任务时间。在预防性维修和修复性维修期间，可以分析故障隔离能力。确定并比较了可修复和不可修复产品的故障排除、维修和验证时间。将来自特定修复性维修任务的先前系统/设备的任务时间数据输入到公式中，以计算每个修复性维修任务的修复性停机时间(CDT)。计算 CDT 的公式是完成系统/设备内一个项目的维修任务所需的所有修复性维修活动时间的总和。还可以将多个系统/设备运行的单个项目维修任务的操作时间分布开发成一个模型。因为停机是主要结果，该模型考虑整个系统的故障，区分可检测的项目和可隔离但不可修复的项目，这些与其他模型不同。该预计模型包括平均修复性停机时间（MCDT），将特定维修任务的所有 CDT 数据输入如下公式来计算。

$$\mathrm{MCDT} = [\sum(\lambda_{im} \times T_{im}) + \sum(\lambda_{ijm} \times T_{ijm})]/[\sum\lambda_{im} + \sum\lambda_{ijm}]$$

式中：λ_{im}是“第 i 个”产品的可检测故障的每百万小时故障率（FPMH），T_{im}是开展故障检测维修任务和修复第 i 个产品的时间（h），λ_{ijm}是“第 j 个”可在维修期间隔离的不可修复小组中“第 i 个”产品的每百万小时故障率（FPMH），T_{ijm}是开展故障隔离维修任务和修复“第 j 个”不可修复小组中“第 i 个”产品故障的时间（h）。

对于类似的系统/设备资产项目，可能会有单独的模型，每个维护任务都有自己不同的 MCDT。将数据集与模型进行比较，可能会发现类似的新设计的系统/设备所测得的修复性维修任务时间比模型大得多，这可以证明在将该新系统/设备的任何产品部署到客户应用之前，需要确定识别改进关键设计点。

7.3.5 维修性预计程序Ⅴ

本程序可以分析电子系统/设备的维修性，包括故障检测、故障隔离和测试能力。但只分析主动维修时间，不包括行政和后勤保障延误以及清理工作时间。该程序有 2 种预测方法。第一种方法是一种早期预测方法，使用估计的设计数据，不使用实际测量的时间值。第二种方法在开发后期应用，它使用实际的详细设计数据来预测维修性参数。该程序要求在系统/设备开发阶段监测整个系统/设备维修性参数。分析员确定在系统完成并将产品部署到客户现场之前，是否满足规定的维修性设计要求。在系统设计完成之前，如果无法满足系统维修性设计要求，则要将问题告知设计师，并立即进行设计更改，以防止在项目后期进行设计更改的成本过高。

使用本程序预计的基本的维修性设计参数是 MTTR。使用本程序可以预测的其他可维修性设计参数包括特定百分位（例如，第 95 百分位）的 M_{max}、隔离到单个可更换项目的故障百分比、隔离到多个可更换项目的故障百分比、每次维修的平均维修工时，每工作小时的平均维修工时，以及每飞行小时的平均维修工时。其中一些参数已在 MIL - HDBK - 472 之前的程序中说明，一些是新的参数，例如隔离到单个可更换项的故障百分比和隔离到多个可更换项的故障百分比。这两个参数是测试性指标的常见参数。读者可以在第 13 章中找到有关此测试性参数的更多信息。

范例2:维修性与测试性、预测和健康监测(PHM)成正比

7.4 维修性预计结果

维修性预计的结果应满足维修性定量要求。如果无法满足维修性要求,则预计应提供设计变更建议,这些变更可以在开发计划的剩余时间内执行,以纠正维修性设计问题。将维修性预计结果与修复性鉴定(M - Demo)结果进行比较,可以进一步确保在系统或产品部署之前满足维修性要求。将维修性预计的结果与维修性分配进行比较,可以确定分配是否正确,或是否应该更改。

首先,设计师将使用维修性分配确定在程序开发阶段对于可以修复的不同级别的硬件需要何种级别的维修。例如,系统是最顶层,组件/零件是最低层。维修性分配从顶层开始,向下分解到最低的可替换项。由此,这个过程被称为自上而下法。从较低级别的角度来看,向下分解意味着较低级别的可更换部件的分配值来自其高级别的装配部件。从顶层系统的角度来看,则是顶层系统将其分配值给下一个较低级别的部件。分解是指将顶层的分配值分给分解后的下层部件。根据每个部件的设计特点和复杂性,每个部件级别将以不同的方式分解到下一个较低级别的部件。较低级别的值来自顶级的值。可以使用相加模型将较低级别的值汇总到最高级别。无论是向下分解还是在最低零件级别上的分配,这些分配值都可以用于可更换项目的维修性要求。

一旦确定了分配,分配结果将在稍后的开发过程中使用,并与预测结果进行比较(如果可用)。将第6章中表6.3示例修改后的维修性分配结果如表7.1所示。表6.3是维修性分配的等分布方法示例。为方便起见,在此修改并重新列出此表。

表7.1 表6.3修改后的分配示例

项目	每个产品项目数量	产品失效率 $\lambda_i \times 10^{-3}$	对总故障率的贡献 $\lambda_i \times 10^{-3}$	MTTR	对系统MTTR的贡献
A	1	5	5	1.44	7.2
B	1	1.11	1.11	1.44	1.6
C	1	0.833	0.833	1.44	1.2
总计			6.943		10

在本例中,表7.1显示了产品级MTTR分配结果,包括项目A、B和C的维修性要求。使用等分布方法,每个MTTR为1.44h。将MTTR分配、项目名称和项目数量列复制到一个新表中(表7.2)。表7.2将表7.1中的分配结果与预计结果进行了比较。此预测示例旨在说明分配和预测之间的差异。这些预测的MTTR值由具有MTTR值的维修性预计生成。就本例而言,本例中不包括维修性预计报告。

将表7.1中的分配数据从表7.2的左侧开始复制到3列中,并将MTTR预计、百分比差额和意见建议3个新列添加到表的右侧。表7.2中的意见建议栏反映了分析师在根据项目分配和预测之间的百分比差额做出设计变更或采取其他行动时的建议。当分配与预测结果差别很大时,通常需要设计团队进行决策。如表7.2所示,设计团队应决定是否采纳建议,是否更改维修性分配或改进设计。微调分配的意见意味着分配与预测相接近(相对较小的百分比差额),无须更改设计。分配与预测相差较大(相对较大的百分比差额)时,可能不用改进设计,而是调整分配使其与预测一致。对于项目A,建议设计团队变更设计。设计更改后应进行新的预测,使预测更接近分配,并减少百分比差额,以证明设计更改的有效性。在项目B的情况下,可以调整分配以使2个值更接近,但差异很小,可以建议设计团队不更改设计。对于C项,设计团队可以要求降低分配,使百分比差额接近0%。

表7.2 表6.3修改后的维修性分配与预计结果的比较

项目	每个产品项目数量	MTTR分配/h	MTTR预计/h	百分比差额	意见建议
A	1	1.44	3.23	+124%	建议更改设计和重做预计
B	1	1.44	1.71	+19%	稍微调高分配
C	1	1.44	0.55	-89%	调低分配

有时,一组用于确定预测的数据不足以说服设计人员进行更改设计来提高维修性。还需要用统计和概率方法收集数据。贝叶斯方法(Bayesian Methodologies)是一种收集多组数据集并建立维修性概率模型的方法,该方法会随着收集的数据量的增加而不断提高准确性。

7.5 贝叶斯方法

贝叶斯方法使用系统或产品的历史和最近维修数据来确定未来状态发生的概率预测。贝叶斯方法是一种根植于行为主义的量化不确定性方法。行为主义仅考虑行为的观察和量化方面,不包括主观现象,如情感和情绪。贝叶斯方法对于维修性和可靠性预测非常重要,因为对数据处理,所以可以推断出系统或产品在任何给定时间的故障概率。正如有些故障可能会发生一样,有些故障也可能不会发生。如果在特定时间段内有可能出现故障,则有可能需要在同一时间段内进行维修。随着收集到数据增加,这种可能性可能会发生变化。贝叶斯方法使用连续的数据测量来评估过去和当前的情况,对事物情况的评估会因为数据不断更新而发生变化。

与确定性方法不同,贝叶斯方法是概率方法。在确定性方法中,输出或事件的发生是百分之百确定的。确定性方法表示在既定条件和控制有一组特定的输入就会给出特定的输出。对于概率方法,如果在既定条件和控制下有一组特定的输入,则有一定概率得到特定输出。确定性方法例子如下:2 + 2 = 4。概率方法示例如下:如果输出必须是整数,1.75 + 1.75 得到 4 概率为 60%,得到 3 的概率为 40%,得到结果是哪个取决于选择小数截断还是四舍五入。如果上例允许输出为具有 2 个有效数字的十进制,则 1.75 + 1.75 = 3.50,这是一种确定性方法。

贝叶斯方法是一种计算假设概率的方法。贝叶斯方法可以推导被称为贝叶斯概率的概率分布函数,这能用来评估假设的概率。贝叶斯概率总是从基于历史和当前评估数据的先验概率开始。先验分布(prior distribution)是估计未来结果的初始后验分布(posterior distribution)。收集到的新数据形成了初始可能性分布(likelihood distribution)。该可能性分布与先验分布相结合,形成新的后验分布。贝叶斯后验分布随着得到的新的相关数据而更新。贝叶斯方法使用一组标准程序和公式计算分布函数,对数据集进行了诠释。贝叶斯方法有时被称为完美推理机。贝叶斯方法并不是为了提供正确答案,而是提供了任意数量的备选答案为真的概率。这些概率决定了最佳答案是最可能正确的。

“贝叶斯”是指托马斯·贝叶斯,他在一篇题为《解决机会学说中一个问题的文章》的论文中证明了一个定理(现在称为贝叶斯定理)的特例。在那篇论文中,贝叶斯使用来自伯努利试验的数据将先验分布和后验分布描述为贝塔分布。皮埃尔·西蒙·拉普拉斯介绍了该定理的一个更普遍的版本,并用这个定理解决了天体力学、医学统计和可靠性等几个领域的问题。这种推断方法后来被称为“逆概率”。逆概率从观察值向后推断概率模型参数。逆概率方法是一种收集故障影响数据以确定故障原因的方法[3]。

7.5.1 贝叶斯相关术语

当使用贝叶斯方法进行维修性预计时,通常使用以下术语:

先验,$P(A)$ = 根据历史经验得到的事件 A 发生的概率(也称为先验概率)。

似然,$P(B|A)$ = 条件概率,即基于收集到的最新故障或维修活动数据,事件 A 发生且为真时事件 B 的置信度。

边缘似然,$P(B)$ = 使用收集到的最新故障或维修活动数据,事件 B 发生的概率。

后验,$P(A|B)$ = 给定 B 发生的事件 A 的概率,并且基于从过去历史和可能性数据中累积的故障或维修行动,该概率为真。

基于过去收集的或似然数据中故障或维修行动统计得到的,B 事件发生且为真时事件发生的概率(也称为后验概率)。

方程:$P(A|B) = [P(B|A) \times P(A)]/P(B)$。

后验,$P(A|B)$ = (先验 × 似然)/边缘似然。

当没有似然数据时,后验分布等于先验分布。

7.5.2 贝叶斯方法示例

下面介绍一个例子。假设根据测试系统中 A 类设备去年的故障历史估计了先验故障分布,A 类设备故障概率等于 0.001。这相当于在此期间 5000 个测试系统有 5 个 A 类设备故障。每个测试系统中都有一台 A 类设备。A 类设备故障导致系统故障的概率为 100%。最近收集的故障数据显示,在最近 10 个故障的测试系统中,有 9 个 A 类设备发生故障,概率为 0.9。没有其他导致系统故障原因。根据最近的系统测试数据,对于任意 10 个测试系统样本,9 个因 A 类设备失效。根据本月 900 个测试系统发生的 9 个故障,测试系统总体故障率为 0.01。这称为边缘似然。当前设备故障概率估计或后验概率确定为:

由于设备 A 导致系统故障的概率 = $(0.9 \times 0.001)/(0.01) = 0.09$

初始先验是 0.001。新的后验分布是 0.09。这意味着新先验是 0.09。这个新的先验与下一组似然数据相结合确定下一个后验。

7.6 维修任务分析

如前所述,维修任务定义为:在给定的操作性能条件下,为保持或维持项目、更改或改进项目或将项目恢复到先前的功能状态所需的维修工作、活动或行动[4]。维修任务分析(MTA)描述所有维修任务和相关后勤保障任务,以确保满足维修要求。

MTA 收集数据,以验证执行所有必需的维修任务活动和作业所需的维修和后勤保障要求。本书的前几章已经讨论了一些典型的维修要求,因此在此不再重复。本章还列出了与不同的维修性预计程序相关联的维修任务、活动或作业的示例。

MTA 是一种收集维修任务数据的方法,用于维修性预计。当积累了足够多的历史维修数据时,可以作为维修性预计模型的基础。因此,MTA 应在产品设计阶段进行,并在设计变更时进行修订。

通常,MTA 的完整数据内容不会全部用于维修性预计。根据所选预测程序的类型,许多保障需求可能被视为不在维修性预计范围内的行政后勤保障需求。

当维修性预计需要考虑行政后勤保障需求来分析系统/设备停机的所有来源和原因时,MTA 将成为保障性和保障分析的一个组成部分。MTA 将是一个完整的信息包,包括产品所有可能发生的计划和非计划维修任务,以及相关的保障信息。该维修和保障信息包括:

(1)所有预防性维修任务行动及其相关频率;

(2)所有修复性维修任务或动及每个可修复项目的故障率;

(3)人员要求,如每个任务要求的技术水平和预计持续时间;

(4)按任务细分的备件和库存要求;

(5)任务所需的保障或测试设备;

(6)包装、搬运、储存和运输要求;

(7)开展维修任务的场所要求;

(8)手册和技术资料要求;

(9)产品维修计划摘要。

当 MTA 包含相关的保障信息时,它使基层不仅能够为部署产品和维修产品做好准备,还能够调查潜在的设计变更,以减少与任何不必要的保障需求相关的生命周期成本。

MTA 的结构应使产品拥有者或运营组织者能够开发其保障系统和需求,以确保设计能够满足运营需求。MTA 还允许产品拥有者通过内部开发或外协合同来获得所需的保障。最后,MTA 确定可作为大型产品采购的部分关键备件、工具、测试设备和培训,使组织能够为产品的维修做好准备,这通常会降低成本。MTA 确保组织在产品运营前就准备好相关保障资产,并且不会出现意外情况。如第 6 章所述,MTA 通过维修级别分析(LORA)确定所有维修项目。MTA 应分析维修起来复杂、耗时、采购成本高的维修项目的维修级别,并进行额外的分析,以确定完成所需维修任务的保障需求。记录每项任务,并对与所需维修级别相对应的维修项目级别进行分析。如果要维修的部件涉及排除故障、拆卸、更换、检查和校准的维修任务,则应对该维修任务中的每个作业进行单独分析。

分析了维修部件的所有维修任务和相关作业后，维修和保障需求将在可修复项级别进行总结。在对可修复项目进行了分析和总结后，将为设计、维修性和保障效益总结出最终的 MTA 报告。拥有产品的后勤保障组织可以使用这份 MTA 报告获取保障现场所需的资源(见图 7.1)。

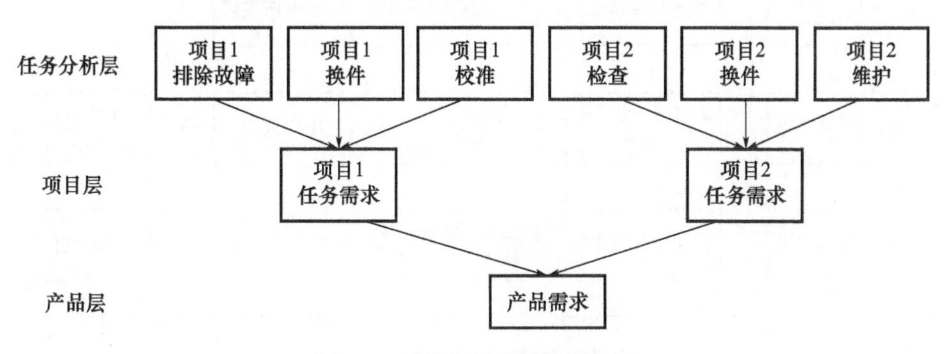

图 7.1　维修任务分析流程示例

在确定所有这些任务后，将其整合到一个维修计划中，该计划将用于确定和验证资源是否满足运营要求。维修计划将包括一份摘要，该摘要将强调产品满足维修性要求，如每工作小时维修工时(MLH/OH)，其中考虑了执行每项任务的时间，以及相关的概率。维修计划也可用于保障可行性计算。

通常，最终的 MTA 将包括汇总表或报告，将所有单个任务需求合并为一个汇总表，组织可以使用该汇总表采购备件、确定人员和技能需求，并生成设备需求。

7.6.1　维修任务分析流程和相关表格

执行维修任务分析是一个结构化的过程，但是分析并没有固定格式，应基于保障团队和设计师所需的详细程度进行。因此，分析团队在如何完成 MTA 方面具有一定灵活性。但是，MTA 必须能够识别每个任务所需的资源和保障要素。为了完成每项任务并确定这些资源和保障要素，建议采用结构化方法。此外，MTA 不应单独进行，应由在执行这些维修任务方面具有不同经验水平的团队执行或进行审查。MTA 要求分析员能够代替技术人员，并构思执行每个维修任务所需的步骤和资源。

MTA 流程应由分析师预先定义相关的表格或文档，这将确保分析顺利进行。图 7.2 展示了一个通用的 MTA 流程，可以作为分析师的指南。产品中的每个可修复/可更换项目都需要使用适用于该项目的任务类型的 MTA 流程进行分析。

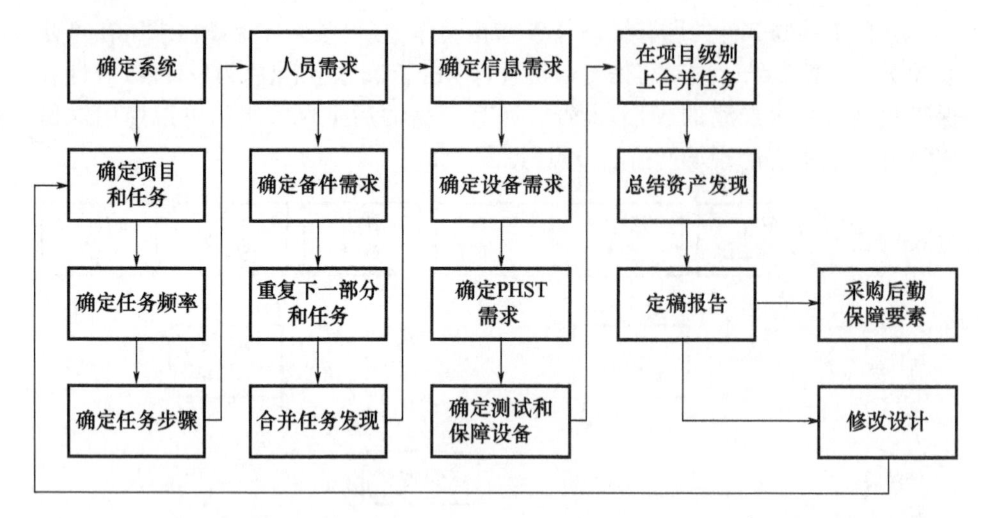

图 7.2 MTA 中的分析级别

FMEA 通常可用作源文件,以确定每个可维修/可更换部件可能采取的预防和修复措施。如果 FMEA 不可用,分析团队可以使用过去的设计经验。一旦确定了所有可维修/可更换项目,即可开始分析。

MTA 可以由 3 个表格组成。这些表格包括任务分析工作表(图 7.3)、保障元件工作表(图 7.4)和项目汇总工作表(图 7.5)。在进行分析之前可以填写表格的标题信息。任务分析工作表(图 7.3)中的标题信息包括以下内容:

(1)系统:组件所属的系统、产品的名称。确保使用任何图纸或概念中的正确描述。

(2)部件名称/零件号:根据图纸或其他工程规范,输入部件名称和相关子部件编号。

(3)母系统:输入部件所属的母系统,可能没有母系统,因此此数据字段是可选的。

(4)需求描述:对正在分析的维修任务的描述。如果本质上是修复性的,则将要观察到的系统故障包括在内;如果是预防性的,则包括用于预防或检测的故障模式。

(5)部件任务编号:如果部件有多个相关任务,需为此任务输入唯一标识符。

(6)任务类型:从列表中定义任务类型,如故障排除、拆卸和更换、维修、调整、功能测试和检查、目视检查、校准、大修等。

(7)维修级别:描述维修将在哪个级别进行,如基层级、中继级、基地级。

(8)任务频率:估计执行该任务的频率是多少?

<table>
<tr><td>系统</td><td>部件名称/零件号</td><td>母系统</td><td colspan="6">需求描述</td></tr>
<tr><td colspan="2">部件任务编号</td><td>任务类型</td><td colspan="2">维修级别</td><td colspan="4">任务频率</td></tr>
<tr><td rowspan="2">步骤编号</td><td rowspan="2">任务描述</td><td rowspan="2">任务时间/min</td><td rowspan="2">任务频率</td><td colspan="4">人员/技能/min</td></tr>
<tr><td>基本</td><td>中间</td><td>专家</td><td>总计</td></tr>
<tr><td></td><td></td><td></td><td></td><td></td><td></td><td></td><td></td></tr>
<tr><td></td><td></td><td></td><td></td><td></td><td></td><td></td><td></td></tr>
<tr><td></td><td></td><td></td><td></td><td></td><td></td><td></td><td></td></tr>
<tr><td></td><td></td><td></td><td></td><td></td><td></td><td></td><td></td></tr>
<tr><td></td><td></td><td></td><td></td><td></td><td></td><td></td><td></td></tr>
<tr><td></td><td></td><td></td><td></td><td></td><td></td><td></td><td></td></tr>
<tr><td></td><td></td><td></td><td></td><td></td><td></td><td></td><td></td></tr>
<tr><td></td><td></td><td></td><td></td><td></td><td></td><td></td><td></td></tr>
<tr><td></td><td></td><td></td><td></td><td></td><td></td><td></td><td></td></tr>
<tr><td></td><td></td><td></td><td></td><td></td><td></td><td></td><td></td></tr>
<tr><td></td><td></td><td></td><td></td><td></td><td></td><td></td><td></td></tr>
<tr><td></td><td></td><td></td><td></td><td></td><td></td><td></td><td></td></tr>
<tr><td></td><td></td><td></td><td></td><td></td><td></td><td></td><td></td></tr>
<tr><td colspan="2"></td><td>合计</td><td></td><td></td><td></td><td></td><td></td></tr>
</table>

图 7.3 任务分析工作表

<table>
<tr><td colspan="2">部件名称/零件号</td><td>部件任务编号</td><td colspan="2">任务</td><td colspan="2">任务频率</td><td colspan="2">维修等级</td></tr>
<tr><td colspan="2" rowspan="2"></td><td colspan="2">更换零件</td><td colspan="3">测试及保障/处理设备</td><td rowspan="3">测试和支持/处理设备</td><td rowspan="3">设施要求说明</td></tr>
<tr><td>部分命名法</td><td rowspan="2">所需数量</td><td rowspan="2">所需数量</td><td rowspan="2">测试和支持设备描述和编号</td><td rowspan="2">使用时间/min</td></tr>
<tr><td>步骤编号</td><td>每个组件的数量</td><td>零件命名法</td></tr>
<tr><td></td><td></td><td></td><td></td><td></td><td></td><td></td><td></td><td></td></tr>
<tr><td></td><td></td><td></td><td></td><td></td><td></td><td></td><td></td><td></td></tr>
<tr><td></td><td></td><td></td><td></td><td></td><td></td><td></td><td></td><td></td></tr>
<tr><td></td><td></td><td></td><td></td><td></td><td></td><td></td><td></td><td></td></tr>
<tr><td></td><td></td><td></td><td></td><td></td><td></td><td></td><td></td><td></td></tr>
<tr><td></td><td></td><td></td><td></td><td></td><td></td><td></td><td></td><td></td></tr>
<tr><td></td><td></td><td></td><td></td><td></td><td></td><td></td><td></td><td></td></tr>
<tr><td></td><td></td><td></td><td></td><td></td><td></td><td></td><td></td><td></td></tr>
<tr><td></td><td></td><td></td><td></td><td></td><td></td><td></td><td></td><td></td></tr>
<tr><td></td><td></td><td></td><td></td><td></td><td></td><td></td><td></td><td></td></tr>
<tr><td></td><td></td><td></td><td></td><td></td><td></td><td></td><td></td><td></td></tr>
<tr><td></td><td></td><td></td><td></td><td></td><td></td><td></td><td></td><td></td></tr>
<tr><td></td><td></td><td></td><td></td><td></td><td></td><td></td><td></td><td></td></tr>
<tr><td></td><td></td><td></td><td></td><td></td><td></td><td></td><td></td><td></td></tr>
<tr><td></td><td></td><td></td><td></td><td></td><td></td><td></td><td></td><td></td></tr>
</table>

图 7.4 保障元件工作表

系统	部件名称/零件号		功能描述：					
维修说明：								
组件任务号	任务类型	维修级别	任务频率	任务时间	技能	人员时间/min	所需零件	所需的测试和支持设备
总计								
注：								

图 7.5　项目汇总工作表

7.6.2　完成维修任务分析表

完成标题信息后，MTA 中的下一步是定义正在执行的任务。任务类型应记录在分析表的标题中。定义了任务类型后，分析师必须定义任务的每个要素或活动。这需要查看维修团队完成维修任务的每个步骤。大多数维修任务中由许多要素组成。如果存在预测分析，MTA 的要素可能为维修性预计选择的活动。前面讨论了活动要素的选择选项和维修性预计中使用的程序。在 MTA 中输入的数据应与过去的维修性预计数据相匹配，以便新的 MTA 数据能够适应相同的基础设施，从而进一步完善维修性预计模型。

分析师在 MTA 表中按顺序填写完成特定维修任务所需的活动的每个步骤。任务中的每个步骤都应该用同一个唯一的数字标识，并在工作表的左侧列出，如图 7.6 所示。

<table>
<tr><td>系统
#2 密封
水泵</td><td>部件名称/零件号
联轴器 # OICU812</td><td>母系统
主传输系统</td><td colspan="4">需求描述：
日常维护期间，发现联轴器损坏或过度磨损。损坏决定了必须拆卸和更换联轴器</td></tr>
<tr><td colspan="2">部件任务编号
OICU812 - 01</td><td>任务类型：
拆卸和更换</td><td>维护级别：
组织/中间</td><td colspan="4">任务频率
0.0005</td></tr>
<tr><td rowspan="2">步骤
编号</td><td rowspan="2">任务
描述</td><td rowspan="2">任务时间
/min</td><td rowspan="2">任务
频率</td><td colspan="4">人员和技能/min</td></tr>
<tr><td>基本</td><td>中级</td><td>专家</td><td>总计</td></tr>
<tr><td>0010</td><td>上锁/挂牌</td><td>15</td><td>0.0005</td><td></td><td></td><td></td><td></td></tr>
<tr><td>0020</td><td>拆下护板</td><td>5</td><td>0.0005</td><td></td><td></td><td></td><td></td></tr>
<tr><td>0030</td><td>拆卸联轴器</td><td>10</td><td>0.0005</td><td></td><td></td><td></td><td></td></tr>
<tr><td>0040</td><td>移除联轴器</td><td>15</td><td>0.0005</td><td></td><td></td><td></td><td></td></tr>
<tr><td>0050</td><td>检查泵/电机轴</td><td>5</td><td>0.0005</td><td></td><td></td><td></td><td></td></tr>
<tr><td>0060</td><td>安装新的联轴器</td><td>15</td><td>0.0005</td><td></td><td></td><td></td><td></td></tr>
<tr><td>0070</td><td>对准联轴器</td><td>30</td><td>0.0005</td><td></td><td></td><td></td><td></td></tr>
<tr><td>0080</td><td>安装防护装置</td><td>5</td><td>0.0005</td><td></td><td></td><td></td><td></td></tr>
<tr><td>0090</td><td>解除锁定/挂牌</td><td>10</td><td>0.0005</td><td></td><td></td><td></td><td></td></tr>
<tr><td>0100</td><td>启动泵</td><td>5</td><td>0.0005</td><td></td><td></td><td></td><td></td></tr>
<tr><td></td><td></td><td></td><td></td><td></td><td></td><td></td><td></td></tr>
<tr><td></td><td></td><td></td><td></td><td></td><td></td><td></td><td></td></tr>
<tr><td></td><td>总计</td><td>115</td><td>0.0005</td><td></td><td></td><td></td><td></td></tr>
</table>

图 7.6 带有标题和步骤信息的维修任务分析工作表

7.6.3 人员和技能数据输入

定义了任务和标题信息后，分析员需要确定执行任务所需的人员。这不仅仅是简单地列出一两个人，还要求分析员确定维修级别。维修通常分为 3 个级别[5]：

(1)基层级维修在操作层面进行。该级别的维修通常是：性能检查、清洁、润滑等基本维护工作，还可能包括调整、拆卸和更换某些部件等有限的维护工作。

(2)中继级维修在专业车间内进行。中继级维修通常是通过诊断故障并更换特定零件或模块进行维修。中继级维修还可以执行更大的维护活动，例如重建或大修。

(3)基地级维修是最专业的维护和维修级别。基地级维修可能由产品所有者/运营商控制，或者是产品制造商的一部分。基地级维修通常进行大量的重建、大修和非常复杂的诊断。

此外，分析员必须确定在指定的维修级别需要什么水平技能。可能包括混合使用专家级技能和基本技能来完成任务。通常，技能也分为 3 个级别。使用不同技能让组织能够规划资源，并确定可能需要多少初级和高级人员。技能等级[6]如下：

(1)基本技能水平用于表示一般的劳动者。他们通常有高中文凭，可能还有一些最低限度的培训。

(2)中级技能水平可被视为技术员或技师。他们接受了专科或大学的培训，并在特定领域拥有2~5年的经验。

(3)专家技能水平最高，有2~4年的正式培训以及5~10年的特定领域经验。

当分析员开始为任务分配资源时，他们必须定义正确执行任务所需的最低水平技能。如果某一特定步骤需要2名或2名以上员工，则他们应确定该步骤的最低水平技能。例如，需要专家执行该步骤，但专家操作不过来，可以使用基本技能水平人员协助完成。

从图7.7中的示例，可以看到人员是如何添加到工作表中的。在本例中，虽然总任务时间为115min，但该任务实际上需要115min的基本技能和90min的中级技能水平。此外，一些表能帮助分析员定义哪些任务是串联或并联完成的。

<table>
<tr><td>系统
#2密封
水泵</td><td>部件名称/零件号
联轴器# OICU812</td><td>母系统
主传输系统</td><td colspan="5">需求描述：
日常维护期间，发现联轴器损坏或过度磨损。损坏决定了必须拆卸和更换联轴器</td></tr>
<tr><td colspan="2">组件任务号
OICU812－01</td><td>任务类型：
拆卸和更换</td><td>维护级别：
基层级/中继级</td><td colspan="4">任务频率
0.0005</td></tr>
<tr><td rowspan="2">步骤
编号</td><td rowspan="2">任务
描述</td><td rowspan="2">任务时间
/min</td><td rowspan="2">任务
频率</td><td colspan="4">人员和技能/min</td></tr>
<tr><td>基本</td><td>中级</td><td>专家</td><td>总计</td></tr>
<tr><td>0010</td><td>上锁/挂牌</td><td>15</td><td>0.0005</td><td>15</td><td>15</td><td></td><td>30</td></tr>
<tr><td>0020</td><td>拆下护板</td><td>5</td><td>0.0005</td><td>5</td><td></td><td></td><td>5</td></tr>
<tr><td>0030</td><td>拆卸联轴器</td><td>10</td><td>0.0005</td><td>10</td><td></td><td></td><td>10</td></tr>
<tr><td>0040</td><td>移除联轴器</td><td>15</td><td>0.0005</td><td>15</td><td>15</td><td></td><td>30</td></tr>
<tr><td>0050</td><td>检查泵/电机轴</td><td>5</td><td>0.0005</td><td></td><td>5</td><td></td><td>5</td></tr>
<tr><td>0060</td><td>安装新的联轴器</td><td>15</td><td>0.0005</td><td>15</td><td>15</td><td></td><td>30</td></tr>
<tr><td>0070</td><td>对准联轴器</td><td>30</td><td>0.0005</td><td>30</td><td>30</td><td></td><td>60</td></tr>
<tr><td>0080</td><td>安装防护装置</td><td>5</td><td>0.0005</td><td>5</td><td></td><td></td><td>5</td></tr>
<tr><td>0090</td><td>解除锁定/挂牌</td><td>10</td><td>0.0005</td><td>10</td><td>10</td><td></td><td>20</td></tr>
<tr><td>0100</td><td>启动泵</td><td>5</td><td>0.0005</td><td>5</td><td></td><td></td><td>5</td></tr>
<tr><td></td><td></td><td></td><td></td><td></td><td></td><td></td><td>0</td></tr>
<tr><td></td><td></td><td></td><td></td><td></td><td></td><td></td><td>0</td></tr>
<tr><td></td><td></td><td></td><td></td><td></td><td></td><td></td><td>0</td></tr>
<tr><td></td><td>总计</td><td>115</td><td>0.0005</td><td>115</td><td>90</td><td>0</td><td>200</td></tr>
</table>

图7.7　带有人员信息的维修任务分析工作表

7.6.4 备件、供应链和库存管理数据输入

定义了任务后，分析员必须定义执行任务所需的备件、耗材等。这一点至关重要，因为可以满足组织的备件库存需求，并使组织能够保障现场使用。通常，分析员将定义每个步骤所需的特定部分，以及需要多少。一些分析师更喜欢定义在部件中的特定零件的数量，这将使组织能够决定是单个还是成套替换。

为了填写表格，分析员将从任务分析表（图7.6）中获取标题信息，并填写保障要素表的标题（图7.8）。在分析员完成每个步骤时，需要有特定的零件描述以及零件号。这将确保将正确的零件纳入库存计划。在图7.7中联轴器更换示例的基础上，我们可以在图7.8中看到需要哪些零件。

在某些情况下，比较好的做法是调出可能不需要更换但如有损坏就需要更换的零件。在本例中，可能会发现防护罩损坏，但无法确定，因此在工作表中，会在部件的数量中调用，但不会在“所需数量”字段中调用。

<table>
<tr><td colspan="2" rowspan="3">部件名称/
零件号
联轴器
OICU812</td><td>部件任务编号
OICU812 - 01</td><td colspan="2">任务
拆卸和更换</td><td colspan="2">任务频率
0. 0005</td><td colspan="2">维修等级
基层级/中继级</td></tr>
<tr><td colspan="2">更换零件</td><td colspan="3">测试和保障/处理设备</td><td rowspan="3">设施要求说明</td><td rowspan="3">使用说明</td></tr>
<tr><td>零件命名法</td><td rowspan="2">所需数量</td><td rowspan="2">所需数量</td><td rowspan="2">测试和保障设备描述和编号</td><td rowspan="2">使用时间/min</td></tr>
<tr><td>步骤编号</td><td>每个零件的数量</td><td>零件编号</td></tr>
<tr><td>0010</td><td></td><td></td><td></td><td></td><td></td><td></td><td></td><td></td></tr>
<tr><td>0020</td><td></td><td></td><td></td><td></td><td></td><td></td><td></td><td></td></tr>
<tr><td>0030</td><td></td><td></td><td></td><td></td><td></td><td></td><td></td><td></td></tr>
<tr><td>0040</td><td></td><td></td><td></td><td></td><td></td><td></td><td></td><td></td></tr>
<tr><td>0050</td><td>1</td><td>轴# OICS8645</td><td></td><td></td><td></td><td></td><td></td><td></td></tr>
<tr><td>0060</td><td>1
1</td><td>联轴器# OICU812
3"x3"垫片组# CNS3391</td><td>1
1</td><td></td><td></td><td></td><td></td><td></td></tr>
<tr><td>0070</td><td></td><td></td><td></td><td></td><td></td><td></td><td></td><td></td></tr>
<tr><td>0080</td><td>1</td><td>防护装置# OICG324</td><td></td><td></td><td></td><td></td><td></td><td></td></tr>
<tr><td>0090</td><td></td><td></td><td></td><td></td><td></td><td></td><td></td><td></td></tr>
<tr><td></td><td></td><td></td><td></td><td></td><td></td><td></td><td></td><td></td></tr>
<tr><td></td><td></td><td></td><td></td><td></td><td></td><td></td><td></td><td></td></tr>
<tr><td></td><td></td><td></td><td></td><td></td><td></td><td></td><td></td><td></td></tr>
<tr><td></td><td></td><td></td><td></td><td></td><td></td><td></td><td></td><td></td></tr>
</table>

图7.8 带零件的保障要素工作表

7.6.5 测试和保障设备数据输入

定义了步骤、人员和零件要求后，分析员必须开始确定执行每个步骤所需的工具或测试设备。前期审查使组织能够购买该产品需要任何专用工具，这样会大大降低成本。

分析员必须确定执行维修任务需要哪些测试设备或专业保障设备。可能包括电子测试设备、桥式起重机，甚至测试台。每个工具或测试设备应定义所需的数量、说明以及相关规范（如起重机或测试台的容量），以及每个任务的估计使用时间。分析员确定产品的使用或保障所需测试设备或工具的总数量。分析员还必须考虑测试设备是否需要多台机组并联以正确执行操作检查。最后，分析员可能需要考虑所需的校准，以及这是否会影响测试设备的可用性。校准程序可以采购额外的测试设备并在现场进行，以确保工作人员能够获得所需数量的装置。

在图7.9中，为每个单独步骤定义了测试和保障设备的要求。利用任务的估计频率、每个任务的估计使用时间以及设备群的规模，分析人员可以确定所需设备的最终数量。

<table>
<tr><td colspan="2" rowspan="3">部件名称/
零件号
联轴器
OICU812</td><td>部件任务编号
OICU812 - 01</td><td colspan="2">任务
拆卸和更换</td><td colspan="2">任务频率
0.0005</td><td colspan="2">维修等级
基层级/中继级</td></tr>
<tr><td colspan="2">更换零件</td><td colspan="3">测试和保障/处理设备</td><td colspan="2"></td></tr>
<tr><td>零件命名法</td><td rowspan="2">所需
数量</td><td rowspan="2">所需
数量</td><td rowspan="2">测试和保障
设备描述
和编号</td><td rowspan="2">使用
时间
/min</td><td rowspan="2">设施要求
说明</td><td rowspan="2">使用
说明</td></tr>
<tr><td>步骤
编号</td><td>每个组件
的数量</td><td></td></tr>
<tr><td>0010</td><td></td><td></td><td></td><td></td><td></td><td></td><td></td><td></td></tr>
<tr><td>0020</td><td></td><td></td><td></td><td></td><td></td><td></td><td></td><td></td></tr>
<tr><td>0030</td><td></td><td></td><td></td><td></td><td></td><td></td><td></td><td></td></tr>
<tr><td>0040</td><td></td><td></td><td></td><td>1</td><td>焊炬套件
EQ8462</td><td>15</td><td></td><td></td></tr>
<tr><td>0050</td><td>1</td><td>轴# OICS8645</td><td></td><td></td><td></td><td></td><td></td><td></td></tr>
<tr><td>0060</td><td>1
1</td><td>联轴器# OICU812
3" x3" 垫片组# CNS3391</td><td>1
1</td><td>1</td><td>焊炬套件
EQ8462</td><td>15</td><td></td><td></td></tr>
<tr><td>0070</td><td></td><td></td><td></td><td>1</td><td>对准套件
EZL440XT</td><td>60</td><td></td><td></td></tr>
<tr><td>0080</td><td>1</td><td>防护装置# OICG324</td><td></td><td></td><td></td><td></td><td></td><td></td></tr>
<tr><td>0090</td><td></td><td></td><td></td><td></td><td></td><td></td><td></td><td></td></tr>
<tr><td></td><td></td><td></td><td></td><td></td><td></td><td></td><td></td><td></td></tr>
<tr><td></td><td></td><td></td><td></td><td></td><td></td><td></td><td></td><td></td></tr>
<tr><td></td><td></td><td></td><td></td><td></td><td></td><td></td><td></td><td></td></tr>
</table>

图7.9 带有测试和保障设备要素的工作表

7.6.6　场所要求数据输入

场所要求概述了进行维修所需的任何特殊场所要求。对于船舶或飞机,可能需要能够支撑船舶的干船坞,或具有特定尺寸门的机库。虽然这些似乎是显而易见的例子,但许多组织没有合适的场所来支持许多维修活动。例如,在工业环境中,许多组织在普通的维修车间中重新制造泵或阀门,清洁度不够,可能会导致正在重新制造的组件受到污染和损坏,从而对产品的可用性产生不利影响。

场所要求将确定专业车间,如机器车间、仪表车间,甚至是用于重建的洁净室。这些房间的规格还应包括照明要求、空间要求、门的尺寸或工作台的重量。车间规范还应包括维护保障,如电气系统的电压和容量,以及任何其他保障,例如水、压缩空气或其他专用气体。

在图7.10中,已确定机械车间的相关描述以及对特定车床的需求。分析员应小心确保将场所或专业车间要求整合到单个场所或专业厂房中,以提高效率和成本效益。

部件名称/零件号 联轴器 # OICU812		部件任务编号 OICU812－01		任务 拆卸和更换	任务频率 0.0005		维修等级 基层级/中继级	
		更换零件		测试和保障/处理设备				
		零件命名法	所需数量	所需数量	测试和保障设备描述和编号	使用时间/min	设施要求说明	使用说明
步骤编号	每个组件的数量							
0010								
0020								
0030								
0040				1	焊炬套件 # EQ8462	15		
0050	1	轴# OICS8645					带有14"×40"车床的机械车间	制作一个新轴
0060	1 1	联轴器# OICU812 3"x3"垫片组# CNS3391	1 1	1	焊炬套件 # EQ8462	15		
0070	1			1	对准套件 # EZL440XT	60		
0080	1	防护装置 # OICG324						
0090								
0100								

图7.10　含设施要求的保障要素工作表

7.6.7 维修手册

MTA 过程中的最后一项是文档要求。文件通常在设备就位并运行后才到达。即使收到文件,也没有标准的方式对信息进行编目和存储。虽然 MTA 的作用不是确定文档的存储方式,但 MTA 应确定执行任务可能需要哪些信息,包括但不限于:

(1)标准。可能包括关于如何完成任务或必须达到的性能的国家、省或公司标准。标准的一个例子是校准标准,该校准标准指的是在给定各种运行速度的情况下必须执行校准的公差。

(2)可以提供装配图、零件图、电气图或逻辑图等图纸。这些通常帮助维护人员执行维修任务。

(3)维护手册是包括维护程序、故障排除指南以及可能的材料清单的手册。

(4)操作手册是包括操作程序、规范和参数的手册。操作手册通常包括操作理论,解释设备如何操作。

理想情况下,MTA 还将确定文件的格式,如电子版、复印件或两者兼有。MTA 还应确定执行正在分析的任务可能需要多少人。通过预先确定文档需求,可以实现更主动的文档管理。

7.6.8 维修计划

维修计划是 MTA 的结果,包括设备运行时执行的所有修复性和预防性措施。维修计划将估计给出人员、零件、工具等需要数量。该估算用于恰当的配备人员和培训适当数量的人,同时储备适当的零件和工具。维修计划本质上是在组件级别的每个任务的 MTA 的总结(见图 7.11),并使用项目总表显示。

使用这些项目表,分析师和保障团队可以开始制定库存计划、培训计划等。这些总结还可以用于批量购买设备所需的备件或采购产品。然后,使用 MTA 和产品总表帮助制定综合后勤保障计划(ILS)和后勤保障分析(LSA),第 16 章将对此进行详细介绍。

MTA 是一个很好的工具,可以进一步了解部署后支持产品或设备所需的需求。MTA 可用于进一步确定产品整体设计的问题,并帮助设计师提高某些产品、项目、部件或组件的维修性。

<table>
<tr><td>系统
#2 密封
水泵</td><td colspan="3">部件名称/零件号
联轴器# OICU812</td><td colspan="5">需求描述：
在 2 号密封水泵和驱动器(25hp(1hp≈735kW)电机)之间提供动力传输。</td></tr>
<tr><td colspan="9">维护说明：将在组织和可能的基层级执行的所有预防和修复性维修措施。</td></tr>
<tr><td>组件任务号</td><td>任务类型</td><td>维修级别</td><td>任务频率</td><td>任务时间/mim</td><td>技能</td><td>人员时间/mim</td><td>所需零件</td><td>所需的测试和保障设备</td></tr>
<tr><td>OICU812 - 01</td><td>拆卸和更换</td><td>基层级</td><td>0. 0005</td><td>115</td><td>基础/中级</td><td>110/90</td><td>轴# OICS8645
联轴器# OICU812
3" ×3" 垫片组# CNS3391
防护装置# OICG324</td><td>焊炬套件
EQ8462
校准套件
EZL440XT</td></tr>
<tr><td>OICU812 - 02</td><td>检查</td><td>组织机构</td><td>0. 0015</td><td>30</td><td>基本</td><td>30</td><td></td><td></td></tr>
<tr><td>OICU812 - 03</td><td>对准和调整</td><td>组织机构</td><td>0. 0008</td><td>45</td><td>中间</td><td>45</td><td>3"x3" 垫片组
CNS3391</td><td>对准套件
EZL440XT</td></tr>
<tr><td></td><td></td><td></td><td></td><td></td><td></td><td></td><td></td><td></td></tr>
<tr><td></td><td></td><td></td><td></td><td></td><td></td><td></td><td></td><td></td></tr>
<tr><td></td><td></td><td></td><td></td><td></td><td></td><td></td><td></td><td></td></tr>
<tr><td></td><td></td><td></td><td></td><td></td><td></td><td></td><td></td><td></td></tr>
<tr><td></td><td></td><td></td><td></td><td></td><td></td><td></td><td></td><td></td></tr>
<tr><td></td><td></td><td></td><td></td><td></td><td></td><td></td><td></td><td></td></tr>
<tr><td></td><td></td><td></td><td></td><td></td><td></td><td></td><td></td><td></td></tr>
<tr><td>总计</td><td></td><td></td><td></td><td>190</td><td></td><td>275</td><td></td><td></td></tr>
<tr><td colspan="9">备注：</td></tr>
</table>

图 7.11　项目总结工作表

7.7　小　结

维修性预计和详细的 MTA 是确保产品在其生命周期内能够实现预期性能目标的关键步骤。通过统计分析和详细的任务构建，可以验证产品的设计。虽然并不能万无一失，但本章中使用的技术将大大有助于证明设计的可行性。如果维修性预计或 MTA 提供了设计不符合要求的依据，设计团队就能在生产产品前进行修改。

如果设计发生变化,则需要对预计和 MTA 重新进行审查和修订,以反映设计变更。这样能确保设计变更得到验证。使用此迭代过程,设计师和产品所有者可以确保在费用约束的范围内得到最佳设计。总之,与本书配合使用 MIL - HDBK - 472 将有助于读者设计、开发和生产高维修性的设备和系统,并为设备和系统做好生命周期维修准备。

参考文献

1. US Department of Defense(1966). Maintainability Prediction, MIL - HDBK - 472(updated to Notice 1 in 1984). Washington, DC: Department of Defense.
2. Dhillon, D. S. (2006). Maintainability, Maintenance, and Reliability for Engineers. Boca Raton, FL: CRC Press. k k k k 140 7 Maintainability Predictions and T ask Analysis
3. Wikipedia. Bayesian probability. https://en. wikipedia. org/wiki/Bayesian_probability(accessed 23 August 2020).
4. US Department of Defense(1997). Designing and Developing Maintainable Products and Systems, MIL - HDBK - 470A. Washington, DC: Department of Defense.
5. Marino, L. , (2018). Level of repair analysis for the enhancement of maintenance resources in vessel life cycle sustainment. Unpublished dissertation. George Washington University 6 Blanchard, B. S. (2004). Logistics Engineering and Management, 6e. Upper Saddle, NJ: Pearson Education Inc.
6. Blanchard, B. S. (2004). Logistics Engineering and Management, 6e. Upper Saddle, NJ: Pearson Education Inc.

第8章 机器学习设计

Louis J. Gullo

8.1 导 言

传统的维修性设计(DfMn)方法迄今为止一直很有影响力,但现代人工智能(AI)技术和机器学习(ML)使维修的设计和改进方面有了巨大的飞跃。机器学习对于未来设计维修性系统和产品是必要的。具有机器学习功能的维修性设计是一种范式转变,摆脱了当今对计划维修事件的严重依赖。机器学习正在使维修性设计转向基于系统或产品执行实时修复和预防的需求,朝着设计和规划维修事件的方向发展,这还受益于实际环境数据和机械应力条件数据以及过去因类似条件导致故障累积的历史数据等。

ML是计算机如何学习使用数据做出决策的科学。在维修性背景下,机器学习维修性设计的前提是增强系统操作员或维修人员的能力,以增强维修系统和保障系统运行不停机的能力。机器学习技术往往被设计成一个系统,随着对其技能需求的增加,可以允许用户和维修人员对系统进行扩展。机器学习是人在回路中的技能倍增器。想象一下这样一个世界,在我们可以交互的所有系统中部署和执行机器学习,机器学习将不断地发展到深度学习(DL)和其他领域,与今天类似的系统相比,系统操作人员和维护人员将能够用未来的系统做更多的事情,而对他们的压力和影响要小得多。

本章讨论了机器学习和深度学习的含义,以及机器学习(ML)、人工智能(AI)和深度学习(DL)之间的差异。本章解释了什么是机器学习,以及机器学习如何支持维修性设计活动,以促进预防性维修检查和服务(PMCS)、数字化规范运维(DPM)、预测和健康管理(PHM)、基于状态的维修(CBM)、以可靠性为中心的维修(RCM)、远程维修监控(RMM)、远程支持(LDS)和远程控制,以及备件供应(SP)。当与PHM、CBM和RCM一起使用时,机器学习提供了增值效益,从而减少或消除修复性维修(CM)活动的需要。这意味着机器学习有可能将修复性维修成本和活动降至零。当机器从系统性能数据中学习并了解故障模式的前兆时,机器将做出有效的预防性CBM决策。机器决策通常比人工决策更快、更可靠,从而减少了运营和维护系统的成本和错误。

简单地说,机器学习是人工智能中使用的一种方法,深度学习是机器学习的一个特例。不必为了机器学习而进行深度学习。同样,也不需要为了机器学习而进行人工智能学习。图 8.1 用维恩图说明了 DL、ML 和 AI 之间的关系。

图 8.1　人工智能、机器学习、深度学习的关系

8.2　维修中的人工智能

人工智能被用于各种应用中,以使机器智能取代人类智能,特别是用于人工智能支持系统中。人工智能支持系统适用于大型电子系统,具有自我启动的维修建模,可以选择最优的维修方法。人工智能支持系统与传统支持系统的不同之处在于,它将维修的重点从被动的、基于时间表的预防性维修模式转移到基于条件的、对终端客户透明的维修模式。远程维修监控(RMM)和远程支持(LDS)是 AI 支持结构的例子,它们在为客户提供更高层次的自主后勤保障服务方面释放了价值。在汽车和医疗行业开发的自动维护,依赖于系统的能力,采用充分的 AI 和 ML 技术。人工智能支持系统的成功很大程度上依赖于系统中使用的基于知识的系统(Knowledge - based Systems,KBS)、专家系统和机器学习的能力。

范例 4:从计划维修转到基于条件的维修(CBM)

基于知识的系统与利用基于规则推理的专家系统紧密相连。将人工智能技术应用于维修领域始于 20 世纪 80 年代的 KBS。达利瓦(Dhaliwal,1986 年)的早期论文主张在大规模系统的维护管理中使用 AI 技术。Kobbacy(1992 年)提出在该领域使用 KBS,随后 Kobbacy 等(1995 年)发表了一篇论文,详细介绍了使用 KBS 的智能维护优化系统“IMOS”。Batanov 等(1993 年)提出维修管理(EXPERT - MM)的 KBS 系统原型,该系统可以建议维修政策、提供机

器诊断和提供维护调度。苏等(2000年)提出了一个基于知识的系统,用于分析预防性维修(PM)的认知类型恢复。Gabbar等(2003年)提出了一种基于计算机辅助RCM的工厂维修管理系统。此方法采用了商用的计算机维修管理系统[1]。此后,自1980年以来,对基于知识的系统的专家系统(KBS Expert Systems)用于维修自动化的兴趣一直在变化,但在这期间,它一直保持相对适度的稳定。

模糊逻辑(Fuzzy Logic,FL)是一种流行的人工智能方法,过去经常用于维修系统。许多系统设计者对模糊逻辑感兴趣,因为它对与各种维护问题的解决方案相关的不确定性建模。Mozami等(2011年)使用FL根据路面状况指数、交通量、道路宽度以及修复和维护成本来优先考虑维护活动。Al-Najjar和Alsyouf(2003年)使用模糊多准则决策(MCDM)评估方法评估了最流行的维修方法。Derigent等人(2009年)提出了一种评估部件接近度的模糊方法,基于该方法可以实施机会维修策略。他们使用组件接近模糊建模,以“接近”给定参考组件的系统组件为目标,在此基础上计划维修行动。Sasmal和Ramanjaneyulu(2008年)使用层次分析法(AHP)开发了一个系统的程序和公式,用于现有桥梁的状态评估。Khan和Haddara(2004年)提出了一种结构化的基于风险的检查和维护方法,该方法通过结合(模糊)概率和(模糊)结果,使用模糊逻辑来估计故障风险,并应用于石油和天然气作业。Singh和Marketset(2009年)提出了一种使用模糊逻辑框架,基于风险的石油管道检查程序的方法[1]。

ML指的是人工智能专家系统中使用的一种推理方法,它是由一个专业领域的主题专家(SME)根据现有的先验派生的物理世界模型进行推理。推理是指从已知为真或假设为真的信息或知识中推导出逻辑结论的理性过程。机器学习应用开发的一个重点是开发推理技术,大大减少或消除对中小企业决策的依赖。这个重点推动了适应机器学习(ML)技术推理的设计,产生了减少系统或产品在其生命周期内的人力和维持成本的机会,以及减少由中小企业引入错误的可能性。同样的,重点适用于基于知识的系统和大数据分析(BDA)。目标是发展系统的处理能力和智能,使其足够聪明,能够自动处理数据,并能够自主地产生与涉及人的系统的操作或维修有关的某些类型的行动的需要,或在没有人参与的情况下驱动操作和维修行动。人工智能的发展涉及自动推理系统,来模拟人类的逻辑和推理。在深入研究基于知识的系统或专家系统的设计之前,必须了解“推理”一词的含义。

“推理是利用现有知识得出结论、进行预测或构建解释的过程”[2]。推理可以有几种形式。这些形式包括归纳推理、演绎推理和溯因推理。归纳推理是通过评估前提,并决定哪些前提为结论的真实性提供最有力的证据,从而得出结论的逻辑过程。前提是预设论证或推理的真理或基础的命题。根据给出的证据,归纳论证的结论的真实性是可能的。演绎推理是一种自上而下的方法,它从一个一般的假设出发,对更具体的事物得出结论。演绎推理是一个逻辑过程,即得出结论说某事一定是真的,因为它是已知的一般原则的一个特例,是真的。演绎推理可能涉及使用排除法,排除所有已知不真实的前提,只留下可能是真实的前提。演绎推理是最容易实现的推理方法,但也是最容易出错和最不可靠的推理方法。众所周知,演绎推理会导致非常错误的结论。溯因推理是一种逻辑方法,它从观察开始,然后发展到一个理论,说明观察的结果。溯因推理试图利用现有的知识找到最简单的前提,作为对观察的最可能的解释,从而得出结论并做出决定。在溯因推理中,前提并不能保证结论。简单地说,溯因推理是对最佳解释的推理[3]。

基于知识的系统和专家系统多年来一直用于人工智能,无论是否使用 ML 方法。KBS 和专家系统的设计者通过识别和询问 SME 的问题来开始开发过程,以收集回答问题的数据、信息和知识。从 SME 收集的知识用于 KBS 或专家系统以开发人工智能,机器将像 SME 一样做出决策并得出结论,但代替了 SME。根据 SME 的问题和答案,数据处理的逻辑流程最终会得出一个合乎逻辑的结论,这可能会,也可能不会解决手头的问题。逻辑结论可能导致确定性答案或概率性答案。确定性答案导致确定的"是"或"否"答案,而概率性答案导致答案为"是"的概率。概率是 0~100% 或 0~1 的数字,其间有无限小数。对于答案为"是"的每个概率(P),都有一个(1-P)值表示答案为"否"。例如,"明天会下雨吗?"这个问题的概率答案。可能会导致 75% 的概率下雨,以及 25% 的概率不会下雨。

ML 可用于所有形式的电子系统中的故障检测、故障诊断、故障隔离和预测能力。机器学习可以对这些能力应用确定性或概率性方法。ML 确定性或概率性方法的发展将产生某些类型的模型,这些模型描述了系统将如何使用 ML 执行。这些模型将根据使用它们的系统类型以及系统如何应用 ML 功能而有所不同。2 种类型的系统分别是广泛分布的系统和嵌入式系统。广泛分布的系统在处理能力普遍且冗余的网络[例如广域网(WAN)或互联网的万维网(WWW)]上的多个子系统和平台上应用机器学习(ML)功能。嵌入式系统将在实时操作系统(RTOS)中应用 ML 功能。嵌入式系统将在其嵌入式测试功能的设计中应用机器学习(ML)功能。这些嵌入式测试功能,例如处理故障诊断和隔离逻辑的软件,将被描述为嵌入式测试系统架构的一部分。嵌入式测试系统架构将方法应用于包括或不包括显式模型的故障检测和诊断设计。当被观察系统的模型用于异常检测、故障检测和故障诊断时,这通常被称为基于模型的测试。由于基于模型的测试在 DfMn 以及测试性设计中非常重要,因此在继续进行维修性的机器学习(ML)设计之前,需要对基于模型的测试进行一些解释。

8.3　基于模型的推理

基于模型的测试是基于模型的设计的应用,用于设计测试工件,如可执行的测试软件,并执行这些测试工件来进行软件测试或系统级测试。模型可以用来表示被测系统(SUT)的期望行为,也可以用来表示测试策略和测试环境[4]。基于模型的测试在考虑它所提供的自动化潜力时可以应用 ML 技术,但这取决于基于模型的测试在系统中应用的有效程度。

一个模型可以被翻译成或解释为有限状态图或状态转换图。这些图可以用来开发测试用例。测试用例也可以从用例中开发。这种类型的模型通常是确定性的,或者可以转化为确定性的模型。这些模型代表了观察到的系统的性能,这在设计人工智能以使系统超越其现有能力的时候是很有用的。当观察系统的模型被用作故障检测和诊断的基础时,这通常被称为"基于模型的推理"[5]。基于模型的推理有几种类型:

(1)正常操作模型或异常操作模型;

(2)定量模型(如,基于数字和方程)或定性模型(如,基于因果模型);

(3)因果或非因果模型;

(4)编译模型或基于第一原理的模型;

(5)概率或确定性模型。

Ishikawa 鱼骨图[6],广泛用于统计质量控制(SQC)和统计过程控制(SPC),是一个定性因果模型的例子,它利用了基于模型的测试数据。鱼骨图被用来在新设计的自动化系统中,根据从先前系统中获得的缺陷检测和纠正措施经验的结果来开发机器学习能力。这些嵌入到由鱼骨图构建的系统控制功能中的机器学习能力使系统能够预测即将发生的故障,并提醒用户或维护者在某个时间点需要采取行动,以便在用户方便的时候将系统优雅地关闭,由维修者颁布预防性维修,避免关键任务时系统停机。

统计过程控制(SPC)是一种统计质量控制(SQC)方法,可进一步利用从先前系统中获得的缺陷检测和纠正措施经验的结果,用于监视和控制手动或自动系统中的过程变量,以确定在过程故障发生之前何时应进行维修。统计过程控制(SPC)可用于检测异常行为、细微漂移和系统性能的显著变化。其中一些行为可能是传感器数据输出中的一种模式,如果它在标准范围内变化,则可以忽略它。如果输出偏离控制限制,则应引起注意。如果发现一次随机事件超出控制范围,则它被归类为异常值,并被监控以寻找未来重复发生的证据。异常值是在名义情况或控制范围之外发生的行为。异常值在首次出现时可被视为异常。

为了完全定义用于测试的任何模型,定义用于测试开发和用于测试目的的模型开发的术语非常重要。在这种情况下要定义的术语是诊断、健康监测和预测。

范例2:维修性与测试性、预测和健康监测(PHM)成正比

8.3.1 诊断

诊断是识别异常系统或产品性能行为的原因症状的过程,将该行为归为故障或失效类型。诊断的主要功能是故障检测。诊断是一种故障检测方法,通常包括故障识别、故障隔离。一旦检测到故障,识别和隔离故障的诊断过程可以用自动测试诊断程序进行,也可以手动进行。

8.3.2 健康监测

健康监测是估计系统的健康状态的功能。健康监测是通过测量状态变量和识别这些变量的状态是否表明非正常状态来完成的。健康监测可以包括在诊断中,也可以作为诊断的一种补充或辅助能力来执行。

8.3.3 预测

预测是一种预测分析过程,用于根据可预测的时域评估(例如压力循环数、行驶里程、运行小时数等)预测退化事件或系统故障何时发生。预测是预测系统剩余使用寿命(RUL)的过程,通过在给定当前退化程度、负载历史以及预期的未来运行和环境条件的情况下预测故障的进展,以估计系统将停止运行的时间。在所需的性能规格内更长地执行其预期功能。

本书其他章节将对这些术语进行详细描述(见第9章和第13章)。

8.4 机器学习过程

机器学习是从数据中学习并根据数据进行预测的算法的设计和应用。将这些算法解释输入以进行预测,而不是遵循静态程序指令。机器学习涉及计算统计、启发式和基于规则的专家系统。机器学习包括数据分析、数据分组、分类器、特征选择和特征提取。算法可以通过机器学习(ML)方法开发,例如支持向量机(SVM)、贝叶斯信念网络(BBN)、贝叶斯熵网络(BEN)、神经网络、提升树等。这里开发了一个机器学习流程,用于记录开发这些机器学习算法的分步方法。

图8.2中显示的机器学习流程图描述了一个流程，用于生成需求、从以前的可修复系统收集数据，这些系统旨在实现多种机器学习（ML）方法的维修性、选择和性能，以及引导机器学习从业者开发预测分析模型的数据分析用于预防性维修（PM）与修复性维修（CM）决策。这个过程是迭代的，在算法结果评估和从类似系统收集更多修复数据以改进ML算法之间具有闭环反馈路径。随着机器学习（ML）算法的保真度提高，更多的维修操作本质上是预防性的，而更少的操作本质上是修复性的。目标是推动机器学习（ML）设计朝着零机器学习（ML）工作和最小PM的方向发展，只有在条件允许采取此类行动以防止系统故障时才执行。

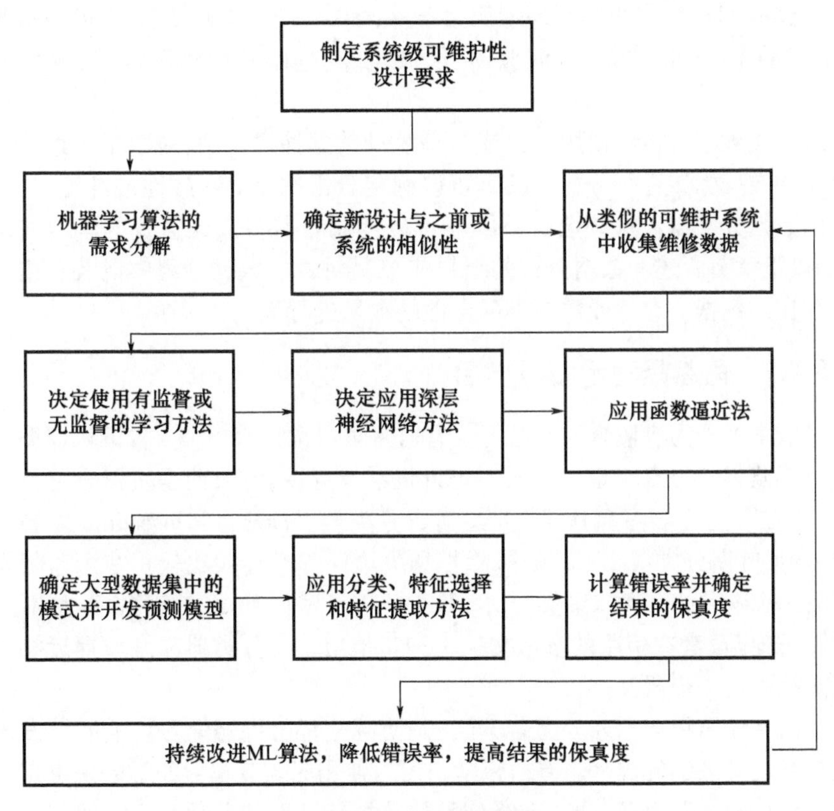

图8.2　ML流程图

图8.2所示流程的第一步是在系统级别生成需求，以量化和限定所需的维修性设计工作量，并在系统级别指定这些要求文件。下一步是将系统级的维修性设计要求分解或下放到硬件和软件设计层次的较低级别的规范文件中，以描述对ML算法的要求。这是过程中的一个关键步骤，要正确地记录所有低级别的需求，使设计者能够直观地理解这些需求，并有效地完成他们的工作。需求被

记录下来,以避免需求中的任何模糊和缺陷,这些缺陷可能在深度学习算法的开发过程中被发现,从而需要进行涉及成本和进度影响的开发返工。

该过程的下一步是确定新设计的系统与先前系统的相似性,并从这些系统在现场应用的表现中收集所有可用的维修数据。然后根据解决导致系统停机的系统故障的不同类型的维修行动,将这些维修数据组成数据分组。然后,这些数据分组被带到 SME 进行数据分析和数据标记。一旦 SME 使用统计数据抽样方法检查数据分组并完成分析,他们将在数据分组内和数据分组之间发展数据的关联性。然后,他们将创建数据标签,其中包含关于分组中包含的数据的词语,或与一串描述性词语相关联。这些描述性词语可能包括额定的系统性能条件或在检测到故障时系统的极端环境压力条件,如冷启动、快速预热、高温或低温峰值、机械冲击、电源过载、电流波动、纹波电流/电压和低电压峰值,仅举几个条件。

通过在数据分析中使用人工或自动统计数据抽样方法,对数据分组子集及其相应的数据标签进行分析,SMEs 可以确定分组的相对一致性或纯度,从中可以得出数据分类器。这些数据分类器可以使用有监督或无监督的学习方法得出,如以下章节所述。数据分析的结果应该是对每个数据分组中以及分组之间可能存在的数据一致性或数据不确定性的数量进行量化和说明。

8.4.1 有监督和无监督学习

机器学习分为有监督和无监督。有监督学习意味着一个人告诉机器要寻找什么。无监督学习意味着一个人不告诉机器要寻找什么,而是机器学习要寻找什么。"在有监督学习算法下,例如集成分类器、bagging 和 boosting、多层感知器、朴素贝叶斯分类器、SVM、随机森林和决策树等都会被比较。在无监督学习下,如径向基网络函数、聚类技术、K - means 算法和 K 最近邻等也相互比较"[7]。鼓励读者在引用的参考文献[7]和其他与学习分类器和函数逼近相关的参考文献中进一步研究。

无监督学习将数据划分为若干组,并使有监督的机器学习算法能够发现解释数据组之间区别的规则。有监督学习可以使用无监督学习的结果来决定新的数据应该被归入哪个现有的、已经分类的数据组。无监督学习将数据划分为类似的实体组,这些实体以某种形式彼此相似。无监督学习将评估数据分组之间的可衡量的差异,以得出特征性的区分,将彼此相似的实体集合与大不相同的实体分开。在不知道选择数据分组的性质的情况下,一个人有可能选择任何两个或更多的数据分组并确定它们是相似还是不同。一个人可以使用无监督学习机器生成的数据分组描述符来训练一个有监督的机器学习算法。

SME 可能会发现某些类型的有意义的标签被分配给了几个不同的组。可能需要对数据组进行后处理,以加快稍后在机器学习(ML)算法过程中提取数据分组特征,以帮助解释为什么不同数据组的成员可以连接在一起形成一个新的更大的分组。一旦这些新标签和附加特征由 SME 导出,新的机器学习(ML)算法分类器就会被训练为后处理器,以尝试解释第一次自监督自动分区中实体的新重组。这种通过一系列不同的分割算法来处理信息流的分层方法被称为深度学习,在这种方法中,新的特征或额外的信息被带入分类器。

"对于有监督学习任务,深度学习方法避免了特征工程,通过将数据转换为类似于主成分的紧凑的中间表示,并导出分层结构以消除表示中的冗余[8]。"

DL 算法可以应用于无监督学习任务。"这是一个重要的好处,因为未标记的数据比标记的数据更丰富。可以以无监督方式训练的深层结构的示例是神经历史压缩器和深度信念网络(DBN)"[8]。

如果机器应用"试错法"来达到目标,那么它就是在应用强化学习。强化学习使用深度神经网络(DNN)方法。DNN 是一种人工神经网络(ANN),在输入层和输出层之间具有多层[9]。

8.4.2 深度学习

深度学习(DL)是一种机器学习方法,它基于学习选择最佳数据特征,并根据数据表征做出正确的决定,而不是生成特定任务的算法。深度学习也被称为深度结构化学习或层次化学习。深度学习激发了深度思考,无论是对回路中的人还是机器。

DL 是一类机器学习算法,由输入层、几层非线性数据处理元件和网络中的输出层组成,用于特征选择和特征提取。网络内的每一层非线性数据处理元件或节点都接受上一层非线性数据处理元件的输出。深度学习不是一种具体的算法,而是分布在多种方法中的流程,提供不同的技术和不同的特征集,以促进问题的解决、决策和解决方案的完善,分阶段进行。如果这些阶段中的每一个都是自动化的,那么一个实例化的算法所体现的深度学习架构或决策架构被称为深度学习算法。

深度学习架构基于 DNN、卷积神经网络(CNN)、深度信念网络(DBN)和循环神经网络(RNN)等模型。这些深度学习架构已被应用于系统或产品设计,包括语音识别、自然语言处理、图像处理、音频和视觉识别、生物信息学、遗传工程、物理材料检测、建模和模拟以及计算机游戏。深度学习架构的应用所产生的自动化结果可与 SME 手动产生的结果相媲美,在某些情况下,所产生的结果远远优于人类专家。

许多深度学习模型是基于 ANN 方法的,如 DNN 和 CNNs。ANNs 也可能包括命题公式或潜在变量,在深度生成或统计模型中逐层组织,如 DBN 中的节点。

命题公式形成得很好,并且有一个真值。深度学习是机器学习的一种特殊类型,因为它涉及创建相对大量的层,通过这些层对输入数据进行转换。

在 DL 应用中,如闭路摄像机图像处理或视觉人脸识别工具,神经网络的每一层都会学习将其视觉帧输入数据转化为输入数据的略微抽象的综合表示。摄像机的数字图像输入数据可以是图像帧上分组的像素的子集矩阵,以多层的形式提供给神经网络,其中神经网络的第一层表示层可以抽象出帧的图像像素并对边缘进行编码。神经网络的第二层可以制定和编码边缘的排列。第三层可以对人类面部特征的一部分进行编码,如人的鼻子、嘴巴和眼睛。该神经网络可以对已知的人脸图像进行编码,以便能够识别该图像包含人脸。第四层可以是将输入数据中的面部特征与人类面部图像大型广泛数据库中的特定个人的已知面孔进行比较,来识别人脸的名字。深度学习过程可以自动学习哪些图像特征可以最佳地放置在神经网络的适当层次,而不需要人工干预。

与不太复杂的机器学习形式相比,深度学习系统有一个可观的信用分配路径(CAP)深度。“CAP”是指从输入到输出的转换链。CAP 描述了输入和输出之间潜在的因果联系。对于一个前馈神经网络,CAP 的深度就是网络的深度。CAP 的计算方法是隐藏层的数量加一,其中包括输出层。对于递归神经网络来说,信号可以通过一个层传播不止一次,CAP 的深度可能是无限的。用深度阈值来划分浅层学习和深度学习,没有获得普遍认同,但大多数研究人员认为深度学习涉及 CAP 深度 >2[9]。CAP 深度 >2 的层可能不会增加网络中函数近似器的有效性。CAP >2 的深度模型能够比 CAP =2 或更小的模型提取更好的特征。这意味着 CAP >2 的模型提供了额外的层,提高了神经网络学习特征的能力。

图 8.3 中提供了一些例子,显示了 CAP =2 和 CAP =5 的图示。

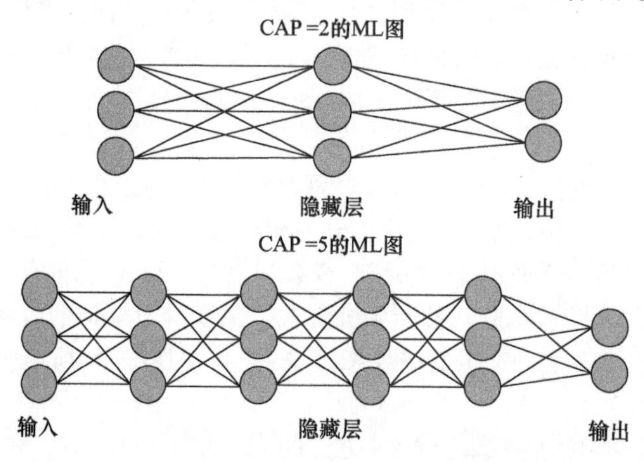

图 8.3　CAP =2 和 CAP =5 的机器学习(ML)图

8.4.3 函数逼近

工程师和科学家通过实验或从正常系统使用和系统测试事件中收集的数据来学习。这些数据以不同的方式进行分类,用于函数近似和建模,然后作为历史数据归档,供将来使用。机器从这些历史数据中学习函数近似。线性回归是一种用于人工分析以及机器学习的函数近似方法。线性回归适合于预测一个连续值的输出。分类是另一种用于开发机器学习算法的函数近似方法,包括逻辑回归、SVM、随机森林、决策树和朴素贝叶斯。SVM 被一些人认为是最好的有监督学习算法。机器学习算法的其他函数近似形式是协作过滤,如交替最小二乘法;降维,如主成分分析;聚类,如 K - Means 和线性判别分析(LDA)。Logistic 回归是一种分类算法,通常仅限于两类分类问题。如果有 2 个以上的类,那么 LDA 是首选的线性分类技术。"一般来说,函数逼近问题要求我们在定义明确的类中选择一个函数,该函数以特定任务的方式与目标函数密切匹配("逼近")[10]。"

以下是两大类函数逼近问题:

情况 1,目标函数是已知的:为了尽可能接近实际的目标函数,通常使用多项式或有理(多项式的比率)函数。广义傅里叶数列是目标函数已知的函数近似的一个例子。傅里叶级数是一个由谐波相关的正弦波组成的周期性函数,通过加权求和的方式组合起来[10]。

情况 2,目标函数是未知的:没有明确的公式,只提供了一组形式为$[x,g(x)]$的点,其中 g 是目标函数,x 是目标函数的输入。有几种方法可以对未知的目标函数进行近似。选择近似目标函数的最佳技术取决于 g 的域和共域的结构。域是由所有"输入"或 x 参数值的集合定义的函数。编码域是一个函数的范围或目标集,也叫 Y 集。范围或目标集是函数 g 的输出的所有预期值。正是 Y 的取值范围约束了目标函数的输出[10]。

"在某种程度上,不同的问题(回归、分类、适应度逼近)在统计学理论中得到了统一的处理,它们被视为监督学习问题[10]。"

8.4.4 模式确定

ML 算法是在具有各种类型的数据模式的大数据集上训练的。这些数据模式是随时间变化的性能模型。ML 技术使用这些数据模式对数据进行统计分析,这远远超出了任何人类大脑的能力。使用统计分析方法将 ML 技术应用于数据模式的结果是一个 ML 模型或算法。无监督的学习方法在很大程度上依赖于模式的确定。

8.4.5 机器学习分类器

由模型或算法实现的对数据进行分类或分级的数学函数就是分类器。一个分类器或分类算法是一个已知状态和标签的模型,它将输入数据映射到一个类别,然后将这个类别应用于类似的当前和未来数据分组。一个分类器会检测和分类它所训练的数据分组。分类器将数据分组分配给训练集中的已知类别。训练集包含的数据分组,其类别是已知的,并且可以轻易识别。一旦决定在输入数据分组或数据组上训练分类器,其结果就是一类数据或几类数据。一个分类器能够迅速检测出两个已确定的数据分组类别之间的最简单边界。一个分类算法收到一个新的数据分组,并将这个数据分组与它的数据库中已知的过去数据分组的类别进行比较,以确定新的数据分组适合哪一个类别。监督学习方法在很大程度上依赖于分类算法。

在 ML 中使用的学习分类器是基于规则的学习方法,它结合了发现部分和学习部分。这个学习组件可能是执行有监督学习、强化学习或无监督学习的结果。“学习分类器系统寻求确定一组依赖上下文的规则,这些规则以片面的方式集体存储和应用知识,以便进行预测(如行为建模、分类、数据挖掘、回归、函数近似或游戏策略)。这种方法允许将复杂的解决方案空间分解成更小、更简单的部分。学习分类器系统的创始概念来自对复杂的适应性系统进行建模的尝试,使用基于规则的代理来形成一个人工认知系统(即人工智能)”[11]。

如前所述,监督学习方法在很大程度上依赖于分类算法。由于这个原因,在执行机器学习技术或任何类型的学习时,分类被视为监督学习的一个实例。这意味着有一个正确识别观察的训练集可用。

机器学习中相应的无监督学习方法被称为聚类。这种方法涉及将数据分组。数据分组类别将基于一些固有的相似性措施、一些固有的差异措施、分组之间的分离。“通常情况下,单个观测值被分析成一组可量化的属性,被称为各种解释变量或特征。这些属性可以是分类的(如血型的“A”“B”“AB”“O”)、顺序的(如“大”“中”“小”)、整数值的(如电子邮件中某个特定词的出现次数)或实数值的(如血压的测量)”[12]。

在这一点上,提一下这里所使用的术语是合适的,因为这些术语在不同的领域中是相当不同的。例如,在统计学和概率领域,分类通常是用逻辑回归方法完成的。逻辑回归是一类回归分析,其中一个自变量被用来预测一个因变量。分析师可以从线性回归开始,然后发展到逻辑回归,实现逻辑模型来解决分类问题。回归通常指的是连续性,用于根据特征来预测连续变量。逻辑回归是一种特殊的回归方法,当目标变量是分类的,而不是连续的时候,用于预测二元变量。观察的属性被称为解释变量、自变量或回归者。要预测的类别被称为结果。这些结果是因变量的可能值。当因变量有 2 个类别时,它就是二元逻辑回归。当因变量有 2 个以上的类别时,那么它就是多元逻辑回归。"在机器学习中,观察结果通常被称为实例,解释变量被称为特征(分组为特征向量),而要预测的可能类别是类。其他领域可能使用不同的术语:例如,在社区生态学中,术语'分类'通常是指聚类分析,即一种无监督的学习"[12]。

8.4.6 特征选择和提取

数据缩减是简化数据分析的一项必要工作,无论是手动进行还是自动进行。进行数据缩减是为了消除数据冗余,缩短数据处理时间。当一个数据集或数据分组太大,无法由机器学习(ML)算法有效地输入,并且需要花费大量时间由机器学习算法来处理时,数据分组有可能包括许多数据冗余。这些数据冗余可能涉及同一数值的重复测量,或以像素化或二进制编码的十进制数据表示的同一图像的多个副本。在这些数据冗余的情况下,大型数据集应被转化为包含独特和特定数据特征的缩小的数据集。大量的数据可以从数据分组中删除,而不会损失有价值的信息。这些数据特征被称为特征向量。"确定初始特征的一个子集,称为特征选择。所选择的特征有望包含输入数据中的相关信息,这样就可以通过使用这个缩小的表示法而不是完整的初始数据来执行所需的任务"[13]。

特征选择,也被称为变量选择或属性选择,是选择相关特征或变量的子集用于机器学习算法或模型构建的过程。特征选择技术被用于:

(1)简化模型以更好地理解 SME;

(2)减少方差;

(3)数据泛化以减少数据过拟合;

(4)缩短机器学习训练时间。

特征选择与特征提取不同。特征选择通常用于有许多特征而数据样本或数据点相对较少的领域。"特征提取"从原始特征的函数中创建新的特征,而"特征选择"则返回特征的一个子集。应用特征选择的典型案例包括对书面文本和 DNA 微阵列数据的分析,其中有成千上万的特征和几十到几百的样本[14]。

当机器学习技术被应用于模式识别和图像处理时,将使用特征提取。特征提取从最初的测量数据集开始,建立派生值(特征),旨在提供信息和非冗余,促进后续的学习和概括步骤。在某些情况下,特征提取会导致更好的人类解释。特征提取是一个降维过程,在这个过程中,初始的原始变量集被减少到更容易处理的组(特征),同时仍然能准确和完整地描述原始数据集[15]。

特征提取减少了描述一个大数据集所需的资源量。在处理大数据和大量变量的时候,这是非常有价值的。在对大数据进行分析时,需要处理的主要问题之一是所涉及的变量数量。有大量变量的分析通常需要大量的内存、数据存储和数据处理。它还可能导致分类算法对训练数据样本过度拟合模型参数,对新的输入数据分组的概括性很差。特征提取描述了构建变量组合的方法,以规避模型的过度拟合问题,同时仍然能以足够的精度描述数据。适当优化的特征提取是有效构建模型的一个关键[15]。

8.5 异常检测

异常是一种不良的系统事件,根据过去的系统性能数据,它没有被归类为系统故障或失效。以前没有见过的系统行为在第一次遇到时被称为异常。异常是指根据过去的系统性能数据没有被归类为系统故障或失效的不理想的系统事件。当一个异常或异常的系统状态发生,并且由于其新的或异常的行为而不能被归类为系统故障或故障模式时,那么就需要 SME 来调查该行为的症状并确定该行为的根本原因。在 SME 分析了异常的系统状态并确定是否存在根本原因后,该事件被归类为故障。如果 SME 不能确定根本原因,则该异常现象被归类为没有已知根本原因的故障,并在数据基础库中被标记为需要进一步收集数据和调查的故障。对于被归类为具有已知根本原因的故障的异常情况,它们在数据基础设施中被标记为这样:任何未来发生的情况不再被认为是异常情况,并且在下次发生时,数据可用于快速分类。异常成为"已知 - 未知"的故障,而真正的异常将是"未知 - 未知",因为它们是出乎意料的,仅第一次发生。

异常检测是指发现不符合先前观察到的系统性能数据模式的不正常或意外的系统性能行为。分析性能数据并将"可接受的"行为与"可疑的故障"行为区分开来的过程能够创建一个分类器,以便在将来再次遇到这些行为时将其检测并识别为"故障"行为。该分类器将被创建,以便对"故障"行为的具体实例进行建模。该分类器是在观察到异常情况并在系统中被识别为可接受或有问题之后,根据系统的功能要求而建立的模型。

分类器不同于异常检测器。异常数据具有最初由机器学习算法根据系统的自我监督数字组标签分配的标签。SME 分析数据标签后,可以将数据标签更改为更有意义的标签,以供将来的 SME 参考和易于理解。表示检测到的初始异常的新分类观察或数据分组现在将识别即将发生的故障条件的前兆,并包含在与分类算法相关联的数据分组。该分类算法可用于建立在贝叶斯方法中使用的先验分布,例如 BBN,这可以证明是作为 PHM 系统的一部分提供对未来故障发生的有价值预测的初始算法。

8.5.1 已知和未知异常

机器学习和预测分析一般来说将数据分为 2 类:第一类数据是"已知 - 已

知”;第二类数据是“已知-未知”。如前所述,“已知-已知”数据是被归类为根源已知的故障的异常。“已知-未知”数据是指已被归类为故障但原因未知的异常。具有异常检测功能的预测分析允许将数据分为3类:“已知-已知”“已知-未知”和“未知-未知”。正是这些“未知-未知”导致了大量的额外成本和错失纠正未来问题的机会。“未知-未知”数据分类意味着数据是可用的,但没有人花时间查找与问题症状相关的数据并分析数据。真正的异常是从“未知-未知”数据中识别出来的,这些异常未被归类为故障,因此没有已知的根本原因。这些都是有待发现的异常现象。这些数据包含了尚未发现的潜在缺陷。随着越来越多的数据进入数据存储库,人们花时间进行数据挖掘和发现能够告诉他们以前不知道的系统行为的“金块”的机会越来越少。大数据和物联网(IoT)技术可以让人们发现数据中的未知-未知,从而预测潜在的未来结果。一旦了解了这些未知,就可以使用ML算法对它们进行分类和建模。当数据被建模并嵌入到算法中,并可用于重复使用的应用时,它未来的多种用途价值通常是不可估量的。

未知异常与已定义或已知异常相反。定义异常的模型是通过比较预期和非预期的系统行为实现的。SME观察系统性能和行为的名义和最坏情况。SME通过监视导致意外系统行为的任何类型的故障或异常的发生频率来执行这些观察。SME知道与预期故障或已知异常相关的统计信息何时发生变化。SME主要关注高频率的故障和异常发生。尽管SME不太担心在预期的时间和地点范围内发生的故障或异常事件,但他们仍然密切关注数据,以确定事件的增加率,即它们是逐渐增加还是迅速增加。中小型企业可能会观察到异常现象,但不了解其根本原因。其目标是识别并提醒操作人员任何超出该范围的异常行为(已知异常在可容忍范围内的标称行为)。对系统的扰动可以触发异常警报,但就对系统性能的影响而言,可能被认为是无关的。识别异常的挑战在于对异常产生理解,并确定是否需要采取措施。应该通过识别异常之间的细微差异来理解异常的含义,并决定如何使用这些差异来派生分类器和验证导致异常指标的含义。异常可能是导致系统故障的功能退化或不希望的系统状态变化的早期预警指标,这可能损坏设备或导致具有灾难性影响的安全危害。分类器用于检测已知的预警状态,并为预警指标提供信号。通过早期预警指标识别异常情况,意味着异常情况不再是异常情况,而是已知类别的故障检测。

8.6 机器学习的增值效益

如前面所述,机器学习支持维修性设计活动,促进PMCS、DPM、PHM、CBM、RCM、RMM、LDS和备件供应(SP)。与PHM、CBM和RCM一起使用时,ML和

DPM 的一个增值效益是减少修复性维修行动,并有可能实现零修复性维修成本和活动。当机器代替人类做出维修决策时,决策会更加迅速和可靠,从而减少维修差错,降低运营成本。带有规范性维修的 ML(ML/PM)利用模式识别的软件来识别映射在三维(3D)空间中的特定应力点,以明确诊断根源问题,随后向操作人员或维修人员发出消息提醒,启动精确和及时的行动,改变系统或产品故障的必然结果。工业企业正在使用 ML/PM 计划和预测分析软件,以减少或消除非计划性停机,并最大限度地提高利润率和设备可靠性。人工智能支持 ML/PM 的独特之处在于,它致力于使用预测分析法为运营和维护提供以结果为中心的建议,而不是仅仅预测即将发生的故障而不建议及时采取预防措施。

8.7 数字化规范性维护(DPM)

DPM 允许与预防性和预测性维修相关的人力任务成为数字自动化任务。维修数字化正在成为新常态。通过动态案例管理或自适应案例管理可以实现规定性维修的数字化。DPM 参考文献[16]提供了来自关键行业的一些典型案例,这些案例正在充分利用物联网(IoT)、工业互联网、万物互联以及机器对机器。DPM 的动态案例管理类似于将详细的故障模式、影响和危害性分析(FMECA)、故障树分析(FTA)和概率风险评估(PRA)中的逻辑数字化,并将功能嵌入到处理器中以实现自主实时决策。

维修的规定性数字化方法从描述性维修开始,到预测性维修,再到规定性维修,其中包括数字化决策、决策案例和应用于每个决策案例的物联网技术,这些都是智能、及时和反应迅速的。这种物联网技术正被有效地应用于多个行业,包括航空航天、国防、汽车、能源、公用事业、农业、采矿和消费产品,如家用电器、照明、恒温器、电视、医疗保健设备和消费者可穿戴设备。这种方法提供了连续的在线实时数据收集,以数据为导向的决策,具有创新的洞察力。

“颠覆性模式利用互联设备和物联网的力量,改变了传统的全面生产性维修(TPM)的动力,TPM 将维修定义为简单地减少机器停机时间。事实证明,将智能软件纳入这些联网设备(物)是诊断和主动维修的关键因素。每一层设备和软件都能创造更高水平的控制和效率[16]”。

8.8 未来的机会

许多企业通常会错过机会,因为他们不清楚自己不知道什么。他们收集大量数据来对单个系统进行维护,但不分析为单个系统收集的较大数据集,也不比较相似类型的多个系统之间的数据。这些企业通常受到数据冗余的困扰。他们收集的数据比他们快速分析的能力要多。数据分析任务对于任何一个人来说都显得过于艰巨。他们收集大量的诊断数据,由个别电气系统故障排除人员和维修人员进行分析,以进行系统维修。大公司没有收集数据的系统来学习他们需要知道的东西。他们通常不会在一个单一的平台上收集数据,其形式可以很容易地读入作为BDA的一部分的ML算法。同时,他们也不知道如何从多个客户那里找寻数据,这些客户使用这些数据来进行自己的维修。这些维修数据是由客户自己进行维修产生的,这只会进一步增加数据群的规模,并增加数据分析的复杂性。由客户产生的外部维修数据可能很难获得,但从增加整个数据群的潜在价值,以及提高预测故障的准确性来看,这些努力是非常值得的。如果企业均采用本章所述的机器技术,则所有这些问题都可以得到解决。

大公司通常将预测性分析用于预测性维修,将数据分为2个最高级别的分类或类别:已知数据(如已知的故障原因)和未知数据(如原因尚不清楚、有待确定的故障症状)。故障原因通常符合模糊性组别,如故障原因通常适合于模糊组,如“猎枪式故障排除”,即我们拆除和更换3个组件以纠正系统故障代码,而不是每次更换1个组件,直到故障代码清除和系统运行恢复。应用猎枪法,故障排除者不知道是哪一组件导致了每个故障模式,而只知道被替换的一组组件包括了罪魁祸首。这些维修并没有因果关系的结论。这也意味着,在更换没有缺陷的组件时,存在成本浪费。在维修活动中,为了找到1个坏的组件而从3个“潜在的好”组件中取出2个,这也是一种浪费。如果采用连续的故障排除方法,而不是猎枪式的方法,有可能会有更少的好组件被错误地替换,从而降低每次维修的成本。然而,每次维修的时间可能会更长。

范例3:尽量使歧义组不超过3个

除了降低成本外,顺序故障排除法还能获得实际故障率数据,以计算出故障率最高的组件,并将这些数据用于预测性维修模型,这些模型可以被输入到机器学习工具中以创建机器算法。就像维护人员使用计算出的装配故障率知道每个装配的RCM一样,机器算法也会知道这些数据,并使用这些数据来决定对系统中的装配进行自动化维修拆除和替换。机器学习算法将能够根据装配内导致系统故障模式和故障影响的缺陷原因的已知和未知来处理这些数据。这些机器学习算法可以预测系统性能的下降和系统未来问题的发生。可以计划维修行动,从机器学习分类器建模的数据中,通过使用异常检测来防止系统故障的发生。有了大数据集的ML分类器和模型库,公司就能更好地应对新商机的维修挑战,确保未来的客户满意度。

8.9 小 结

ML 将维修性设计的能力从过时的手工任务转移到维修作业的自动化。ML 技术将决策权从可能出差错的人手中交出,并将决策责任交给机器本身。机器完全是根据本身需要进行修复行动来做决定,不管是立即需要还是可以安排将来的预防性维修。知道何时安排预防性维修的决定是由机器暴露在环境和机械应力条件下所积累的物理疲劳决定的,这些条件导致了过去的故障。减轻这些负担,准确确定何时是进行预防性维修的最佳时间,可以节省数小时的不必要的维修。机器学习可以为客户在系统生命周期内维修其系统节省大量时间和成本。

参考文献

1. Kobbacy,K. A. H. (2012). Application of artificial intelligence in maintenance modelling and management. IFAC Proceedings Volumes 45(31):54 – 59. https://doi. org/10. 3182/20121122 – 2 – ES – 4026. 00046.
2. Butte College(n. d.). Deductive, Inductive andAbductive Reasoning. TIP Sheet, Butte College, Oroville, CA. http://www. butte. edu/departments/cas/tipsheets/thinking/reasoning. html (accessed 23August 2020).
3. Sober,E. (2013). Core Questions in Philosophy:AT ext with Readings,6e,28. Boston,MA:Pearson Education. 8 Design for Machine Learning
4. Wikipedia. (n. d.). Model – based testing. https://en. wikipedia. org/wiki/Model – based_testing (accessed 23 August 2020).
5. Stanley,G. (1991). Experiences using knowledge – based reasoning in online control systems. IFAC Proceedings Volumes 24(4):11 – 19. https://doi. org/10. 1016/S1474 – 6670(17) 54241 – X.
6. Wikipedia(n. d.). Ishikawa diagram. https://en. wikipedia. org/wiki/Ishikawa_diagram(accessed 23 August 2020).
7. Aleem,S. ,Capretz,L. ,and Ahmed,F. (2015). Benchmarking machine learning techniques forsoftware defect detection. International Journal ofSoftware Engineering and Applications 6(3): 11 – 23.
8. Deng,L. and Yu,D. (2014). Deep learning:Methods and applications. Foundations and Trends inSignal Processing 7(3 – 4):197 – 387. https://doi. org/10. 1561/2000000039.
9. Schmidhuber,J. (2015). Deep learning in neural networks:An overview. Neural Networks 61: 85 – 117. https://doi. org/10. 1016/j. neunet. 2014. 09. 003.
10. Butz,M. V. ,Lanzi,P. L. ,and Wilson,S. W. (2008). Function approximation with XCS:Hy-

perellipsoidal conditions, recursive least squares, and compaction. IEEE Transactions on Evolutionary Computation 12(3):355 - 376. https://doi.org/10.1109/TEVC.2007.903551.

11. Urbanowicz, R. J. and Moore, J. H. (2009). Learning classifier systems: a complete introduction, review, and roadmap. Journal of Artificial Evolution and Applications 2009: 1 - 25. https://doi.org/10.1155/2009/736398.
12. Alpaydin, E. (2010). Introduction to Machine Learning, 9. London: MIT Press.
13. Alpaydin, E. (2010). Introduction to Machine Learning, 110. London: MIT Press.
14. Wikipedia. (n. d.). Feature selection. https://en.wikipedia.org/wiki/Feature_selection (accessed 23 August 2020).
15. Wikipedia. (n. d.). Feature extraction. https://en.wikipedia.org/wiki/Feature_extraction (accessed 23 August 2020).
16. Khoshafian, S. and Rostetter, C. (2015). Digital Prescriptive Maintenance. Pegasystems, Inc., aPega Manufacturing White Paper. https://www.pega.com/system/files/resources/2019-01/Digital-Prescriptive-Maintenance.pdf (accessed 23 August2020).

第 9 章　基于状态的维修,减少人员配置

Louis J. Gullo　James Kovacevic

9.1　导　言

基于状态的维修(CBM)是一种预测性维修技术,通过监测装备(如元件、产品或系统)的状况,处理和解释数据,检测异常行为或在设备显示出即将发生故障的迹象时,向装备使用者和维修人员提供预警,以便进行维修,从而实现智能决策。这些警告可以预测未来的故障。这种技术不仅是对故障的简单反应,而且是一种具有成本效益的方法,已经在许多不同的部门证明了该方法能够改善装备的可用性。然而,有效并不意味着要进行维修。相反,它意味着在使用受到影响之前,在正确的时间执行正确的维修任务,以确保在拥有该装备的组织需要时装备能够运行。CBM 不是基于时间的维修(TBM)。CBM 为组织提供了从传统方法转向 TBM 的机会。

范例 4:从计划维修转到基于状态的维修(CBM)

CBM 能够显著减少维修装备所需的工时。代替长时间的大修,维修只在需要时执行,并且只针对装备中确实需要维修的特定部件。这就能够组织以较少的人员配置要求进行操作。减少人员配备的需要不仅仅是由成本压力造成的,但成本压力确实有很大影响。减少人员的需求来自各个方面:

(1)目前在许多行业,技能短缺是一个非常令人担忧的问题。技能需求旺盛,但进入这些领域的人却越来越少。根据德勤(Deloitte)最近的一项研究,2018 年制造业有 50.8 万个空缺职位,到 2028 年预计将增至 240 万个。此外,以 2015—2018 年招聘职位的平均时间为 70 ~ 93 天为例,可以看出招聘这些技能的难度也越来越大[1]。

(2)装备复杂性的日益增加需要更多的专业技能来维护和修理装备。就 50 年前设计的电气系统而言,电工需要了解继电器的逻辑才能成功。目前,许多工业电工,不仅需要了解继电器逻辑,而且现在他们需要了解各种通信协议、编程

语言、专门的伺服控制等。对于一些组织来说,获取这些不同系统知识的成本不仅巨大,而且难以承受。开发维修这些系统所需技能的成本和时间意味着培养这些系统专业知识能力的机会太少。大多数技术人员只精通少数系统,而不是所有系统。因此,为了开发维修保障装备所需的技能,对抗遗忘曲线,组织要确保将员工部署到最需要他们的位置,因为通常来讲,增加每个专门保障位置的员工不是一个好选项。为了将员工部署到最需要他们的地方,组织需要利用 CBM 来减少员工的总工作量。

为了使 CBM 切实有效,需要清楚地了解设备是如何使用的,它是如何工作的,最重要的是,它是如何失效的。如果不了解这一点,CBM 就不能部署到需要它的地方,或部署到对组织没有价值的地方。为了实现这一点,已经开发了许多方法来帮助确定应该对装备执行哪些维修。

第一种是故障模式和影响分析(FMEA),它确定装备的故障模式,并用于制定风险缓解措施,但不包括应采取哪些措施的标准。第二种可用的方法称为以可靠性为中心的维修(RCM),它利用 FMEA 和逻辑树来决定采取什么维修或设计行动。RCM 将在本章后面讨论。在航空领域使用的另一种与 RCM 类似的方法是维修服务指南 3(MSG3)。虽然已经开发了其他各种方法,但尚未标准化以确保在开发维修活动时采用一致的方法。

9.2 什么是基于状态的维修

CBM 是基于装备健康状况指标的维修措施的应用,该指标由使用和状态指标的无损检测确定。CBM 可以通过避免传统的日历维修或基于使用的维修来优化预防和修复措施。

当故障模式没有一个确定的磨损期时,应该使用 CBM。通过使用 CBM,可以监测元件或装备的潜在故障迹象,并仅在必要时采取预防或修复措施。这种方法使组织能够计划装备的不能工作时间,并在装备不能工作时专注于正确的工作。CBM 可以采取多种形式,但每种形式背后都有相同的原则——监视装备或其使用特性的变化并仅在需要时采取行动。

9.2.1 状态维修类型

CBM 包括监控装备或其使用特性的变化,然后采取行动减轻故障的后果。这些特征可以包括物理变化、过程变化,甚至装备使用参数的变化。一般来说,组织使用各种形式的监测技术来监测各种参数的组合:

(1)过程数据:过程输出的变化可以被监控,因为过程的变化通常表明质量的变化。此外,还可以监视流程中的参数以了解更改。例如,如果流量下降,电流排出减少,可能表明叶轮磨损。

(2)状态监测:包括使用专门的设备来监测和预测装备的状态。这种专门的设备通常监测振动、声学或粒子释放到环境中的变化。其他技术监测润滑油的变化,润滑油化学成分的变化,或在环境中化学物质的变化和释放。状态监测还可以检测设备物理结构的变化,如磨损、损坏或其他尺寸变化。温度也能被监测,电特性的变化,如电阻、电导率、介电强度等。

(3)定量测量:用于捕捉类似状态监测的信息,但没有专门的设备。这些活动可以包括使用游标卡尺或千分尺来测量和记录厚度作为磨损的指标。这些数据可以随着时间的推移进行趋势分析以确定降解率。

(4)人类感官:可以通过检测过程数据或条件监控来发现许多潜在的故障。然而,使用人类感官的缺点是,当人能够检测到它们时,装备在短时间内就会发生功能故障。

劳斯莱斯非常重视 CBM,它的商业模式是销售飞行小时数,而不是引擎[2]。这促使罗尔斯·罗伊斯公司利用 CBM 技术及预测故障模型,最大限度地延长发动机停留在机翼上的时间。这降低了航空公司的风险,因为他们按飞行小时付费,如果引擎不工作,他们就不付钱。状态监测数据被放入包括人工智能在内的各种模型中,从而更好地了解故障。这使得劳斯莱斯能够提高发动机的正常运行时间和可用性。

9.3 基于状态的维修与基于时间的维修

摆脱传统 TBM 给组织带来了许多好处。通常,TBM 是劳动和材料密集型的,这将导致大量的成本和大量的计划停机时间,对可用性有很大的影响(参见第 15 章了解更多的可用性)。在对设备故障的研究中发现,绝大多数的故障都与时间无关,因此 TBM 不是正确的方法,而 CBM 才是。CBM 的前提是,大多数潜在故障(即使是随机的)都会在功能故障之前出现迹象。通过监测这些迹象,可以采取修复措施,防止故障及其后果。通过监测这些信号,企业可以减少预防性维修的停机时间,同时提高装备的可靠性。知道什么时候使用这两种类型的维修方法可以使组织提高装备的可用性。

9.3.1 基于时间的维修

TBM 是一种定期服务,对装备或其组件进行清洗、更换或翻新以降低意外故障的风险。传统上,这一直是维修的主要形式,使装备计划停机时间延长。这可以减少装备基础能力,要求组织要么减少他们的能力,要么采购额外的装备。

TBM 应在元件或装备有明确的磨损期或安全寿命时使用。只有在没有发生退化的迹象,或元件具有确定的寿命时,才应使用 TBM。定义的寿命通常是使用威布尔分析确定的,这有助于改进元件应该更换或翻新的间隔。为了正确地利用 TBM,了解不同类型的 TBM 是很重要的。

9.3.2　基于时间的维修类型

TBM 主要有 3 种类型,包括:

(1)定时报废:这是指在预定的时间间隔内,不管情况如何,元件都会被替换。定时报废策略旨在根据统计数据在元件故障之前替换元件。这种方法可用于无法维修的元件或无法达到与新状态相同水平的元件。

(2)定时修复:这是指在预定的时间间隔内,无论情况如何,都要对元件进行翻新或检修。这通常用于那些可以维修并恢复到与新组件一样好的级别的元件。

(3)故障查找任务:这是一种检查或测试任务,旨在确定元件是否存在故障。这通常用于那些可能没有显示故障迹象(隐藏故障)或故障风险非常大的元件。一个常见的例子是压力释放阀的功能测试。

了解不同类型的 TBM 只是维修工作的一部分,任务的频率可以反映系统的完好性及使用可用度。

9.3.3　计算基于时间的维修间隔

根据要执行的 TBM 活动类型,有不同的技术来确定何时应该执行任务。理想情况下,计划任务的频率由产品或元件出现故障的条件概率迅速增加的时间控制[3]。在建立 TBM 的频率时,需要根据数据确定元件的寿命。

有了基于时间的故障,就有了安全的寿命和有效的寿命。只有当故障的后果具有安全或环境影响时,才使用安全寿命,即在规定的日期或时间之前没有发生故障。使用寿命(经济寿命极限)是指故障的后果成本开始超过 TBM 活动的成本。在这一点上,需要在潜在的生产损失和计划的停机时间、劳动力和材料成本之间进行权衡。

那么安全寿命或使用寿命是如何确定的呢?它们是使用故障数据和历史建立的。可以对历史数据进行统计分析以确定元件的寿命。一旦使用统计分析确定寿命,就必须建立最佳的成本效益频率。

最佳成本效益频率是通过平衡潜在故障及其成本和更换成本来实现最佳成本的折中点。可以使用成本模型来计算最佳的成本效益频率,该模型有助于确定执行 TBM 活动的最佳时间,特别是定时报废和计划恢复任务。该模型使用已经进行的研究,基于最小总成本,平衡故障成本与维修活动成本[4]。该模型是:

$$C_{\mathrm{T}}=\frac{C_{\mathrm{P}}\int_{T}^{\infty}f(t)\,\mathrm{d}t+C_{\mathrm{f}}\int_{0}^{T}f(t)\,\mathrm{d}t}{T\int_{T}^{\infty}f(t)\,\mathrm{d}t+\int_{0}^{T}tf(t)\,\mathrm{d}t}$$

式中:C_{T} 为单位时间的总成本;C_{f} 为故障成本;C_{P} 为 PM 成本;T 为 PM 动作之间的时间间隔。

故障查找任务,也被称为故障检测,是指在必须对系统或部件进行测试以验证其是否正常运行时使用的过程。通常情况下,故障查找任务与保护系统有关,在正常情况下,操作人员并不知道其故障。例如,一个油罐可能有一个高位开关,用来控制油罐中的液位。同样的油罐也会有一个超高位开关(或安全高位开关),如果高位开关发生故障,它可以保护油罐不被过度填充。高位开关则被称为受保护系统,在故障状态下,操作人员可能看不出来。超高位开关是一个保护系统,在高位开关失效的情况下,它可以保护系统。故障查找任务可能是手动启动高位和超高位开关,以验证它们是否按预期运行。故障查找任务的频率必须以不同于预定的丢弃和恢复任务的方式来确定,因为它的目的是减轻被保护系统和保护系统同时发生故障的风险。John Moubray[3] 指出,故障查找任务可以通过以下方式确定[3]:

Failure – finding Interwal(FFI) =
(2 × MTIVE × MTED)/MMF

式中:MTIVE 为保护装置或系统的平均故障间隔时间;MTED 为保护功能的评价故障间隔时间;MMF 为平均多故障间隔时间。

故障发现间隔是保护系统必须检查的频率,以减少被保护系统和保护系统同时故障导致严重后果的概率。

随着 TBM 的成本效益和故障发现频率的建立,组织可以向前推进,知道在正确的时间执行了正确的维修。然而,这并不意味着这些故障模式永远不会发生——只是风险降低到足够低的水平。

9.3.4 P-F 曲线

因为大多数故障在本质上是随机的,所以可以假设这些故障不能以任何程度的准确性进行预测。然而,即使是大多数随机故障也提供了一些证据或示警,表明潜在故障正在发生,并且会随着时间的推移而到达功能故障状态,即功能性故障。如果这种证据是可检测到的,那么就可以采取行动,防止故障或故障的后果[3]。证据可以来自故障的温度、振动、电流等的变化。检测这种证据可以使组织能够利用 CBM 的优势。

P-F 曲线(图 9.1)表明,一旦潜在故障(P 点)开始发生,在装备发生故障

(图9.1中的F点)之前会有一段时间,称为P-F间隔。潜在故障被定义为“指功能性故障即将发生或正在发生的可识别条件”[3]。在更接近潜在故障点的地方,技术通常用于检测装备使用特性的微小变化。随着曲线逐渐接近功能故障点,使用人通过感官可检测到的变化会出现。这强调了需要定量的方法来检测这些变化,以便组织有更长的时间(P-F间隔)对即将到来的故障做出反应或准备。

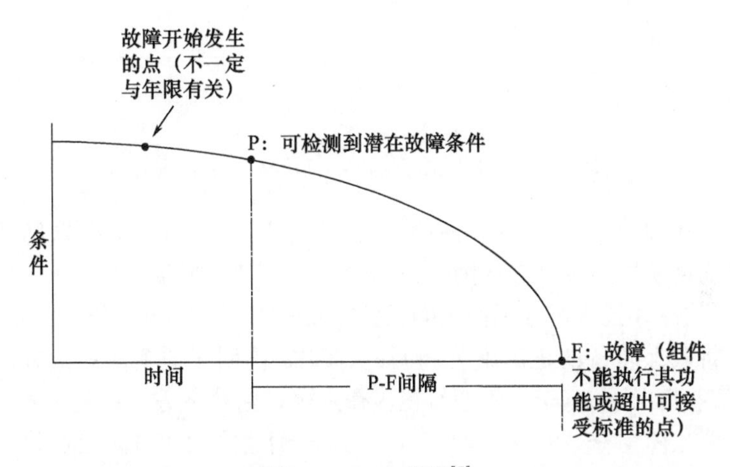

图9.1 P-F曲线[5]

(资料来源:美国国防部,《基于状态的维护加上国防部指南》,国防部,华盛顿特区,2008年)

P-F间隔完全基于装备当前使用环境中的单个故障模式。根据具体的故障模式和使用环境,P-F间隔可以从几秒到几个月,甚至几年不等。例如,一个移动缓慢的大型轴承开始发出吱吱声,轴承在功能故障前可能会运行数周或数月。然而,对于发出吱吱声的低速高速主轴轴承只会持续几秒钟到几分钟。这个间隔虽然不容易量化,但很重要,因为它有助于使用CBM建立适当的检查频率。在其最简单的形式中,CBM任务需要在低于P-F间隔的时间内完成,同时考虑到所有保障和管理方面的延误,确保组织能够在潜在故障成为功能性故障之前及时发现并做出反应。关于建立间隔的详细讨论可以在9.3.3和9.3.5节中找到。

多年来,P-F曲线已经被许多维修性和可靠性从业者研究和拓展。其中一位实践者Doug Plucknette提出了设计—安装—潜在故障(D-I-P-F)曲线的概念[6]。该版本的曲线考虑了装备设计及使用的安装/施工实践对装备的影响。进一步扩展,D-S-I-P-F曲线(图9.2)除了考虑设计和安装实践外,还考虑了其安装前的储存。为什么储存很重要?在安装前的运输和储存过程中,考虑轴承和电机的摩擦腐蚀压痕。如果产生摩擦腐蚀压痕,即使它是正确安装的正确轴承,曲线I-P部分之间的时间也将大大减少。

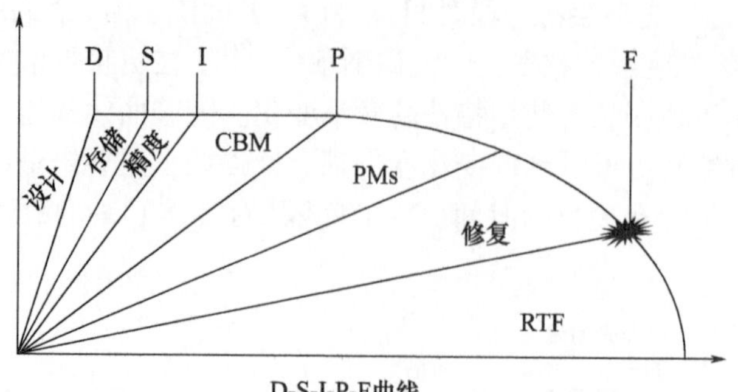

图 9.2 D－S－I－P－F 曲线

(https://reliabilityweb.com/articles/entry/completing－thecurve)

通过使用 D－S－I－P－F 曲线，各机构可以了解适当的任务，防止在装备各个生命周期阶段发生潜在故障。正确的设计可确保装备具有高水平的固有可靠性，正确的储存技术可确保使用的元件在安装前不受污染或损坏。精密维修/施工技术将确保装备的正确组装和调试。CBM 将用于监测曲线上方的潜在故障，而在某些情况下，基于时间的目视检查发生在曲线下方。修复性维修可用于在发生功能故障前修复有缺陷的部分，而运行到故障(RTF)阶段后将用于在发生功能故障后装备的恢复。

9.3.5 计算基于状态的维修间隔

确定状态监测任务检查频率的第一步是构建 P－F 曲线和 P－F 间隔。构建 P－F曲线需要记录检查结果，并绘制结果与运行时间的关系图。如果进行了足够的测量，只要磨损曲线是线性的而不是指数型的，就可以为每种故障模式绘制出磨损曲线。确保数据的收集仔细、一致有助于提高 P－F 曲线的质量。但是，如果没有现成的数据，可以利用经验和有关的专业知识来确定 P－F 间隔。此外，如果故障是指数型的，就像与振动相关的缺陷一样，那么也可以构建一条曲线，但随着故障越来越近，到达功能故障点的恶化速度将急剧增加。通过构建 P－F 曲线和 P－F 间隔，可以确定状态监测检查的频率。幸运的是，它不像建立固定的维修频率那样复杂。检查频率的确定公式为“P－F 区间/3”或“P－F 区间/5”，如下所示：

(1)标准检查：大多数设备的检查频率约为 P－F 间隔的 1/3(公式＝P－F 间隔/3)。例如，P－F 间隔为 300h 的故障模式应每 100h 检查一次。

(2)关键设备检查：关键设备的检查频率约为 P－F 间隔的 1/5(公式＝P－F 间隔/5)。例如，P－F 间隔为 300h 的关键设备，应每 60h 检查一次。

注意，上述方法对线性 P－F 曲线很有效，但对非线性曲线就不适用了。如何建立非线性曲线的频率？对于初始检查频率，可使用与上面相同的方法。然而，一旦检测到潜在故障，应以越来越短的时间间隔读取附加数据，直到到达必须采取修复措施的点为止。例如，初始检查频率为4周/次。一旦发现缺陷，下一次检查将在3周，然后是2周，然后是每周进行。

这些只是指导方针，应该根据所使用的跟踪和趋势数据的方法、维修零件的提前时间（如果不在现场保存）、数据分析的速度以及维修工作的计划进行调整。如果你的计划过程很差，那就应该调整到更大的检查频率，以期有更多的机会尽早发现。

如果检测频率较低或监测不实用、不划算，则可能需要在线监测解决方案。此外，在功能故障发生前，检查频率要留出足够的时间来检测缺陷、定时拆修措施、获得材料和安排维修设备，这一点也至关重要。如果没有足够的时间去做这些，那么就需要降低频率或实施在线监控解决方案。

9.4　通过CBM和高效TBM减少人员配置

任何组织维修背后的目标都是确保装备的可用性（参见第15章获取更多可用性信息）。为了确保高水平的使用可用度，平衡维修所需时间与对可靠性的要求是至关重要的。CBM使组织能够以各种方式减少计划停机的需要。

范例7：基于维修性的维修停机时间预测

CBM的使用使组织能够持续监测装备参数、预测其趋势（通常必须在装备运行时进行）、确定装备的最佳停机时间。这使得组织减少了对侵入式维修活动的需要，并且基本上只在装备损坏时修复。通过减少侵入式维修的需要（需要计划停机），该装备具有更高的可用性。

通过在设备中设计状态监测装置，可以进一步利用CBM来减少人员配备和停机时间。在传统的维修环境中，技术人员需要使用便携式数据采集器，同时运行路线来收集各种设备的数据点。这种类型的CBM会给技术人员带来风险，同时还会造成一定程度的读数误差。此外，还可能会有遗漏读数或不正确的数据收集器设置。随着技能人员越来越难以招聘和留住，在设备设计中包括监控装置都是必不可少的。通过将这些监控装置嵌入设备中，能够远程监控设备，实时收集和分析数据，使组织能够更快地做出反应，并减少故障带来的后果。此外，通过将实时数据收集与AI和其他分析模型相结合，则需要更少的分析师和技术人员。

进一步减少维修设备所需人员的另一种方法是提高传统的TBM的效率。使用可视化工厂可以使维修更加高效。可视化工厂是一种在工作场所中传递重要信息的方法。可视化工厂的流程使用标志、图表和其他可视化信息表示形式的组合，使数据能够快速传播到员工。可视化工厂试图减少口头或书面形式交流相同信息所需的时间和资源。在维修方面,意味着在仪表上添加红色和绿色的覆盖层,将允许使用人员快速监测设备的运行参数,并在需要采取行动时通知维修人员。此外,还可以使用各种方法来监测链松动、液位等。可视化工厂的使用允许组织将维修活动转移给使用人员,进一步减少了维修的需要。最后,通过对设备进行远程润滑、快速更换连接器等设计,可进一步减少实施 TBM 所需的时间。

如果将 CBM 设计到装备中,就可以减少使用专门的工具和设备以及密集型劳动收集数据。更多的组织活动正在考虑劳动力短缺的挑战和增加装备可用性的需求。因此,越来越多的组织希望通过将嵌入式传感器集成到装备设计中来改进 CBM,这不仅可以节省劳动力,还可以实现更积极主动的方法。这种方法称为装备运行状况监视,可支持对多个数据源进行实时评估,从而快速识别装备中的潜在故障。

9.5 综合系统健康管理

综合系统健康管理(ISHM)或综合运载器健康管理(IVHM)是一个评估装备(如电子系统、车辆或产品)当前和未来状态的系统,并控制维持装备和确保其运行状态所需的行动。ISHM 包括监视装备运行状况的功能。这种功能超出了从嵌入式诊断测试功能进行正常故障检测的范围。该 ISHM 功能还包括基于统计数据测量的异常参数检测,对即将发生的故障发出预警。健康监测涉及各种类型的传感器,从而检测电子系统或产品即将出现故障的早期迹象。这些迹象以非正常电子电路行为或异常、物理疲劳磨损机制或物理退化的迹象的形式出现,这些迹象没有直接连接到触发功能故障模式的测试逻辑。应变计和压力传感器是两种类型的传感器,它们监测组件的物理状况以确定压差的参数退化。压阻式和压电式装置是测量压差的压力传感器。在负或正方向上压力变化恒定的压差意味着压力条件存在。如果没有压差,则认为组件是稳定的,处于平衡状态,确保组件满足长寿命预期。对于热和振动条件也是如此。热和振动波动转化为组件暴露的不稳定和压力条件。恒定的热和振动条件意味着稳定的条件下,没有组件应力。热电偶是测量极端低温和高温的传感器,用于评估装备的健康状况,并将其使用条件与环境暴露限制的设计规范进行比较。加速器是用于测量机械冲击和振动的传感器,可发现限制装备寿命的超应力情况。对于电气参数,可以使用电流、电压、电阻、电容、电感、频率和功率传感器来测量和确定功耗。通过使用这些不同类型的传感器,可以在 ISHM 系统中检测到故障模式和故障机制的指标,防止任务关键性故障。图 9.3 举例说明了 ISHM 和健康监控系统的流程图。

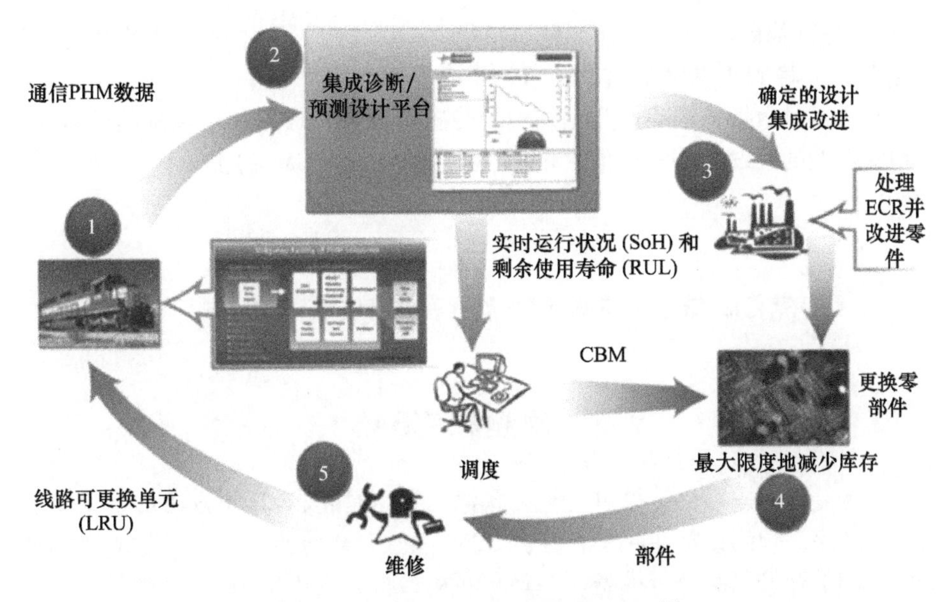

图 9.3　ISHM 和运行状况监视流程图[7]
（资料来源：Goodman, D, Hofmeister, J. P 和 Szidarovszky, F. ,《预测和健康管理：使用基于条件的数据提高系统可靠性的实用方法》第一版，John Wiley and Sons 出版社，2019。经 John Wiley and Sons 许可转载）

该过程的重点是 CBM 以及预测健康管理（PHM）的数据收集和过程流。嵌入系统设计的传感器可以监测系统节点的健康状况，通过使用预测目标实现预测。在故障事件发生的时间范围内，根据故障症状检测的可能性选择预测目标。据估计，在放置健康监控传感器的节点上，预测目标的信号会随着装备、元件和组件的退化而变化。当这些装备或电路发生故障时，会对系统的运行产生关键影响，使其无法完成任务。运行状况监视是避免意外停机和防止这些故障的第一步。回顾图 9.3，一个 ISHM 系统需要提供健康管理（HM）、维修、安排维修和保障、定位和交付部件和设备并派遣了维修小组[7]。如流程图中的步骤 2 所示，步骤 1 中的传感器数据被收集到单个数据收集平台中，用于分析、诊断和预测数据。数据可以采用实时健康状态（SOH）或剩余使用寿命（RUL）结果的形式。这些数据由人工或自动化系统审查，用来安排某种类型的操作，从而改进设计或启动维修操作。对于设计改进的情况，如步骤 3 所示，可以启动一个工程变更请求（ECR），针对某个可疑设计缺陷的特定零件，修复基于统计趋势分析的模式故障。步骤 3 中设计改进涉及子系统原始设备制造商（OEM），他负责将一个元件故障会导致系统故障的系统进行整合设计。步骤 4 包括对仓库库存的备件进行补充，或对有缺陷的备件进行替换，并获得来自 OEM 的 ECR 批准。在步骤 4 中，通过维修计划程序的正常 CBM 流程进行部件更换。根据步骤 5 的操作，在线路可更换单元（LRU）级别进行维修，使用通过设计组织发送的新部件启动设计更改,进行例行维修,简单地移除和更换原图纸中授权的部件,则不需要ECR。按照步骤5,将LRU发送到客户位置的系统进行更换。

健康监测数据的准确性和完整性及传感器设备和数据收集系统的可靠性,使预测模型的开发能够实现预测和基于状态的维修(CBM+)能力。

范例2:维修性与测试性、预测和健康监测(PHM)成正比

9.6 预测和CBM+

预测是对未来事件结果可能性的预测。预测是超越CBM方法的技术发展的逻辑顺序。预测包括在收集和分析CBM、参数和环境传感器以及健康监测数据的基础上开发预测分析模型。一旦预测模型被开发出来,它们将在系统中实现,从而管理预测能力和系统健康状态。“预测健康管理是保护设备完整性和避免意外操作问题导致任务性能缺陷、退化和对任务安全的不利影响的一种方法。研究人员和应用程序开发人员开发了对于这些目的有用的各种方法、措施和工具,但是,由于对这些工具缺乏可见性,对这些工具的应用缺乏一致性,它们的演示结果缺乏一致性,导致在真实情况的应用可能会受到阻碍[8]”。

IEEE 1856号标准为PHM技术和方法的设计实现提供了信息,来增强电子系统和产品的能力。“该标准可用于制造商和最终用户规划适当的预测和健康管理方法,为利益体系执行相关的生命周期操作。本标准旨在为实践者提供信息,帮助他们制定预测健康管理实施的业务案例,并选择适当的策略和性能指标来评估预测健康管理结果”[8]。

IEEE 1856号标准提供了如何测量预测系统性能的指导,从而确定预测系统的目标是否实现,或确定是否需要改进预测设计。预测系统性能指标包括以下类别:

(1)准确性;

(2)时效性;

(3)置信度;

(4)有效性。

准确性是对一段时间内性能的预测估计和同一段时间内收集的实际性能数据与结果之间差异的度量。用于评估准确度的指标包括检测准确性、隔离准确性和预测系统准确性。检测准确性定义为预测系统检测到实际故障发生的次数除以一段时间内实际故障发生次数。隔离准确性的定义是预测系统确定一个实际故障是由一个特定的元件或组件,或一组元件或组件引起的次数除以一段时间内实际故障发生的次数。预测系统准确性是指预测的 RUL 与被监测产品或系统的实际寿命终止(EOL)之间的偏差。RUL 定义为从目前开始到不可修复的产品或系统不再能够执行其功能或完成的预期任务的时间的估计量,按照系统需求规格中的定义必须更换。

时效性是对实际故障事件发生的时间与预测系统产生输出以预测或检测故障事件发生时间之间的差值的度量。用于评估时效性的指标包括故障检测时间、故障隔离时间、诊断时间、预测时间、决策时间和响应时间。

置信度是预测系统基于预期的确定性和可信度水平输出准确和相关的概率的度量。置信度可以用置信水平来表示。一般来说,置信水平是指一个参数位于两个限制之间的概率,或者该参数位于上限以下或下限以上的概率。置信度还意味着参数的真实值在由参数估计所建立的预先边界内的概率。用于评估置信度的指标包括置信度、置信度极限、置信度边界、置信度区间、预测不确定性、预测稳定性、稳健性度量和敏感性分析。

有效性是对预测系统在特定条件下一段时间内实现其目标的能力的衡量。典型的有效性目标和目的包括成本、进度、性能、可靠性、维修性、可用性、安全性和保障性。有效性是前面三个预测系统性能指标(准确性、时效性和置信度)的总和。

“部署预测系统的一个关键目的是监测预测目标,为 CBM 提供故障预警。有一些与设备可用性和其他度量、故障检测率和置信度相关的标准。为了满足标准,整个设计中需要考虑到预测健康监测(PHM)系统中的各种感知、信号处理和计算(算法)程序。CBM 措施和方法,特别是那些使用基于状态的数据(CBD)特征最终转变为功能故障特征(FFS)数据的措施和方法可通过一个非常好的信息处理程序实现,该方法具有以下显著优势:

(1)基于适用于整体的统计或其他方法而不仅使用部分样本;

(2)基于 CBD 的方法只检测退化性能而不预测这种退化何时导致系统故障[7]。”

图 9.4 展示了与测量装配关键性能参数相关的关键计时参数,使用 PHM 系统监控其健康状况并预测未来的故障事件。在 PHM 系统的设计中,设计人员会根据装配性能要求建立上下限失效阈值。这些组件性能的需求用于确定测试需求,而测试需求决定了组件何时通过或无法通过的测试。PHM 系统中传感器的上下限非标称阈值可以通过根据统计过程控制规则接收传感器数据来计算,或者可以在设计人员确定故障阈值的上下限时建立。t_0 开始时,组件被打开并开始按照设计性能要求运行。PHM 系统设计选择了一个传感器来测量关键性能参数,从而确定组件是否正确运行。t_E 为关键性能参数超过标称阈值上限的时间。t_D 为传感器首次检测到临界性能参数超过标称阈值上限的时间。这个 t_D

检测事件会多次发生,而不需要任何维修操作。第一个 t_D 检测事件触发 PHM 系统来预测元件或子系统故障可能发生的时间。t_R 为 PHM 系统响应时间,$t_R = t_P - t_D$。t_P 是 PHM 系统在 t_F 时刻预测故障发生的时间。

图中最重要的参数是预测距离。PHM 系统的时效性与预测距离测量的准确性和速度直接相关,具有高度的置信度。参考图 9.4,预测距离为 t_F 与 t_P 之间的差值。预测距离越长,PHM 系统的预测越好。当传感器参数超过上故障阈值时,则组件失效。挑战在于预测 t_F,并有足够的时间计划和采取行动,防止产生故障。

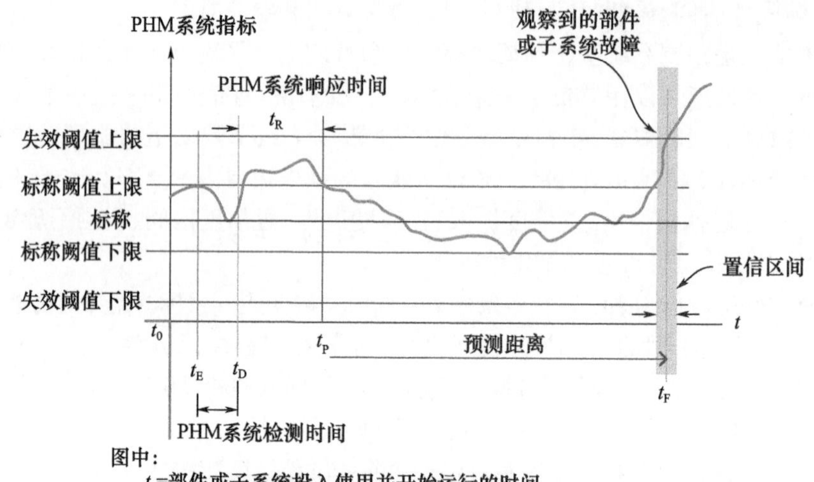

图 9.4 PHM 控制图和时间轴[8]

(资料来源:IEEE 1856 – 2017,《IEEE 电子系统预估和健康管理标准框架》,电气和电子工程师协会(IEEE)标准协会(SA),皮斯卡塔韦,新泽西州。© 2017,ieee)

附录 A IEEE 1856 号标准[8]提供了对复杂电子产品和系统实现 PHM 功能的指导。当在 IEEE 1856 号标准中使用术语 PHM 时,它指的是传感器和健康监测数据及用于管理和恢复产品/系统健康的数据处理功能。PHM 系统由核心功能组成,图 9.5 中的 PHM 功能模型图概括了这些核心功能。如图 9.5 所示,PHM 有 5 个核心操作流程:

(1)感知;

(2)获取;

(3)分析;

(4)建议;

(5)行动。

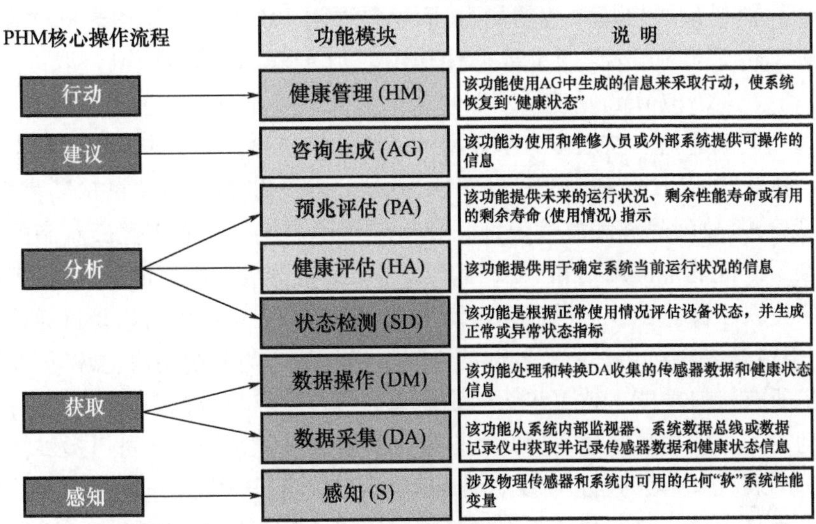

图 9.5　PHM 功能模型图[8]

(资料来源:IEEE 1856－2017,《IEEE 电子系统预估和健康管理标准框架》,电气和电子工程师协会(IEEE)标准协会(SA),皮斯卡塔韦,新泽西州。© 2017,ieee)

这5个PHM核心操作流程是通过嵌入系统内或分布在整个系统中的PHM功能实现的,具体取决于电子系统的类型,例如实时操作系统(RTOS)或广泛分布的计算机网络系统。PHM的核心功能要素包括感知(S)、数据采集(DA)、数据操作(DM)、状态检测(SD)、健康评估(HA)、预兆评估(PA)、咨询生成(AG)和健康管理(HM)。

"在这个模型中,较低的3个功能模块提供了低级的、特定于应用程序的功能。在最低级别,传感器产生与目标系统或目标系统环境中状态对应的输出状态。在下一个级别中,数据获取模块将传感器输出转换为数字数据。下一级,数据操作模块实现对来自数据采集模块的原始测量数据的低级信号处理。状态检测功能支持正常运行的建模和异常运行的检测。模型的前3个功能模块根据目标系统的健康状况为运维人员提供决策支持。在该组中,运行状况评估功能提供故障诊断和运行状况评估。预测评估功能根据模型、当前数据和预计的使用负载预测健康状况,计算性能RUL。咨询生成功能提供与目标系统健康状况相关的可操作信息。最后,健康管理功能将信息从咨询生成功能的信息转换为管理系统健康的行动,从而实现整个系统和任务目标[8]。"

图9.6提供了关于传感器、健康监测和评估功能如何使用核心PHM操作流程实现PHM功能的操作视图。使用感知模块从图的左侧开始操作流程,PHM系统中设计了各种物理传感器。感知步骤收集来自物理传感器设备输

出的数据和目标系统固有的任何可用的“软”系统性能数据。术语“软”指的是度量性能变量的目标系统的能力，而不需要对 PHM 能力提出要求。感知步骤将物理传感器和“软”变量数据传输给获取步骤。获取步骤启动数据采集（DA）和数据操作（DM）功能。获取步骤执行数据采集、数据处理、数据存储、数据管理和数据通信。获取步骤将数据传输给分析步骤。分析步骤启动状态检测（SD）、健康评估（HA）和预兆评估（PA）功能。分析步骤执行测试诊断程序，包括故障检测、故障隔离和故障识别。分析步骤还提供了对系统健康状态的评估和剩余系统性能生命周期和 RUL 度量的估计。当分析步骤完成后，它将其数据发送给建议步骤。建议步骤启动咨询生成（AG）功能，该功能可以是目标系统固有的，也可是提供给目标系统外部的。建议步骤执行与系统用户、操作员和维修人员的所有接口功能。建议步骤建议流程向负责采取与目标系统连续运行相关的行动的人员发送显示建议，如消息、警报和警告。建议步骤还可以提供精细化的分析图表、图形化的运行状况数据和规定性信息。PHM 操作流程图中的最后一个流程是行动步骤。建议流程将其数据传递给执行所有健康管理（HM）职能的行动步骤。行动步骤启动所有 HM 功能将目标系统恢复到健康状态。包括故障缓解和故障恢复功能的 HM 功能，可以在目标系统内执行或在目标系统外部提供。行动步骤提供了手动发起、自主和半自主的容错功能和故障恢复操作。这些容错能力和故障恢复操作用于避免故障、修复故障以及预防性和修复性维修操作。

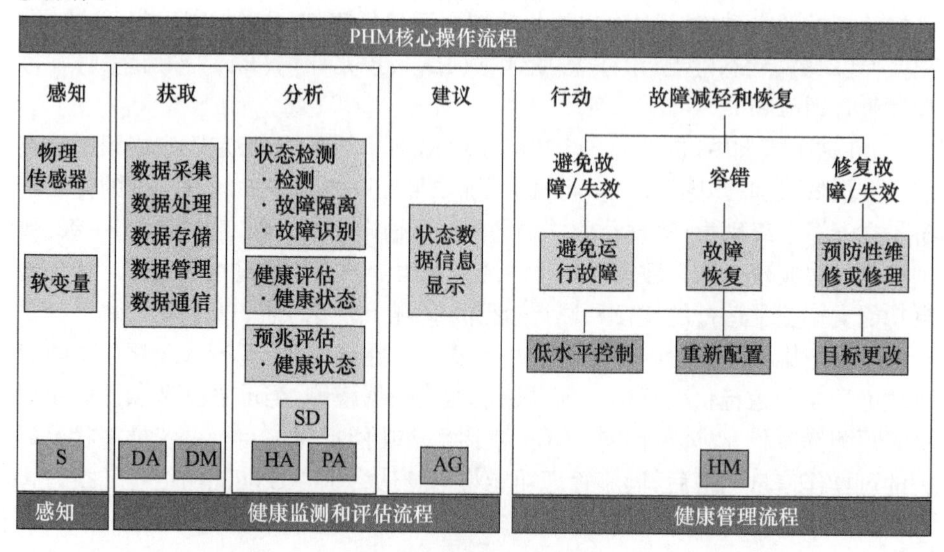

图 9.6　PHM 操作流程图

（资料来源：IEEE 1856－2017，《IEEE 电子系统预估和健康管理标准框架》，电气和电子工程师协会（IEEE）标准协会（SA），皮斯卡塔韦，新泽西州。©2017，ieee）

9.6.1 CBM+的基本要素

CBM+是应用过程、技术和专业知识来提高系统、元件和组件的可靠性和维修效率。CBM+是基于RCM分析和其他可行流程和技术提供的需求证据而进行的维修。“CBM+使用系统工程方法来收集数据，进行分析并支持系统获取、维持和运行的决策过程”[5]。

CBM+实施战略涉及一种操作概念，即系统和装备配备传感器和嵌入式健康管理系统。这些运行状况管理系统监控装备的当前运行状况，预测装备运行状况的未来变化，并报告状态和问题以便采取预防性和修复性维修行动。嵌入式健康管理系统使用集成到装备中的传感器和软件的信息来测量和收集数据并存储数据，提供装备详细的使用和维修历史记录。嵌入式健康管理系统也采用了自动识别技术对关键元件和组件进行系统配置控制，控制任何特定装备的所有硬件或软件更改。CBM+实现策略包括利用数据网络和无线连接对企业级CBM+数据仓库进行数据传输，用于远程数据存储和数据分析。图9.7和图9.8分别提供了CBM+架构概述及CBM+和整个系统生命周期。

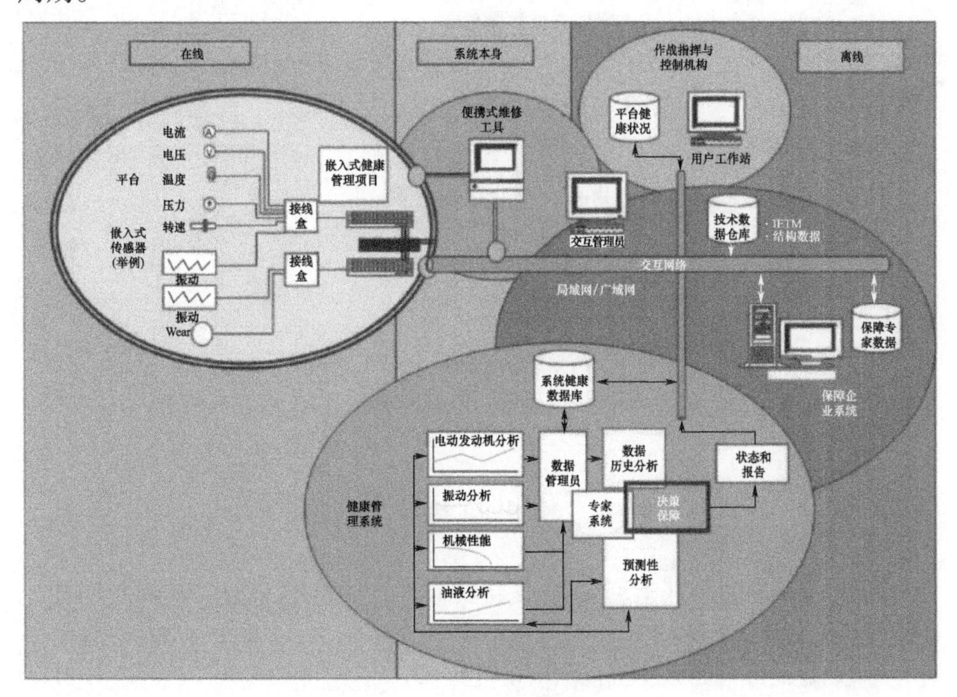

图9.7 CBM+架构概述

（资料来源：美国国防部，《基于状态的维护加国防部指南》，国防部，华盛顿特区，2008年）

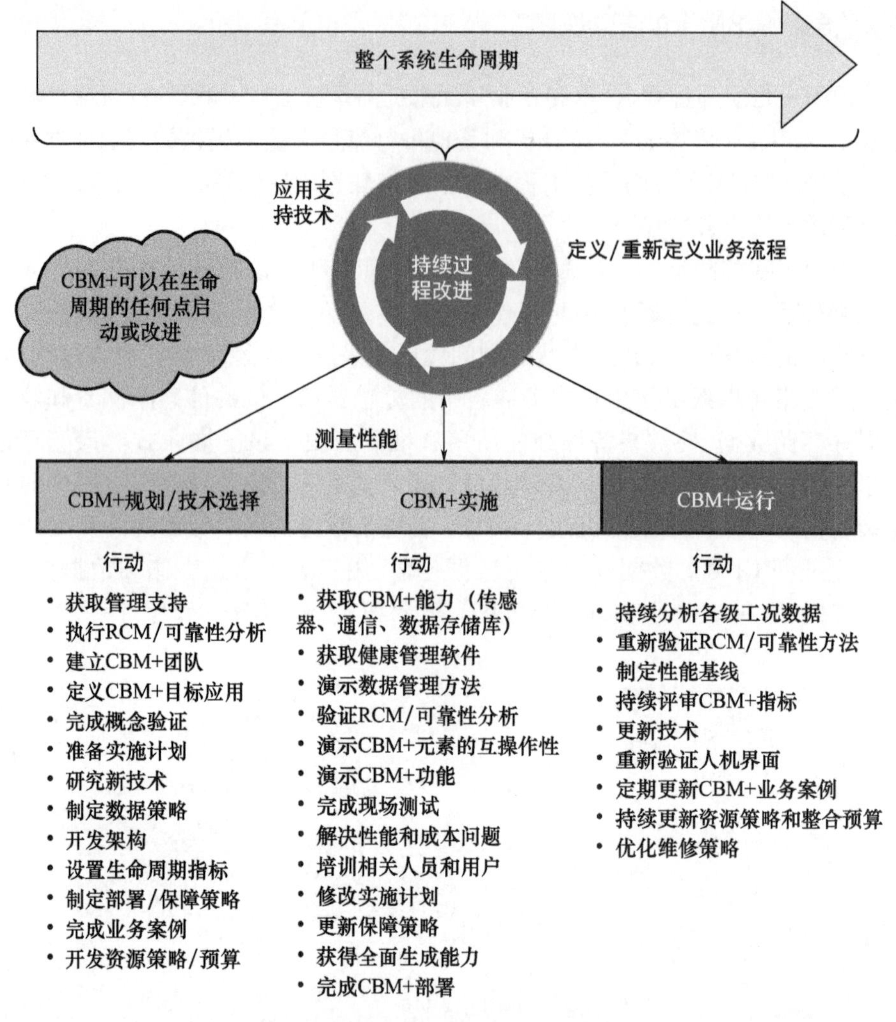

图 9.8　CBM + 和整个系统生命周期[5]

(资料来源:美国国防部,《基于状态的维护加国防部指南》,国防部,华盛顿特区,2008 年)

9.7　数字化规范维修

如第 8 章所述,机器学习(ML)支持维修性设计活动,促进 PM 和数字化规范维修(DPM)及 PHM 和 CBM。当 ML、PM 和 DPM 与 PHM 和 CBM 一起使用时,增值效益的好处是减少或消除修复性维修。

带有规范维修和/或 DPM 的 ML 利用软件进行模式识别,允许自动化识别特定的压力点,并明确诊断问题的根本原因。当与物联网(IoT)技术一起使用时,带有数字化决策的规范维修智能、及时、反应灵敏。这种物联网技术已在多个行业有效应用,包括汽车、能源、农业、矿业、医疗保健、国防和航空航天,以及零售消费产品(如家用电器、照明、恒温器和消费可穿戴设备)。

DPM 使得与预防性和预测性维修相关的人力任务成为数字自动化任务。通过动态案例管理或自适应案例管理,维修数字化成为规范。DPM 动态案例管理类似于将故障模式、影响和危害性分析(FMECA)、故障树分析(FTA)和概率风险评估(PRA)的逻辑数字化,通过将功能和逻辑嵌入到机载处理器中进行自主实时决策。一些企业开始利用现有的预测分析软件使用 ML 和 DPM 程序,减少或消除意外停机时间,实现最大化盈利能力和装备可靠性。

9.8　以可靠性为中心的维修

RCM 是一个用于开发计划的结构化过程,用来确保装备在当前的使用环境中满足最终用户的需求。例如,这些计划不仅仅是 PM 程序,还可以包括程序的开发或系统的重新设计。RCM 是一种基于逻辑的方法,可以确保以一种经济有效的方式解决和缓解故障的主要后果而不涉及计划中的大量停机时间。这就需要改变传统的以时间为基础的大修和以时间为基础的换件活动,这些活动在大多数情况下证明是无效的。

RCM 已被证明是一种可靠的方法,无论用于飞机、核潜艇、核反应堆还是生产设备在内的装备使用相关的风险管理。理想情况下,RCM 最初在设计阶段使用以确保可以轻松地进行更改,降低装备的生命周期成本。但是 RCM 从何而来呢?

9.8.1　RCM 的历史

在 20 世纪 60 年代,即使开展了有大量的维修计划防止故障发生,喷气式飞机的故障率依然很高。这些产品需要大修、重建和详细的检查,这就要求必须对各个组件拆解、检查、重建。所有这些活动都是基于设备的估计安全寿命,然而无论进行多少活动,故障率仍然很高。例如,DC-8 有 339 个组件受到 TBM 活动的影响[3]。

为了解决这一问题,美国联邦航空管理局(FAA)下令航空公司调查并确定在大量维修计划做到位的情况下导致高故障率的原因。在联邦航空管理局的指导下,对所有现役飞机进行了大量的工程研究来确定故障的来源。联合航空公司率先发布了一份关于故障案例的报告,彻底颠覆了整个行业。他们的结论是,只有 11% 的故障与飞机的老化有关[3]。其余的故障在本质上是随机的,或者是由防止故障发生的维修工作引起的。

联合航空[9]的 Stanley Nowlan 和 Harold Heap 的报告是一种定义维修活动的技术,名为维修指导小组 1(MSG1),随后被 FAA 批准用于开发飞机维修活动。由于这些发现,许多大规模维修计划被减少了,而飞机的可靠性提高了! 下一代麦克唐纳—道格拉斯飞机 DC－10 将 TBM 活动减少到只有 7 个组件,减少了 98%,令人震惊!

1978 年,诺兰和希普发表了关于 MSG1 在民用航空业使用的研究[9],并根据国防部的合同发布了 RCM 的第一份草案。1980 年,MSG3 被公布用于设计和改进所有主要类型民用飞机的维修方案。这种方法在 1981 年[10]被美国海军及其 SSN 级潜艇进一步改进,当时在核动力工业电力研究所(EPRI)的指导下,在 2 个地点试验 RCM。

已故的 John Moubray 于 1997 年出版了 RCM2,作为将 RCM 应用于制造业的方法论[3]。1999 年,汽车工程师协会(SAE)发布了 SAE－JA－1011[11],以规范 RCM 在汽车行业的使用。

9.8.2 什么是 RCM?

正如上面所看到的,RCM 已经通过时间的考验证明了自己,通过降低维修成本、风险和改善设备性能,可为设备设计人员、所有者和运营商带来显著的好处。但是,是什么将 RCM 与其他方法区分开来呢? RCM 是基于一组指导整个流程的原则[3]:

原则 1:RCM 的主要目标是保持系统功能。对于组织来说,这通常是最重要但最难把握的原则之一。我们可能不太关心故障的发生,但是要确保在故障发生时关键功能能够运行。

原则 2:识别可能破坏功能的故障模式。由于 RCM 的目标是保持系统功能,因此必须仔细考虑功能的丧失。虽然功能的丧失通常被总结为太多、不够或根本没有,但实际情况可能要复杂得多。通常功能的丧失,也称为功能故障,这应该基于特定的性能考虑。

原则 3:优先考虑功能需求。并不是装备或系统的所有功能都像其他功能一样重要,因此以系统的方式对系统功能和故障模式进行优先排序是至关重要的。举个例子,一辆汽车有停车功能和乘客舒适度的功能。显然,制动系统功能的优先级应高于空调系统。

原则 4:选择适当和有效的任务,完成以下一项或多项:

——防止或减轻故障。

——检测故障的发生。

——发现隐藏的故障。

如果故障的后果不够严重,不需要执行维修任务,那么这些任务可以是

TBM、CBM、重新设计设备,甚至决定运行到故障。如果没有这些原则,RCM将导致大量的维修计划,这并不一定会给组织增加价值。但是执行RCM分析是一个资源密集型的活动,所以除了航空和核工业外,为什么一个组织要选择使用RCM呢?

9.8.3 为什么选择RCM?

RCM是资源密集型的,但其结果可以为组织提供许多益处。RCM实际上是一种系统驱动的方法,用于开发适当的计划和策略,确保装备继续按照定义的方式运行。RCM还推动了文化的改变,因为现在管理人员和维修人员都需要按数量进行维修。这种变化需要组织纪律,在开发PM时,工作管理流程确保工作的完成,反馈循环完善维修计划。但是,组织从RCM中看到的最有益的变化之一,却常常没有被考虑到,那就是从维修人员和使用人员的角度来看设备技术知识的变化。此外,RCM在以下方面为组织提供了非常切实的改进:

可靠性:通过在设计阶段使用RCM方法,可以提高固有可靠性。RCM可以确保装备运行接近固有可靠性水平。此外,RCM还创建了用于下一代装备的故障模式数据库,可以与制造商和OEM共享。

安全性:RCM将安全放在首位。保护人类生命和降低环境风险高于一切。这个思维过程能确保,如果存在安全风险,它将解决这一问题并将风险降低到足够低的水平。

成本:RCM将成本放在第二位,排在安全之后。利用RCM方法,基于对系统功能的影响,对故障模式进行优先排序。在此基础上,做出决定的依据是任何延缓行动的成本效益,而不是后果的成本。在这里,可以识别无效的操作并且不执行。此外,由于RCM考虑了使用环境,仅考虑在特定使用环境所需的操作来实现。

保障性:通过理解PM需求和将与装备一起发生的修复措施,组织可以为这些活动做计划和准备。这可能需要组织收集图纸、手册、程序、清单等方面的适当文件。此外,可以估计备件需求以及执行任务所需的任何专业设备或技能。有了这一理解,组织可以决定哪些活动将在现场或仓库执行,以及是否由承包商或内部人员执行任务。

那么,为什么不直接使用OEM建议,从而省去进行RCM分析的麻烦呢?大多数OEM的建议(除了航空、国防等领域)都是基于过去的经验,并不是针对装备的具体使用环境。他们的设计更多是为了确保装备在最极端使用环境下能超过保修期。知道了RCM优于其他传统方法的好处,我们可以探索诺兰和希普[9]的最初研究告诉我们的内容,即故障主要不是基于年限,而是各种其他因素,这些因素会产生随机的故障模式。必须通过CBM而不是TBM来解决这些问题。

9.8.4 我们从 RCM 中学到的东西

诺兰和希普的最初研究为设备故障提供了见解，在此之前，设备故障主要是由时间驱动的。这一发现是减少 TBM 活动的主要驱动力之一，TBM 活动构成了当时的大多数维修计划。事实上，诺兰和希普的发现是设备会以各种不同的方式故障。

此外，诺兰和希普设计了一个概念，用来理解 TBM 和 CBM 应在什么时间间隔进行。这一概念被称为 P－F 曲线，它是故障一旦开始，设备如何退化的可视化表示。P－F 曲线指导我们根据故障退化的位置，做出最小化故障后果的决策。

9.8.4.1 故障曲线

美国联合航空公司的报告强调了 6 种独特的故障模式（如图 9.9 所示）[3]。理解这些模式可以说明为什么减少维修可以提高性能。图 A－F 的故障曲线描述如下：

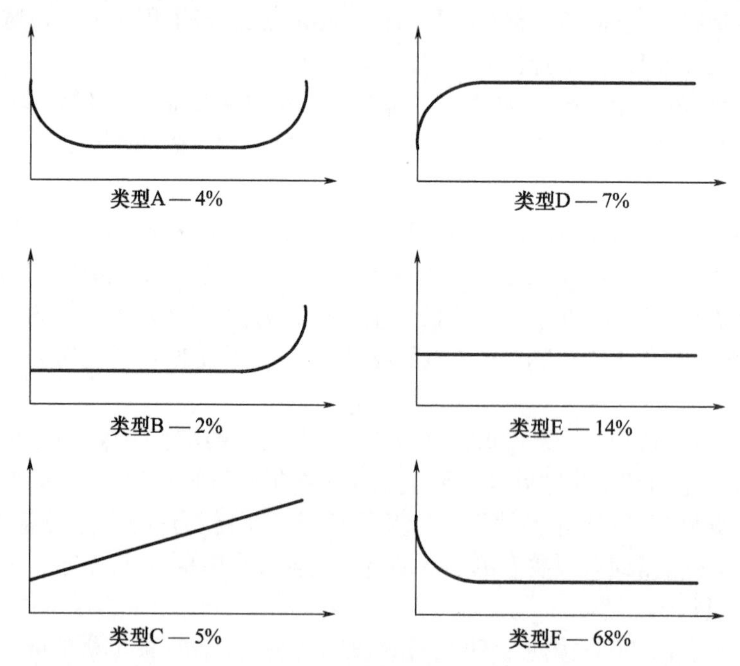

图 9.9 六种失效曲线[3]

（资料来源：Moubray，J.，RCM Ⅱ Ⅳ第二版，工业出版社，纽约，1997 年）

（1）故障模式 A：被称为浴盆曲线，当设备是新的时，故障的概率很高，随后是低水平的随机故障，然后在其寿命结束时，故障急剧增加。这种模式约占总故障的4%。

(2)故障模式B:被称为磨损曲线,由低水平的随机故障组成,随后在其寿命结束时故障急剧增加。该模式约占总故障的2%。

(3)故障模式C:被称为疲劳曲线,其特征是随着设备寿命的延长,故障水平逐渐增加。这种模式约占总故障的5%。

(4)故障模式D:被称为初始故障增加曲线,从非常低的故障水平开始,然后急剧上升到一个恒定的水平。这种模式约占总故障的7%。

(5)故障模式E:被称为随机模式,是设备寿命内的随机故障水平一致,不随设备寿命的增加或减少而明显增加或减少。这种模式约占总故障的14%。

(6)故障模式F:被称为早期失效曲线,显示了一个高的初始故障率,随后是一个随机水平的故障。这种模式约占总故障的68%。

当观察故障模式时,前三种(A、B和C)可以被归为具有定义寿命的设备,其中故障率要么随着组件的使用年限增加而增加,要么一旦组件达到一定的使用年限就会增加。这个时限可能是时间或用量,如小时数、生产的部件等。故障通常与磨损、侵蚀或腐蚀有关,是由与产品接触的简单部件引起的。这些基于时间的故障只占所有故障的11%。

其他模式强调了一个事实,即在设备的初始启动期间,大多数故障将发生。这可能是由于维修引起的故障或部件的制造缺陷。一旦最初的启动期过去,故障是随机的。这些模式导致89%的故障。

现在,这些模式表明故障在本质上是随机的,但这并不意味着故障不能被预测或缓解。这意味着按特定频率进行的大修和换件只在11%的情况下有效。

在其他故障情况下,可以对设备进行监控,并根据设备的状况确定进行维修、换件或大修的正确时间。这被称为CBM,即除非它坏了,否则不用修复!

看看不同的故障模式,我们可以把它们分成3组:

(1)与年限相关的故障——“寿命”这个术语用来描述故障可能性迅速增加的点。这是在曲线上升之前故障模式曲线上的点。通常,这些类型的故障可归因于磨损、侵蚀或腐蚀,并涉及与产品接触的简单部件。

(2)随机故障——术语“寿命”不能用来描述在故障可能性中快速增长的点,因为没有特定的点。这些是故障曲线的平坦部分。这些类型的故障是由于某些引入的缺陷造成的。

(3)早期故障率——“寿命”一词也不能在这里使用。相反,存在一个明显的点,在这个点上,故障的可能性急剧下降并转变为随机水平。

通过理解这些独特的差异,可以制定有效的维修策略,这也是RCM的基础。

为了解决不同类型的维修模式,我们可以采取不同的策略来减少故障发生的概率,或者在某些情况下,甚至根本不会发生。可以使用不同的技术来管理特定的故障组。

(1)年限相关——这些类型的故障可以通过 TBM 解决。TBM 包括更换、大修和基本的清洁和润滑。虽然清洗和润滑不能防止磨损或腐蚀,但可以延长设备的"寿命"。

(2)随机——这些类型的故障需要使用 CBM 来检测,因为它们是不可预测的或基于定义的"寿命"。为特定的指标必须对设备进行监控。这些指标可以是振动、温度、流量等的变化。这些类型的故障必须使用预测或状态监测设备进行监测。如果操作得当,清洁和基本的润滑可以在第一时间防止缺陷的发生。此外,通过使用安装调试标准,使用精密维护技术确保组件安装,可以完全防止随机故障,从而确保某些故障模式不会引入。

(3)早期故障率——这些类型的故障不能通过固定时间、预测性或 CBM 项目来解决。相反,必须通过适当的设计和安装、可重复的工作程序、适当的规格和部件的质量保证来防止故障。

只有当维修程序包含上述所有活动时,装备性能才能提高。

但是,即使对设备如何发生故障进行了大量的研究,许多人还是不相信大多数故障并非基于时间。多年来,许多研究试图证明或反驳故障曲线之间的分布,这些可以在表 9.1 中总结[12]。

表 9.1　六种故障曲线

故障曲线	联合航空研究 1968[9]	Broberg 1973[12]	MSP 1982[12]	SUBMEPP 2001[12]a
A	4%	3%	3%	2%
B	2%	1%	17%	10%
C	5%	4%	3%	17%
完全时间相关	11%	8%	23%	29%
D	7%	11%	6%	9%
E	14%	15%	42%	56%
F	68%	66%	29%	6%
完全随机相关	89%	92%	77%	71%

资料来源:Allen,T. M. ,美国海军《潜艇维修数据分析与年龄和可靠性剖面的发展》,海军部,朴次茅斯,2001 年。

为了理解各种研究之间的差异,至关重要的是要了解每一项研究的背景。我们知道,1968 年最初的研究是在民用飞机上进行的,1973 年的布罗伯格研究也是如此,这解释了类似的结果。1982 年的 MSP 是一艘美国潜艇。MSP 和 SUBMEPP 中与时间相关的故障的急剧增加归因于装备使用的腐蚀性环境。此外,由于 MSP 和 SUBMEPP 在投入使用前进行了大量的测试,早期故障率降低至最小。

研究表明,即使在腐蚀环境中,大多数故障在本质上仍然是随机的,不能通过传统的 TBM 解决。因此,从最初的诺兰和希普研究中学到的原则仍然是正确的。TBM 并不是维修设备最有效的方法,且可能导致性能下降。

9.8.5 在你的组织中应用 RCM

进行 RCM 分析并实施研究结果并不是一项简单的任务。为了确保 RCM 分析的成功,需要考虑很多因素,因为许多 RCM 分析最终都被束之高阁,几乎没有实现。这导致分析的回报为零,并给参与者留下不好的印象。此外,一个不太好用的 RCM 分析将导致不得不把人们拖到分析中,并且很多人没有接受这个方法。为了确保 RCM 分析产生预期结果,组织需要在任何 RCM 计划开始之前考虑以下几点:

(1)引导者:引导者对分析的成功有巨大的影响。经验丰富的引导者将保持团队的运转,使分析保持在正确的细节级别(既不要太详细,也不要太高水平),并确保当需要额外的调查时在分析会议之外执行。在理想情况下,引导者不是正在分析的产品/系统的 SME,但他们应该善于提出正确的问题,并保持团队的积极性。

(2)分析团队:分析必须是团队活动。RCM 分析不能由一个人执行,且需要一个具有不同专业知识和背景的跨职能团队。一个典型的小组应该由 6 ~ 8 人组成,包括使用、维修、工程和各种系统专家。

(3)采用哪种 RCM 方法:工业上可以决定采用哪种方法,民用飞机需要使用 MSG3[13],而汽车工业可能会使用 SAE JA 1011[11]标准。除了这两种方法之外,还可以选择使用 RCM2[3]。

(4)培训:在开始任何 RCM 分析之前,团队成员需要接受 RCM 特定变换的培训,包括其原则和方法。RCM 中的术语可能会使不熟悉它的人感到困惑,因此必须事先提供培训。

(5)会议节奏和结构:分析会议的频率是多少?会议时长是多长?这些问题将促进完成分析的时间长度和分析团队的参与水平。通常,更短、更频繁的分析会议比更少、更长的会议要好。

一旦解决了这些问题,真实的 RCM 分析就可以开始了。

9.8.5.1 RCM 内部工作

RCM 分析试图回答各种各样的问题以确保对设备及其功能的完整理解。RCM 分析试图确保理解设备如何故障、故障的后果,以及可以做什么来减轻后果。正如前面所讨论的,RCM 的主要无形好处之一是所有人都能更好地理解设备。在 RCM2[3] 中,John Moubray 将 RCM 试图回答的 7 个问题定义为:

(1)装备在当前使用环境中的功能和相关性能标准是什么?

(2)它在哪些方面未能实现其职能?

(3)每次功能故障的原因是什么?

(4)每次故障发生时会造成什么影响?

(5)每一次故障之间有什么关系?

(6)我们能做些什么来预测或防止故障?

(7)如果找不到合适的主动任务,该怎么办?

想象一下,真正理解每种装备在其独特的使用环境中所有这些问题的答案的力量。然而,我们不能通过简单地回答这些问题,就得出一个完整的分析。RCM 分析是一种方法论;因此,它是一个包含一系列步骤的过程。根据 Ramesh Gulati 的说法,为了完成 RCM 分析,应该进行以下操作:

(1)系统选择和信息收集:应该根据系统的临界性,或装备在过去是否经历过较差的可靠性(一个差的参与者)来选择装备或系统进行分析。此外,经常选择新的装备设计用于分析。也正是在这一阶段,选择分析团队,使他们可以参与初始数据收集。在此阶段收集的数据应该包括设备的性能需求、示意图、手册、绘图、历史记录,甚至可能包括照片。

(2)系统边界定义:系统边界的定义对于确保 RCM 的分析范围不会扩大并导致无休止的分析是至关重要的。分析的范围应该包括什么是系统的输入、什么是输出。例如,在泵上,480V 三相电源是一个输入,因此,我们不愿详细说明为什么许多电力系统无法获得。扬程为 25in 的水的输出可能为 100g/m。边界定义还包括定义功能子系统,确保在分析中没有重叠。

(3)系统描述和功能框图:系统描述确保了对装备当前使用环境的全面理解。这可能包括确定装备在设计中是否有冗余,或可用的解决方案、保护功能(如减压阀或报警器)及任何关键控制功能(如自动或手动控制)。下一步是建立一个功能框图(FBD),它是主要子系统及其交互的顶层表示。通常每个功能方框的组件都是为分析而定义的。

(4)系统功能和功能故障:需要对装备的功能进行定量定义。例如,水泵的主要功能应该是“以不低于 100gpm/min 的速度泵水,扬程为 25in”。这些功能通常可以通过查看FBD和确定输出来定义。还需要定义次要功能,要考虑与主要功能不完全相关的其他功能。这些包括保护、外观、环境、控制、健康和安全、效率和多余的功能。这些可能是定量的,也可能不是,继续用泵的例子,环境功能是不要泄露。一旦定义了主要和次要功能,就可以记录每个功能的功能故障。这可能是功能的全部损失、部分损失或超过所定义的功能。

(5)故障模式和影响分析(FMEA):FMEA(表9.2)是可靠性中常用的工具,用于识别故障模式。FMEA定义了导致每个功能故障的原因及单个故障模式对系统的影响。对于泵来说,当泵输出小于100g/min时,泵的功能失效可能是由于气蚀导致的叶轮损坏,这可能会对整个系统和其他相关系统产生影响。值得注意的是,叶轮可能会因为其他原因而受到侵蚀,这些因素也应该被捕捉到。如果系统存在冗余,则应考虑其影响。修复时间往往也包括在效果中。这些故障模式与人的表现、管理系统等相关,应该通过重新设计和过程开发来捕获它们以缓解这些问题。重要的是要注意,有许多不同格式的FMEA可用,所以一定要选择适合您的。

表9.2　故障模式和影响分析示例

功能	功能故障	故障模式	故障后果
以100g/m(加仑每分种)的速度,扬程为25in输送水	输送少于100g/min	叶轮因气蚀磨损	泵输出减少,过程减慢。维修2h
		安装不当导致密封泄漏	泵输出减少,过程减慢。维修1h
	不送水	轴承因缺乏润滑而卡住	泵故障,过程停止。维修3h
		叶轮因异物卡住	泵故障,过程停止。维修2h

(6)逻辑树分析:逻辑树分析(LTA)(见图9.10)[3]设计目的是确保每个故障模式都是基于故障的后果进行评估的,然后采取行动来防止故障或减轻后果。LTA考虑了5种类型的后果:

①隐藏:在正常情况下,使用人员看不到的故障模式。

②安全:可能导致人身伤害的故障模式。

③环境:会导致违反环境法规或标准的故障模式。

④操作:会影响装备使用性能的故障模式。

⑤非操作性:一种不影响安全、环境或使用的故障模式,只导致维修成本。

使用逻辑树分析,对每个故障模式的后果进行评估,通过适当的任务来降低相关的风险。

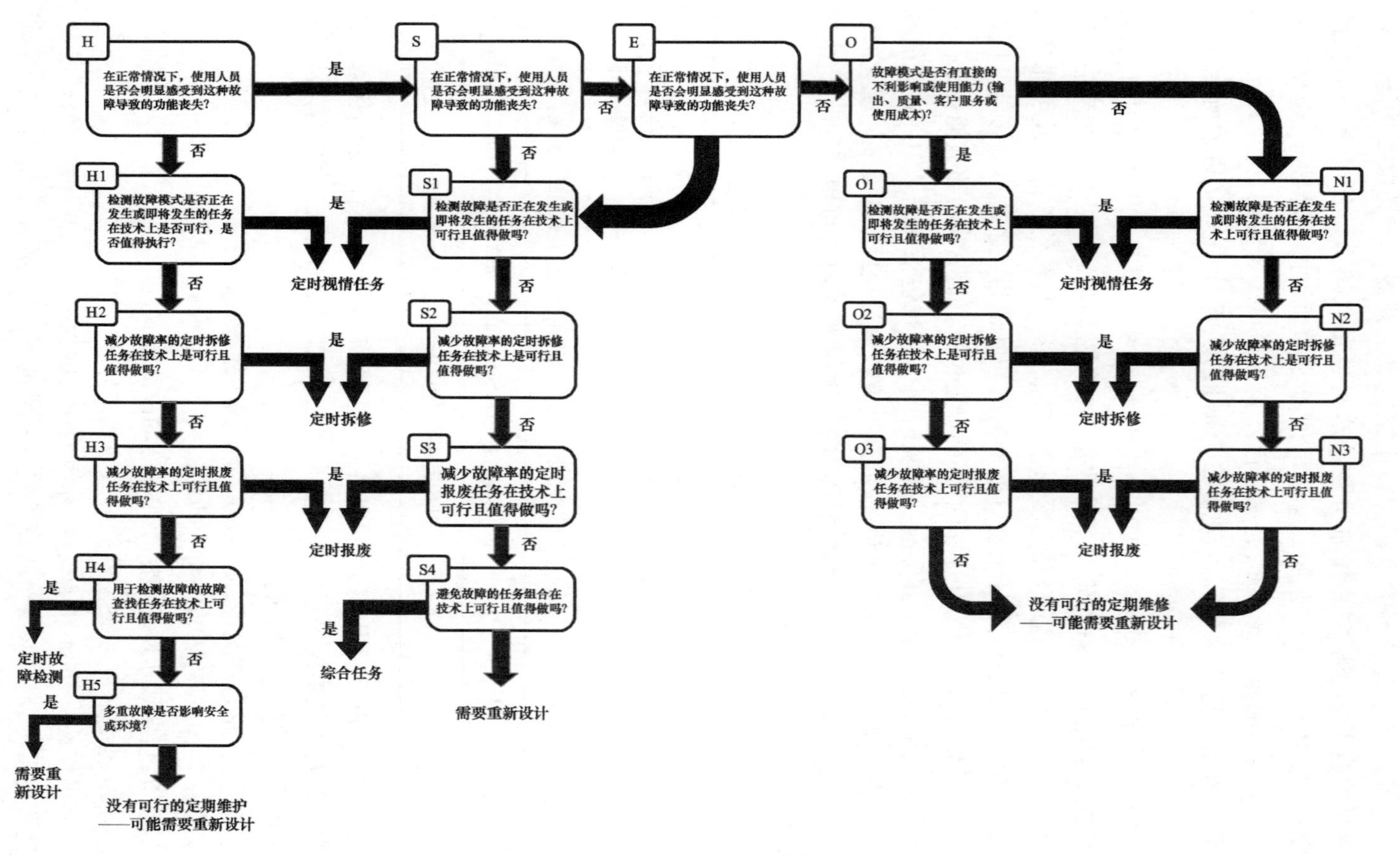
H
在正常情况下，使用人员是否会明显感受到这种故障导致的功能丧失？
S
在正常情况下，使用人员是否会明显感受到这种故障导致的功能丧失？
E
在正常情况下，使用人员是否会明显感受到这种故障导致的功能丧失？
O
故障模式是否有直接的不利影响或使用能力(输出、质量、客户服务或使用成本)？
H1
检测故障模式是否正在发生或即将发生的任务在技术上是否可行，是否值得执行？
S1
检测故障是否正在发生或即将发生的任务在技术上可行且值得做吗？
定时视情任务
O1
检测故障是否正在发生或即将发生的任务在技术上可行且值得做吗？
N1
检测故障是否正在发生或即将发生的任务在技术上可行且值得做吗？
定时视情任务
H2
减少故障率的定时拆修任务在技术上是可行且值得做吗？
S2
减少故障率的定时拆修任务在技术上是可行且值得做吗？
定时拆修
O2
减少故障率的定时拆修任务在技术上是可行且值得做吗？
N2
减少故障率的定时拆修任务在技术上是可行且值得做吗？
定时拆修
H3
减少故障率的定时报废任务在技术上可行且值得做吗？
S3
减少故障率的定时报废任务在技术上可行且值得做吗？
定时报废
O3
减少故障率的定时报废任务在技术上可行且值得做吗？
N3
减少故障率的定时报废任务在技术上可行且值得做吗？
定时报废
没有可行的定期维修——可能需要重新设计
H4
用于检测故障的故障查找任务在技术上可行且值得做吗？
定时故障检测
S4
避免故障的任务组合在技术上可行且值得做吗？
综合任务
需要重新设计
H5
多重故障是否影响安全或环境？
需要重新设计
没有可行的定期维护——可能需要重新设计
是
否

图 9.10 逻辑树分析[3]

(7)维修任务的选择:根据逻辑树分析的结果,确定具体的维修任务。例如,如果定义了一个条件任务,该任务使用振动分析、热成像或类似的方法吗?此外,还需要定义任务的频率。如果选择RTF,可能需要备品备件。团队需要审查所有这些结果,从而为每个故障模式明确定义特定的任务或行动。

(8)任务包装与实施:包装是将维修任务组装成作业计划,进入计算机维修管理系统(CMMS)。这通常涉及工作计划的制定。对于非维修任务,需要向工程师提交重新设计请求,在仓库中设置备件等。通常,这一步是最关键的,因为这是实现分析真正好处的地方。

(9)持续改进:应审查RCM分析的最终评审以确保满足任何和所有监管要求。此外,CMMS应该创建适当的故障代码,促进反馈循环,这能推动RCM分析的改进。此循环允许捕获故障数据,并与RCM分析进行比较,然后进行改进。RCM分析应该是一个有生命力的程序并不断更新。

RCM是一个强大的过程,它可以降低风险,提高装备的性能和成本效益。这些益处的关键驱动因素之一就是从TBM向CBM的转变。

9.9 小 结

虽然CBM使组织能够减少计划停机的需要,并提高使用可用性,但组织必须有适当的机制来及时修复发现的缺陷。确定正确的状态监测任务需要像RCM这样经过深思熟虑,并且可以大大减少维修设备的人员需求。此外,考虑到在设计阶段需要CBM时,装备设计人员可以将数据收集装置合并到装备中,这进一步减少了对难以找到的维修技术人员的需求。尽管RCM可以使组织减少对计划停机时间的需求,但是组织在主动维修需求和装备可靠性之间取得适当的平衡是至关重要的。如果没有这种平衡,可用性将下降,组织将没有完成其使命所需的设备。此外,随着人工智能和机器学习的加入,维修可以从CBM转移到预测和CBM+,进一步减少计划内和计划外的停机时间。

参考文献

1. Gif, C. , Wellener, P. , Dollar, B. et al. (2018). 2018Deloitte Skills Gap and Future of Work in Manufacturing Study. London, UK: Deloitte Insights.

2. Vitasek, K. (2012). The Rolls - Royce of Effective Performance - based Collaboration. Efcient Plant. https://www.efcientplantmag.com/2012/06/the-rolls-royce-of-effective-performance-basedcollaboration/ (accessed 20 September 2020).

3. Moubray, J. (1997). RCM II, 2e. New York, NY: Industrial Press, Inc.

4. Wortman,B. and Dovich,R. (2009). CRE Primer. Terre Haute,IN:Quality Council of Indiana.
5. US Department of Defense(2008). Condition Based Maintenance Plus DoD Guidebook. Washington,DC:Department of Defense.
6. Plucknette,D. (n. d.). Completing the curve. ReliabilityWeb. com. https://reliabilityweb. com/articles/entry/completing – the – curve(accessed 24 August 2020).
7. Goodman,D. ,Hofmeister, J. P. , and Szidarovszky, F. (2019). Prognostics and Health Management: Practical Approach to Improving System Reliability Using Condition – Based Data, 1e. Hoboken,NJ:Wiley.
8. Institute of Electrical and Electronic Engineers(2017). IEEE 1856 – 2017 – IEEE Standard Framework for Prognostics and Health Management of Electronic Systems. Piscataway,NJ:Institute of Electrical and Electronic Engineers(IEEE)Standards Association(SA).
9. Nowlan,S. and Heap,H. (1978). Reliability Centered Maintenance. Washington,DC:Ofce of Assistant Secretary of Defense.
10. Gulati, R. (2019). Maintenance & Reliability Best Practices. New York, NY: Industrial Press Inc.
11. Society of Automotive Engineers(2009). Evaluation Criteria for Reliability – Centered Maintenance(RCM)Processes JA1011_200908. Warrendale,PA:Society of Automotive Engineers.
12. Allen,T. M. (2001). US Navy Analysis of Submarine Maintenance Data and the Development of Age and Reliability Profles. Portsmouth:Department of the Navy.
13. Airlines for America(2018). MSG – 3:Operator/Manufacturer Scheduled Maintenance Development,Fixed Wing Aircraft,vol. 1. Washington,DC:Airlines for America.

补充阅读建议

1. Mobley,K. (2002). An Introduction to Predictive Maintenance,2e. Waltham,MA:Butterworth – Heinemann.
2. Nowlan,Stanley & Heap,Howard,Reliability Centered Maintenance,Office of Assistant Secretary of Defense,Washington,D. C. ,1978.
3. Society of Automotive Engineers, Evaluation Criteria for Reliability – Centered Maintenance (RCM)Processes JA1011_200908,Society of Automotive Engineers,Warrendale,PA,2009.
4. Airlines for America, MSG – 3: Operator/Manufacturer Scheduled Maintenance Development, VOLUME 1 – FIXEDWING AIRCRAFT,Airlines for America,Washington,DC,2018.
5. Mobley,Keith,An Introduction to Predictive Maintenance,Second Edition,Butterworth – Heinemann,Waltham,Massachusetts,2002.
6. Gulati,Ramesh, Maintenance & Reliability Best Practices, Industrial Press, Inc New York, N. Y. ,2019.
7. Wortman,Bill,& Dovich,Robert. CRE Primer,Quality Council of Indiana,Terre Haute,IN 2009.

第10章 维修性设计中的安全和人为因素考虑

Jack Dixon

10.1 导 言

在产品、设备和系统的设计中,主动地考虑安全和人为因素对于确保用户维修性非常重要。总体系统性能有效性表明系统性能是设备和用户的功能。一个系统或产品要达到最有效的效果,它必须既安全、又易用。因此,在整个设计和开发过程中尽早考虑用户——人,是非常必要的。

本章分为两节:第一节为安全考虑,第二节为人为因素考虑。虽然这两个主题是分开的,但重要的是读者要理解它们彼此之间以及与成功的维修性设计密切相关。

10.2 维修性设计中的安全

安全必须纳入产品和系统,不仅要使其操作和使用安全,而且要确保其维修时也安全。最好的做法是建立安全机制,而不是要求维修人员把注意力从手头的维修任务上转移到一些不明确的安全措施上。在此除了确保维修人员的安全外,设计者还必须确保维修人员采取的行动能够保护他人和正在维修的设备的安全。

杂志《*EHS Today*》中的这段摘录阐述了维修如何影响人员安全的例子。一家制造厂的燃气烘烤炉意外关闭,一名工作人员被派去重新点火。工作人员面临着压力,必须尽快排除故障并重新点燃烘箱,以减少计划外的停机时间。在几次尝试点燃引火装置后,烘箱内的气体已经积聚。最后一次点火尝试引发了烘箱内的爆炸,造成一名工作人员死亡。这一致命事件……部分归咎于维修。烘箱的一些关键部件没有调整好。阀门失准,没有校准或无法使用。与安全有关的重要设置也不正确。此外,该厂的类似设备曾是以前一些故障的中心,如果被视为警告信号,则可能会导致对安全系统和设备的详细审查。可悲的是,如果有一个精心设计的维修计划,烘箱可能会更安全[1]。

当设计一个产品或系统时,设计师必须考虑维修人员的安全并将人的行为作为设计特征一并考量。这方面好的维修设计将在本章后面的人为因素一节中进行讨论。

10.2.1 安全性及其与维修性的关系

缺乏维修或维修不足会导致出现危险、事故或健康问题。这些可能与车辆、设备、工业机器、设施、飞机、军事资产或任何其他复杂系统的缺乏维修或维修不善有关。维修故障可能导致大规模灾害,对人类和环境造成破坏性后果。

维修是存在风险的。所有行业和所有国家都发生过与维修有关的事故。事故统计的数据抽样,说明了维修的风险和维修相关事故的普遍性:

(1)英国健康和安全执行局报告说,“与维修有关的事故是一个令人严重关切的问题。例如,对近年来数据的分析表明,英国 25% ~30% 的制造业死亡与维修活动有关”[2]。

(2)《约瑟夫·T. 纳尔报告》(Joseph T. Nall Report)是针对通用航空事故的综合研究,该报告发现,与维修相关的事故占 2010 年所有事故的 15%[3]。

(3)“目前的研究表明,在最近的 25 年,维修缺陷导致或促成的事故,占根据 14CFR 第 91 部分规定操作的单发动机活塞飞机事故的 4. 8%”[4]。

(4)“2005—2015 年间,在美国民用直升机事故中,14% ~21% 的事故是由维修和检查缺陷造成的”[5]。

(5)“研究表明,固定和移动机械存在特定的安全挑战——涉及这些机械的严重伤害占美国采矿作业中所有严重事故的 40% 以上。大多数严重的事故都与机器的操作或维修有关”[6]。

(6)“自 Dungeness crab 商业季开始以来,海岸警卫队平均每天应对近一起海上事故。自 1 月 15 日赛季开始以来,该机构已经应对了 28 起事故……”迈克尔·塔潘是波特兰海上安全小组调查部门的负责人。这些事故危及每艘商业渔船上的船员,其他附近船只以及海岸警卫队搜救人员”[7]。

(7)“数据显示,比利时(2005—2006 年)约 20% 的事故与维修操作有关,芬兰约为 18% ~19%,西班牙为 14% ~17%,意大利为 10% ~14%(2003—2006 年)。此外,一些欧洲国家的数据表明,2006 年所有致命事故中约有 10% ~20% 与维修操作有关”[8]。

(8)“在瑞典铁路发生的所有与基础设施相关的事故中,大约有 1/3 与碰撞和脱轨有关”[9]。

在维修活动中,安全是非常重要的,不仅从维修人员的保护角度,从保护被维修的设备方面也是如此。不当的进行维修可能会导致正在维修的特定设备的损坏,可能导致不安全的状况,也可能导致以后在设备使用中发生事故。不当的维修也可能导致更大、更复杂的系统中其他部件的故障,或可能导致整个系统的故障。这种故障可能导致不安全的状况，或者更为严重的事故。

10.2.2　安全设计标准

多年以来，已经制定了多种准则，可供产品和系统设计师使用这些准则来提高维修的安全性。一些通用的指导原则有：

(1)制定设计和维修程序，使维修差错最小化；

(2)通过确保需要维修的部件易于检查、维修和更换，使其可达性更好；

(3)采用有效的故障安全设计，以防止故障造成的损坏或伤害；

(4)消除或减少在靠近运动部件处进行维修的需要；

(5)纳入故障的早期检测或预测，以便在实际故障发生前进行维修，从而降低风险；

(6)开发使维修人员被电击、火灾、辐射等伤害的概率降到最低的设计；

(7)减少危险物质；

(8)在设计产品时考虑人为因素；

(9)消除或减少对特殊工具的需要。

维修活动可能会使维修人员面临诸多特殊的危险。易于维修和安全维修的设备设计必须体现保护人员免受各种危害的特点。一些必须考虑的危险类型包括：

(1)电气危害。

(2)机械危害：

①热表面；

②不稳定。

(3)火灾。

(4)有毒气体和有害物质。

(5)高噪声水平。

在产品和系统的设计过程中，应该考虑处理这些危害的设计标准。下面提供了一些基本设计标准的样本，设计师可以使用这些标准来消除或控制危害至可接受的风险水平。

1)电气危害

在维修过程中存在多种风险。最明显的危险是人员受到电击。此外，对电击的无意识反应也可能导致设备损坏和人员身体伤害，即使电击本身不足以造成伤害或死亡。

电击的影响取决于人体的抵抗力、电流通过人体的途径、电击的持续时间、电流和电压的大小、交流电的频率以及个人的身体状况。损伤最关键的决定因素是通过身体的电流量。除了对神经系统造成明显的烧伤和损伤的风险外，电击还会产生不自主的肌肉反应。所有30V或以上的电气系统都有潜在的触电危险。研究表明，大多数电击死亡是由于接触70～500V的电气系统。表10.1总结了不同水平电流的典型影响。表10.2指出了人员对电气[10]的建议接触限度。

在设备设计中实施适当的防护措施，可以避免电击对人员造成的危险。安全标签、报警、联锁开关、正确接地、防护罩和保护装置是预防人员电击事故发生的主要方法。

表10.1 冲击电流强度及其可能的影响

电流/mA		
交流/60Hz	直流	效应
0～1.0	0～4.0	稍有感觉
1.0～4.0	4.0～15	有些惊讶
4.0～21	15～80	反射动作
21～40	80～160	肌肉抑制
41～100	160～300	呼吸阻塞
超过100	超过300	通常致命

资料来源：MIL－STD－1472G,《国防部设计标准：人体工程》，华盛顿特区：美国国防部，2012年1月11日。

表10.2 所有系统的电流暴露限值[10]

频率/Hz	最大电流/mA （交流＋直流组合）
DC	40
15～2000	8.5
3000	13.5
4000	15
5000	16.5
6000	17.9
7000	19.4
8000	20.9
9000	22.5
>10000	24.3

资料来源：MIL－STD－1472G,《国防部设计标准：人体工程》，华盛顿特区：美国国防部，2012年1月11日。

一些简短的电气安全设计准则有：

（1）应使用安全标签提醒人员注意设备舱内的触电危险。

(2)警报器,如可以用灯、铃、喇叭来警告潜在危险。

(3)当检修门、盖子或设备舱被打开时,可以通过联锁开关自动关闭电源。这些开关通常连接到电源的热线上,当人员进入含有危险电压的外壳时,就断开电路。

(4)所有设备应配备一个主电源开关,通过打开主电源服务连接的所有引线来切断所有到该设备的电源。主电源开关的设计应使其在设备维修时能够锁定,以防止意外的重启或者当主电源开关接通时,其电源舱不能打开。

(5)电容器可以在相对较长的时间内储存致命电荷。在所有包含电容器的电路中都应安装泄压电阻,使电压在3.0s内泄压。

(6)设备应当设计使所有外部部件都处于接地电位。

2)机械危害

设备中也可能存在对维修人员造成伤害的机械危害。这些危险可能包括尖锐的边缘和角落,突出物,旋转或移动部件,热表面和不稳定的设备。针对这些危害的设计考虑包括:

(1)所有的边角都应该使用尽可能大的圆角半径进行圆角处理。设计师应避免出现薄边设计。

(2)设备表面的突起应尽量减少。应尽可能使用平头螺钉。所有暴露的表面应加工光滑,覆盖或添加涂层,以减少皮肤磨损和割伤的风险。对于任何小的突出部件,如拨动开关或旋钮,都应考虑采用嵌入式安装。

(3)可能伤害或缠绕人员的活动部件应提供防护进行覆盖。包括滑轮、皮带、齿轮和刀片。只要没有永久安装防护罩,所有移动和旋转设备都应禁用,不能工作。

(4)应提供足够的通风,以防止部件和材料变得太热而损坏或缩短其使用寿命,并防止它们达到可能危及人员的温度。

(5)应为设备设计最大的稳定性。尤其是便携式设备,如维修架、桌子、长凳、平台和梯子。另一个重要的考虑因素是物品的重心。重心越低,物体就越稳定。重心要清晰标注。

3)火灾危险

火灾危险应尽量减少。设计时的注意事项有:

(1)可能发生火灾的设备应用不可燃材料封闭。

(2)设计的设备在存储或操作过程中不会散发易燃气体。

(3)提供设备过热时,将切断电源的开关。

(4)在有火灾危险的地方提供灭火器。

4)有害气体和有害物质

应尽可能从设备设计中消除有毒气体和有害物质,如果消除不了,应尽量减少和控制。设计指导方针有：

(1)分析所有材料是否适合在设备运行的预期环境中使用。

(2)严格遵循所有有毒物质的最大允许浓度的指导原则。

(3)提供足够的通风以保护人员免受有毒气体的伤害。

(4)确保任何用于处理或控制危险液体的连接器或管道与现有材料无化学反应。

(5)在流体和燃料服务设备上提供自动关闭装置,以防止溢出和泄漏。

5)高噪声水平

高噪声水平会损害人员的听力。高水平的背景噪声也会干扰通信。出于听力保护目的,持续的噪声,如来自机械、车辆、飞机等,无论是在以 dBA 表示的 A 加权声级,或根据等效连续声级(8.0h),通常写为 Leq(8.0h),也可以用分贝表示。尽量减少噪声问题的设计准则有：

(1)设计不产生超过最大允许水平噪声的设备。

(2)任何噪声水平超过 84dBA 的区域都被认为是"高噪声区域"。设计师应考虑将控制、显示器和工作站移出或远离这些区域,通过在独立的、隔声隔离的空间中实施远程监控设备,以减少人员暴露在高噪声中。

(3)应使用警告标志来警告工作人员任何噪声相关问题。

(4)如果噪声水平不能降低到允许水平以下,则要求工作人员使用个人听力保护装置。

(5)在噪声存在但无害,且需要沟通的情况下,工作场所的噪声应降低到允许必要的直接(人与人)或电话沟通的水平。

(6)在建造地板、墙壁、围墙和天花板时,必要时使用高吸声系数的声学材料,以提供所需的声音控制。

使用这些指南和附录 A 中提供的指南有助于设备设计。

虽然使用设计标准、指南和检查表可以帮助设计师解决维修期间的危害,但相对于所提出的危害,更深入的系统分析是可取的。

使用系统安全工程学科开发的技术是设计团队确保设计安全使用和维修的最佳方法。下面几节将介绍这些技术。

10.2.3 系统安全工程概述

系统是一个网络或一组相互依赖的组件和操作过程,它们为了一个共同的目的在一起工作。对于一个系统来说,在满足这一共同目的的同时安全运行非常重要。

MIL－STD－882 将系统安全定义为"在整个系统生命周期的所有阶段,在操作有效性和适用性、时间和成本的约束下,应用工程和管理原则、标准和技术来实现可接受的风险”[11]。更简单地说,系统安全是一门工程学科,旨在防止复杂系统中的危险和事故。系统安全通过应用风险管理方法来实现这一点,风险管理方法集中于风险的识别和分析,以及设计改进、纠正行动和风险缓解的应用。这种基于系统的风险管理方法需要系统管理、系统工程和系统安全工程师的协调努力,这些工程师具有不同的技术技能在危害识别、危害分析以及在整个系统生命周期中消除或减少危害。

10.2.4 风险评估和风险管理

风险评估是系统安全分析的一个重要方面。系统安全要求评估风险并接受或拒绝风险。所有的风险管理都是关于不确定性下的决策。这是一个对风险进行识别、分级、评估、记录、监测和缓解的过程。

风险是用危害的严重程度和危害的概率来表示事故发生的可能性/影响。从设计过程的一开始,我们的目标就是消除危险并将风险降到最低。如果确定的危害不能消除,则必须将其与之相关的风险降低到可接受的水平。

风险是特定结果(或一系列结果)的后果及其发生概率的产物。量化风险最常见的方法是将风险视为某一特定结果(或一系列结果)的后果和其(它们)发生的概率的产物[13]。

该风险项在数学上用以下等式表示:

$$R = C \times P$$

式中:R 为风险优先级;C 为风险导致的后果严重程度;P 为风险发生或发生的概率。

一个不良事件或结果的后果的严重程度必须加以估计。严重性是对潜在事件一旦发生其影响的严重性的评估。发生的概率就是特定原因或故障发生的可能性[13]。

在维修操作中,控制风险的第一步是识别那些可能存在风险的区域。设计师必须力求找出产品或正在分析的操作中可能出现的问题。这可以使用许多工具来完成,如故障模式、影响和危害性分析(FMECA),其中可以识别所有的失效模式,或者可以选择初步危害分析(PHA)来帮助我们确定产品或操作中可能存在的危害。

然后,必须对每一个危险事件进行风险估计,以确定其所带来的风险。完成这项工作需要将不希望发生事件发生的概率与其后果的严重程度相结合。这种严重性和概率的结合就是风险评估代码(RAC)。通常,初始风险评估代码(IRAC)作为最坏情况评估是在早期做出的。随着设计的发展,风险评估代码不断升级以反映最新的风险评估。

在开发项目的最后,建立了最终的风险评估代码(FRAC)。

10.2.4.1 概率

初始用表 10.3 所列的估计发生概率定性陈述进行初始风险估计。

一开始估计发生概率的定性陈述，用于进行最初的风险估计，如表 10.3 所列。

随着设计的进展，以及时间和预算的允许，发生的概率可以被细化，变得更加量化。这可以通过使用可靠性分析技术来估计产品/系统的故障率，或其他专门的分析技术，如故障树分析（FTA）或事件树分析。

表 10.3 危险概率等级

概率水平	定性发生概率	适用于项目
A	频繁	在一件物品的使用过程中经常发生
B	可能	产品的生命周期内会发生几次
C	有时	可能会在产品的生命周期内的某个时候发生
D	极不可能	但在一产品的生命周期中有可能发生
E	不太可能	不太可能，可以假设这种情况不会发生
F	消除	不能发生。当发现并消除潜在危险时，使用此级别

10.2.4.2 后果

通常，评估危险后果的第一步是对危险的严重性进行定性排名，如表 10.4 所列。就像估计发生的概率一样，随着设计的进展，可以使用更多定量技术（如 FMECA 或 FTA）更深入地分析后果的严重性。

表 10.4 危险度等级

严重性	类别	事故定义
灾难性的	1	死亡、系统丢失或严重的环境破坏
严重的	2	永久性部分残疾、受伤或职业病，可能导致至少 3 人住院， 可逆转的重大环境影响
轻微的	3	伤害或职业病导致一个或多个工作日的损失，可逆转的中度环境影响
可忽略的	4	工伤或职业病不会造成工作日的损失，对环境的影响最小

10.2.4.3 风险评估

下一步是对风险进行评估，以确定是否需要采取进一步行动或风险是否可以接受。

意义必须对风险进行评估，以确定其重要性和缓解风险的紧迫性。风险评估代码用于确定是否需要进一步的修复措施。RAC 用于进行此确定，如表 10.5 所列。风险评估代码的确定通常允许将风险分为代表其风险优先级的 5 组——高、严重、中等、低或消除。风险在这些组中的排名决定了是否有必要采取进一步的行动，以及由什么权威机构可以接受和消除风险。然后，可以首先针对最重要的风险采取进一步行动。

表 10.5　风险评估矩阵

发生频率	危害严重度类别			
	灾难性的	严重的	边际的	可忽略的
A－频繁	高	高	严重	中
B－可能	高	高	严重	中
C－有时	高	严重	中	低
D－极不可能	严重	中	中	低
E－不太可能	中	中	中	低
F－消除	消除			

风险可接受性风险评估代码对危害进行分组，确定是否有必要采取进一步的行动，或者危害级别是否可以接受，以及由何种权限可以接受和消除风险（参见表 10.6 风险级别）。

表 10.6　风险等级

风险等级	风险评估代码	原则	决策机构
高	1A,1B,1C,2A,2B	不可接受	管理层
严重	1D,2C,3A,3B	不期望	项目经理
中	1E,2D,2E,3C,3D,3E,4A,4B	可接受	项目经理或安全经理
低	4C,4D,4E	可接受（无须更高级别的审查）	安全团队

成本除了发生的可能性和后果的严重程度之外，往往还需要考虑缓解的成本。预算限制几乎总是存在，在决定减少风险的程度和集中精力处理哪些风险的过程中，必须考虑到这些限制。显然，等级最高的风险最需要关注，最好是完全消除它们，或在它们发生时减少后果。排名较低的风险可能不得不接受。一旦进行了风险评估，就需要通过设计措施来降低意外事件发生的概率和/或通过减少意外事件发生后的后果来降低风险。最好的解决方案就是通过在系统或产品中进行设计来消除风险。然而，这并不总是可行的，所以设计师必须使用优先顺序选择最有效的方法来降低风险。

MIL－STD－882[11]给出了减轻已识别风险的优先顺序：

（1）通过设计选择消除危害。理想情况下，应该通过选择一种完全消除危险的设计或材料来消除危险。

（2）通过设计变更降低风险。如果采用替代的设计更改或材料来消除危险行不通，则应考虑设计更改以降低危险的严重性和或潜在事故发生的概率。

(3)整合工程特征或设备。如果无法通过设计更改来降低风险,则应使用工程特征或设备来降低危险可能造成的事故的严重性或造成事故的概率。一般来说,工程特征能主动中断事故序列,降低事故的风险。

(4)提供警告装置。如果工程特征和设备不可行或不能充分降低由危险引起的潜在事故的严重性或概率,包括检测和警告系统以提醒人员存在危险情况或发生危险事件。

(5)引入标识、程序、培训和个人防护装备(PPE)。如果设计方案、设计变更、工程特征和设备不可行,且警告设备不能充分减轻由危险引起的潜在事故的严重性或概率,则应引入标识、程序、培训和PPE。标识包括标语牌、标签、标志和其他视觉图形。程序和培训应包括适当的警告和注意事项。

程序可能规定使用个人防护装备。对于被指定为灾难性或重大事故严重程度类别的危险,应避免仅使用标识、程序、培训和个人防护装备作为唯一的降低风险的方法。

减少危害的优先级如图10.1所示。

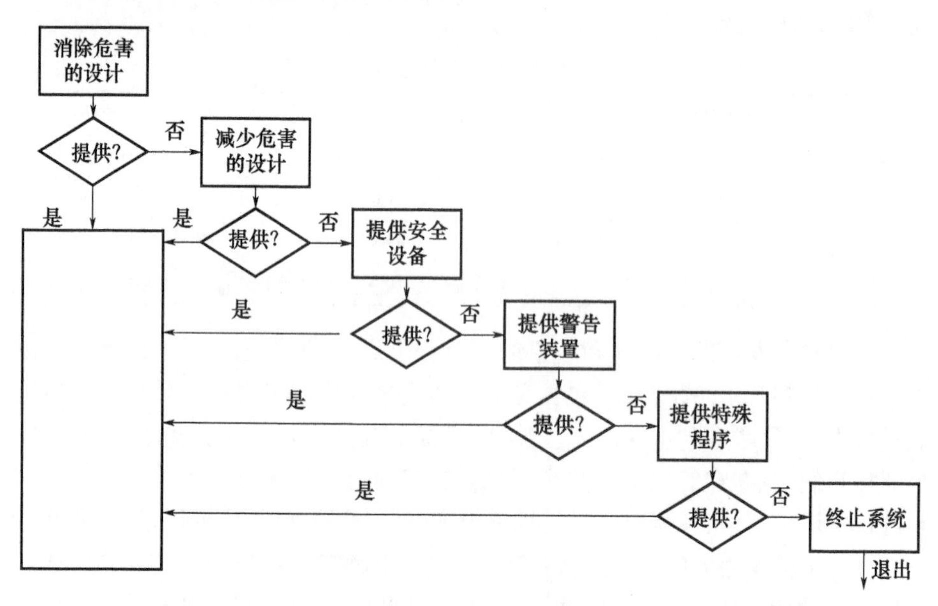

图10.1 降低危险优先级[14]

(资料来源:NM 87117-5670(2000)《空军系统安全手册》,Kirtland空军安全局)

10.2.5 系统安全分析

系统安全分析是一种评估产品或系统相关风险的方法。这种方法可以简单地概括为确定以下几个问题:

(1)会出什么问题?

(2)如果发生了会有什么后果?

(3)它发生的可能性有多大?

(4)可以做些什么来消除或减少风险?

安全分析的目的是识别与产品或操作相关的危害,并评估这些危害可能带来的风险。目标是消除或控制风险到可接受的水平。开发一个安全的系统、过程或操作可能需要(进行)不同类型的系统安全分析(方法)。

当前有许多类型的系统安全分析(方法)。在系统安全项目计划(SSPP)中,应该描述风险管理的方法和为特定开发项目所计划的各种分析,并且在开发过程中,这些分析应该安排在适当的时间进行。

目前有许多安全分析技术可选。表10.7列出了最常见的安全分析类型的抽样以及每种类型的简要说明。

表10.7 常见类型的系统安全分析

分析方法	描述
风险管理	设计风险是产品设计中固有的风险。风险管理试图通过降低发生事故的概率,以及在事故确实发生时降低事故的后果来控制产品设计中的风险。风险管理的目的是将风险降低到可接受的水平。可接受的风险水平取决于许多因素,包括危险的类型、用户的风险承受能力以及所涉及的特定行业。接受风险最终归结为成本效益分析。在一个严格监管的行业,一个独立的机构能决定是否接受风险
初步危险清单(PHL)	PHL是在系统开发早期识别的潜在危害的汇编,并提供了对危害的初步评估。它有助于识别可能需要特别安全强调的危险和可能需要更深入分析的领域
初步危险分析(PHA)	PHA通常是PHL的扩展。它改进了PHL中的危害分析,并确定了随着系统设计的开发和更多设计细节的出现可能出现的任何新的危害。它是在开发的早期阶段进行的。PHA确定与初步设计概念相关的因果因素、后果和风险。还提出了危害控制的建议。PHA有助于在系统开发早期对安全设计产生积极影响
子系统危险分析(SSHA)	随着开发的进行,SSHA提供了比PHA更详细的分析。SSHA仅检查一个特定的子系统,来识别该子系统中的危害,并提供每个子系统的详细分析,以确定子系统对自身、相关或附近的设备或人员造成的危害
系统危险分析(SHA)	SHA是一种详细的分析,它关注于系统级别的危害,并有助于开发整个系统的风险。它主要关注内部和外部接口。SHA评估与系统集成相关的危害,包括评估子系统接口上的所有危害。可以将SHA视为SSHA的扩展,因为它包括所有子系统及其接口的分析,但不包括SSHA中识别的所有子系统危害
操作和支持危险分析(O&SHA)	O&SHA用于识别系统运行、支持和维修过程中可能发生的危害。它在开发过程中尽早地开始,但它要求设计基本完成,操作和维修程序必须可用
健康危险分析(HHA)	HHA用于识别正在开发的系统对人类健康的危害。它也被用来评估任何有害物质的使用和使用有害物质的过程。它通常提出消除或控制健康危害所带来的风险的措施。HHA描述了操作环境,包括设备将如何使用和维修,以及在何种环境下使用和维修

续表

分析方法	描述
故障模式、影响和危害性分析(FMECA)	FMECA 用于识别在正常或最坏情况下系统运行期间可能发生的潜在危险,包括定量临界分析。最坏情况下的系统操作可能是在恶劣的环境条件下或在高峰使用场景期间的高应力负载期间执行的系统任务。FMECA 用于识别可能由退化、疲劳累积或物理磨损机制引起的故障症状导致的潜在危险。除了故障症状外,FMECA 还用于记录和研究故障模式、故障原因和故障影响。FMECA 包括定量临界分析,允许评估由故障引起的潜在危害的严重性,以便客观地对后续研究的危害优先级进行排序。第 14 章详细讨论了 FMECA
故障树分析(FTA)	FTA 使用符号逻辑以树的形式创建图形表示,表示可能导致正在分析的不良事件的故障、故障和错误的组合。FTA 是一种演绎(自上而下)分析技术,专注于特定的不良事件,并用于确定导致其发生的根本原因。该过程从识别不良事件(顶级事件)开始,然后通过系统反向工作以确定将导致顶级事件的组件故障组合

虽然这只是一些较为常用(安全)分析的列表,但(实际上)还有更多。涵盖所有这些技术超出了本书的范围(本书未能涵盖所有的分析技术),读者可以参考安全性设计(Design for Safety)[13]来深入讨论这些技术和其他技术。

危险分析是安全系统开发的基石。安全设计要求消除或减轻所有危险。因此,消除危险的第一步,也是最重要的一步是识别所有的危险。一旦识别了危险,就可以对其进行评估,然后消除或控制到可接受的水平。危险的评估包括确定其(产生)的原因和后果。危险分析还用于确定危险所带来的风险,这反过来提供了一种对危险进行优先排序的方法。然后,这些信息在分析中使用来帮助确定设计选项,以消除或降低发生事故或意外的风险[13]。

与维修性相关的最重要和最有用的安全分析技术一般包括危险分析。更具体地说,是操作和支持危险分析(O&SHA)。

10.2.5.1 操作和支持危险分析

O&SHA 用于识别在包括维修在内的各种系统运行模式中可能发生的危害。O&SHA 应该在开发过程中尽早启动,以便尽早修复问题。然而,由于系统设计需要基本完成,至少在草案中,操作和维修程序必须可用。O&SHA 通常在设计阶段的后期或生产阶段的早期启动。

O&SHA 的目的是识别和评估与系统运行、支持和维修相关的危害。它的重点是程序、培训、人为因素和人机界面。O&SHA 还将确定可能需要的提醒和警告。

实施 O&SHA 的过程需要使用设计、操作和支持程序信息来识别与所有操作模式相关的危险。通过对系统运行、维修和支持期间要执行的每个详细程序的彻底分析,可以识别危险。与危险相关的检查清单也可以用来刺激危险的识别(见附录 A)。

在进行操作和支持危险分析时,应考虑以下事项:

(1)系统的设施/安装接口;
(2)操作和支持环境;
(3)工具或其他设备;
(4)保障/测试设备;
(5)操作程序;
(6)维修程序;
(7)人为因素和人为差错;
(8)人员要求;
(9)工作量;
(10)测试;
(11)安装;
(12)维修程序;
(13)培训;
(14)包装、搬运、存储和运输(PHS&T);
(15)处置;
(16)紧急操作;
(17)个人防护设备(PPE);
(18)生产、运行和维修中使用的化学品和危险物质。

大多数类型的危险分析使用某种类型的工作表来帮助组织分析。对于O&SHA来说,重点是操作中涉及的任务、系统维修和保障。O&SHA的典型工作表如图10.2所示。

		操作和支持危险分析									
		系统:__________ 填表人:__________ 日期:__________									
标识符	任务	操作模式	危险	原因	后果	IRAC	风险	建议措施	FRAC	注释	状态

图10.2 运行和支持危险分析格式[13]

(资料来源:Gullo,l. j. 和 Dixon,J. Design for Safety,John Wiley & Sons,Inc.,Hoboken,NJ,2018。转载经约翰·威利父子John Wiley & Sons公司许可)

各列的描述

标题信息:不言自明。程序需要或要求的任何其他通用信息都可以包括在内。

标识符:这可以是一个简单的数字(如1、2、3……,因为列出了危害),也可以是系统中某个特定子系统或硬件的标识符,用一系列的数字来标识多个危害(如电机1、电机2等)。

任务:该列用于标识正在评估的任务。

操作模式:描述发生危险时系统所处的模式(如操作、培训、维修等)。

危险:这是已确定的特定潜在危害。

原因:该列标识了可能导致危险存在的条件、事件或故障,以及可能导致灾难的事件。

后果:这是对可能导致的灾难的简短描述。潜在危险(死亡、伤害、破坏、环境破坏等)造成的影响是什么? 这通常是最坏的结果。

IRAC:这是对风险的初步定性评估。

风险:鉴于没有采用任何缓解技术,这是对所确定危险的风险的定性衡量。

建议措施:提供建议的预防措施,以消除或减轻已确定的危害。减少危害的方法应遵循本章前面提供的优先顺序。

FRAC:鉴于"建议行动"中确定的缓解技术和安全要求适用于风险,这是对风险的最终定性评估。

注释:这一栏应该包括所做的任何假设、建议的控制、需求、适用的标准、所需的行动等。

状态:说明危害的当前状态(打开、监控、关闭)。

虽然O&SHA关注的是操作和程序上的危害,包括维修,但是如果在一个大的系统中有许多需要分析的任务,那么分析就会变得相当乏味。

10.2.5.2 健康危害分析

另一种对维修性很重要的系统安全分析技术是健康危害分析(HHA)。HHA用于评估系统以识别危害并提出消除或控制这些危害对人类健康造成风险的方法。它还可用于评估任何使用危险材料和使用危险材料的过程。HHA描述了操作环境,包括如何以及在什么环境中使用和维修设备。

与其他分析方法一样,HHA使用健康危害的设计和操作信息和知识来识别正在开发的系统所涉及的危害。对该系统进行评估,以识别与人体健康相关的潜在危害来源。然后必须对危险源的大小和所涉及的暴露等级进行评估。对风险进行评估,并建议实施的缓解措施。其他分析,如初步危害清单(PHL),初步危害分析(PHA)和O&SHA可以是HHA的信息来源。与健康危害相关的检查清单也可用于促进健康危害的识别(见附录A)。HHA可用于帮助确定是否需要个人防护装备。

健康危害因素包括:

(1)噪声;

(2)化学品;

(3)辐射(电离和非电离);

(4)有害物质,包括致癌物;

(5)冲击和振动;

(6)热和冷;

(7)人机接口(界面);

(8)极端环境;

(9)操作人员或维修人员的压力;

(10)生物危害(如细菌、病毒、真菌和霉菌);

(11)人体工程学危害(如提升、认知需求、长时间活动等)。

与用于 O&SHA 的工作表类似的工作表也可以用于 HHA。实际上,这两种技术相似,只是 O&SHA 关注的是运行和维修期间执行的任务,而 HHA 则完全关注对人类健康的危害。工作表如图 10.3 所示。

		健康危险分析									
		系统:__________ 填表人:__________ 日期:__________									
标识符	任务	危害类型	危险	原因	后果	IRAC	风险	建议措施	FRAC	注释	状态

图 10.3　健康危害分析格式[13]

(资料来源:Gullo,l. j. 和 Dixon,J. ,Design for Safety,John Wiley & Sons,Inc. ,Hoboken,NJ,2018。转载经约翰·威利父子公司许可)

各列的描述

标题信息:不言自明。程序所需的任何其他通用信息都可以包括在内。

标识符:这可以是一个简单的数字(如 1、2、3……,因为危险被列出),也可以是一个标识符,用一系列的数字来标识系统中的一个特定子系统或硬件,因为这个特定的项目可以标识多个危险(如电机 1、电机 2 等)。

任务:该列用于标识正在评估的任务。

危险类型:这一栏显示所涉健康问题的类型(如噪声、化学品、辐射)。

危险:这是已确定的特定的潜在健康危害。

原因:该列标识了可能导致危害存在的条件、事件或故障,以及可能导致灾难的事件。

后果:这是对可能造成的事故的简单描述,由潜在危险(如死亡、伤害、环境破坏等)造成的影响。这通常是最坏的结果。

IRAC:这是对风险的初步定性评估。

风险:假定没有采用任何缓解技术,这是对所确定危险的定性衡量。

建议措施:提供建议的预防措施,以消除或减轻已确定的危害。减少危害的方法应遵循本章前面提供的优先顺序。

FRAC:鉴于"建议行动"中确定的缓解方法和安全要求适用于风险,这是对风险的最终定性评估。

注释:这一栏应该包括所做的任何假设、建议的控制、需求、适用的标准、所需的行动等。

状态:说明危害的当前状态(开放、监控、关闭)。

虽然矩阵方法可以对系统提出的健康危害进行彻底的分析和鉴定,但往往需要对特定危害进行更详细的评估。这些评估通常由医务人员或卫生人员进行,并编写详细的报告。

10.3 维修性设计中的人为因素

国际人体工程学协会将人类因素(或人体工程学)定义为"……一门涉及理解人类和系统其他元素之间相互作用的科学学科,以及应用理论、原则、数据和方法进行设计,以优化人类福祉和整体系统性能的专业"[15]。

人因工程(HFE)专注于为人设计产品。HFE 试图在产品设计和人的身体能力,他们的优势和弱点、心理能力,以及他们工作的环境之间取得平衡。良好的以用户为中心的设计的目标是认识到人的局限性,最小化对他们的负面影响,不强迫他们适应产品,而是让产品适应用户。

与前一节中描述的系统安全工程功能一样,人因工程是系统工程设计过程中另一个重要的考虑因素。在设计产品/系统时,除了考虑与操作相关的人类用户外,产品/系统设计师在做出有关维修性的决策时应该始终考虑人的因素。

10.3.1 人因工程及其与维修性的关系

在维修活动中,维修人员做什么以及他们如何进行维修非常重要,不仅从效能和成本效益的角度,对维修的设备和维修人员的保护也很重要。不当地执行维修任务可能会导致正在维修的特定设备的损坏,或者可能导致不安全的状况,可能在维修活动期间或之后的设备使用时造成事故。由于人为因素设计不当而导致的维修不当也可能导致更大、更复杂的系统中的其他项目发生故障，或者可能导致整个系统发生故障。

模式 5：将人视为维修者

除了最明显的人为因素（如物理限制和功能）之外，在产品/系统设计期间还应该考虑几个额外的人为因素。这些考虑可能包括以下一些因素。

解决问题的技能和心理运动技能是必需的。维修所需要的技能不同于生产和销售。有时在困难的环境中，能够高效地进行维修，是维修人员应具备的一种重要的人文素质。同样重要的是他们解决问题的能力，因为维修可能是一项非常复杂的任务，可能出现意料之外和不熟悉的故障。

以岗位为导向的培训是培养有效维修人员的重要前提。适当的岗前教育为个人建功维修事业提供了强有力的教育背景。个人的通识教育和工作中的任务培训之间是强相关的。当然，选择合适的人很重要，但是开发好的维修培训材料也很重要。产品/系统设计团队必须开发有效的维修培训材料，以确保有效的维修。在新产品开发过程中，一个目标是设计产品，使其培训需求最小化。在开发过程中，由于缺乏对设计的有效人为因素影响，可能会使培训材料的开发更为困难，维修人员的实际培训面临挑战。

人的可靠性是与人相关的另一个关键设计考虑因素。俗话说："人非圣贤，孰能无过。"所以在系统开发过程中考虑人的可靠性是必要的。

如果系统涉及危险部件或危险操作，则更要注意人为的可靠性和人为差错。设计者必须考虑任何维修工作的可靠性。

10.3.2　人的系统集成

所有好的系统工程设计以及好的人因工程实践的目标都是降低整个开发周期的风险，这是通过包括所有相关学科来完成的。然而，在过去，与人的系统集成相关的风险往往会被忽视。在开发过程中，由于实施问题或成本超支，许多工程风险会在不同的时间被发现。但是，与人系统集成相关的风险通常只有在产品/系统交付给客户之后才会被注意到。这些问题可能会导致客户的不满和退货，因为使用和维修太困难或效率低下，更糟的是，它们可能会导致使用产品的人为差错，而这可能会导致灾难性后果的事故。

这些操作风险可以追溯到在设计过程的早期阶段未能正确地集成人的需求、功能和限制。与所有降低风险的努力一样，人的系统集成领域中的风险降低必须尽早开始，并在产品或系统的整个开发过程中持续进行。这将确保基于人为因素的需求被纳入设计中。这将产生一个较高的信心,即产品将被客户接受,好用、可维修且用起来安全。

模式8:理解维修需求

正如本书前面所强调的,设计成功的关键在于需求的开发。涉及人为因素的需求与其他需求同样重要。在产品或系统开发的最早阶段,彻底、完整地指定人为因素需求的工作将在后期获得巨大回报,从而产生可用、可维修和安全使用的产品/系统。随着开发的进展,在人的系统集成领域中降低风险的其他方法包括使用任务分析来细化需求,并进行权衡研究、原型设计、模拟和用户评估[13]。

10.3.3 人因设计准则

有许多通用的指导方针已经被开发出来,来帮助产品/系统设计师改善与维修相关的人—机集成。这些一般准则包括:

(1)简化维修功能;

(2)制定设计和维修程序,使维修操作中人为差错最小化;

(3)安排和定位部件,提供对那些需要最频繁维修的部件的快速访问;

(4)设计便于所有系统、设备的访问;

(5)设计设备以最大限度地降低维修人员的技能和培训要求;

(6)开发设计以最大限度地降低维修人员接触危险或受伤的概率;

(7)在设计产品时考虑人的行为。

维修活动需要时间,而时间就是金钱,因此,通过在设计中融入好的人因工程,可以将成本降至最低,同时使维修人员的工作尽可能简单、容易和有效。

在所有产品/系统的设计过程中,应该考虑处理人的能力和限制的设计标准。为了确保良好的维修性设计,必须考虑的几个主要设计标准类别包括:

(1)可达性;

(2)模块化;

(3)标准化;

(4)控制和显示器;

(5)工具、测试设备和测试点;

(6)搬运。

下面提供了一些基本设计标准的示例,设计师可以使用这些标准来改进维修工作。

可达性是确保产品/系统有效维修的关键标准。所有需要例行检查的部件应放置在方便的地方。同样,对于那些预计经常发生故障或需要定期维修的组件,应该以使维修人员能够轻松访问的方式进行定位,并且不会为了访问而需要去除其他组件。所有的连接,包括电气、机械、液压或气动连接,都应该是快速连接/断开类型,并且应当易于访问。任何可达的面板都应当能以最省力的方式拆卸。

模块化易于维修。标准化接口有助于最大限度实现模块化。在系统中使用模块化方法可以快速更换任何故障或有缺陷的模块,而无需或只需很少的重新调整。

标准化之于连接器、紧固件、工具和测试设备,有助于简化其设计和维修需求。设计师应该考虑标准化使用尽可能多的部件,甚至细化到连接用的螺母和螺栓。虽然设计师是有创造力的群体,但他们应该抵制偏离简单和标准部件的诱惑。

控件和显示器的设计应当便于人机交互。高效地安排维修工作场所、设备、控制和显示器非常重要。

选择的控件类型及其位置应确保用户和/或维修人员处于适当的位置,以便他们可以看得见、摸得到、能操作、移除和更换。控件的分组应该遵循任务驱动序列的方式来完成,或者如果需要一起操作,可以将它们与相关的显示组合在一起。在整个系统或类似设备中,功能相似或相同的控制装置应在各个面板之间保持一致。仅用于维修和调整的控制器应在正常设备运行期间被遮盖,但在需要维修时容易可达和可见。控制器之间或控制器与任何相邻障碍物之间的适当间距应使维修人员能够徒手或戴手套正确操作控制器,或根据系统要求使用其他防护设备。

对于所有设备和系统的通用功能,控制、显示、标记、编码、标签和布置方案(如设备和面板布局)应该是统一的。控件显示的复杂性和精度不应超过用户辨别细节或操作控件的能力。必须考虑手工的灵巧性、协调性和反应时间以及预期人的表现的动态条件和环境。应为视觉视频显示器提供可调节的照明,包括必须能在环境昏暗条件下读取显示器、控件、标签和任何关键标记。当使用多个显示和多种显示格式时,考虑显示共性很重要。在多个显示器上使用的符号应该在所有显示器中一致,文本或读出的字段应该在所有显示器的标准位置。如果维修人员需要使用许多控件和显示器,则应定位和布置这些控件,以帮助识别与每个显示器相关联的控件、受每个控件影响的设备部件以及每个显示器所描述的设备部件。

工具、测试设备和测试点需要特殊的设计考虑。设备的设计应尽量减少维修所需工具的数量、类型和复杂性。如果可能,设计师应该对设备进行设计,使其只需要那些通常在维修技术员工具包中找到的工具。设备的设计应通过其全方位运动来有效地使用工具。尽量减少特殊工具的使用,以及所需工具的种类和尺寸数量。专用工具只有当通用手工工具不能完成工作时才需要。每个产品/系统都应附上所有维修任务所需的所有工具的列表。所选择的工具应当使用起来安全,并且符合人体工程学设计,使其使用时受伤和部件损坏的风险最小。

应提供足够的空间,以便使用任何所需的测试设备和其他工具,而不会给维修人员带来困难或额外的危险。应为测试设备和便携式测试设备提供足够的存储空间,以存放操作所需的导线、探头、备件和手册。维修人员应可获得操作测试设备的说明和手册。校准测试设备应尽可能简单。测试设备的设计应符合条件要求。

在维修期间,测试点应易可达和可见。测试和服务点应根据使用频率和持续时间进行设计和定位。用于调整的测试点应足够靠近进行调整所需的控件和显示器。测试点应清楚地贴上标签,标签应在维修说明中加以标识。测试点的位置应方便可达;它们应位于设备完全组装和安装后容易触及的表面或检修面板后面。测试点应配备防护装置和护罩,以保护人员;如果设备要在运行时需要对其进行测试,那么这一点就更为重要了。

搬运设备会给维修人员带来风险,在设计设备时应予以考虑。人员的搬运限制涉及考虑相关人员的数量,对人员用一只手或双手举起的要求,设备必须提升到的高度,设备必须携带的距离,重量在其中的分布要举起和/或携带的物品,以及所需举起的频率。分析搬运要求的最佳文献来源之一是标准 MIL - STD - 1472[10]。

使用这些指南和附录 A 中提供的指南有助于设备设计。

10.3.4 人为因素工程分析

几乎任何用于系统分析的技术都可以应用于解决人的因素。此外,设计师还可以选择许多针对人为因素的分析技术。前面描述的许多系统安全分析技术都包含人为因素。同样,许多人为因素分析(HFA)技术也考虑安全性。

人为因素分析的目的是在系统分析中纳入人为因素(如人在回路、人机集成),以开发可靠、可用、可维修和安全的产品/系统。在开发过程中的不同时间,出于不同的原因,进行了多种人为因素分析。

随着产品和系统变得越来越复杂,基于如何根据人的直觉进行“有根据的猜测”的旧方法或完全忽略人的考虑必须被系统分析技术取代,以更好地匹配人和机器。尽管对所有人为因素分析进行详细说明不在本书的范围,但表 10.8 中给出了可用的分析示例[13]。

表 10.8 人因分析工具[13]

技术	目的	描述	成本/难度	利	弊
原型设计	解决设计和布局问题	用户版本模型	早做价廉；随着设计的进展，成本更高	在投入时间和资金进行详细开发之前，快速展示可能的设计	对于复杂系统，或者每次产品/系统更改时都必须更新原型，那么成本可能会很高
改进的性能研究集成工具(IMPRINT)(参考“采集中的MANPRINT：手册”[6])	IMPRINT 适合用作系统设计和获取工具以及研究工具。IMPRINT 可用于帮助设置现实的系统要求；确定系统设计中用户驱动的约束；评估可用人力和人员在环境压力下有效运行和维护系统的能力。IMPRINT 结合了任务分析、工作负载建模、绩效调整和降级功能以及压力因素、人员预测模型和嵌入式人员特征数据	IMPRINT 由美国陆军研究实验室人类研究和工程局开发，是一种随机网络建模工具，旨在帮助评估整个系统生命周期中士兵和系统性能的相互作用，从概念和设计到现场测试和系统升级。IMPRINT 是 Windows 继硬件 vs. Manpower Ⅲ(HARDMAN Ⅲ)套件之后集成的 9 种独立工具	这相当耗时。需要培训。输入是广泛的	生成人力估算，并可用于估算生命周期成本。生成多种类型的报告	耗时且需要大量数据
任务分析	分析完成作业必须执行的任务和任务流	作业/任务被分解为执行作业/任务所需的越来越详细的操作。包括其他数据，如时间、顺序、技能等。该分析与其他 HFE 分析结合使用，如功能分配、工作量分析、培训需求分析等	适中，但对于大型复杂系统会变得昂贵	相对容易学习和执行	任务分析最初是为工厂流水线工作开发的，这些工作相对简单、重复和体力强，易于定义和量化。应用于复杂或高度基于决策的任务要困难得多

续表

技术	目的	描述	成本/难度	利	弊
人因可靠性分析(HRA)	用于获得产品/系统可靠性的准确评估,包括人为差错的贡献	考虑影响人执行各种功能的因素。它可能包括操作员、维修人员等。使用任务分析框架进行分析。首先,必须确定要执行的相关任务。接下来,将每个任务分解为子任务,确定与产品/系统的交互,并确定每个任务、子任务或操作出现错误的可能性。对所识别的人的行为的影响进行评估。下一步是使用历史数据对分析进行量化,以评估所采取的各种行动的成功或失败概率。此外,还考虑了任何影响绩效的因素,如培训、压力、环境等。这些因素可能会对人为差错率产生影响,人为差错率可以是正的,也可以是负的,但通常是负的。这些可能包括:热、噪声、压力、分心、振动、动机、疲劳、无聊等	在大型系统上昂贵且耗时	全面分析人为差错和人机交互	需要多学科的广泛培训和经验
工作安全分析	用于评估执行任务的各种方式,以便选择最有效和最安全的方式	对每个作业或过程逐元素进行分析,以识别与每个元素相关的危险。这通常由工人、主管和安全工程师组成的团队完成。识别预期危险,并创建矩阵以分析解决每个危险的控制措施	对于简单工作容易;复杂工作则会更难	适合结构化工作	若工作中有很多变化,就会很困难

续表

技术	目的	描述	成本/难度	利	弊
人因差错率预测技术(THERP)	用于提供过程中人类操作员差错的定量度量	THERP最初是在20世纪60年代开发的,用于核工业的概率风险评估。这是一种定量估计程序差错导致事故概率的方法。该方法包括定义任务、将任务分解为多个步骤、识别差错、估计每个步骤的成功/失败概率,以及计算每个任务的概率	对于具有大量任务的流程来说,成本可能会很高	可能会非常彻底	获得好的概率数据
链接分析	用于评估人和/或机器之间的信息传输。它注重效率,用于优化工作空间布局和人机界面	在系统的任何元素之间标识链接。每个链接的使用频率是确定的。然后确定每个链接的重要性。链接值是根据频率、时间和重要性计算的。然后排列系统元素,使最高价值的链接具有最短的长度	中等的	可以加强操作和培训。可以识别安全关键区域	在大型系统上可能难处理

资料来源:Gullo,L.J.和Dixon,J.,安全设计,John Wiley&Sons,Inc.,Hoboken,NJ,2018。经John Wiley&Sons许可复制。

在表10.8列出的技术中,与维修性相关的最有用的人为因素分析技术可能就是任务分析和工作安全分析。不过,该列表仅包含一些较为常用的人为因素相关分析,实际上还有更多。涵盖所有这些分析技术超出了本书的范围,读者可以在Raheja、Allocco[16]和Booher[17]的书中找到关于这些分析技术和许多其他技术更为详细的叙述。

10.3.5　维修性人体测量分析

虽然许多分析是有用的,但对于设计者来说,最重要的技术之一可能是维修性人体测量分析(MAA)。MAA技术有助于将人员与设备和手头的任务相匹配。这有助于确保维修人员能够高效、安全地执行所需的维修。为了实现这些目标,设计师/分析师必须熟悉人的能力和限制。

人体测量学是对人的测量、力量和运动范围的研究。这些参数是为维修性设计产品/系统时重要的考虑因素。设计的设备最终必须由人操作和维修,因此必须适应各种尺寸、形状、能力和限制的操作人员和维修人员。人体因测量数据来源众多,通常在上百分位和下百分位之间呈现。

最佳的设计能始终够适应所有人群,包括男性和女性的5% ~95%。有时,用户群是第5% ~95%男性和女性的较小子集;这一情况通常发生在产品仅计划面向人们中的某一较小群体时。

与好的维修性设计相关的一些最重要人因测量数据包括:

- 基本人体尺寸
  - ○身高
  - ○眼高
  - ○臂展
  - ○手长
  - ○力量
- 身体灵活性
- 灵巧度
- 视野

人体测量数据来源众多,但最广泛使用的可能是与国防相关的文件,因为军方多年来一直在努力记录人体尺寸和能力。表10.9列出了这些数据的一些较常见来源。

表10.9 人体测量数据来源

文件	来源	范围	网址
MIL - STD - 1472,人体工程学	美国国防部	良好的男性和女性总体覆盖率,包括一些特殊的子群体(如飞行员)和设备设计指南	https://quicksearch.dla.mil/qsDocDetails.aspx?ident_number=36903
MIL - HDBK - 759,人体工程学设计指南手册	美国国防部	本手册是对MIL - STD - 1472的补充。本手册提供了人体测量和设备设计指南的更多详细内容	https://quicksearch.dla.mil/qsDocDetails.aspx?ident_number=54086
NASA - STD - 3000,人与系统集成标准 NASA - STD - 3001 太空飞行人体系统标准第1卷(机组人员健康)和第2卷(人为因素、宜居性和环境健康)	美国国家航空航天局(NASA)	男性和女性人口以及与太空旅行相关的附加信息	https://msis.jsc.nasa.gov

续表

文件	来源	范围	网址
HF-STD-001B	美国联邦航空管理局（FAA）	与FAA系统、设施和设备的采购、设计、开发和测试相关的人为因素实践和原则汇编，包括人体测量	https://hf.tc.faa.gov/hfds
调整	民用美国和欧洲地面人因测量资源项目（CAESAR）	美国和欧洲18～65岁不同体重男女的人体尺寸数据库	http://store.sae.org/caesar
调整	疾病控制和预防中心	众多群体和子集的抽样： ●消防员手部人体测量和结构手套尺寸 ●美国卡车司机的人体测量研究 ●美国平民工人的头部和面部形状变化 ●拖拉机驾驶室和防护架设计的人体测量标准 ●拉美裔职业群体之间的人体学差异	https://www.cdc.gov/niosh/topics/anthropometry/pubs.html

设计师必须首先确定所涉及的用户群体，然后考虑操作人员和维修人员的能力和限制。MAA将有助于确定设计要求，以确定设备的布置，从而使维修人员能够获得完成所需维修的权限，有足够的空间执行维修任务，并有能力和敏捷地完成任务。分析还将有助于确定设计中可能妨碍维修任务执行的缺陷。

MMA工作应当在开发过程的早期开始。在设计细节可能很少的概念开发阶段，人体测量数据的早期应用，将有助于确保设计成熟后的成功。这种早期分析可保证足够可达性、便于维修的有效部件布置，以及及时制定执行维修任务的程序的最可行的设计。早期考虑人体测量约束的好处有：更高效、维修更具成本效益、增强保障性、改进安全性和减少设计变更。在整个开发阶段，持续关注人的能力和局限性对于设计一个成功地由用户群体操作和维修的最终产品而言至关重要。

MAA用于将用户群体人体测量数据与工作空间和设备配置进行比较。在设计设备时，一些重要的考虑因素包括人员的力量强度、活动范围、照明要求、重要信息的正确显示、沟通能力、人员的工作环境以及涉及的危险。

在开发过程中，工程图纸不断演变，设计师/分析员使用工程图纸评估设备与用户的兼容性。有时，可以通过测量设备并将这些尺寸与人体测量数据比较来进行分析。例如,可以根据必须观察的信息显示的建议位置来直接评估相关人群的眼睛高度范围(图 10.4)。在其他时候,分析可能需要更复杂的人体模型。

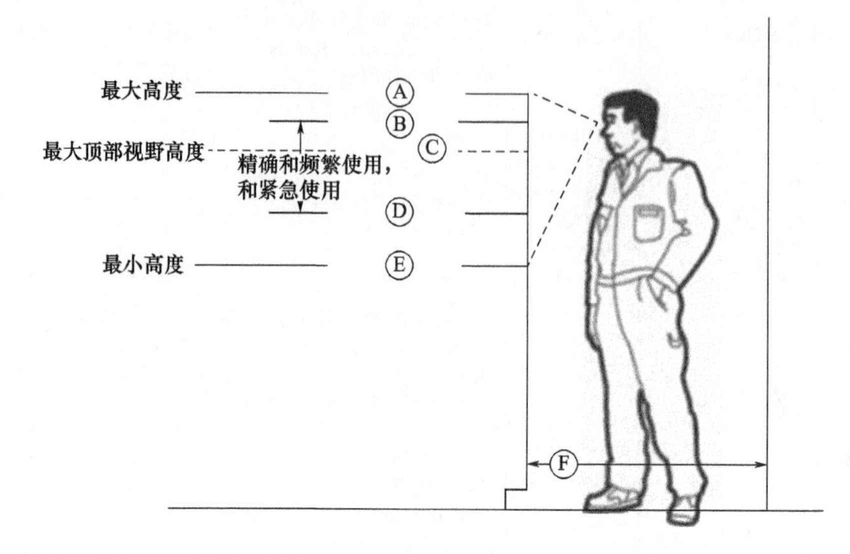

尺寸	值
最大高度(A)	177.8cm(70in)
首选最大高度[1](B)	165.1cm(65in)
最大观望高度[1](C)	150.1cm(59in)
首选最低高度[1](D)	139.7cm(55in)
最小高度(E)	104cm(41in)
首选最小深度(F)	104cm(41in)
最小深度(F)	94cm(37in)
注意事项(1)首选尺寸适用于需要精确、频繁或紧急使用的控制装置	

图 10.4 显示安装高度[10]

(资料来源:MIL - STD - 1472G,国防部设计标准:人体工程学,华盛顿特区:美国国防部,2012 年 1 月 11 日)

有许多方法可以确定设计是否适合人们使用。不同的技术可用于设备开发周期中的不同情况和/或不同时间。

在设计的早期,通常可以使用简单的比较和计算,如上面关于眼睛高度的示例。后来,随着图纸绘制的进行,可以使用二维人体模型来“适应”空间中的人。当然,如果设备或工作空间的原型可用,则可以使用三维人体模型或真实的人。这些全尺寸原型可用于模拟维修活动,使用人来说明用户群体,以检查人机的界面和交互。今天,当大多数设计工作是使用计算机辅助设计(CAD)应用程序完成时,可以使用与 CAD 程序集成的人体模型,并允许设计师/分析师根据各种用户群体模型评估设计。虽然作者没有对任何特定产品背书,但为了方便读者,表 10.10 中给出了这些人体模型附加组件的一些示例。

表 10.10 人体模型程序

人体模型程序	使用	公司	网站
3D human model	设计师用于优化物理人机交互。这些模型可以在 3D CAD 环境中使用	SLIMDESIGN Veemkade 3361019HD msterdamThe Netherlands	http://www.3dhumanmodel.com
Manne Quin PRO	人体模型是一系列人体建模程序	NexGen Ergonomics Inc. 6600 Trans Canada Highway Suite 750 Pointe Claire, Quebec H9R4S2 Canada	http://mannequinpro.software.informer.com/10.2
Human CAD®	在三维环境中创建数字人,其中可以执行各种人体工程学和人为因素分析。通过确定不同体型的人可以看到、够到或举起的东西,帮助用户在产品和工作场所设计	NexGen Ergonomics Inc. 6600 Trans Canada Highway Suite 750 Pointe Claire, Quebec H9R4S2Canada	http://www.nexgenergo.com/ergonomics/humancad.html
Tecnomatix Jack	将人为因素和人体工程学无缝集成到产品生命周期的规划、设计和验证阶段之中。Jack 使设计人员能够确定人体模型的大小,以匹配工人群体,并测试受伤风险、用户舒适度、可达性、能量消耗、疲劳极限和其他重要人体参数的设计	Production Modeling Corporation (PMC) World Headquarters 15 726 Michigan Ave Dearborn, MI 48126	https://www.pmcorp.com/Products/Siemens Products/Siemens Tecnomatix/Jack.aspx

当然,与维修相关的设计成功的最终证明是在测试阶段完成的。测试阶段,尤其是维修性演示,提供了验证实际用户执行指定维修性任务的能力的机会,验证了设计是否适合维修人员,并提供了足够的访问权限和工作空间,以便高效、安全地执行维修任务。

10.4 小 结

系统安全和 HFA 对所有产品和系统开发都很重要。从概念形成阶段开始，应在开发过程的早期解决安全和人为因素。

分析的深度将随着开发阶段的不同而变化，并取决于设计从概念到实现的成熟度。本章提供了确保设备设计为安全且符合人体工学有效使用所需的注意事项的示例。本章还提供了一系列分析技术，设计人员可以使用这些技术来实现具有成本效益的维修，同时保护维修人员并使他们的工作更加轻松。

参考文献

1. EHS Today (2001). How Maintenance Contributes to Poor Safety Performance. https://www.ehstoday.com/archive/article/21913215/how-maintenance-contributes-to-poor-safety-performance(accessed 26August 2020).
2. 2UK Health and Safety Executive(n. d.). Hazards during maintenance. UK Health and Safety Executive. www.hse.gov.uk/safemaintenance/hazards.htm(accessed 26 August 2020).
3. 3Aviation Safety Institute(2012). 2 2nd Joseph T. N a l lReport: General Aviation Accidents in 2010. Frederick, MD: Aircraft Owners and Pilots Association.
4. Boyd, D. and Stolzer, A. (2015). Causes and trends in maintenance-related accidents in FAA-certified single engine piston aircraft. Journal of Aviation Technology and Engineering 5(1):17-24.
5. Saleh, J. H., Tikayat Ray, A., Zhang, K. S., and Churchwell, J. S. (2019). Maintenance and inspection as risk factors in helicopter accidents: analysis and recommendations. PLoS ONE 14(2): e0211424. https://doi.org/10.1371/journal.pone.0211424.
6. 6Ruff, T., Coleman, P., and Martini, L. (2010). Machine-related injuries in the US mining industry and priorities for safety research. International Journal of Injury Control and Safety Promotion 18(1):11-20. https://doi.org/10.1080/17457300.2010.487154.
7. 7Heffernan, J. (2012). Coast Guard responds to nearly 30 accidents during crab season. Daily Astorian. https://www.dailyastorian.com/news/local/coast-guard-responds-to-nearly-accidents-during-crab-season/article_969f08d7-8ff-53e1-98e9-363d6543a513.html(accessed 26 August 2020).
8. EU-OSHA(2010). Maintenance and Occupational Safety and Health-A Statistical Picture, TE-31-10-422-EN-N. Luxembourg: European Agency for Safety and Health at Work.
9. Holmgren, M. (2006). Maintenance-related incidents and accidents: Aspects of hazard identification. Doctoral thesis, Luleå University ofTechnology, Department of Civil and Environmental Engineering, Luleå, Sweden.
10. US Department of Defense(2012). Department of Defense Design Criteria Standard: Human En-

gineering, MIL – STD – 1472G. Washington, DC: US Department of Defense.

11. US Department of Defense (2012). Department of Defense Standard Practice System Safety, MIL – STD – 882E. Washington, DC: US Department of Defense.
12. Raheja, D. and Gullo, L. J. (2012). Design for Reliability. Hoboken, NJ: Wiley.
13. Gullo, L. J. and Dixon, J. (2018). Design for Safety. Hoboken, NJ: Wiley.
14. Air Force Safety Agency (2000). Air Force System Safety Handbook, NM 87117 – 5670. Albuquerque, NM: Air Force Safety Agency, Kirtland Air ForceBase.
15. International Ergonomics Association, https://iea.cc/what-is-ergonomics/ (accessed 20 September2020).
16. Raheja, D. and Allocco, M. (2006). Assurance Technologies Principles and Practices. Hoboken, NJ: Wiley.
17. Booher, H. R. (2003). Handbook of Human Systems Integration. Hoboken, NJ: Wiley.

其他阅读建议

1. Roland, H. E. and Moriarty, B. (1990). Systems Safety Engineering and Management. New York: Wiley.
2. Raheja, Dev and Allocco, M. (2006). Assurance Technologies Principles and Practices, John Wiley & Sons, Hoboken, N. J.

第 11 章　软件维修性设计

Louis J. Gullo

11.1　导　言

通常，软件产品的客户使用了一段时间后，习惯了操作，然后软件出现故障导致无法操作，人们首先想到的是软件有多差，而不管它在工作时表现如何。下一个想法就是如何修复软件，使人们能够恢复操作并恢复性能。修复此软件产品的难易程度取决于软件设计的维修性。可维修的软件通常意味着产品用户可以轻松恢复操作，当软件出现故障时，用户无须支付任何费用或支付少量费用即可修复软件。

如果软件从没有故障，那么它就不需要维修，对吗？实际上，即使软件没有出现故障，可能也需要对其进行维修。软件产品的开发人员将在初始产品发布后，间歇性地向客户提供代码更新或补丁，以防止潜在故障。这些代码更新可能需要有经验的软件开发组织成员或经过培训的维修服务组织员工来执行维修。这在汽车制造商召回执行安全关键功能的软件的例子中是正确的。这种类型的软件维护并不意味着除了原始软件产品开发组织或维护服务组织的训练有素的成员之外，其他人难以理解和修复软件。在软件产品的生命周期中的某个时刻，出现故障的软件大概率是由原始软件设计师或熟练的软件维护人员以外的人员修复。因此，软件产品应当包括易于理解的应用程序界面，以及错误代码的解释和软件补丁安装的用户手册。

任何软件系统或产品的大部分生命周期都是在软件生命周期过程中的操作与支持（O&S）阶段进行的，软件维修就是在该阶段进行的。该 O&S 阶段是客户实现使用软件系统价值的阶段。系统或产品的大部分成本花费在运维阶段。与运维成本相比，项目的开发和生产成本仅占总拥有成本的一小部分。因此，必须经济、有效、高效地执行软件维修，以从软件中获益。软件维修应随着技术变化的状态和软件环境中新的软件安全威胁的发现而发展，从而使系统或产品中的软件功能增强。软件维修过程基于软件维护性、维护服务模型、维护策略和概念以及维护管理规划的改进而演变。

11.2　什么是软件维修性?

软件维修性是软件开发过程中工程活动和衡量标准的组成部分,用于确保软件系统或产品设计具有适当类型和数量的软件功能和能力,以便在各种用户社区的应用程序中可维修,满足客户的维修性要求。IEEE 标准软件工程术语表指出,软件维修性是指软件系统或组件易于修正,以纠正故障、提高性能或其他属性,或适应变化的环境[1]。另一个文献将软件维修性定义为维修活动可在规定时间间隔内完成的概率[2]。负责维修他们并非原创的源代码的软件开发人员应当知道源代码是可维修的。

当软件的维修性特征低于平均水平或不存在时,对代码不熟悉的软件开发人员理解和维修源代码所需的时间至少是其 2 倍。如果软件不可维修,则对代码所做的任何软件设计更改都有可能因新软件开发人员的操作产生软件 bug 而导致性能问题[3]。通过使用某些软件设计实践,这些性能问题是可以预防的。

以下是软件设计实践指南的汇总表,可用于帮助软件开发人员设计软件的维修性,以避免未来开发人员在产品生命周期后期更改代码时遇到的陷阱,并可能因其更改而遇到性能问题[3]:

(1)编写整洁的代码,纠正或记录所有错误,并提供足够的代码注释;

(2)通过限制方法和函数的长度来编写简短的代码单元;

(3)通过限制分支点编写简单的代码单元;

(4)通过限制提取到对象中的参数来保持较小的单元接口;

(5)分离模块中的关注点并限制类的大小;

(6)通过为每个代码单元只创建一个副本来避免冗余代码;

(7)架构组件或二进制可执行文件应松散耦合,同时保持体系结构抽象的灵活性;

(8)保持架构组件在组件数量和大小方面的平衡;

(9)确保代码库尽可能小;

(10)编写易于测试的代码;

(11)自动化代码库的开发管道和测试。

许多软件产品在其广告中声称是可维修的。这些产品的软件开发人员通过设计具有容错架构和设计功能的产品来证实这些说法。软件容错定义为软件系统或产品在不造成系统崩溃或严重故障影响的情况下承受内部或外部故障条件的能力。容错体系结构通常利用错误检测和修复功能,使系统或产品能够在一个或多个软件或硬件故障条件下继续正常运行。

ISO/IEC/IEEE 12207[4]和 ISO/IEC/IEEE 14764[5]中提供了软件维修性的进一步定义。除了软件维修性主题之外,还应检查 ISO/IEC/IEEE 14764 和 ISO/IEC/IEEE 12207,以帮助人们理解软件开发,以及全面的软件维修计划,描述所有必要的软件维修活动的软件生命周期过程,同时为维修性设计的软件获得最大利益。

11.3 相关标准

最常用的软件标准是:ISO/IEC/IEEE 12207:2017,《软件工程——软件生命周期过程》定义了设计、开发和维修软件所需的所有过程、活动和任务[4]。软件生命周期由 5 个主要的生命周期过程类别组成,它们分别是采购、供应、开发、运营和维修。

ISO/IEC/IEEE 14764,《软件工程—软件生命周期过程—维修》对包括 IEEE 标准 12207 中定义的维修类别的过程提供了扩展指南。IEEE 标准 14764 描述了软件维修策略的重要性,并对如何在定义软件维修概念后制定和组成软件维修策略提供指导[5]。

软件维修概念定义了软件维修工作的高级目标,包括生命周期计划范围、负责软件维修过程的人员、根据软件生命周期内的人员和资源估算迭代软件维修成本,以及定义预算、任务、控制、计划和成本的软件维修计划,时间表和标准。第 4 章提供了有关维修概念准备的进一步指导。

在 IEEE 和 ISO/IEC JTC 1 之间的合作伙伴标准开发组织(PSDO)协议确定的范围内,正在计划根据联合开发项目修订 ISO/IEC/IEEE 14764。ISO/IEC/IEEE 14764 需要进行修订,以符合当前软件维修的最佳实践。此次修订还将改进与最新版 ISO/IEC/IEEE 12207:2017 标准的一致性。

11.4 维修性对软件设计的影响

在软件开发过程的早期规划和执行软件维修性活动时,软件可维修对软件设计的影响最大。软件维修性活动必须在开发项目的初始软件需求生成阶段以及随后的开发阶段进行规划,以便在软件交付给客户后进行必要的将来的软件修正。这种规划的必要性基于在该领域经历的软件故障的类型和数量,以及为技术插入添加新功能的计划,以更新软件产品并使客户受益技术进步感到高兴。为了在最初的产品发布后实现这些未来的软件修正,软件应该预先设计以供再次使用。为再次使用而设计软件实现了为维修性而设计软件的多个目标。使用模块化的软件设计模式对于开发可重用代码和可维修代码有很大帮助。模块化代码设计确保任何特定软件功能只需要完成一项总体任务。在软件开发过程中,使用面向对象的软件设计在开发周期方面具有优势,这也有利于软件的维修性,因为维修人员可以轻松地理解软件的功能,并快速将软件恢复到运行服务。遵循某些软件编码实践和设计规则,如统一命名约定、对每行代码(LOC)进行注释、常用的编码样式和模板以及标准文档过程,不仅有利于软件设计过程,而且增强了软件的维修性。

源于软件维修性的软件设计度量会影响软件设计。各种软件时序度量直接来自软件维修性要求。例如,平均修复时间(MTTR)维修性指标适用于电信系统软件应用,以演变为称为服务中断(IOS)的指标。IOS 被视为软件电信系统的维修性度量,正如 MTTR 被视为硬件的维修性度量一样。IOS 主要在电信行业用作软件维修性指标,用于监测和跟踪数字网络系统停机,测量和分析停机事件的根本原因,并记录和比较评估与每次停机事件相关的恢复时间,以改进网络系统设计。IOS 指标可用于开发电信行业中的另一个指标,被称为平均恢复系统时间(MTTRS)或平均恢复服务时间(MTRS)。MTTRS 或 MTRS 用于计算从数据或语音网络出现故障到网络完全恢复正常系统功能时间的平均时间差。

软件维修性度量的进一步例子是平均修复时间(MTTR)和平均中止修复时间(MTTRFA)。考虑到嵌入式系统软件应用,开发了 MTTR 和 MTTRFA。还有许多其他维修性指标影响软件设计的例子。

“维修性的代码是呈现出高内聚和低耦合的代码。内聚性是衡量代码的相关性、可读性和可理解程度的指标。耦合是衡量代码的相关性的一个指标,低耦合意味着改变 A 做某事的方式不应该影响使用 A 的 B。通常较低的耦合意味着较低的内聚合,反之亦然,因此开发人员需要在两者之间找到适当的平衡。[6]”

“维修性本身是衡量修改代码是否容易的标准,更高的维修性意味着进行更改的时间更短。编码标准是实现高维修性的一种方式,是根据以前的经验开发的;它们不是通用的,并且依赖于开发者的偏好[6]。”最后,使用常用的软件设计工具和软件配置管理工具有利于软件的设计过程和软件的维修性。

11.5　如何设计容错且零维修的软件

人们对软件维修性设计有多重要求。它的要求之一是在计算机系统应用中容错。正如本章之前的定义,容错是软件系统或产品在不引起系统崩溃或严重故障影响的情况下承受故障条件的能力。采用容错结构设计的计算机系统能够检测数据错误和系统故障,而不会对数据或系统性能造成不利影响。容错体系结构能够吸收计算机系统中表现为故障的缺陷、错误或 bug 的影响,并允许计算机系统在出现故障的情况下继续按预期工作。计算机系统中的容错体系结构可能以下列两种方式之一工作：

（1）计算机系统允许错误或故障累积而不采取行动。

（2）当错误达到限制或标记为高优先级错误时，计算机系统分配和调度修复操作以修复错误或故障。

范例 9：支持数据的维修性

这些使用容错架构的计算系统也被称为容错计算、概率计算或随机处理。这些类型的容错体系结构可能被认为是相同或相似的，只有微小的差异。例如，容错计算将最有可能具有检测试图利用软件设计中漏洞的网络威胁的能力，抵抗任何攻击，从而促进和支持组织的网络安全态势。对于概率计算，构建系统性能的预测，以评估系统何时或是否有崩溃的风险，并应离线进行维修。

概率计算与确定性计算不同，确定性计算是指收集的数据提供经验证据，证明系统会在特定时间或特定条件下崩溃，而不是系统会或不会崩溃的概率。无论名称如何，容错方法不是在一发现错误时就立即纠正它们，而是评估它们，或暂时忽略，或可能永远忽略它们。“错误将在未来的处理器中大量出现……这没关系”[7]。

其他类型的容错设计使系统能够在某种程度上降低性能水平的情况下继续运行，而不是在系统检测到故障时导致系统崩溃。在发生故障的情况下，这种类型的计算机系统被设计为继续运行，或多或少功能齐全，可能减少数据或命令吞吐量，或增加数据延迟或处理响应时间。这种与数据延迟相关的故障会减慢数据总线上的数据传输速度，但系统用户不会经历系统响应时间的变化。这也意味着该系统具有很强的鲁棒性，能够在有限的自我修复能力下处理单一故障。例如，一辆汽车的设计是，如果其中一个轮胎被刺破，它仍然可以继续行驶。在这个例子中，汽车的传感器和软件检测到其中一个轮胎气压泄漏，并发出命令使用一种压力泄漏密封材料从轮胎内部修复泄漏。

容错可以通过设计一个系统来实现，该系统能够预测每种类型的异常情况，并以自稳定为目标，从而使系统收敛到无错误状态。“自稳定是分布式计算中的容错概念。一个自稳定的分布式系统将以正确的状态结束，无论它初始化的状态是什么。经过有限数量的执行步骤后达到正确的状态”[8]。自稳定容错系统是实现零维修的一种方法。如果一个容错系统能够预测每一个故障情况，并执行一个过程来减轻故障的影响，而不提醒操作人员或维修人员执行维修操作，那么我们就说该系统执行零维修。但这种类型的系统可能非常昂贵。如果设计容错系统的成本非常高,且无法承担,那么较好的解决方案可能是采用某种形式的重复或冗余[9]。

冗余硬件和软件组件通过利用备用功能或备份特性允许在特定的系统操作中发生故障。在容错体系结构中,多处理器有不同类型的配置。这些处理器配置可以称为主—主配置和主—从配置。使用冗余组件可以使用多种类型的备份特性。这些备份包括热备份、暖备份和冷备份。

这里的思路是使用冗余备份功能让错误发生,而不需要立即进行维修,或者根本不用维修。系统中任何特定功能和应用程序冗余备份特性的数量被设计成在特定条件和使用场景下在一段时间内可以容纳一定数量的错误。根据应用程序和使用场景,使用算法或电子技术追踪错误率,并将其保持在预先指定的性能阈值之下。“对于许多应用,如图形处理或大数据中得出推论,合理数量的错误不会对结果的质量产生实质性影响。毕竟,在大多数图像中,你的眼睛甚至不会注意到一个像素坏点的存在[7]”。为了使容错系统中的冗余有效,系统必须能够恢复到故障安全模式,或最后已知的良好状态。这类似于回滚恢复。该功能可以在无人参与的情况下自动执行,或者如果有人可以及时且经济高效地执行该操作,则该功能可以作为人工操作来执行。

某些类型的计算机数据存储设备或硬盘使用一种称为独立磁盘冗余阵列(RAID)的技术,利用软件数据冗余和硬件冗余提供容错能力。RAID 是一种被称为锁步机的容错系统。锁步机使用由硬件和软件组成的复制同步元素,这些同步元素作为热备份并行运行。“在任何时候,每个元素的所有复制都应该处于相同的状态。为每个复制提供相同的输入,并期望得到相同的输出。使用电子表决技术对复制的输出进行了比较。每个元素有两次复制的机器称为双模块冗余(DMR)。然后投票电路只能检测到不匹配,而恢复依赖于其他方法。每个元素具有 3 个副本的机器称为三重模块化冗余(TMR)。当观察到二对一投票时,表决电路可以确定哪个复制错误。在这种情况下,表决电路可以输出正确的结果,并丢弃错误的版本。此后,假设错误复制的内部状态与其他两个不同,并且表决电路可以切换到 DMR 模式。该模型可以应用于任何更大数量的复制”[9]。

“DMR 的一种变体是成对备份。两个复制元件成对同步运行,表决电路检测它们的操作之间的任何不匹配,并输出一个信号指示存在错误。另一对以完全相同的方式运作。最后一个电路选择未声明其错误的对的输出。成对备份需要 4 个副本而不是 TMR 的 3 个副本,但已在商业上使用。[9]”

另一种被称为“锁步存储器”的锁步设计特性用于计算机内存功能,与 RAID 相反,RAID 用于计算机数据存储功能。锁步内存使用 ECC(Error – correcting Code)内存描述了一种多通道内存布局,即缓存线路或块分布在两个内存通道之间,缓存块的一半存储在一个通道的内存中,另一半存储在另一个通道的内存中。通过将两个ECC支持的内存的单错误纠正和双错误检测(SECDED)功能结合在一起,它们的单设备数据纠正(SDDC)性质可以扩展为双设备数据纠正(DDDC),以防止任一单个内存芯片的故障"[10]。

Chipkill[11]是IBM的一种先进ECC内存技术的商标,它保护计算机内存系统免于任何单个内存芯片故障,以及单个内存芯片任何部分的多比特错误。"Chipkill经常与动态比特转向相结合,因此,如果一个芯片失效(或超过了比特错误的阈值),另一个备用的存储芯片会用来替换失效的芯片。执行该功能的一个简单方案将汉明码ECC字的位分散到多个存储芯片,这样任何单个存储芯片的故障将仅影响每个字的一个ECC位。这允许在一个芯片完全失效的情况下重构内存内容"[11]。汉明码是一种ECC编码,用于检测和纠正数据从发端或主机传输到预期数据接收方或客户端时发生的软件错误,并由客户端存储。汉明码使用冗余位或额外的奇偶校验位来方便识别错误。这种ECC技术是Richard W. Hamming在1950年开发的。Viterbi译码器使用Viterbi算法来解码使用前向纠错(FEC)码或信道码编码的数字比特流。FEC是一种在有噪声信道中控制消息传输数据误差的技术。汉明距离被用作Viterbi解码器的度量。汉明距离测量两个位串之间位值差异的数量。可以使用更高级的代码,如Bose - Chaudhuri - Hocquenghem(BCH)代码,这是一种来自一类循环ECC代码的ECC代码形式,可以用更少的计算机处理开销纠正多个比特。BCH编码于1959年由Alexis Hocquenghem发明,1960年由Raj Bose和D. K. Ray - Chaudhuri改进。

11.6 如何设计能够意识到维修需求的软件

电子系统的自我意识在各种技术中越来越普遍,如人工智能、机器学习、全自主和半自主系统、机器人、通信网络、网络安全以及工业自动化控制。物联网(IoT)技术的最新发展使这些系统的自我感知能力成为可能。强大的系统健康、性能和自我意识状态监控应该是任何软件容错产品设计的一个组成部分,尤其是在任务至关重要和灾难性事件可能会导致重大安全问题时。在纳入实时操作系统(RTOS)处理元素的任何完全自主和半自主计算系统中,自我意识应该是一个关键的软件设计特性,实时操作系统可以评估系统健康状况,并通过嵌入式的测试功能进行诊断。当一个系统在不需要人工干预(人在回路)的情况下检测到内部性能中的问题,并自行确定它需要某种形式的维修来防止故障或纠正错误状态时,就被称为自我感知。提供系统健康状况自我感知功能的一种方法是通过使用看门狗定时器。

看门狗定时器是一个从初始值到零倒数的计数器。看门狗定时器功能用于一个单一回路控制整个系统的应用程序。这个看门狗定时器函数首先将计时器初始化为存储在缓冲区中的预设限制。看门狗定时器倒计时时,系统控制器开始按顺序执行其指令和功能。指令从栈顶到栈底存储在一个栈中。当控制器完成它的指令和函数的执行,到达堆栈的底部,控制器循环回到堆栈的开始。此时看门狗定时器被重置为初始值。看门狗定时器应当在倒数到零之前重置。如果看门狗定时器为 0,则看门狗定时器超时,并向控制器抛出标志。如果控制器或软件函数挂起,或花费太多时间执行指令,就可能发生这种情况——例如,当线路电源异常导致数据损坏,无限循环导致程序锁死,导致中断服务例程(ISR)执行时间超过预期时。这些类型的 ISR 错误可能会导致控制器执行异常处理程序,执行软件重新启动并重新初始化系统,或者控制器可能能够检测到 ISR 错误,执行诊断以验证所有功能都在工作,在不致软件重新启动或系统关闭的情况下从容地解决问题。

看门狗定时器功能可以在另一个称为 check - twice 方法的应用程序中实现。这种类型的看门狗定时器函数使用标志位跟踪函数完成。为每个函数分配一个标志位。标志位表示函数是否完成。设置标志位意味着函数成功完成。清除标志位意味着函数执行不正确或未按指示完成。在整个程序周期过程中,标志位被监视。如果控制器将所有标志位设置完成,看门狗定时器复位,循环重新开始。如果有任何一个标志位未被设置为完成,看门狗定时器将启动系统重置。在系统重置之后,所有标志都被清除,程序周期再次开始。

看门狗定时器应当检测无限循环和锁死,以及运行低优先级任务的失败。当一个任务中有两个或多个相关的任务由于不同步而锁住彼此等待时,就会发生无限循环和死锁。[12]"

看门狗定时器和多任务策略可能被用作第三个应用。在该应用程序中,看门狗计时器应该是作为独立任务运行的高优先级函数。看门狗定时功能应定时检查其他功能的健康状态。看门狗计时器应该检测暂停或延迟其计时需求的功能,提供数据来支持高优先级的关键故障决策,以便可能发生系统重启。如果看门狗定时器检测到系统所有功能都成功完成,系统将继续正常运行,看门狗定时器将重新初始化。看门狗定时器是管理系统健康状况和自力更生恢复解决方案的关键功能[12]。

关于人工智能和自主系统的自我意识能力的更多细节已在第 8 章进行讨论。

11.7 如何开发从一开始就不是为维修性而设计的维修性软件

通常来说,软件的开发没有考虑维修性。软件将在客户使用的应用程序中发布和部署,没有纠正代码 bug 或在售后市场提供增强设计功能的策略。随着时间的推移,软件产品开发人员可能会意识到软件已损坏,或者客户要求改进,软件产品必须对客户和产品开发人员以经济的方式进行更新。软件质保和软件维修协议通常由开发人员向客户提供,以确定软件整个生命周期内的维修成本区间。这些质保和软件维修协议声明在软件产品的生命周期内,软件产品可能会不时更新或打补丁。

在新软件产品的初始发布之后,随着时间的推移,软件代码会随着增量更新而变化。这些软件更新被称为补丁或维修版本。补丁的目的是在用户使用软件产品时,修复软件 bug,纠正软件缺陷,如内存泄漏等。软件补丁通常通过互联网作为服务下载包发送给客户。在软件生命周期中,当软件代码开发人员认为有责任为他们的软件产品提供服务时,可以随时安装服务包更新。这些服务包不仅包含修复代码 bug 的软件补丁,还可能添加新功能以提高性能,从而增强软件设计功能,以改进和创新的用户体验取悦客户。这些软件补丁甚至可以填补安全漏洞,破解网络安全薄弱环节和缺陷。这些代码更新对确保用户的数字安全和隐私以及避免网络攻击非常重要。

11.8 软件现场支持与维修

IEEE 定义了 3 种基本的软件维修类型[5]。这些方法分别是修复性维修、适应性维修和完善性维修。修复性维修是指在软件故障发生后,为最大限度地减少产品停机时间、修复原始源代码或软件规格中的缺陷,并使产品恢复到可运行服务状态而采取的行动。适应性维修是调整软件以适应技术环境变化的行动,包括版本升级、转换、重新编译以及代码的重组和重构。完善性维修是扩展和改进现有软件系统的功能所采取的行动。

软件维修是软件产品生命周期中的主要过程之一,如 ISO/IEC/IEEE 12207 所述[4]。维修是软件生命周期中要执行的 5 个主要生命周期过程之一。这 5 个主要过程是:

(1)计划;

(2)分析;

(3)设计;

(4)实现;

(5)维修。

软件维修过程包含了修改现有的软件产品,实现设计改进,并恢复产品的原始状态的必要的活动和任务,同时保持其完整性或将产品增强到比产品初始更好的状态。

ISO/IEC/IEEE 14764[5]对软件维修过程有指导意义。它描述了管理和执行各种软件维修活动的迭代过程。软件维修过程可分为以下 6 项主要活动:

(1)流程实现;

(2)问题及修复分析;

(3)修复实现;

(4)维修评审与验收;

(5)迁移;

(6)报废。

以下各节将描述这些主要活动中的每一项。

11.8.1　软件维修过程实施

11.8.2　软件问题识别与软件修改分析

11.8.3　软件修改实现

11.8.4　软件维修评审与验收

11.8.5　软件迁移

11.8.6　软件报废

11.8.7　软件维修成熟度模型

11.9　软件变更和配置管理

11.10　软件测试

11.8.1　软件维修流程实施

在实施过程中,维修人员建立在维修过程中要执行的计划和程序。维修计划应与开发计划同时制定。

流程实现的输入包括:

(1)相关的基线;

(2)系统文档,如果可用;

(3)修改请求(MR)或问题报告(PR),如果适用。

为了有效地实施维修过程,维修人员应制定并记录执行维修的策略。为了完成这项工作,维修人员应该执行以下任务:

(1)制定维修计划和程序;

(2)建立 MR/PR 数据的收集和处理程序;

(3)实现配置管理;

(4)制定配置管理计划。

这个活动的输出是:

(1)维修计划;

(2)培训计划;

(3)维修程序;

(4)项目管理计划;

(5)问题解决程序;

(6)测量计划;

(7)维修手册;

(8)用户反馈计划;

(9)过渡计划;

(10)维修性评估;

(11)配置管理计划。

11.8.2 软件问题识别和软件修改分析

该活动和后续活动在软件转换之后被激活,并在需要修改时迭代地调用。在问题和修改分析活动中,维修人员应:

(1)分析 MRs/PR,如果存在;

(2)复制或验证问题;

(3)制定实施修改的选项;

(4)记录 MR/PR、结果和执行选项;

(5)获得所选修改选项的批准。

11.8.3 软件修改实现

在修改实施活动期间,维修人员开发和测试软件产品的修改。本章后面将进一步讨论软件测试活动。

11.8.4 软件维修审查与验收

该活动确保系统的修改是正确的,并且使用正确的方法按照批准的标准完成。该审查可以在软件设计评审期间进行,也可以作为软件变更控制过程的一部分进行。本章后面将描述软件变更控制过程。

11.8.5 软件迁移

在系统生命期间,可能需要修正软件,以修复或防止系统停机的原因,并允许系统在技术发展或发现系统的新用途时能够在不同的应用程序和环境中运行。为了将软件迁移到新的环境或应用程序,很可能需要进行软件更改。实现系统迁移路径所需的软件更改将在一定程度上涉及软件回归分析和软件开发活动,具体取决于必须编写的新软件(所占)的百分比。

11.8.6 软件报废

软件产品一旦达到其使用寿命,必须报废。这时应进行分析,以帮助做出软件产品退役的决策。分析应确定执行以下操作是否具有成本效益:

(1)保留过时的技术;

(2)通过开发新的软件产品转向新技术;

(3)开发新软件产品以:

a. 实现模块化和标准化

b. 促进维修和供应商独立性

范例6:模块化加速修复

11.8.7 软件维修成熟度模型

创建软件维修成熟度模型[13],帮助组织启动和实施针对软件维修的持续改进计划。该模型帮助组织对其现有的软件维修过程进行基准测试,并将模型与已建立的软件维修成熟度模型进行比较。该已建立的软件维修成熟度模型(S3m®)是一个利用卡内基梅隆大学(CMU)软件工程研究所(SEI)能力成熟度模型集成(CMMI®)[14]、ISO - 9001[15]和ISO/IEC 15504[16]的软件过程能力模型。S3m和SEI CMMI模型之间有一些相似之处,但有一个主要区别。SEI CMMI模型定义了5个能力级别,而S3m模型只有2个能力级别。其他类似模型还有构造成本模型(COCOMO)、维修模型[17]、自适应维修工作量模型(AMEffMo)[18]和基于软件重写和替换时间估计的经济维修模型[19]。

S3m模型帮助软件维修组织确定其在向客户提供软件维修服务方面的优势和劣势。软件维修服务分为3类:

(1)内部服务水平协议(SLAs);

(2)维修服务合同(外部服务协议);

(3)外包合同(第三方协议)。

S3m模型允许组织发现其软件维修过程中的漏洞。"通过识别差距,维修组织可以通过与模型的比较,确定要解决的问题以及如何解决这些问题,并通过这样做,改进其软件维修流程"[13]。

例如，假设一个软件开发组织在同一家公司内保障一个软件维修服务组织，并且它们之间没有 SLA。缺乏 SLA 将导致在需要非普通的软件服务时，应在何处分配资源，如软件维修服务组织向软件开发组织提出的软件设计变更请求，以修复用户应用程序在先前未测试的环境中识别的新软件缺陷，以及服务的优先级应该是什么以确定何时分配资源。S3m 模型允许管理层识别软件支持基础设施中的弱点，并在两个组织之间达成协议，以制定规则和指导方针，说明他们将来如何合作来支持他们的客户。

11.9 软件变更和配置管理

正如任何软件开发人员所知，软件更改将在软件最初编写、调试、集成、测试和发布之后发生。谨慎的开发人员接受这样一个事实，即软件设计必须被锁定并严格控制，以便在正式软件发布后进行更改。管理这些软件变更是软件产品管理中最难的部分之一。在项目的软件开发阶段预计会发生软件变更，但是，在设计基线冻结点的初始软件发布之后，它们可能不会如此明显，也不会在项目的部署后和保障阶段进行规划。影响软件产品维修性性能的软件设计变更不太明显，需要专门的工程师参与，以确保项目在 O&S 阶段的成功。一个审慎的软件程序将包括过程和程序，以指导软件设计团队在开发过程中创建软件变更请求、准备软件变更单、适应软件工程设计变更，并继续进入程序的 O&S 阶段，允许基于用户需求和预期支持环境的软件维修性设计改进。软件变更控制管理（SCCM）是任何软件开发机构在产品生命周期内跟上软件变更的必要功能。

即使软件从来没有失效过，对于原始设计者以外的其他人对将来软件设计所做的更改也应该容易理解。在这些情况下，当软件因修复软件缺陷以外的原因而更改时，则称软件是可支持和可维修的。软件可支持性意味着通过添加新功能和设计特性，代码很容易更改。软件维修性和可支持性工程师使用软件变更控制管理来确保代码在将来是可升级和可扩展的。可扩展性是系统的设计质量，允许添加新的能力或功能。软件的可扩展性对于可支持性和维修性非常重要。可扩展性允许进行简单的回归分析和回归测试，确保任何单个软件代码行（LOC）更改，不会在多处破坏代码。

软件变更请求和软件变更单的文档化，对于软件配置管理非常重要，也有利于软件设计过程和软件维修性。例如，微软的开发人员网络（MSDN）库包括关于软件项目配置管理的有用指南，这有助于软件的维修性。开发人员网络 MSDN[20]是微软的一个分支，负责管理人员之间的关系，这些人员有对更改操作系统（如 MS Windows）感兴趣的软件开发人员和测试人员，以及在各种操作系统平台上开发或使用微软应用程序的应用程序编程接口（API）或脚本语言的软件开发人员。开发人员网络指南包括：

(1)在软件变更控制活动期间使用几个单独的配置文件来降低软件复杂性；

(2)将默认值分配给可选的可配置项；

(3)将可选可配置项与所需可配置项分离；

(4)保持全面完整的文档，描述所有可配置项的设置关系。

文档应存储在正式的软件配置控制存储库及其相关资源中。当需要更改软件并且必须找到文档来描述最近已知的软件版本时，将来就可以用到存储库。

11.10　软件测试

软件测试是一种直接支持软件维修性的活动，其方式之多，本章无法一一讨论。在最好的情况下，软件测试提供了所有必要的活动，以评估软件产品在特定条件下、特定时间内使用时，在各种用户和环境压力下的性能。软件测试结果将以自动、半自动、手动或其组合进行观察和记录。作为测试的结论，将决定软件测试结果是否充分满足部分或全部测试要求。如果软件测试导致失效，则软件设计更改将使用已建立的软件变更控制管理过程来实现，以在软件代码设计中纳入修正。

软件测试活动寻求在软件开发过程的早期发现软件 bug、错误、缺陷、故障和失效，并确定随着产品的开发和成熟如何处理这些问题。软件测试活动应该努力确保不向客户泄露关键软件故障，或者在任何可能的预期用户应用程序领域环境中检测到关键软件故障。软件测试涉及多个测试用例的开发。这些测试用例是测试人员文档化的说明，描述如何测试软件功能或软件功能组合。测试覆盖率是测试用例验证软件功能或软件功能组合满足其需求的程度。基于测试用例的全面性来建立各种预期的客户用例模型，以及高水平的测试覆盖来确保软件缺陷能被检测到，无论是在软件开发测试、生产测试，还是在客户现场支持测试中，软件测试能力将决定或破坏软件的维修性。

11.11　小　结

任何软件系统或产品的大部分生命周期都是在软件生命周期的维修和使用阶段，也被称为运维(O&S)阶段。在这个阶段，客户应该实现软件系统/产品的最终价值，以最小的停机时间，证明初始采购或收购系统/产品的成本合理。因此，设计软件的维修性是非常必要的，这样维修工作就可以经济、有效、高效地进行，从而在整个系统/产品生命周期中持续释放软件的优势。使用容错架构和设计特性设计产品的软件开发人员,为他们的客户提供具有增值效益的软件维修性。软件的维修性设计特征和功能会随着技术发展变化,以及软件环境中出现新的软件缺陷和发现网络安全威胁而发展,从而增强系统/产品的软件功能。

雷曼(Lehman)(1980)指出,“变化是不可避免的,它迫使软件应用程序不断进化,否则它们将会过时,且逐渐变得不那么好用了”(引自文献[13])。因此在不断变化的组织中,对员工每天都在使用的应用软件来说,维修是不可避免的。

参考文献

1. IEEE(1990). IEEE Standard Glossary of Software Engineering Terminology, Std 610. 12 - 1990. Piscataway, NJ: IEEE.
2. Pfleeger, S. L. (1998). Software Engineering, Theory, and Practice. Prentice - Hall, Inc.
3. Visser, J. (2016). Building Maintainable Software, Ten Guidelines for Future Proof Code. Software Improvement Group(SIG), O'Reilly.
4. ISO/IEC/IEEE (2017). ISO/IEC/IEEE 12207, Software Engineering - Software Life Cycle Processes. Geneva: ISO/IEC/IEEE.
5. ISO/IEC/IEEE(2006). ISO/IEC/IEEE 14764, Software Engineering - Software Life Cycle Pro - cesses - Maintenance. Geneva: ISO/IEC/IEEE.
6. Software Engineering Stack Exchange. What char - acteristics or features make code maintainable? https://softwareengineering. stackexchange. com/questions/134855/what - characteristics - or - features - make - code - maintainable(accessed 15 September2020).
7. Lammers, D. (2010). The era of error - tolerant computing. IEEE Spectrum 47:15.
8. Wikipedia Self - stabilization. https://en. wikipedia. org/wiki/Self - stabilization (accessed 6 September 2020).
9. Wikipedia Fault tolerance. https://en. wikipedia. org/wiki/Fault_tolerance(accessed 6 September 2020).
10. Wikipedia Lockstep(computing). https://en. wikipedia. org/wiki/Lockstep_(computing) (accessed 6 September 2020).
11. Wikipedia Chipkill. https://en. wikipedia. org/wiki/Chipkill(accessed 6 September 2020).
12. Baker, B. (2003). Use a watchdog timer even withperfect code. EDN. com. https://m. eet. com/media/1136009/289962. pdf(accessed 6 September 2020).
13. April, A. and Abran, A. (2008). Software Mainte - nance Management, Evaluation and ContinuousImprovement. Wiley.
14. Carnegie Mellon University(CMU)(2010). Software Engineering Institute(SEI) Capability Maturity Model Integration (CMMI ®). https://www. sei. cmu. edu/newsevents/news/article. cfm? assetid = 509086(accessed 18 September 2020).
15. ISO(2015). ISO - 9001:2015, Quality ManagementSystems. Geneva: ISO.

16. ISO/IEC(2004). ISO/IEC 15504, Information tech - nology - Process assessment. (Note: ISO/IEC 15504has been replaced by ISO/IEC 33001:2015 Information technology Process assessment - Concepts and terminology as of March 2015 and is no longer available at ISO.)

17. Boehm, B. W. (1981). Software Engineering Economics. Prentice - Hall.

18. Hayes, J. H., Patel, S. C., and Zhao, L. (2004). A Metrics - Based Software Maintenance Effort Model. Piscataway, NJ: IEEE.

19. Chan, T., Chung, S. L., and Ho, T. H. (1996). An Economic Model to Estimate Software Rewriting and Replacement Times. Piscataway, NJ: IEEE.

20. Wikipedia. Microsoft Developer Network. https://en.wikipedia.org/wiki/Microsoft_Developer_Network (accessed 6 September 2020).

第 12 章　维修性测试和论证

David E. Franck, CPL

12.1　导　言

本章重点介绍在系统/产品的设计和开发阶段接近尾声时，也称为演示和鉴定测试阶段，验证维修性设计"好坏"的过程所涉及工具。在此阶段执行的工程工作决定了设计是否真正满足规定的维修性要求。执行维修性测试以检验和验证系统/产品设计到目前为止的维修性能力。在设计演示和鉴定测试阶段，展示的基本维修性性能是程序设计阶段关注纪律和严谨的内在体现。

一旦产品进入制造和生产阶段，将进行各种类型的检查、分析和测试，验证生产装配、测试和工艺流程。这些类型的检查、分析和测试可以在产品线初始启动时作为鉴定测试阶段的一部分进行，也可以在项目的整个生产阶段作为逐批质量一致性检查或抽样测试的一部分定期进行。对于某些客户，当产品交付并部署到客户使用的应用程序中时，验证测试可能会继续。值得注意的是，许多产品客户，特别是来自军方市场和大型系统用户的客户，会在产品的整个生命周期的运行和维修期间，继续跟踪产品的维修性性能。基于其维修性跟踪和验证的结果，客户可以修改维修性要求，并引入增量产品改进设计变更，从而系统地、顺序地降低产品在生命周期内的维修成本。然而，必须考虑到，与产品开发过程早期的设计变更相比，生命周期后期的设计变更成本极高。产品设计变更成本在整个生命周期中不断增加，从概念和需求阶段，到各种设计基线和原型，再到生产阶段，最后到部署和客户使用阶段。因此，强烈建议在产品设计过程中尽早识别设计缺陷，从而最大限度地降低产品开发过程中或产品生命周期后期可能出现的设计变更成本。

测试产品设计的固有维修性特征的过程涉及一系列活动和事件，旨在分析、测量、检验和验证产品的维修性设计是否确实实现了规定的设计目标和记录的规范性能要求。术语"检验"和"验证"经常互换使用，好像它们是相同的。这些术语并不相同，但它们密切相关。检验和验证之间的不同含义总结如下：

检验：您是否正确构建了产品？这是根据要求和规范正确设计和制造产品的一项举措。检验包括设计检查、分析、测试和评估以及演示。

验证：您是否正在构建正确的产品？这是衡量产品是否满足用户需求的指标。验证包括可用性测试、操作测试、正式的政府测试以及涉及客户和用户社区代表的演示。

在设计过程的早期，确定了产品的维修性性能要求，制定了维修性工程计划(MPP)。维修性工程计划应至少说明产品维修性和设计中所有参与者的各种角色及其职责，项目层级中里程碑一致的计划活动时间表，降低产品设计要素的维修性需求的初始分解，以及测试项目中包含的任务。维修性工程计划将是整个产品开发过程中维修性活动的指南，并且需要在实现重大变更和进展时进行更新。建议每年更新维修性工程计划。

维修性工程计划将参考维修性测试计划，作为维修性工程计划的单独文件或附录。维修性测试计划将记录维修性试验过程中包含的所有检查、分析和测试。该维修性测试过程在产品设计周期的早期开始，包括详细的计划、测试成本预算和里程碑测试事件的安排。维修性测试过程在整个设计过程中进行，并持续到运行使用环境中。维修性测试计划(也称为 M – Demo 测试计划)的更多细节将在本章后面讨论，而关于总体维修性工程计划的更多细节已在本书第 3 章讨论。

12.2　何时测试

测试通常被认为是在有一个实际的产品或者至少有一个产品的原型之后进行的工作。在产品特性设计为维修性的情况下，情况绝对不是这样。维修性测试应从过程的一开始就应成为产品设计和开发计划的一个组成部分，并应反映在整个计划进度中。如果没有综合测试方法，可能会产生某些风险和后果，如表 12.1 所列[1]。

表 12.1　未集成测试方法的风险和后果[1]

风险	后果
关键测试省略	在客户获得产品所有权后，可能会出现设计缺陷
重复测试	开发成本增加，进度受到影响
测试资源不足	测试延迟，结果不完整，结果不准确或无效，故障丢失，产品性能受损
测试计划不协调	测试时间不足，测试顺序错误，测试争夺关键测试设备，未满足测试要求
进度计划是面向里程碑的	测试结果似乎证实了进展，但并未导致所需的产品设计改进

综合、全面的维修性测试计划包括对产品需求的分析和评估、产品设计演进过程中的分析和测试以及用于进行测试的工具。从一开始就对设计进行测试，可以早期了解设计是否在正确的轨道上。它还提供了对问题的早期识别，以便

可以尽可能更经济地纠正。与在开发过程中等待到后期相比,早期识别问题意味着可以用更低的成本纠正问题。

产品通常是为特定的、有限制的运行和维修环境设计的,这应该在运行概念(CONOPS)中反映出来。为了帮助设计和运营支持团队,运行概念应该在其他项目中定义产品的预期维修和支持基础设施。在早期,这些术语通常不太具体,但可以为设计和支持团队提供重要的建议。定义维修环境、人员、技能规定、标准工具集、可用支持设备和维修人员培训提供了丰富的信息,这些信息可以转化为设计者的需求。此外,了解哪个国家将使用和支持该产品,维修是由军方客户还是承包商进行,以及军方的哪个分支机构将进行维修,也会有所帮助。在产品生命周期的早期,这些一般特征通常是已知的(或至少应该是已知的),并与潜在的设计团队共享。这些初始考虑成为设计和相关维修性模型的重要边界标记。这些边界标记最终成为正式需求,并将进一步细化和分解为更详细的需求,进一步帮助设计过程和模型的准确性。

产品集成测试,即将产品的独立部分或子系统组合在一起,是测试计划或预期维修程序和工具的最佳时机。当然,在这类测试期间,会关注设计接口、性能和交互。然而,在组装和整合部件时需要维护,这就提供了一个机会,可以应用预期的维修工具和程序,或者观察测试团队使用的工具和程序。如果可能,将这些维修性方面写入测试计划是有利的,它规定了在组装、拆卸和维护过程中要使用的工具、程序和时间。如果不可能将维修过程与测试过程结合起来,维修性工程师应尽量在所有测试活动中在场,以尽可能地收集所有相关的维护数据和维护任务时间。然后,这些信息可以被审查并合并到维修性模型、工具和维修程序的分析之中。当然,任何观察到的维修性问题都应与设计团队协调解决。

维修性工程师应该尝试参与或至少见证其他团队成员的所有产品测试,因为维修性是一个需要考虑因素。一个有经验的维修性工程师通常能够看到其他人看不到的实际或潜在的维修性问题。在组装和拆卸过程中,敏锐的观察力使我们有机会看到测试和工程团队使用的工具和程序,为现场维修提供潜在问题的洞察力。随着产品设计的成熟,更高层次的单元和子系统集成测试的进行,这种机会将进一步加强。此外,众所周知,所有级别的产品测试都会不时地遇到问题和零件故障。这些都是观察过程、故障排除程序和用于纠正所遇到的问题的工具的重要时机。一个精明的维修性工程师可能会考虑对所进行的维护步骤进行记录,记下工作所需的工具和时间。有些项目要求所有开发产品都要有维护日志,以捕捉和记录所有在零件上执行的维护行动,而不管是谁执行的。

一般来说,正式的维修测试是在维修性论证(M - Demo)期间进行的,它是对产品的维修特性进行的结构化的正式测试。M - Demo 被定义为“承包商和采购活动的联合努力,以确定特定的维修性合同要求是否已经实现”[2]。M -

Demo 也是对产品使用时的基础设施的测试,如培训、技术文件和工具。M - Demo 一般是在有了代表最终设计的测试产品后进行,但有时在产品开发的早期进行 M - Demo 也是合适的。

M - Demo 是一个产品的重要里程碑,应该认真对待。M - Demo 通常在产品开发周期接近尾声和生产之前进行。就像没有适当的支持能力就无法进行维修一样,M - Demo 也会对支持资源进行演示和评估,使产品能够进行维修。这些包括支持资产,如培训材料,工具和测试设备,支持和移动设备,技术文件,适当的技能,以及存储和运输材料。

当产品接近运行部署和现场维修时,最后一个测试阶段从运行维修开始。无论怎样努力,运行维修总是与在测试车间或制造区的无菌环境中进行的维修有所不同。有经验的产品负责人知道这一点,并预料到一些差异。然而,在产品真正到达操作人员和维修人员手中之前,差异及其影响是未知的、未定义的以及无法量化的。产品负责人通常有一种记录操作人员的维修行动和捕获遇到的问题的既定方法。这种操作测试为产品所有者、操作人员和开发人员等提供了有价值的见解,因为它提供了对维修性能的"真实世界"评估。操作经验可以反馈给开发人员的设计团队,以便在未来的产品开发中考虑。作业人员还将这些信息应用到作业保障环境中,以提高现场性能。

12.3 测试形式

维修性测试的基本目的是验证产品是否达到预期的或指定的维修性性能要求。早期的维修性测试和评估工作产生了 2 个好处:

(1)提供需要解决的问题的早期迹象。

(2)在开发良好的设计领域提供信心。

有了这样的知识,项目管理部门和设计团队都能更进一步。有价值的工程努力可以集中在已知的问题上,并且不会在处理没有重点的设计细节上耗费额外的资源。此外,另一个好处是,项目管理部门和设计团队能够意识到这些问题,而不是根本不知道有问题。这样的惊喜备受诟病,而且会不必要地浪费项目资源。早期和频繁的多种形式的测试可以减少项目风险和意外。

测试或验证有几种形式,每一种形式都适用于开发的一个或多个阶段,要验证数据的质量、所涉及数据的特征和待测试的需求。选择验证方法的其他因素可能包括可用的工具和工作空间、时间限制、资金、设备的可用性(实际设备、模型、原型)和安全考虑。因为这样的测试和评估需要预先考虑和计划,所以也应该考虑项目资源。测试单元、人才、测试设备、进度机会、资金、客户参与,以及其他类似的因素都需要考虑。可应用于产品设计和开发的不同阶段的维修性测试或验证的典型形式包括：

(1)过程审查；

(2)建模/仿真；

(3)设计分析；

(4)过程测试；

(5)正式设计审查；

(6)维修性演示。

对于复杂系统，许多测试和审查活动将在产品的较低层级部分进行，然后在这些部分组合成单元或子系统时重复进行，然后再作为完成的系统进行。当然，早期的审查应该有助于在设计过程的早期发现任何维修性问题，并通过更高层次的测试来验证之前的测试结果。对于非常大的系统，如果有几个或许多不同的设计团队负责整个产品的各个部分，建议要谨慎使用。大型、分散的团队可能难以专注于他们在整个产品中分配的部分，并考虑影响或受其他团队影响的问题或特性或特征。工程领导层必须对不同的团队保持警惕，并帮助所有团队保持对系统级需求和目标的关注。在设计过程的早期有效地定义、分解和分配需求，将有助于团队最大限度规避目光短浅问题。

12.3.1 过程审查

工程流程形成了成功设计工作的路线图。经过验证的和有效的设计流程并不能保证产品的卓越，但它们确实有助于缓解潜在的问题，使设计团队遵循已知（经过验证的）和可信的流程，并使团队专注于有效的方法和特定的设计目标。维修性设计团队计划使用的设计方法和流程应在开始设计工作之前进行审查和批准（记录在 MPP 中），并应定期进行审查，以确保随着开发的成熟，团队继续遵循适当的流程和向新过程的过渡。

所有的设计工作都应该由设计组织系统验证的既定设计实践和流程来指导。维修性设计活动和指导应该是这些设计流程的组成部分。这样的流程和实践应该随着时间的推移而开发，结合组织的最佳实践和经验教训，根据已知的、经过验证的信息，并从过去的经验中减少风险，为设计团队提供一致且有效的路线图。设计流程还应包括需求管理的流程和工具，并应定义设计工程师和保障人员的角色和职责，尤其是维修性和可靠性，以及设计流程中涉及的其他技术专业。批准和推荐的工具、模型、特性、方法、考虑因素，以及其他相关因素应该由项目管理和支持设计团队使用的组织管理来确定。应检查这些工艺及其日常使用的证据，并将其包括在工艺评审中，以确保它们被正确使用。

流程审查用于确保项目的设计和维修性方面的规划并实施的适当的过程。由于流程是设计工作的工具和指导方针，使用错误的流程或误用正确的流程可能会导致重大的设计问题。确保设计团队恰当地应用了正确的实践,并在整个设计过程中继续使用正确的流程,这是一个重要的设计过程。流程审查还确保考虑了所有适当的流程,并在遗漏任何流程时提供解释。流程审查也要考虑流程是否被应用正确。

MPP 将记录每个产品设计项目中使用的测试、演示和评估流程。最早的流程审查应该发生在这些计划被创建并在批准之前进行审查的时候。这是第一次评估和调整提出的设计路线图。如果计划的过程中的任何一个被不恰当地或不充分地处理或遗漏,这个早期的回顾是将团队置于正确的路径上的最佳机会,很可能防止以后潜在的严重的设计错误。

虽然在计划阶段进行流程审查有助于让团队有一个良好的开端,但应在整个开发周期中进行定期流程审查,以确保流程继续按照计划和适当地应用。随着设计工作的进展,通常情况下,适用的设计流程会随着设计的成熟而改变或修改它们的使用。频繁的流程审查有助于设计团队看到这些变化,并及时进行调整,以实现平稳过渡。他们还帮助设计团队在日常工作中专注于他们所处的位置和将未来的要进行的工作。

12.3.2 建模/仿真

在产品设计过程中,建模和仿真是许多设计特性的标准工具。这些工具通过提供对设计可能性和备选方案的结果和后果的洞察力,使设计工作能够以成本有效和高效的方式进行,而不需要花费构建、测试和重新设计的费用,否则就需要重新设计。为了达到维修性的目的,对基本的、高层次的设计进行早期建模,以评估最初的设计是否能够满足维修性的目标,以及哪里存在设计缺陷。在设计发展过程中,尽早确定需要特别注意的区域是有很大的好处和优势。早期的模型开发还有助于将维修性团队和设计团队结成对子,以达到共同的目的,尽管这只是设计团队的众多目的之一。维修性模型与可靠性设计模型相结合,是评估预测的平均维修时间(MTTR)的常用工具,并随着设计的变化和成熟而不断更新。

商业上有许多建模工具可用于进行维修性、可靠性和后勤保障分析(LSA)和仿真。在 MIL - HDBK - 1388 中,LSA 被正式定义为“在采运过程中进行的科学和工程尝试的选择性应用,作为系统工程和设计过程的一部分,以协助遵守保障性和其他综合后勤保障(ILS)MIL - HDBK - 1388 目标”[3]。

LSA 的目标是通过具有许多系统工程和保障接口的迭代、多学科流程,实现了保障性的优化设计和定义的、优化的支持资源的 LSA 目标。这个过程可以大致分为 2 个部分:①保障性分析②保障性评估和验证。

在 LSA 过程中收集的数据被输入后勤保障分析记录(LSAR)中,作为产品的集成 LSA 数据库的一部分。一个 LSAR 是由许多与 ILS 相关的数据元素组成的定义数据库记录,这些数据元素定义了每个产品的部分。综合起来,LSA 数据库确定了一个产品需要哪些保障元素,以及每种元素的需求量。在一个有基本保障考虑的小产品上,这样的 LSA 数据库可以用一个电子表格程序相当容易地创建和管理。然而,如果一个强大的 ILS 项目是产品开发的一部分,使用许多集成的 ILS 数据收集和分析工具是最好的选择。建议注意确保所考虑的产品的能力能够满足项目的全部数据需求,因为有些产品为不需要或不适合全部 LSA 数据和分析的项目提供部分解决方案。另外,考虑是否需要将产品的 LSAR 数据输出给其他团队成员、主承包商 OEM、系统集成商或客户。这些数据集成要求可能会影响 LSAR 产品的决定。

范例 9:支持数据的维修性

这种选择非常适合设计团队,因为他们意识到,如果没有许多其他后勤元素作为设计考虑和权衡的一部分,维修性设计就无法正确完成。这是后勤综合维修性分析工具的主要好处,可以评估多种备选方案,可以对设计可能性进行建模和分析,并可以行使各种贡献的后勤保障要素。在使用维修性模型时,应该牢记,它代表的是一个原始和完美的维护环境。这适用于将模型的输出与典型的要求进行比较,而典型的要求也是假设一个完美的维护环境。对于实际的现场操作规划,重要的是要记住模型所假设的维修环境与需求之间存在差异。与现实世界相反,典型的维修性模型假设是所有需要的工具都可以立即进行任何维修;所有维修人员都经过适当的培训,并掌握了所有技术手册、设计变更和维护步骤的最新情况;所有技术文件都是正确的,并进行了适当的准备;提供给维修人员的所有培训都是有效和准确的;所有需要的测试设备都可以立即使用,处于工作状态,并进行适当的校准;任何需要的备件都可以在零等待时间内获得。简而言之,MTTR 模型是理想维护环境的完美体现。因此,它不反映真实世界,但它确定提供了一个针对典型 MTTR 需求的定义和一致的测量工具,这些需求也假设了理想的维护环境。

12.3.3 设计分析

随着设计成型,对设计进行分析以验证设计在实现其维修性目标方面的进展是适当的。有几种形式的设计分析可以用来验证维修性的设计特征和预期性能。这种分析应该是设计团队流程的一部分,不管是正式的还是非正式的。它们应该包括对所做的分析和假设、所做的设计指标分配、设计决策和这些决策的依据的审查,以及对所使用的设计工具及其应用的审查。基本上,有 4 个层次的设计分析需要考虑。包括:从事设计的团队成员的自我审查;团队中或其他团队的知情工程师的同行审查;更高级别的产品设计人员和管理层的监督审查;外部或客户人员的正式审查。

设计分析的主要重点是验证团队是否一直并继续做出合理和恰当的决策,使设计能够达到预期的维修性性能。因此,设计中的所有元素都要接受审查。这将包括对所使用的设计模型(算法、设计和维修)、所做的设计和操作假设、考虑的操作场景(如“……生命中的一天”)、机械连接器和支架(如螺钉、螺栓、电子连接器、卡扣、关闭机构)、需要拆卸其他部件才能进入的部件、安全考虑(如电缆和电源的长度、重量、位置、滑移考虑、PPE 需求)、基于对预期维修者可用工具的设计和比较所需的工具、使用的人体建模(拟人模型和假设)、使用的 MTTR[1,4] 预测模型和假设、所需的培训和技能,等等。设计分析的首要重点是验证团队是否已经并将继续做出合理和适当的决定,以及设计是否能够达到预期的维修性性能。因此,所有进入设计的元素都要接受审查。这将包括对所使用的设计模型(算法、设计和维护)、所做的设计和操作假设、所考虑的操作场景(如“生活中的一天”)、机械连接器和支持(如螺丝、螺栓、电子连接器、卡扣、关闭机制)、需要移除其他部件才能进入的部件、安全考虑(如伸手、重量、电线和电源的位置、防滑考虑、PPE 需求)、根据设计需要的工具以及与预期维护者可用的工具的比较、采用的人类模型(拟人模型和假设)、MTTR[1,4] 预测模型和使用的假设、培训和技能要求等。

范例 5:将人视为维修者

一个优秀的“最佳实践”是确保团队内部的设计分析是常态化的开发流程。虽然这些考虑通常是在设计团队中发生的非正式的“交换意见”的正常部分,但应该经常进行这些审查,以保持设计问题在团队中透明,这样它们就可以影响改进和纠正任何缺陷。从团队外部召集同行来评审分析决策提供了另一层的评审和团队建设,并由对产品不太关注的人进行“完整检查”。它们对于确保正确的工具以正确的方式用于正确的目的也很重要。

产品开发流程通常包括由高级设计人员进行的设计评审,他们通常作为独立的评审人员,定期审查评审所有的设计工作、决策、分析、假设和所使用的工具应用程序。这样的审查是稳健和彻底的,带有一些尖锐的问题和洞察力,人们就需要高级和有经验的设计工程师。当团队陷入一个问题时,这样的设计评审也非常有用,它可以帮助他们以最少的停滞时间重新开始工作,解决悬而未决的问题。

正式的设计分析通常是在产品开发周期的特定节点和里程碑进行的，在这些事件中，设计团队可以共享到目前为止所做的所有工作和设计决策。由于客户经常出席，正式的设计分析审查可能会比较广泛，而且有一定压力。开放的沟通和透明度是前进的最佳途径。

12.3.4 过程测试

过程测试是一种非正式的测试过程，设计团队（如合适，外部工程师也可以参与）测试和评估他们的设计、过程和产品，作为开发过程中不可或缺的过程部分，并应记录在工程进度表中。尽早确认设计工作的正确性，及早识别需要注意的问题区域，对于防止在设计过程后期出现昂贵的问题，或者在产品发布用于操作时发现更麻烦的问题是非常有价值的。评审应包括过程、模型、模拟、测试、设计参数和分析的评估，以及与维修性所有方面相关的问题状态和解决方案。

过程测试的目的是在最终设计确定之前识别和解决问题，并允许对备选方案及影响进行探讨。这些审查鼓励信息和想法的交流，并将具有不同经验、观点和技能的人聚集在一起，通常被视为“理智的检查”。因为产品的维修性特征是在设计过程中建立的，所以维修性工程师在这些评审中不可或缺，以适当地关注维修性特征。此外，在整个设计过程中测试维修性特征可以在设计特性及其有效性的过程中进行验证，而不会让设计变得过于先进，因为那时设计更改就变得难以实现。因为任何产品的维修性都涉及其他几个相关的技术支持领域，早期验证可维护性设计的元素是“好的”，可以腾出资源来继续其他设计活动，并为管理层提供设计和产品开发监督方面的进度检查点。

12.3.5 正式设计审查

作为产品开发计划中全面测试和演示计划的一部分，正式的设计审查提供了暂停点，设计团队、管理人员、客户、用户和维修计划人员可以聚集在一起查看和评估设计进度，并评估未来的计划。正式的设计审查应该被认为是设计和订立合同过程中的关键节点里程碑，在这个过程中，设计将被正式和彻底地审查（包括维修性），审查通常由设计团队以外的人进行，通常包括客户和用户社区。设计评审是里程碑，在此阶段，正式宣布设计处于设计完成或准备就绪的给定状态，从而进入开发和生产的下一个阶段。非正式的设计检查、同行评审和实际运行审查在正式的设计审查之前进行，以确保设计审查顺利进行。

由于正式的设计审查在开发和承包过程中至关重要，因此，正式的设计审查应是既定设计过程的一个组成部分，并应在设计规划时间表内安排足够的时间和资源，以备审查、进行审查和厘清审查所引致的项目清理。

与维修性相关的是,正式的设计评审需要处理维修性的所有相关方面,其细节和严格程度与产品的所有其他工程和设计方面相同。这包括对维修性需求的全面审查和理解、所有需求的分配和分解、使用的设计和分析工具以及使用的LSA数据库分析工具,以及计划的测试、验证和演示工作。

适用于产品的一些常见的正式设计审查包括:

(1)概念设计审查;

(2)系统需求审查(SRR);

(3)系统设计审查(SDR);

(4)初步设计审查(PDR);

(5)关键设计审查(CDR);

(6)测试准备审查(TRR);

(7)测试计划审查(TPR);

(8)制造准备审查(MRR);

(9)生产准备审查(PRR)。

各种设计审查的细节可以在第3章中找到,更多的细节可以在许多国防部指导文件中找到,包括MIL-HDBK-471A[2]。

12.3.6 维修性演示(M-Demo)

M-Demo可能是最著名的,也可以说,是实践中最令人焦虑的维修性验证方法。M-Demo是OEM开发商/生产商和客户对实际生产准备(通常)的硬件进行的正式的、实践性的联合演示,评估“是否达到了特定的维修性合同要求”[2]。

应该强调的是,M-Demo在产品开发和合同执行的里程碑中意义重大。M-Demo通常被认为是一个正式的测试事件和一个关键的项目里程碑,有大量的客户可见性。里程碑批准、合同付款、持续的设计进度、可持续性成熟和积极的商业声誉都涉及其中。毫无疑问,M-Demo应该被认真对待。这包括准备详细的M-Demo计划,与所有参与者(包括客户和用户)协调,以及在实际演示之前进行练习和排练。

尽管M-Demo是一个重要的事件,它检验了产品的维修性设计和维修性支持的多个方面,但在准备M-Demo时经常感到的困扰通常是没有道理可言的。M-Demo是一个有影响的重大事件,但所有的设计和开发项目都包含多个重大事件,它只是其中之一。M-Demo的某些方面的控制比通常所希望的要少,有时结果可能是不确定的,导致解释和有时困难的对话。然而,如果产品设计团队已经很好地完成了他们的工作,并且生产出了符合需求的产品,如果测试团队准备充分,就没有什么好担心的。M-Demo应该不会产生什么意外。

通常,M-Demo 被认为是机械、电气或其他物理维修任务,而不包括软件。但现代系统和产品通常是软件密集型项目。因此,大部分的维修也可能涉及与软件相关的活动,无论是在系统本身上还是后背车间中。软件维修日益占用大量的维修工作和资源,并需要特殊的设备和技能组合。因此,考虑在 M-Demo 的规划中适当地纳入软件维修是越来越谨慎的做法。考虑维修的级别以及它们可能需要执行的软件任务。一些软件任务可能包括重新启动系统;重新加载软件;更新软件;更换设备后加载新软件;故障诊断软件;加载数据库;更新数据库;执行内存数据转储、清除或擦除;更新或擦除存储介质(如磁盘、固态设备);从系统中下载数据。

准备和实施 M-Demo 的最佳指南仍然是 MIL-STD-471A,维修性验证/演示/评估。尽管 MIL-STD-471A 被取消了,但它仍然是指导和进行 M-Demo 标准制定者。自 MIL-STD-471A 取消以来,已经开发了其他的维修性设计和测试标准化和验证指南,并将 MIL-STD-471A 纳入其中。例子包括国防部实现可靠性、可用性和维修性指南[5]和国防系统应用 R&M 手册,第 11 章,维修性演示计划(UK)[6]。

进行 M-Demo 的最佳准备是在产品设计阶段的早期就非常熟悉开发合同的适用部分和产品需求规格。该要求被认为是为 M-Demo 做准备和指导设计团队实现所需的可维修性性能的必读资料。根据这些知识,结合合同指导和与客户的协调,准备 M-Demo 测试计划是下一个重要的步骤。使用合同指南[如任何适用的数据项目说明(DIDs)],详细的 M-Demo 测试计划将涉及计划的维修性测试和验证活动的所有要素。当然,也将包括计划在列的 M-Demo。

12.3.6.1 M-Demo 测试计划

通常,需要一个单独的 M-Demo 测试计划来专门解决 M-Demo 的实施问题。M-Demo 测试计划的准备应与涉及测试的众多技术领域的代表和客户协调。根据具体的合同指导,计划应该包括测试计划活动和测试执行。计划的典型部分包括计划和 M-Demo 目的、范围、指导和参考文档,以及测试的目标。此外,它还将包括参与者的角色和职责、维修概念和时间表。然后,测试计划将处理计划测试的细节,提供要采取的逐步的行动,由谁来执行,并包括期望的结果。测试计划还应该包括记录参与者、每个测试的实际结果,以及从测试中产生的任何行动项的空间或其他安排。

典型的 M-Demo 所包含的参与者和资源可能有:测试管理、后勤保障团队、设计团队、生产、质量保证、培训开发、技术文档、可靠性工程、设施管理、工具管理、校准实验室、安全车间、维修人员(开发人员、采购机构、用户)、程序管理和客户/用户代表。

选择包含在 M-Demo 测试计划中的主题还包括:

(1)正式、详细的维修概念——包括所有级别的维修、设备上和设备下的维修;

(2)清晰、详细地描述支持产品的预期维修技能;

(3)维修人员使用的所有技术文件;

(4)技能定义(包括:军事职业专业代码(MOS 代码)、空军专业代码(AFSC)、每个参加培训的维修人员应具备海军等级或海军人伍分类(NEC);

(5)每个维修人员在测试前应具备(或同等)培训;

(6)每个维修级别的维修人员可获得的、提供的或需要的工具、测试和支持设备;

(7)与每次测试相关的车间能力和资源;

(8)维修所需或可用的 PPE 或其他安全预防措施或考虑因素;

(9)维修人员可能穿的服装和其他妨碍维修的装备,如防寒装备、雨具、飞行装备、或面向任务的(MOPP)防护服;

(10)与产品相关的运输材料和容器;

(11)任何特殊处理或处置说明、流程或材料;

(12)将进行维修测试的设施要求和环境条件;

(13)故障插入方法方法和责任;

(14)维修人员的拟态特征,如男性和/或女性最高比例为 90%/女性最低比例为 10%,或欧洲维修人员之于美国存在区别。

12.3.6.2 M – Demo 维修询问样本选择

许多年前,人们就意识到,如果维修性和设计团体试图定义和测量与产品维护相关的所有可能的环境、条件和情况,那么维修性,尤其是 MTTR 参数,就无法得到充分的定义和约束。事实上,对于大多数产品来说,在不同的环境和不同的技能水平下测试每一种可能的修复性、预防性和计划性维修行动是不现实的。显而易见的是:通过许多国家的军事标准以及类似的商业和民用设计准则的制定,可维护性能,尤其是 MTTR,被认为是一个参数化的特征,而不是一个经验性的特征(如伏特、质量、频率等)。人们进一步认识到,维修性最好是作为一个具有变异性的统计参数来理解和测量。因此,MTTR 被定义为拥有适当技能、熟悉维修任务、经过适当培训的维护人员,在完美的天气和所有必要的技术文件下,使用适当的设施,立即使用所有指定和适当的工具和测试设备,进行特定维修行动(或一组维修行动)所需的平均时间——基本上是在完美条件下进行的维护。由于现实世界中没有完美的维修环境,也由于没有现实的方法来定义所有可能的维修条件,完美的平均值(MTTR)一直作为衡量维修性和评估产品适用性的基础而盛行。后勤保障工程师和管理者们知道这一点,在规划支持资源需求和时间时,他们会酌情调整 MTTR 这一术语。

在可靠性和维修性统计科学发展的早期，人们进一步确定了一般维修性可以用 MTTR 参数进行统计描述。当然，这并不能解决所有的情况，但它被认为是充分代表产品，在开发军事和复杂机械系统是有用的。由此他们决定，根据需要将例外定义为单独的、特别定义的维修性需求。

同时，在给定条件下定义维修性特征，可以合理地外推，并有效地应用于其他维修条件。作为一种统计，人们认识到 MTTR 本身是一种平均度量，它可以根据统计抽样提供对产品实际维修性性能的准确了解，并仍然提供足够的统计信心来批准基于该抽样的产品。今天，MTTR 的统计特性(及其相关的相关参数)足以让满足测试需求的产品继续进步。

这就引出了 M－Demo 测试计划的一个方面，它涉及仔细的考量和一些统计上的敏锐性；这就导致了 M－Demo 测试计划的一个方面，需要仔细考虑和一些统计上的敏锐性；选择适当数量的维修行动来测试和适当类型的维修行动。有大量的技术指导，特别是在 MIL－HDBK－470A 中，可以引导人们理解并选择适合他们情况的最佳解决方案。应该了解，选择适当的维修任务抽样方法和选择任务样本是技术上的细节，并大量涉及统计学。因此建议测试定义的这一部分要有统计学和测试方法的专业知识参与其中。

在 M－Demo 期间，将执行大量具有统计学意义的“代表性”维修行动，这将决定产品是否通过维修性测试。对于设计团队和测试负责人来说，在选择演示的候选维修行动时，要注意一些相关的考虑。事先仔细审查被测产品的测试样本要求。样本选择包括将所有异质维修任务的总量划分为类似的或同质的子组，以确保所有有代表性的维修类型都包含在测试中。分组的目的是为了对类似的任务进行测试，从而在统计学上对结果进行“公平”分组。例如，预防性维修任务不能与修复性维修任务混在一起，机械密集型任务不能与电子化的检查/不检查混在一起。同样，应参考现有的指南以了解细节。

需要牢记的是，M－Demo 的目的之一是确定产品是否符合维修性要求以及对实际操作的影响。因此，测试样本选择评估的一部分是在 M－Demo 中测试的维修任务中被替换的每个部件或组件的故障率。失败率提供了维修人员可能遇到的每个维修任务的发生概率。失败率是作为维修性预计的一部分提供的[4]。显然，对于复杂的产品，人们并不想完全随机地选择测试任务，因为没有办法确保真正代表现场预期维修责任的任务会被选中。频繁的、维护密集型的任务或不经常经历的任务会不适当地歪曲结果。因此，维修任务的选择标准是利用发生频率和维修类型制定的。

分层是维护任务样本选择过程中的一个关键做法。分层是指将数据排列在不同的组之中。分层的目的是将庞大的维修任务数据集分为较小的同质数据子集。从每个数据子集中提取一个维修任务样本。从同质数据子集中选择一个维修任务样本,将产生该数据子集的一个代表性样本。所有数据子集的样本之和代表了大型维修任务数据集的总体。

有 2 种基本类型的测试可用于统计维修性数据选择:顺序测试和非顺序测试。MIL - HDBK - 471A[2] 描述了比例分层抽样的固定样本量测试方法,可用于选择在 M - Demo 中演示的修复性维修任务。在顺序测试中,检验一直持续到做出接受或拒绝假设的决定为止。顺序测试的一个缺点是不能预先确定测试的长度。然而,顺序测试可以很快地接受非常低的 MTTRs 或拒绝非常高的 MTTRs。当必须以给定的置信水平来演示维修性时,非连续的或固定的样本大小是最好的。序贯测试必须包含简单的随机抽样技术。在分层过程中,预防性维修或服务任务不应与修复性维修任务相结合。对于系统级 M - Demos,分层过程将应用于每个单独的子系统或设备,以演示和验证每个设备的维修性要求。

分层过程的第一步是选择数据分组的标准。这一步涉及指定一个数据特征,通过它来分组,分组的同质数据子集的数量,以及定义数据子集的边界。为了达到这个目的,每组中的维修任务对于同一类型的维修组件或部件来说,需要的维修时间应该大致相同。在一个系统中维修一个电子组件所需的时间可能与在同一系统中维修一个电机所需的时间大致相同;但是,由于这 2 种类型的维修行动之间的差异,将这 2 种类型的设备放在同一数据子集分组中是不合适的。分析师应确保分配给数据子集分组的任务之间存在相似性,从而使每个数据子集分组具有同质性。接下来的步骤是填写每个任务的其他数据,如故障率(发生频率)和维修任务的类型。最后一步是测试样本的选择。

根据用于统计维护性数据选择的测试类型,选择过程是不同的:顺序或非顺序的。MIL - HDBK - 471A[2] 中包含了测试样本选择过程的进一步细节的例子。一旦测试样本被选择并达成一致,所有的测试资源都可以使用,测试就可以开始了。维修任务的测试可能涉及简单的任务,如重新连接连接器或按下开关以互联某些功能。有些任务可能需要侵入性的电气操作,因此在测试开始前,已知的故障部件会被插入产品中。在测试过程中,每一项选定的维护任务都是在一个设备适当、没有干扰的设施中对被测设备进行的。对于每项任务,指定的维护人员都被告知要进行的维护工作;他们要确保手头有该任务的所有指定工具和测试设备(包括软件),并提供任何替换零件或材料。在开始执行任务之前,通常允许维护人员通过审查授权的技术文件来熟悉维护任务。

一旦选择并商定测试样本,并且所有测试资源都可用,就可以开始测试。维修任务的测试可能包括简单的任务,如重新连接连接器或按下开关以互联某些功能。有些任务可能需要侵入性的电气操作,以便在测试开始前将已知的故障部件插入产品中。在测试过程中,每一项选定的维修任务都在设备齐全、没有干扰的设备上进行。对于每一项任务,被指派的维修人员都被告知要执行的维修工作,他们确保手头有该任务所需的所有特定工具和测试设备(包括软件),以及任何可替换的部件或材料。一般情况下,维修人员在执行维修任务前,应先查阅授权的技术文件,以熟悉维修任务。

当每个维修任务开始时,计时器记录任务中每个步骤完成所用的时间。当维修人员停止维修操作以要求测试装置未提供的工具或部件时,应特别注意记录的次数。如果维修人员采取了与维修任务本身不直接相关的任何行动,如向测试团队提出一个问题,那么时间也会停止。目的是只记录直接维修的时间。不直接属于维修任务的延迟时间将被取消(记录)。

测试计划应在记录的时间内明确哪些维修活动包括或不包括。常见的测试时间的例子包括:故障验证时间、故障排除时间、故障隔离时间、拆卸和重组时间、部分拆卸时间、系统关机或重启时间、固化密封剂和黏合剂的时间、对准时间、部分插入时间、内置测试(BIT)运行时间。

这是一种常见的方法,特别是对于电子和复杂系统,它锻炼了产品识别故障存在的能力,可能隔离故障并通知维修人员,并验证产品在维修后恢复正常操作。在产品中插入已知的有问题的部件是很昂贵的。在昂贵的部件中插入特定的故障意味着这些有故障的部件不能再用于产品中,除非得到授权批准的翻新流程。在 M - Demo 中选择何时以及如何使用故障部件时应谨慎。费用需要与任务的重要性和所获得信息的价值进行权衡。在软件密集型产品中还提供了其他错误插入的可能性,在这些产品中,可以创建或模拟软件“错误”,而不会破坏基线软件。在实际情况下这些可能性应当进行考虑。

还有一点值得注意。根据 M - Demo 的性质,被测设备可能会受到损坏。对于某些类型的维修操作,这是一种可能性,因此在测试计划中应该考虑这种可能性,并提前确定维修责任。例如,由于掉落、操作不当、被踩到、拆卸、螺钉头脱落、位置和方向不正确等可能损坏的物品应提供备件。另一个例子是,经验表明,如果连接器插入错误,就会有人试图用蛮力,导致连接器损坏。如果一个部件安装在错误的位置,测试可能会发现这一点。键控连接器设计是防止连接器损坏的一种方法。在任何维修任务中,都应该为意外的错误做好准备。

12.3.6.3 M - Demo 测试报告

在 M - Demo 结束时,根据公司或合同的要求生成 M - Demo 测试报告是适当的,有时也是需要的。测试报告是 M - Demo 操作的详细描述,包括测试结果,目的是正式记录测试活动、测试发现、测试结果以及测试活动产生的任何建议。M - Demo 测试报告有多种格式,内容和格式根据公司或合同指导的不同而不同。在准备 M - Demo 测试计划时,负责作者应研究并验证报告的内容、格式、分发和时间安排。可以从 MIL - HDBK - 470A[1] 中得到合理的指导。创建测试报告的责任也可能因组织的不同而不同,工程、测试和后勤保障组织(没有特定的顺序)通常是主要的责任方。

由于 M - Demo 测试报告没有单一的既定指南,因此报告中提出了以下建议的主题清单。本清单旨在作为准备 M - Demo 报告的一般指南。有些主题的顺序可能会改变,有些主题甚至可能会根据需要删除。本清单的目的是提供在生成报告时需要考虑的想法。

(1)引言——简短地讨论测试报告的目的。

(2)背景——简要讨论历史和背景信息,为测试报告和测试设备提供背景信息。

(3)测试范围——描述 M - Demo 测试的目的和限制,为报告的其他部分提供上下文和定义。

(4)文件和指南——提供适用于 M - Demo 的相关文件和指南清单。包括 M - Demo 测试计划,适用的合同参考、合同指南、适用的 DIDs、MIL - STDs、MIL - HDBKs,公司政策或指导文件,主测试计划,以及任何其他适用的指导文件。

(5)关键人员——确定 M - Demo 的关键人员,包括测试团队。

(6)设备描述——提供测试设备的描述,包括重要部件的列表。对设备用途的简短描述以及适用的插图适合于使读者对测试的理解和背景。

(7)维修概念——描述测试设备的整体维修概念,并关注演示中适用的维修概念要素。

(8)测试目标——描述 M - Demo 的目标,包括维修性需求,并识别任何非必需但期望的目标。

(9)测试设置——描述测试设置,包括设施布局、工作区域、测试地点下的设备以及技术文件、备件、工具和测试设备、测试人员和观察员的位置。

(10)测试条件——描述 M - Demo 的物理和环境条件。

(11)维修任务样本选择——记录为 M - Demo 选择的维修任务,包括用于选择任务样本的方法和选择方法的基本原理。确定指导选择的适用参考文档。

(12)测试指导描述——描述 M - Demo 是如何进行的。包括使用的资源、遵循的测试文档、测试错误插入或使用的模拟器、使用的数据日志、提供的培训,以及在进行测试过程中遵循的步骤的描述。

(13)已执行的维修任务——确定在 M - Demo 中执行的维修任务,确定用于维修任务的工具和资源(可使用表格展示大部分信息)。

(14)观察结果——确定在测试过程中所做的相关观察结果,这些观察结果可能会影响测试数据的可信度,可能会为进一步研究或改进提供机会。

(15)结果——确定 M - Demo 的结果,包括总体和每次测试的结果。确定为达到结果而进行的数据分析,并将结果与需求或目标进行比较。包括每项测试的状态信息,以说明该测试是应收费的、非收费的还是不需测试的。处理所有测试问题或异议、特殊情况、需要的重新测试,以及是否观察到任何测试程序或技术文件的错误或缺陷。

(16)讨论测试过程中发生的任何差异,以及对分析或结果的任何不同意见。

(17)总结或结论——提供 M - Demo 实施的总结和测试结果的总结,包括测试结果的总结以及测试中遇到的任何问题或建议。

12.3.6.4 AN/UGC - 144 M - Demo 示例

AN/UGC - 144 通信终端机是一种坚固耐用的计算机,由美国陆军通信兵和美国陆军通信电子司令部(CECOM)在 20 世纪 80 年代后期研制,以取代老化的 AN/UGC - 74 终端机。AN/UGC - 144 是一台设有专用通信处理器的数码计算机,用以自动传送信息及储存数据。AN/UGC - 144 通信终端的图片如图 12.1 所示。

图 12.1 AN/UGC - 144 通信终端

(资料来源:FAS. org 军事分析网,https://fas. org/man/dod101/sys/ac/equip/an - ugc144. jpg)

AN/UGC - 144 在设计上较其前身 AN/UGC - 74 有重大改进。AN/UGC - 74 终端,也被称为 74,有各种各样的机械部件故障,需要非常频繁的维修,这困扰着战场上的士兵。AN/UGC－144,又称144,比74的运动部件更少,被认为更可靠,更容易维修。

144是一个昂贵的开发项目,但与74相比,144的总生命周期成本的估计减少被认为是一个巨大的投资回报(ROI)来抵消开发成本。美国陆军客户认为144是一项重大的技术进步,它将74上手动完成的许多流程自动化,如消息的存储和从远程终端传输接收消息的确认,但它不确定OEM开发人员所宣传的生命周期ROI是否能实现。

为了验证144的全生命周期维修成本降低分析是否符合宣传要求,客户要求OEM进行M－Demo。M－Demo需求被分为3个任务(阶段):准备M－Demo计划、执行M－Demo和撰写M－Demo报告。M－Demo要求引用MIL－STD－470和MIL－STD－471作为进行M－Demo的标准。M－Demo被描述为MPP中的任务之一。144 M－Demo程序创建了一个M－Demo计划,作为MPP的一个单独文档。M－Demo计划描述了所有详细的规划以及将在M－Demo中执行的程序任务。在发布文档并启动M－Demo之前,OEM和客户已经批准了MPP和M－Demo计划。客户希望确保用户社区的代表参与到M－Demo实践中。在M－Demo期间,客户的参与是计划的关键部分,以确保结果的准确性。

144M－Demo执行开始分析在144中的电子部件和电路集合。根据故障模式和影响分析(FMEA)的结果,从该分析中得出了数千种故障模式的列表,FMEA是可靠性计划中要求的一项任务。从这个潜在故障模式列表中,筛选流程将数千种故障模式列表缩小到120种,可以选择并插入144种故障模式中,用于在M－Demo期间评估维修性需求。这个过滤流程包括分析120种电子部件和电路互连的每一种故障模式,以确保插入144种的故障模式不会造成灾难性的故障影响,如可能引发火灾的高压短路或电击执行测试的人员。被判定为可能对M－Demo参与者造成人身伤害或对144造成物理伤害的故障模式将被从列表中删除。机械故障模式也被添加到列表之中。

一旦名单被缩小到前120种故障模式,作为所有144的组件故障模式的代表样本,故障模式分层过程就开始了。记录了120种故障模式,包括将故障插入144所需的操作,检测、隔离和修复故障模式所需的估计时间,以及用户执行测试检查144以验证修复操作是否正确执行所需的操作。我们对120种故障模式进行了随机抽样,以缩小到可以在M－Demo中执行的30种故障模式。在M－Demo开始之前,120种故障模式的列表以及从120种故障模式中随机选择的30种故障模式提供给客户审批。客户对这30种故障模式做了一些更改,用其他故障模式替换掉了多余或模糊的故障模式。

当30种故障模式的清单商定之后,M－Demo的最后准备工作开始了。为故障插入过程准备了30种故障模式。这一过程包括创建故障组件或重新布线技术,以演示每种故障模式所描述的故障情况。这些错误按顺序插入144之中。OEM对144进行了一次操作和测试,以确定通过测试可以发现预期的故障症状。如果测试未发现任何症状,则维修手册中提供了额外的说明,以允许用户/维修人员执行故障排除程序,以检测和隔离故障。当OEM完成30种故障模式的验证后,M-Demo正式开始。客户提供了数名人员作为测试参与者。每个测试参与者都接受了144的操作和维修的培训。培训内容包括熟悉144的测试程序和维修手册。

经过对测试参与者的培训,使他们熟悉了144的操作和维修,M-Demo正式开始。在一个对测试参与者隐藏的实验室中,每个故障都被插入144个M-Demo单元,每次一个。每个故障插入后,144的单元从实验室中取出,放置在M-Demo区域的测试参与者面前。然后时钟开始捕捉特定的维修任务时间。测试参与者以他们所接受的培训来操作144,并检测出故障的程序,以确定故障的原因和如何修复故障。当测试参与者完成修复操作并运行校验程序以确定故障已被修复时,时钟停止,M-Demo测试数据表上记录的每个故障模式的时间。在正式M-Demo的最后,收集了测试数据和测试结果。大约正式的M-Demo一个月之后,准备M-Demo报告并发送给客户,以获得M-Demo测试需求的许可,并验证维修性需求是否满足。

12.3.7 使用维修性测试

在正式的M-Demo和其他与维修性相关的开发测试之后,客户通常会进行某种形式的使用测试,包括评估产品的维修性特征和适用性,作为独立的验证和确认(IV&V)。运行测试和IV&V的目的,通常是在没有OEM参与的情况下,由实际用户和维修人员收集关于产品在运行条件下使用的适用性的见解和数据。这种测试还提供了有用的数据和对可能需要解决的问题的洞察力,以及计划的可支持性基础结构的充分性。

操作测试有不同的形式和方法,从非常正式的只针对用户的测试到一般的使用操作和维修人员的口头反馈。商业客户往往不太愿意进行额外的、单独的操作和维修性测试,他们往往接受生产商的开发测试结果,从而放弃了额外的费用和时间。作为正式测试的替代,商业用户可能会坚持让他们自己的人员和/或专家观察开发者的测试。商业客户可能要求由某些类型的监管实验室进行测试和认证,如保险商实验室(UL)。

最严格和正式的使用测试往往发生在维修性是主要构造的政府客户。军队有正式的作战测试指南和组织,定义何时、何地以及如何进行作战测试。对于美国来说,优秀的参考来源是《国防采办指南》(DAG)[7]和《国防部测试和评估管理指南》[8]。非美军也有类似的指导文件。在英国标准DEF STAN 00-60[9]、

DEF STAN 00 - 40[10]和DEF STAN 00 - 42[11]中可以找到一些重要的指导。最严格和正式的使用测试往往发生在政府客户那里,因为维修性是一个主要的结构。军队有正式的使用测试指南和组织,规定了何时、何地以及如何进行操作测试。对于美国来说,好的参考来源是《国防采购指南》(DAG)[7]和《国防部测试和评估管理指南》[8]。非美国军队也有类似的指导文件。一些重要的指导可以在英国标准DEF STAN 00 - 60[9],DEF STAN 00 - 40[10],和DEF STAN 00 - 42[11]中找到。

在美国军方内部,测试机构是:

(1)空军作战测试和评估中心(AFOTEC);

(2)海军指挥官作战测试和评估部队;

(3)陆军测试和评估司令部;

(4)海军陆战队作战测试和评估活动。

美国国防部(DoD)有几种类型的作战测试,其中包括作为验证过程的一部分的维修性测试。其中最适用的是:

(1)作战测试与评估(OT&E):在真实的战斗条件下进行实地测试。

(2)初始作战测试与评估(IOT&E)或作战评估——OPEVAL:在真实的战斗场景中,使用典型作战人员在生产或生产代表系统上进行。

(3)后续作战测试与评估(FOT&E):在部署和作战保障期间进行,以评估以前未评估的系统培训和后勤保障状况。

使用测试,无论采用何种客户或严格的方法,都会向产品开发者提供来自用户群体的反馈,以了解产品在作战情况下的可用性和适用性。在这种条件下的维修性经验提供了宝贵的经验,这些经验可以反馈到产品设计团队的设计和支持资源中。

12.4 数据收集

收集所有维修性测试活动的数据对于有效管理产品设计和开发工作是必要的。这是一个发现和记录产品的维修性性能,并使用该信息使产品受益的机会。如果不收集和传播测试数据,维修性程序基本上是盲目的。通常(人们)很难记住,进行测试是为了了解设计,同时也是为了验证设计。如果没有测试数据,那么关于产品就没有什么可了解的。作为一个推论,如果测试数据收集了,但不使用或与不向那些可以使用它的人共享,就没有获得任何有效的利益。

在所有维修性测试和验证活动中,仔细收集有关发生的活动的数据是很重要的。在这些活动中记录的数据可能包括所使用的工具和设备类型的识别、所涉及人员的技能、所提供的任何特定于产品的培训、所使用的技术文档、所采取步骤的经过时间以及遇到的任何问题。测试数据提供了过去活动的有价值的记录，这对于识别已经被纠正或尚未被纠正的问题区域是有用的，并且提供了对设计成熟度见解的进展和趋势的记录。

与维修性相关的测试数据的重要性通过正式测试数据收集和分析工具和过程的开发（由军事和工业）得到强调。常用的2个数据收集系统的首字母缩写是DCACAS（数据收集、分析和纠正措施系统）和FRACAS（故障报告、分析和纠正措施系统）。美国和英国军队已经为DCACAS和FRACAS工具开发了最低要求的数据集，它们通常要求在正式测试期间使用这些工具。此外，军事开发合同经常要求产品开发人员使用可以用于自己内部设计的数据收集系统。类似地，商业产品开发可能需要正式测试期间的数据收集过程，并且客户可能需要访问数据以达到监督和验证的目的。仔细审查合同条款和客户需求是适当的。

DCACAS或FRACAS不需要单一的、通用格式的或已建立的数据元素集。这些系统的每一种实现都是根据特定的应用程序、所涉及的测试类型和规划合同需求量身定制的。某些数据元素可能被认为是可取的，但不是关键的或必需的，因此可以根据成本和进度限制对这些数据收集系统的要求进行裁剪。然而，不管应用程序是什么，有用的测试数据收集系统都有一些通用的强制性数据元素。

这些强制性数据元素包括：

（1）日期、发生时间；

（2）测试地点；

（3）测试条件；

（4）测试目的；

（5）被测试单元的标识、序列号和部件号；

（6）参与者的身份和角色及其资格；

（7）测试设置，包括工具和测试和支持设备；

（8）测试名称和描述；

（9）测试包括测试过程，包括测试通过/失败标准；

（10）测试结果包括预期结果和实际结果；

（11）测试失败症状；

（12）测试失败分析；

（13）建议的纠正措施；

（14）确定的可能与测试失败无关的问题。

一个成功的数据收集系统的一个特征通常被称为闭环流程。闭环流程是将测试结果反馈到设计过程,向工程团队提供经验教训和结果的过程。FRACAS 的闭环特性可确保评估测试数据,确定原因,并将建议的纠正措施反馈到设计过程中。然而,尽管这看起来很合理,但这种反馈经常被遗忘。为了防止这种情况发生,FRACAS 是大多数正式测试数据收集系统的必备功能。来自测试的反馈被认为是成功工程设计工作的必要条件,因为工程人员并不总是参与或了解测试的结果。

设计团队需要对他们的设计测试结果的反馈,以便改进产品。在测试过程中发现缺陷或问题时,这一点尤其重要。测试结果,无论好坏,如果没有提供给工程团队,就不能在应该处理它们的时候处理它们。成功的测试有助于防止在有效的产品设计上花费不必要的时间和资源。或者,没有及早发现的问题无法及时纠正,并且可能会在开发过程中持续存在,只能在之后的开发过程中重新发现。

数据收集的闭环特性可以使用流程创建,这能确保将测试结果提供给适当的设计团队。较好的实施方法包括使用自动化的数据收集和收集系统,如公用数据库,以电子形式收集测试数据,然后自动将任何相关数据传送到其他的数据收集和分析工具。例如,如果在整个产品开发过程中使用单个数据库,它可以用于将数据聚合到特定的分组或类别中,然后使用所有相关的测试数据应用数据过滤器进行详细的分析。从闭环数据收集系统收集的数据可以输入数据库中,在数据库中保持数据的谱系、频率和准确性,而不会丢失任何数据或造成数据错误。从数据库中提取的数据,与它最初的目的相比,将被证明对更多(数量)的工程师有用。开明的工程团队明白,一个领域的测试(如可靠性)与其他设计领域(如维修性)相关。公共数据库有可能在减少不同工程团队维修的数据存储库数量方面提供巨大的投资回报。

为了确保测试数据得到有效利用,开发并实施了闭环数据收集过程,通常称为 FRACAS。对收集的测试数据的分析将表明设计是否工作、是否有效、是否满足要求、是否适合使用。FRACAS 过程以及收集到的信息对于确定哪些地方可能需要额外的设计工作和资源非常有用。在当今的工程世界中,未能收集、评估测试失败数据并将其反馈给设计团队是不可接受的情况。如果在测试过程中观察到的经验不能与设计团队分享,那么也就不可能获得经验教训。此外,如果设计问题不被了解和解决,就不可能有产品改进。因此,实现性能改进和纠正已确定的设计问题是至关重要的,测试 FRACAS 数据包括一个反馈回路和纠正行动流程。

图 12.2 描述了 14 个步骤的 FRACAS 过程,在此过程中,收集单元测试数据,并对特定产品类型在一段时间内测试的单元进行评估;进行根本原因分析,直到得出结论,确定并建议纠正措施,并实施设计更改。将 FRACAS 过程流程化

对产品设计和开发过程有很大的好处。

这里将简要讨论图 12.2 中的 14 个步骤。请注意,这些 FRACAS 类型的过程步骤可能会根据客户或行业偏好略有不同,但基本步骤将保持不变。

第 1 步:故障观察

测试团队进行单元测试,并最初观察故障或异常的指示,这可能是也可能不是故障。测试团队识别所有异常事件是可取的,因为在这个早期的时间点上,可能不知道所观察到的事件实际上是故障还是性能参数退化条件的起源,最终成为故障的原因。

步骤 2:故障文档

测试团队从历史记录中收集相关 FRACAS 报告和测试失败文档中所有可观察到的数据和先前记录的信息,使用所有类型的格式和方法,来解释类似的失败或异常事件。该文件可能包括所有从测试和测量设备收集的自动化电子数据,以及在实验室或试验站的笔记本或日志中记录的测试观察员的手动书面观察。

步骤 3:故障验证

测试团队与支持(保障)工程师和专家一起,审查测试事件、被测试单元和测试数据,以根据为测试建立的测试需求和程序评估事件是否确实是失败。测试可能会对故障的部件重复几次,以验证针对特定部件的失败是否被正确记录。请注意,单元测试经常会遇到测试事件,这些事件不是直接归因于测试单元或失败的定义。非故障事件的例子可能包括测试设备的故障,测试单元以外的其他设备的故障,耗尽燃料或电源,停止预防性维修,由人为差错或错误处理测试单元引起的事件,以及不正确的文档。

步骤 4:故障隔离

测试团队执行故障隔离过程,以确定故障的来源。这一步的目标是确定单元中出现故障的组件或程序集。隔离或故障排除过程可能导致识别多个故障的部件或组件。请注意,最好是确定故障单元内单个可更换部件或组件[如线路可更换单元(LRU)或车间可更换单元(SRU)]的故障。如果确定有一个以上的部件或组件是导致设备故障的潜在原因,则应该对它们进行测试,并确认其均不符合指定的参数。这些隔离的部件或组件可以是模糊组的成员,可以在故障排除中替换该模糊组,以加快故障隔离过程。这个模糊组的文件可能证明是有价值的,因为以后可能会花费大量资源来探索和调查其他事件中的错误,造成时间和精力的浪费。最好是让调查团队将时间和资源花在最初的故障发生上,而不是在其他测试团队在以后发生相同的故障或异常时不断地重复搜索故障源。

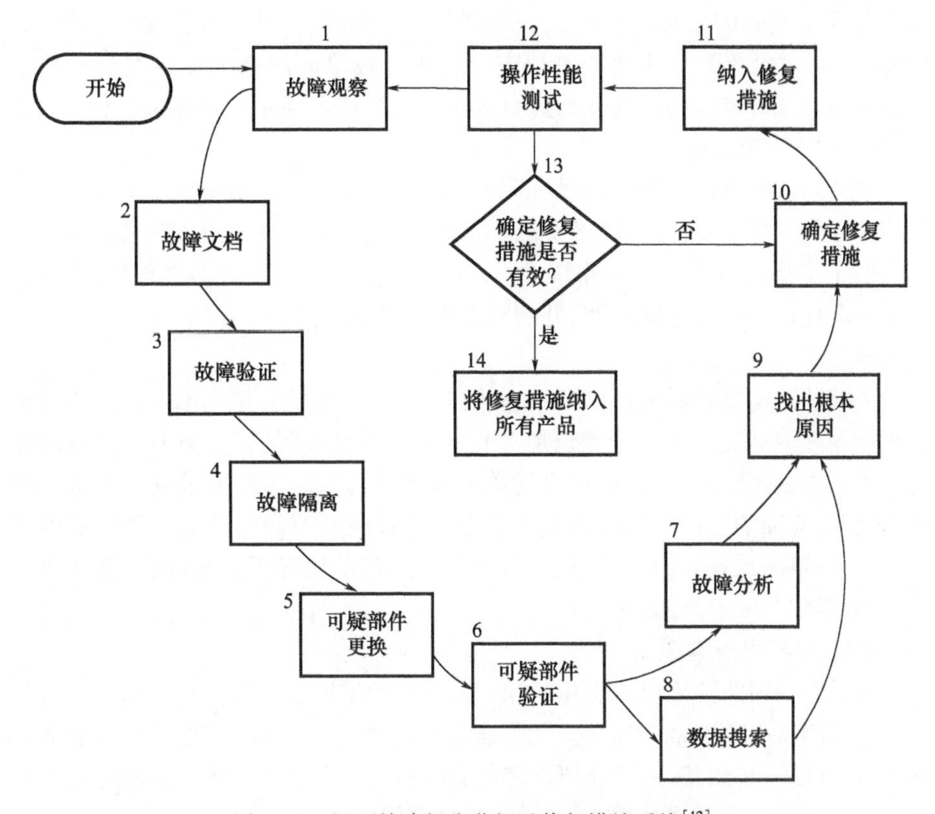

图 12.2 闭环故障报告分析及修复措施系统[12]
(资料来源:美国国防部,《电子可靠性设计手册 MIL - HDBK - 338B》,国防部,华盛顿特区,1998 年)

范例 3:力求歧义组不大于 3

步骤 5:可疑部件更换

一旦测试团队将故障隔离到一个可更换的部件或组件上,就可以按照既定的测试程序安装一个替换部件或组件。在准备使用之前,应注意需要特别注意的更换部件,如校准、刻录、数据或软件加载、对准、调整、加油或润滑。

步骤 6:可疑部件验证

测试支持团队使用与初始故障发生时相同的测试设置来进行故障验证。在此步骤中,团队使用测试和故障事件观察期间收集的数据,试图确认故障确实发生了,并记录围绕故障发生的条件和事件,其中可能包括所有测试参数和操作。此步骤的一个目标是能够使用多个测试单元复制故障事件,并确保从故障单元中删除的故障组件可以安装到另一个单元上,从而导致第二个“已知良好”单元发生故障。这意味着故障发生在导致单元故障的项目之后。这个步骤可以在多个单元上重复,直到测试支持团队确信失败已经被验证。

步骤7:故障分析

支持团队对测试中的故障单元和测试条件进行详细的分析,以识别并记录故障是如何发生的,导致故障的贡献者是什么,以及故障是如何表现自己的。此步骤对于支持根本原因分析非常重要,可以确定与部件、组件多个部件、组件故障相关的任何和所有故障机制,并制定适当的修复措施。

第8步:数据搜索

支持团队需要对任何可以帮助理解和支持失败分析和根本原因工作的信息进行数据搜索。这些信息可能包括失效分析实验室案例研究,类似于失效部件的操作历史,以及与失效部件所属的单元或系统类似。该研究数据可能包括组件/装配供应商的设计和测试数据。它还可能包括具有类似功能的类似部件和单元的测试和分析的大型客户数据存储库。在某些情况下,可以向工业界或学术界的(SMEs)寻求帮助。

步骤9:找出根本原因

测试支持团队使用所有可用的测试和分析数据以及产品设计数据来评估和验证单元测试失败的根本原因。如果合适且可能,团队的目标是确定一个单一的根本原因,一旦纠正,将防止所确定的故障模式再次出现。还应该确定与事件相关的任何促成因素或次要故障,以便处理它们。

步骤10:确定修复措施

测试支持团队确定并建议设计变更、生产工艺变更,以及任何可能防止观察到的测试失败再次发生的措施。在此步骤中发现多种可能的纠正措施并不罕见。它经常需要工程设计研究和分析,这可能涉及设计、分析和测试的多次迭代,直到一个或一组纠正措施被确定、验证并达成一致。一组纠正措施可能不只是涉及重新设计零部件或总成,还可能包括对培训、操作程序、测试要求和文档、使用限制等的更改,以确保故障不会再次出现。

步骤11:纳入修复行动

测试和产品团队根据客户需要建造的数量来创建材料和流程,以实施可能影响一个或多个测试单元的纠正措施。作为实施修复措施的一部分,单元设计和单元构建过程中受到或可能受到更改影响的所有方面都应进行审查和更新,以反映变更情况。更新设计要求规范、维修和故障排除程序、培训文件、技术出版物、操作手册、工程图纸和零部件清单、制造组装说明和过程,以及维修计划是一些应该解决的辅助产品要素。这些更新后的支持材料应用于下一步测试和评估修复措施的所有方面。

步骤12:操作性能测试

测试团队决定测试更新单元的合适流程,并进行适当的测试。该测试可能是先前测试的延续,在该测试中观察到初始单元故障。它可能是先前测试的子集,也可能是特定的隔离测试或者是其他形式的测试。目标是以高度的信心说服产品管理团队,使其相信设计变更,以及确定的任何其他变更,将达到单位的要求。确定适当的测试以达到修复措施和更改的高置信度可能会引起争议,但必须彻底确保纠正措施的有效性,这是该流程的下一步。

步骤13:确定——修复措施是否有效?

请注意,该步骤是FRACAS流程图中间的一个关键决策步骤(菱形对象),用于指定在FRACAS工艺流程中分析纠正措施测试结果的位置,以确定更改的有效性。通常需要重新测试,将重点放在高价值纠正行动的最小集合上,以验证更改是正确的更改。测试和产品管理团队审查来自测试更改的所有相关测试数据,如重新设计的部件,以确定结果是否证明设计更改是有效的。考虑的因素包括长期成本和对生产和维持的影响,以及对业务有效性的任何影响。评估重新设计的部件是否能防止观察到的失败模式重复,并不是唯一需要回答的问题。这些相关问题可能包括对计划的生产过程、材料和成本的更改的成本效益,或更换已部署的部件的成本,或更改技术文件和培训的成本,或对保障计划和维修资源的影响。另一个因素可能还包括变更的时间和与所需的任何合同变更相关的潜在成本。

步骤14:将修复措施纳入所有产品

产品管理团队领导创建变更管理计划,以在所有现场单元、仓库和生产过程中实施批准的变更。该计划可以并入其他实施附加设计变更的计划中,如工程变更通知(ECN)或工程变更提案(ECP),或作为使用它们的产品单元重大升级的一部分,或作为修订推出升级或技术刷新/过渡计划的一部分。无论如何,纳入设计更改的计划将需要许多组织和技能代表的考虑和参与,以确保单位的所有方面,其使用和维持都包括在计划中。一旦公司合并计划被开发和批准,它将在产品管理团队和用户社区的监督下付诸行动。

12.5　小　结

测试和证明维修性并不是一个单独的“开关”事件。考虑到这一点,我们不难看出,等到开发过程的后期或过程结束时才发现产品是否符合其维修性要求,并不是一种有效的策略。与可靠性一样,维修性的表现只能通过改变设计的方式来改变。正如我们所知,在设计和开发过程中,越是在后期进行设计变更,这些变更的成本就越高。这些成本不仅仅是设计工程预算的成本。额外的成本包括在进度表上的额外时间,以进行重新设计、制造原型、进行非正式和正式的符合性测试,以及重新确定设计基准线。成本还包括寻找和确认新部件的维修性、测试和演示以及供应商,更新后勤保障计划和分析,更新设计文档,以及重复客户和用户评估。

在本章中,我们强调了一种维修性测试和论证的理念,它包含了设计和开发的全部内容,同时还包括更传统的测试和论证事件和期望。我们认识到,设计过程往往是漫长的,而且充满了需要妥协的矛盾要求。此外,人们对设计过程的评估时间越长,包括所使用的工具和假设的时间越长,发现设计是否符合要求的时间就越长,也就越难做出需要的改变。建议对设计过程的所有方面进行评估,以确定其对产品设计的适用性,并对设计决定和考虑因素进行经常性的审查和监督。设计团队中的这种严格性是为了在团队中灌输一种理解,即测试和质疑设计方案和决定是设计过程中不可分割的一部分。同时,它也是为了给工程和项目管理部门提供洞察力和信心,使其相信设计过程正在顺利进行,并运用适当的设计严谨性和纪律性以产生令人满意的结果。

对设计和设计过程的早期持续评审为持续发现和修复维修性设计性能提供了一条极好的途径。来自设计工具的所有相关输出都应包括在这些审查中。例如:需求捕获状态、需求假设;设计权衡分析及其基本考虑;来自设计分析工具结果的关注,涉及设计模型仿真工具的各种运行;操作和维修环境的定义;维修人员技能和资源的定义;设计同行审查的进行;维修性和后勤保障分析模型。如果及早发现维修性问题,则可以及早纠正(而且成本更低)。重复检查过程、工具和决策的所有方面的设计团队更有可能早发现问题而不是晚发现问题。正式的维修性测试活动不是发现问题的时机。事实上,它们是发现问题的最坏时机,而这些问题本可以或应该由设计团队提前避免或发现。在产品开发过程的后期,在正式的测试活动中发现的维修性问题没有任何积极意义。我们的目标是尽早测,经常测,全部测。

参考文献

1. US Department of Defense(1997). Designing and Developing Maintainable Products and System, MIL - HDBK - 470A. Washington, DC: Department of Defense.

2. US Department of Defense(1997). Maintainability Verifcation/Demonstration/Evaluation, MIL - HDBK - 471A. Washington, DC: Department of Defense.

3. US Department of Defense(1996). Logistics Support Analysis, MIL - HDBK - 1388. Washington, DC: Department of Defense.

4. US Department of Defense(1984). Maintainability Prediction, MIL - HDBK - 472. Washington, DC: Department of Defense.

5. US Department of Defense(2005). DOD Guide for Achieving Reliability, Availability, and Main-

tainability. Washington, DC: Department of Defense.
6. UK Ministry of Defence(2009). MDES JSC TLS POL REL, Applied R&M Manual, for Defence Systems(GR-77 Issue 2009), Maintainability Demonstration Plan, Chapter 11. Bristol, UK: MoD Abbey Wood South.
7. Defense Acquisition University(2017). Defense Acquisition Guidebook. Fort Belvoir, VA: Department of Defense.
8. US Department of Defense(2012). DoD Test and Evaluation Management Guide. Washington, DC: Department of Defense.
9. UK Ministry of Defence(2010). Integrated Logistic Support, Defence Standard 00-60. Glasgow, UK: Directorate of Standardization.
10. UK Ministry of Defence(2012). Reliability and Maintainability, Defence Standard 00-40. Glasgow, UK: Directorate of Standardization.
11. UK Ministry of Defence(2016). Reliability and aintainability Assurance Guides, Defence Standard 00-42. Glasgow, UK: Directorate of Standardization.
12. US Department of Defense, Electronic ReliabilityDesign Handbook, MIL-HDBK-338B, Department f Defense, Washington, DC, 1998.

扩展阅读建议

1. North Atlantic Treaty Organization(NATO)(2014). Guidance for Dependability Management, STANREC 4174. Brussels, Belgium: NATO.
2. Raheja, D. and Allocco, M. (2006). AssuranceTechnologies Principles and Practices. Hoboken, NJ: Wiley.
3. Raheja, D. and Gullo, L. J. (2012). Design forReliability. Hoboken, NJ: Wiley.
4. US Department of Defense(1996). DOD Preferred Methods for Acceptance of Product, MIL-STD-1916. Washington, DC: Department of Defense.
5. US Department of Defense(1998). Maintainability Design Techniques, DOD-HDBK-791. Washington, DC: Department of Defense.
6. US Department of Defense(2001). Confguration Management Guidance, MIL-HDBK-61A. Washington, DC: Department of Defense.
7. US Department of Defense. The Defense Acquisition System, DODD-5000.01. Washington, DC, 2003: Department of Defense.
8. US Department of Defense(2017). Best Practices for Using Systems Engineering Standards
9. (ISO/IEC/IEEE 15288, IEEE 15288.1, and IEEE 15288.2) on Contracts for Department of Defense Acquisition Programs. Washington, DC: Department of Defense.
10. US Department of Defense(2019). DoD Test and Evaluation Management Guide. Washington, DC: Department of Defense.

第13章　试验设计和测试性

Anne Meixner and Louis J. Gullo

13.1　导　言

本章定义了维修性设计与试验设计和测试性的工程角色。根据行业部门的不同,工程师将测试设计(DfT)的定义分为试验设计和测试性设计。试验设计考虑在开发、生产和维修期间应用的测试能力的设计。测试性设计指的是在开发、生产和维修过程中应用的测试能力的分析。针对试验设计是指更改一个产品/产品的电路拓扑的测试设置,使其可以通过特定的测试设置进行测试。测试性设计指的是改变电路设计,以增加测试覆盖率、故障检测概率(PFD)和/或故障隔离概率(PFI)。一些电路技术同时实现了这两种功能——使电路具有测试性,并增加了故障隔离性。为了本章的讨论目的,DfT包含了试验设计和测试性这两个含义。

DfT通常在系统/产品开发过程的早期开始。DfT在开发中努力的结果是产品/系统的设计资格测试(DQT)和首件测试(FAT)。执行DQT和FAT以确保设计符合其规范。DfT工作持续到系统/产品制造过程,利用开发阶段创建的DQT和FAT过程。DfT过程发生在装配的所有层次:系统/产品、电路板、电子设备或集成电路(IC)组件。

制造测试的重点是检测会对最终产品的最终客户的使用产生不利影响的缺陷或故障。与DQT和FAT一样,电子制造测试采用DfT技术,以保持测试成本较低,并增加测试覆盖率。

本章讨论了3种不同硬件级别的DfT技术:

(1)系统或产品级别的DfT;

(2)电子电路板级别的DfT;

(3)电子设备或组件级别的DfT。

用于3个硬件级别的开发和制造测试活动的DfT技术对维修性活动非常方便。

13.2　什么是测试性?

1995 年 7 月 31 日的《系统和设备测试性手册》(MIL - HDBK - 2165)[1]将测试性定义为一种设计特性,它允许确定产品的功能状态,并隔离产品的故障。

范例 2:维修性与测试性直接成正比,预测和运行状况监视(PHM)

测试性设计特性确保识别和定义先前已知的和新的故障模式、测试方法中的空白、测试结果的模糊性和测试容忍困难。测试性分析验证测试性指标,并确定是否需要在电子设计或测试过程中进行改进,以满足系统/产品的需求。测试性工程为生产和验收测试程序的分析和测试结果的评价提供了一种方法。分析确定了一个内置测试(BIT)解决方案和自动化测试设备(ATE)解决方案,它们将满足生产测试和测试性需求。该分析还考虑在产品/系统的整个生命周期中为其服务的维修性需求。

从本书第一章详细介绍的"8 个因素"中,以下 2 个因素与 DfT 如何支持维修性设计(DfMn)有关:

(1)故障检测(因素 6);

(2)故障隔离(因素 7)。

利用 DfT 技术测量测试的故障检测和故障隔离能力。这些 DfT 技术对于区分可执行的测试类型和确定这些测试的彻底程度非常重要。

DfT 技术可以改进被测电子系统/产品或电子设备的故障检测和故障隔离。DfT 工程师使用度量来理解针对特定检测、隔离和维修需求的测试的质量和彻底性。后面的段落将描述这些指标。

故障覆盖率,或故障检测百分比,是使用测试程序或测试过程发现的故障模式与产品在任何测试设计级别上的潜在故障模式总数的比值。

测试覆盖率是应用于测试所针对的某个级别的产品的所有测试所检测到的缺陷或故障的百分比,如系统级、板级或组件级。随着测试覆盖率的增加,测试效率通常也会增加。与模拟电路相比,数字电路更容易进行测试覆盖率计算。数字电路分析只考虑逻辑值和信号路径时延。相比之下,模拟电路分析需要考虑一个大范围的连续值来测量。

测试有效性是对整个测试解决方案质量水平的度量,它可以在连续流制造过程的每个阶段以及在客户的系统中进行评估。基本上,它是测试逃逸率:失败的设备与测试的设备总数之比。测试有效性的量化是用百万分率(PPM)来衡量的,通常被描述为百万分缺陷(DPM)。对于手机中使用的微处理器,典型的逃逸率是300DPM。在产品生命周期为15年的汽车中,与产品召回和与正常预防性维修产品无关的缺陷相关的测试有效性要求约为10DPM。

故障解决百分比是指一组系统/产品中经过测试、检测到故障、更换了产品、完成了修复措施以及一组系统/产品重新测试并因相同原因出现故障的故障项的百分比。与测试运行的次数和系统/产品通过替换和修复操作的次数相比。如果测试未通过,则替换另一个项,并重新运行测试。这个循环一直持续,直到替换和重新测试迭代成功地纠正了失败的原因。更换后测试失败次数越多,故障的解决率越低。

故障检测概率(PFD)是测试检测到故障的概率。测试性的度量与测试覆盖率、故障覆盖率、故障解决百分比和测试有效性直接相关。

故障隔离概率(PFI)是通过测试将故障隔离到单个项或组项的概率。如果通过替换测试将一组产品隔离开来,被称为模糊集。一个常见的设计标准是选择一组不超过3个要替换的产品。有时,歧义组将包括一个连续的顺序,每次替换一个条目,在每个替换之间进行测试。当歧义组不提供替换的顺序时,歧义组被认为是霰弹枪方法,因为维修人员希望一次性删除和替换组中的所有产品,希望故障产品包含在这个组中,从而缩短替换时间。

范例3:力求模糊组不大于3

虚警率是指BIT或其他测试电路错误报告健康或故障电路或组件状态的次数。误报可分为假阳性或假阴性。假阳性是指检测到故障,但实际故障不存在。假阴性是指电路或元件正常工作,但实际上存在故障。

总体测试有效性是测试的综合故障覆盖率百分比、故障解决百分比、故障检测次数、故障隔离次数和误报率的度量。

上述指标都将对有关DfT技术的决策产生影响。对于系统设计,工程师需要考虑开发、制造和维修的每个操作步骤的所有指标。

13.3 各级电子测试的测试性设计注意事项

工程师使用DfT技术在系统的所有硬件级别进行开发和制造测试。这些DfT技术考虑了开发测试实验室中可用的现有测试能力,在这些实验室中已经测试了类似的前身系统、组件或部件。同样,这些DfT技术考虑了制造和生产工厂,在那里,产品、板和组件将被构建、组装并集成到一个系统中。通常,这些相同的 DfT 技术在客户现场与外部支持测试设备一起使用，在决定从系统中移除或替换一个产品之前，验证产品性能。维修性工程师需要考虑每个地点可用的测试设备能力。

这些功能可能需要电子设备或测试设置中的额外功能，以利用新产品升级中提供的新 DfT 功能。维修性工程师应该从测试设计团队收集详细说明如何激活所有相关测试模式的文档。该文档还应提供关于决定是否或何时需要将电子设备置于特定测试模式以满足某些测试性目标或要求的指导方针。有了该文档，维修性工程师可以使用已建立的系统测试，确保在系统/产品级别检测到设备级别的故障。通常，维修性工程师将执行维修性演示（M - Demo），以验证在系统级别检测到关键设备故障模式。

13.3.1　什么是电子测试？

电子测试指的是确定一个产品状态的能力。根据广泛的广义分类，测试最终确定被测试项的两种状态之一：操作状态或失败状态。这两种状态可以通过引用“Go”或“No - Go”状态进一步简化。有时会创建更详细的测试，以确定被测试项的三种状态：操作状态、降级状态或失败状态。

电子试验由一套试验设备或试验装置、环境或试验台条件以及一系列应用试验组成。该电子设备可以作为裸硅晶圆、裸硅模、封装模、电子电路板、由多个电路板组成的电子盒或底盘，或在电子产品或系统内进行测试。

制造测试有一个已定义的测试模块流。每个测试模块都有特定的制造测试目标、测试过程、测试测量、环境条件和与之相关的测试设备。测试测量包括检查数字逻辑值、定时特性、频率响应、内存功能和模拟电路响应。在测试流程结束时，产品需要满足规定的电气要求。从根本上说，如果它在定义的产品生命周期的客户系统/应用程序中工作，那么目标就已经满足了。测试设备可以根据被测试产品的不同而不同。测试设备可以是一个简单的测试模块机架，一个完全自动化的测试集，或者一个从设备读取输出代码的诊断系统。测试系统需要：

（1）输入刺激；

（2）输出观察能力；

（3）固定被测设备（DUT）的夹具，通常称为负载板；

（4）电源供应；

（5）维持受控温度的能力。

在维修性场景中，应用于客户领域应用程序的测试系统能力常常不同于 DfT 最初应用和设计的制造测试系统。这可能导致制造测试系统和现场测试系统之间在测试覆盖率、故障覆盖率、PFD 和 PFI 方面的显著差异。因此，工程师在考虑在制造测试之外使用 DfT 时需要意识到这些差异。

在继续之前,我们需要考虑电子测试的类型和电子电路的性质。电子电路的性质取决于设计电路以实现特定功能时使用的电子设备的类型。电子电路的功能有很多种,本章不打算一一列举。为了解释电子电路及其相应的电子器件的一些例子,描述了电子电路和元件的三大类。这三大类电子电路及其元件对应的节号是:

(1)逻辑测试和设计(第 13.6.3 节);

(2)内存测试和设计(第 13.6.4 节);

(3)模拟和混合信号测试和 DfT(第 13.6.5 节)。

适用于这三类电子电路的测试类型包括:

①功能/任务系统或产品级测试:在客户使用环境中运行应用软件[如飞行软件(FSW),系统维修诊断等]。

②结构电路板或组件级别测试:检查生产工厂中正确的制造(如电线连接、组件存在反向安装的设备等)。

③参数线路板或组件级测试:在工程实验室、工程试验台或 ATE 中测量时序、电压、电流和泄漏,用于板或设备级测试。

13.3.2 测试覆盖率和有效性

对三类电子电路的三种测试类型进行了分析,分析了它们的测试覆盖率和测试有效性。测试的覆盖范围和测试的有效性可能是同一枚硬币的不同两面。使用的一个公理是:“测试覆盖率越高,测试有效性越好。”对于 DUT,权衡可以推动 DfT 功能向积极或消极的方向发展。如果设计成本被削减,那么在设计约束、测试时间和 DfT 特征之间的选择和决策标准可能会导致较低的测试覆盖率,因此,导致较低的测试效率。如果程序设计预算和进度允许 DfT 中的改进,测试设计人员将在设计权衡中做出选择,以增强和/或优化测试覆盖率并增强测试有效性。

DfT 技术专注于在将系统、板或组件发送给客户之前筛选所有与制造相关的故障。元件层面的缺陷在元件工厂没有被筛选出来,这些缺陷被送到电路卡组装工厂。如果测试不足以在板测试中发现组件缺陷,则有缺陷的组件将被运送到系统工厂。如果系统测试不足以检测出有缺陷的组件,则该组件将在系统中运输给客户,最终会故障,可能是任务关键或安全关键的故障,会带来灾难性的影响。对于制造测试,无论硬件是什么级别(系统、板或组件),测试工程师的目标都是用最少的时间来满足设备的测试覆盖率和有效性目标。当信号通过板电路和系统电路传播时,这个时间增加。在板级检测一个组件故障的时间比在组件级要长得多,在系统级检测同一个组件的时间比在板级或组件级要长得多。

比较板级和系统级测试的故障隔离时间也是如此。系统测试利用板级测试和集成电路(IC)设备级测试,每一个都有不同程度的测试检测时间、测试隔离时间、测试覆盖率和有效性要考虑。

由于系统中应用的任何特定组件的故障隔离活动顺序的复杂性,故障隔离时间相差很大。这些故障隔离活动的一个例子顺序如下:

(1)如果不进行维修,什么系统会发生故障或接近故障?

(2)哪个电子板/模块故障?

(3)在电子部件失效的模块中,失效的设备是什么?该设备位于哪里?导致单板/模块故障的设备是分立电子元件还是封装硅/IC电子器件?

(4)如果发生故障的设备是一个封装的IC,封装部分里面是什么?是另一个IC吗?这个IC是怎么失败的?

接下来,从测试覆盖率的角度考虑这些产品的故障隔离活动的复杂性:

(1)电路板组装电子学:在慢速和功能速度下测试的连接百分比。

(2)封装系统(SiP)和多芯片模块(MCM):连接测试的百分比。

(3)超大规模集成(VLSI)设备(封装或裸模),可以使用以下功能的一个或多个组合及其相应的方法来测试覆盖率:

(1)数字/逻辑:卡在故障覆盖(如卡在“1”或“0”)。

(2)Memory:从测试模式宇宙应用的内存测试模式的数量,以发现卡住的位或偶尔变化的位。

(3)模拟和混合信号:与电压或电流水平相关的性能规格检查的数量。

第13.6节更深入地讨论了3种电子设备类型的测试覆盖范围:逻辑、内存和模拟/混合信号。

制造测试不能合理地测试所有可能的故障。当测试覆盖率接近100%时,成本会呈指数增长,为每个故障设计测试的时间也会增加。由于设计权衡的结果与成本、进度和性能的既定限制,一定数量的测试覆盖范围被认为是可接受的特定类型的客户签署了交付特定系统、产品、电路板或电子组件的合同协议。测试覆盖率编号的接受可以记录在一个明确的客户合同协议中,它保证了客户将接受的逃逸率。显然,对于在公开市场上出售给公众的产品,合同协议中的此类条款可能不存在。

13.3.3 与测试性相关的可访问性设计标准

一个关键的测试性需求是易访问性。为了满足测试覆盖率目标,测试人员和/或测试设置(手动或自动)需要访问信号,以应用所需的测试并观察测试结果。工程师们从可控性和可观察性的角度来讨论这种访问。一些增强访问的DfT技术包括:

(1)基于IC扫描的设计[2,3]。

(2)提供嵌入式内存访问的 IC 引脚。

(3)测试电路板上增加的接入点。

(4)添加到系统机箱或框架的外部测试连接器,以执行系统关键的功能诊断,并为维修操作收集诊断数据。

关于提高测试性和维修性的设计标准的更多信息已在第 5 章中讨论。

13.4 系统或产品级的测试性设计

在最终客户解决方案中,系统/产品在发生故障时维持运行的能力是不同的。在企业数据中心的计算机系统中,当某个部件停止工作时,系统必须具有容错功能,以避免系统崩溃。企业数据中心计算机与桌面计算机在系统可靠性、可用性、维修性和可服务性方面有很大的不同。企业计算机系统需要能够在标记某个部件以备日后维修的同时保持运行。这种修复可以在系统通电进行预定的维修周期时进行,也可以在更换的电路卡可用于热插拔时进行。当检测到电路板上的故障部件时,系统的容错能力应该能够维持可接受的系统操作,并使用维修数据日志标记电路板上的故障部件,以便数据中心维修人员在未来的修复行动中访问。容错系统还可以在拆卸和更换故障板以及修复系统时保持运行。这就是“热”插拔备件背后的动机,允许用正常的电路板替换故障的电子板,而不影响系统性能。由于后面的这种情况,测试设计人员应该尽可能地使用热插件备件,以避免在预定的或非预定的维修周期中更换部件时系统停机。

为了在一个可能有更多读者熟悉的应用程序中使用系统级示例来讨论 DfT 技术,让我们考虑一下当今商用汽车中的电子设备,这些汽车都是私人拥有的交通工具。汽车需要维修和诊断故障模块的能力,这些模块导致汽车仪表板上的“检查引擎”或“检查电池”指示灯亮起。随着辅助驾驶员的安全功能(驾驶员能力的前身)的增加,ISO 26262-11,道路车辆功能安全[4]标准,对集成电路(ICs)有一系列要求。其中一项规范要求在 IC 的整个使用周期内定期进行现场测试。机械师使用诊断计算机系统,从汽车的计算机接收信号,诊断出故障的位置,从而决定必须更换哪些部件。

继续以汽车为例,汽车维修包括多种信号和性能因素的诊断,这可能导致检查引擎灯警告。诊断系统对故障进行隔离,从而确定需要更换的部件。汽车机械师使用诊断测试系统分析故障数据,并隔离导致指示灯亮起的故障模块。诊断系统应用测试并观察来自汽车机电模块的合成信号。

以汽车中的发动机控制单元(ECU)模块及其设计为例。假设 ECU 由两个集成电路、一个存储设备和一个数字逻辑设备以及各种无源组件组成。当汽车的检查引擎灯亮起时,DfT 电路就会检测到 ECU 中的故障部件。忧心忡忡的车主把车开到当地的汽车修理工那里维修。为了将故障隔离到ECU,本地汽车机械师使用他们的诊断设备与汽车的嵌入式处理器连接,读取车载诊断代码。该代码表示ECU需要更换。因此,汽车的DfT电路已将故障隔离到ECU。在维修的组织级别上,通过结合使用汽车的DfT功能和机械师的测试设备来满足汽车维修的目标。然而,这可能不是情况的结束。有可能需要另一种级别的维修,如中级维修。

假设汽车制造商要求将所有出现问题的ECU寄给他们。如果制造商向其所有服务中心发出产品安全召回通知,那么这一要求将是合理的。制造商的客户服务中心设施被认为是中级维修设施,具有额外的诊断和修复设备,可用于进行进一步的故障检测和隔离。用适当的DfT特征,即那些已经正好到ECU设计中,汽车制造商可能会使用它们来更多地了解ECU内部故障的位置以及故障的性质或原因。制造商可能能够确定ECU故障的原因是模块中的两个IC之一,或无源组件,或组件之间的互连。如果是IC之一,制造商可以使用嵌入式内存测试和逻辑扫描链来确定ECU故障的原因是逻辑故障还是内存故障。如果制造商的服务中心确定是有缺陷的内存设备或逻辑设备导致ECU故障,并且更换部件已经包含了设计更改,那么将涉及第三级维修。这是维修站级别的维修,在这里进行详细的组件和板级测试和故障分析。汽车制造商的车辆段提供从ECU失效分析中收集的所有数据,以确保制造商的ECU设计师做出有效的ECU设计更改,从而确保一旦在产品召回期间加入新的替换,在该车型的生命周期内不会发生ECU故障。

为了让这些DfT特征存在于ECU的设计中,它们必须在ECU的特定车型和类型的设计阶段实现。负责故障检测的DfT工程师需要参与到产品开发的早期阶段,这是有着充分理由的。对DfT的最大影响就发生在这个阶段。一些DfT特征不被纳入的既往案例可以用来说服设计师和管理层尽早将其纳入设计中是明智的。

13.4.1 通电自检和在线测试

为了解释什么是通电自检(POST),让我们参考汽车示例。当人们启动汽车时,仪表板上的警示灯会随着汽车经过一系列机电步骤而点亮和熄灭。发动机一启动,灯就熄灭了。如果“电池灯”或“检查引擎灯”一直亮着,那就说明可能有问题。需要一个汽车修理工理解并解决这个问题。这是一个POST的例子。类似的测试序列发生在家用电器、军事设备(如导弹系统)、由刀片服务器和刀片交换机组成的电信数据中心设备机架以及普通个人台式机中。POST的目标是检查任何电子设备在系统/产品通电时是否能够执行一些基本功能。

POST测试是重要而有用的DfMn技术。它们告诉用户基本电子元件路径的功能。根据POST实现的复杂程度,诊断指示的级别可能包括诸如“这个模块坏了”或“模块中的这个特定组件坏了”之类的内容。POST中的测试序列可以使用集成电路上的边界扫描或内置自检(BIST)。在关键任务系统、航空电子设备和即将实现的自动驾驶汽车中,出于可靠性的考虑,这些相同的测试可以定期运行,然后称为在线测试。在线测试也可以比 POST 测试应用更广泛。随着辅助驾驶员的安全功能的增加,最新的 ISO 26262 - 11 标准[4]将一系列要求扩展到集成电路,要求在汽车的整个生命周期内定期在线测试。如果在线测试失败,ISO 26262 - 11 规定了应对失败的几种选择,以确保汽车的安全运行。

13.5 电子电路板级的测试性设计

本节介绍电子线路板组装级别的可测试性。参考汽车仪表板指示器,考虑这个例子。你的机械师已诊断出 ECU 模块有故障。该模块内部是一个小的印刷电路板(PCB)与几个组件(IC 和无源元件)。在组装之前,制造商有两种测试方法可以使用:在线测试(ICT)和 DfT 方法。这些测试方法假设所有组件都通过了各自的制造测试。ICT 板测试检查 PCB 和组件粘接或焊接中的缺陷。测试覆盖率考虑检查中的所有电线或 PCB 上的互连和所有组件信号引脚。

最近的 ICT 研究[5]描述了提供覆盖评估的自动测试生成。该过程可以指导添加额外的测试探针访问点,以提高覆盖范围。作为一种非通电测试,ICT 使用钉床测试仪来测试测试点之间的开路和短路,并验证电路连接。图 13.1 显示了被测设备(DUT)和 ICT 测试仪之间 ICT 测试点的连通性。

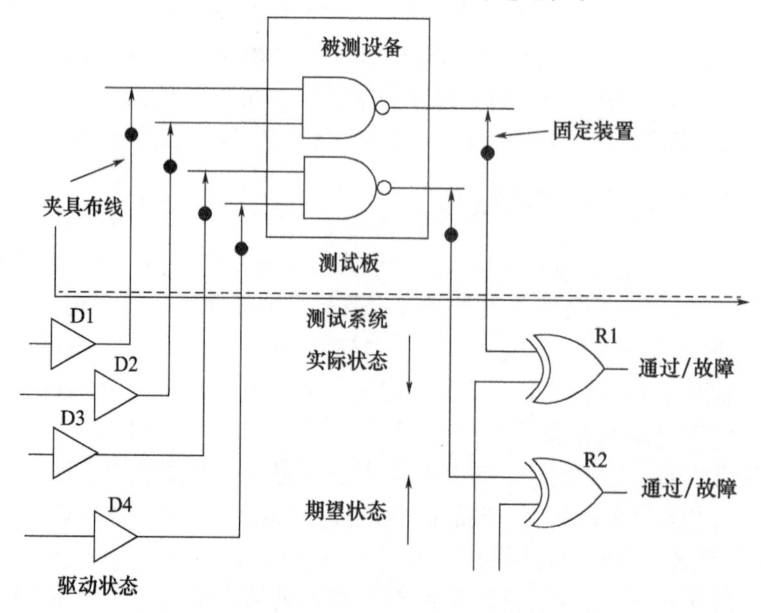

图 13.1 被测设备与被测板之间的连通性

容纳更多的 VLSI 组件可提高电路板互连密度。工程界注意到并开发了 IEEE - Std - 1149.1,以使用 VLSI 设备来检查它们之间的电路板连接性[6]。图 13.2 说明了该标准支持的短路和开路(常见互连故障)测试。设备 1 向设备 2 发送测试模式以检查板上的互连故障。如图 13.2 所示,特定模式检测短路和开路。为了在设计中启用此测试,该标准要求向位于电路上 VLSI 器件边界周围的所有输入、输出和输入/输出(I/O)电路添加触发器(1 位存储电路)。因此,工程师将 IEEE - Std - 1149.1 类型的电路板测试称为边界扫描。

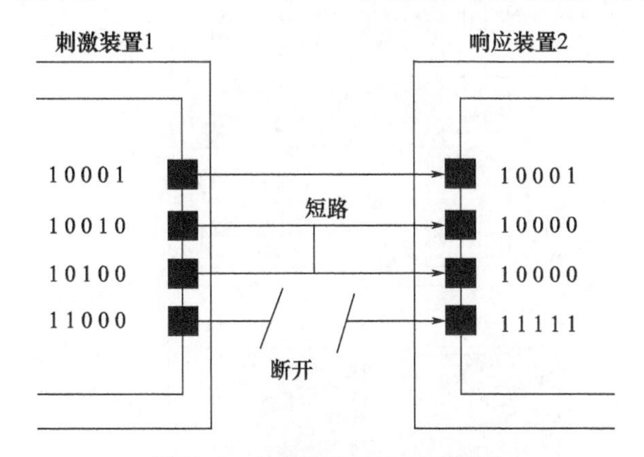

图 13.2 边界扫描 DfT 互连测试

为了在单个 IC 器件上实现边界扫描功能,图 13.3 显示了单个 VLSI 器件中添加的电路以及板上 4 个器件之间 DfT 信号的连通性。图 13.3a 显示了单个 VLSI 设备的添加电路。除了每个引脚上的触发器单元外,DfT 实现还需要一个测试访问端口(TAP)控制器、指令寄存器、杂项寄存器和旁路寄存器。该标准要求电子电路板上的引脚数量最少:

(1)数据引脚:TDI(测试数据输入),TDO(测试数据输出);

(2)控制引脚:TCK(测试时钟),TMS(测试模式选择),TRST(测试复位,可选)。

单板上 4 个部分之间的连接使用这些必需的信号,如图 13.3b 所示,其中单板有 4 个设备(如图 13.3a 所示)连接在一起。TDI 和 TDO 串行连接,其余信号并行连接。

边界扫描已被 DfT 和测试工程师用于对其 VLSI 设备进行测试。使用 TAP,测试设置可以发送刺激并观察反应。注意,这是一个慢的接口(如 100khz 到 10mhz)。测试工程师使用 TAP 用于:

(1)执行内置自检(对任何组件进行 BIST);

(2)在组件上运行逻辑扫描测试。

对于 PCB,第一个目标是检测故障并将其隔离到板上的某个部件。工程师可以使用本节描述的 DfT 特征来辅助故障检测和故障隔离。如果故障部件是集成电路,工程师可以访问该部件,运行一些 DfT 功能,以进一步隔离故障,且在电路板上。

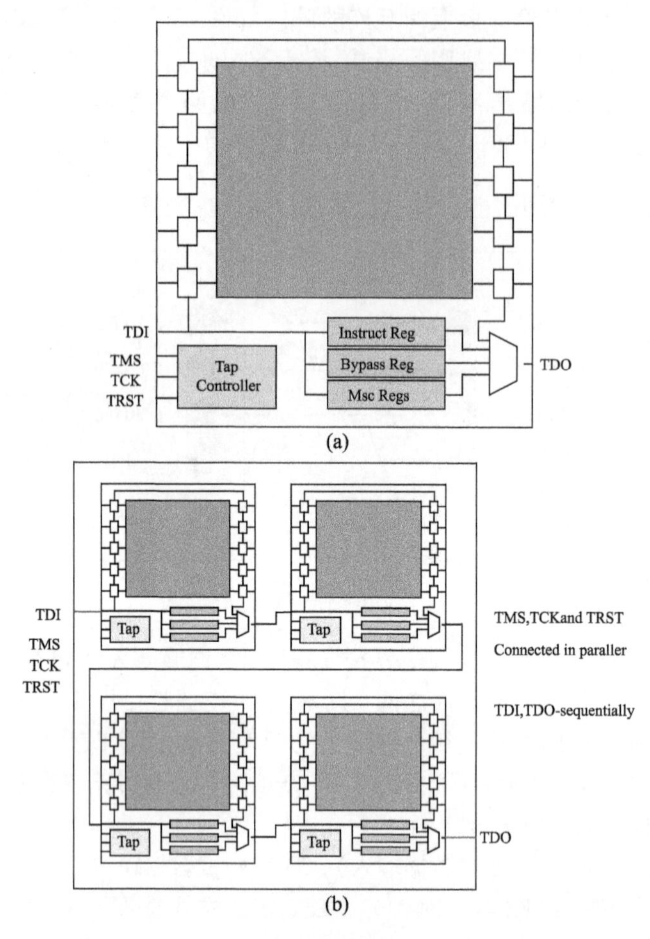

图 13.3 (a)边界扫描的实现——单一器件
(b)在有 4 个相同器件的电路板上实现边界扫描。
(资料来源:来自 Alex Gnusin,DFT 简介,http://sparkeda. com/technology/,2002)

13.6 电子元件级的测试性设计

本节介绍电子元件或设备层面的测试性。在这一节中,解释了 5 种设备类型。这些设备类型是 SiP 或多芯片封装的设备、超大规模集成电路(VLSIC)、逻辑设备、存储器设备以及模拟设备或混合信号设备。

13.6.1 系统级封装/多芯片封装测试和 DfT 技术

本节重点介绍封装上多个芯片所使用的 DfT 策略。SIP 和 MCM 是在单个封装中具有多个芯片或芯片的电子设备的一些名称。

SIP 部件由 2 个或多个黏合到基板上的芯片组成。这些封装还可能包括无源元件。管芯可以连接在同一基板上，也可以垂直堆叠。封装技术选项多种多样，从陶瓷基板到硅基板。后者显著增加了互连密度。IEEE 电子封装协会制定了封装技术路线图[7]。先进的封装技术允许混合来自多种制造和设计来源的 IC 芯片(小芯片)。这些小芯片可能包括逻辑器件、射频组件和微机电系统(MEMS)器件。

SIP 的测试与单个封装芯片的测试相同，测试过程必须满足最终客户系统要求的质量标准。对于测试覆盖范围，需要考虑封装内的连接性、芯片与封装之间的接合以及芯片级功能。SIPs 共享板级和 VLSI 设备覆盖指标。通常，为了获得更高的测试覆盖率，工程师会实施 DfT 策略。SIP 的 DfT 策略借鉴了电路板中使用的边界扫描方法。该策略通常称为包装器，允许使用最少数量的信号进行测试访问。在[8]中，作者的包装器解决方案需要 3 个信号。

从根本上讲，SIP 面临与晶圆测试相关的测试挑战，以保证高芯片/小芯片质量：已知的良好芯片(KGD)。如果封装技术允许更换，则故障芯片的影响可能意味着扔掉整个器件或更换故障芯片。工程师将后一种选择称为“返工”。这对传入芯片提出了很高的测试覆盖率要求。这种影响促进了工程师和工程经理之间的争论，即如何权衡 KGD 的高测试覆盖率与对最终产品的封装和测试成本的影响。

13.6.2 VLSI 和 DfT 技术

本节讲述有关 VLSI 电路中常用的 DfT 技术知识。VLSI 是一种复杂的 IC 设计。如果没有 DfT 电路，就不可能开发和制造复杂的半导体产品。DfT 技术从提供自动测试设备(ATE)和 DUT 之间的访问发展到在 DUT 上添加用于 BIT/BIST 的测试电路。

通常情况下，DfT 技术被扩展(增加更多的功能，将其用于硅验证、调试和故障分析的特定意图)，以在制造期间和硅制造后的测试流程中对 DfT 能力进行改进。制造测试并不是 DfT 能力的唯一硅后(芯片级测试后)用途。硅后的使用包括硅片调试，以及板级和系统级的工程测试和维修活动。DfT 能力的硅后使用也发生在系统/产品交付给客户后的现场应用中，在产品/系统的整个使用寿命中执行维修任务。接下来的小节涵盖了工程师在逻辑、存储器、模拟和混合信号电路中使用的常见 DfT 方法。

13.6.3 逻辑测试和设计

逻辑设计可以是纯粹的组合式数字电路(没有反馈路径,没有存储元件)。

一个逻辑设计也可以包括数字存储位(锁存器或触发器),反馈路径和时钟信号。测试覆盖率指标考虑数字状态故障和速度故障。常见的故障模式包括:

(1)卡住故障:逻辑门的输入和输出卡在1或0(S@0,S@1)。

(2)过渡/延时故障。从1到0或从0到1的状态变化,会使人感到很不自在。

(3)桥接故障。两个信号连接在一起。

(4)单元感知故障。只有基于被测标准单元的布局分析的故障。

ATE应用测试激励并观察输出。自动测试模式生成器(ATPG)使用特定故障模型分析逻辑设计并确定激励/输出对[3]。最早的覆盖率指标是"卡住故障"覆盖率。随着晶体管尺寸的减小和时钟速率的增加,DfT工程师开始评估转换和路径延迟故障覆盖率。随着互补金属氧化物半导体(CMOS)集成电路的转变,桥接故障覆盖率已添加到工程师的测试评估指标中。凭借先进的工艺节点(小于45nm),DfT测试工程师开始对缺陷模型(在物理实现层;这些被称为单元感知故障)感兴趣[9]。

通常情况下,卡住故障的测试覆盖率目标在92%~98%。实现100%地卡住故障覆盖率应该导致零逃逸,这是理想的测试有效性指标。为了减少逃逸,工程师们会在更高的时钟数据率下进行测试[4],并测量延迟故障覆盖率;这种方法的较低目标是80%,并不罕见。重要的是要理解覆盖率指标并不完美,而且故障模型也不完善。为了提高测试效果,工程师们应用了针对多种故障模型的测试方法。在20世纪90年代中期,电子行业赞助了一项详细的实证研究,对IBM特定应用集成电路(ASIC)CMOS产品的功能、扫描、IDDQ(普通桥故障测试)和延迟测试方法进行了比较[10]。IDDQ是IEEE对CMOS静态电源电流的符号。该研究表明,每一种应用的测试方法都有独特的故障。因此,所有这些测试方法都有助于减少对客户的潜在逃逸。

为了提高测试覆盖率,DfT工程师应用数字设计技术来修改设计。例如,为了最大限度地提高测试覆盖率,工程师希望能够在被测电路的每个节点上设置或观察一个信号。在评估一个集成电路的测试性时,工程师考虑了可控性和可观察性的概念[3]。这两个术语定义如下。

- 可控性。在电路的每个节点上建立一个特定的信号值的能力,从电路输入端的设置值开始。

- 可观察性。通过控制电路的输入和观察其输出来确定电路中任何节点的信号值的能力。

一个电路的设计会影响其可控性和可观察性。这些属性影响到用于生成测试的算法的设计。对于具有更好的可控性和可观察性的电路,测试生成的成本较低。DfT 技术改善了这些属性,从而增加了故障覆盖率,降低了测试生成成本,并经常减少测试时间。

VLSI 设计中的大多数数字电路块是由组合和顺序逻辑电路组成的。这些块可以被设计成同步或异步的实现。本节讨论更普遍的同步设计(时钟设计)。1 位存储元件,即触发器,构成了顺序电路的基本构件,这带来了可控性和可观察性的挑战。幸运的是,可以利用触发器的本质来解决这些挑战。

触发器可以被修改以增加可控性和可观察性。基本上,设计工程师将所有的触发器连接到一个移位寄存器,这被称为扫描链。在测试过程中,这使得数字电路的内部状态可以被设置和观察。它类似于 PCB 测试点的插入,因为它能够独立控制触发器的状态,实现对其内部状态的扫描。工程师们经常把这种 DfT 技术称为"扫描设计"。

图 13.4 提供了一个扫描设计的简单概述,因为它假设了扫描测试输入和扫描测试输出的专用引脚。人们更有可能遇到扫描和功能引脚共享的设计。在扫描测试期间,一个模式引脚被用来将信号从功能/任务模式路径复用到内部路径。

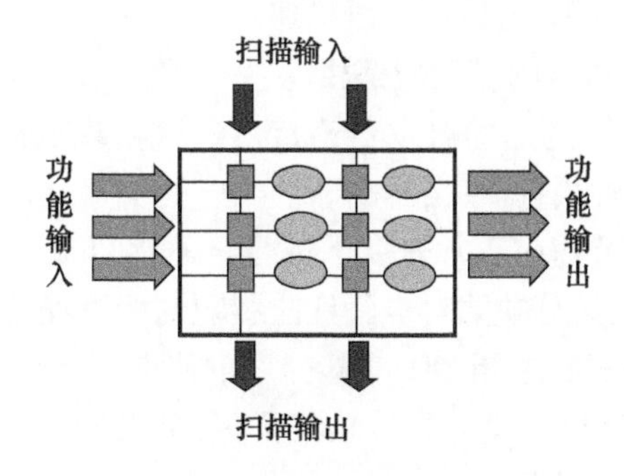

图 13.4 扫描插入的概念图

(资料来源:来自 Alex Gnusin,DfT 简介,http://sparkeda.com/technology/,2002)

图 13.5 描述了扫描测试的过程。其顺序如下:

(1)通过扫描链中的触发器移入数值,将模式应用到扫描输入。

(2)图案被应用到功能输入上。

(3)根据预期值观察功能输出的反应。

(4)扫描链中捕获的值可以通过移出触发器的内容到扫描输出来观察,并与预期值相比较。

(5)带有红色位值的输出表示与预期值不同的值。

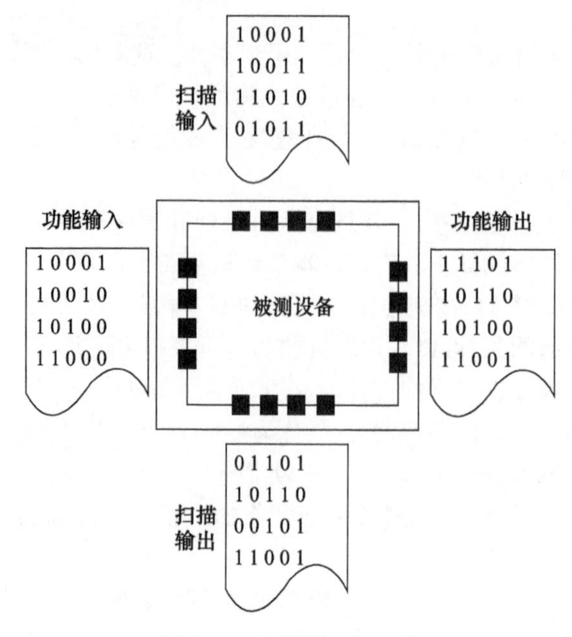

图 13.5 扫描测试的应用

为了 DfMn 的目的,工程师需要询问:这是全扫描设计还是部分扫描设计?扫描设计有一个实施范围,由以下术语描述:

(1)全扫描设计:所有的触发器都相连。

(2)局部扫描设计:选定的触发器连接。这种实现上的差异影响了故障检测和故障隔离的维修性属性。

逻辑测试可以在慢速或正常速度下进行。通常情况下,先以较慢的速度进行,然后以一定的速度区分缺陷对电路性能影响的严重程度,进行数字测试。

从 DfMn 的角度来看,逻辑 DfT 实施的以下特点很重要:

(1)全扫描与部分扫描设计。虽然需要更多的硅片面积,但全扫描设计更容易测试并提供更好的诊断。

(2)卡住故障、延迟测试、桥接测试和路径延迟测试的测试覆盖率指标。

(3)专门的测试引脚或任务/测试引脚复用。

如果是后者,要确保如何进入测试模式的说明是现成的。

13.6.4 内存测试和设计

半导体存储器有多种形式,如动态随机存取存储器(DRAM)、静态随机存取存储器(SRAM),以及 NAND/NOR 存储器(也称为闪存)。存储器电路可以是独立的,也可以嵌入一个更大的集成电路中。内存模块的大小从 512MB(兆字节)

到 16GB(千兆字节),适用于标准的个人电脑或笔记本电脑,而对于网络服务器和更大的复杂计算机,则高达 1TB(太字节)或 1024GB。本节使用 SRAM 来解释内存测试基础知识和常见的 DfT 技术。一般的概念可以应用于其他存储器,读者可以通过查阅本章末尾列出的参考文献了解更多信息。

存储器是按块组织的,每个块都有一个用于存储数据的存储器。图 13.6 说明了 SRAM 的存储块组织,显示了一个六晶体管位单元。地址电路通过每个单元的位线将一排位(通常以字节组织:8 位)连接到读写电路。一行连接到一个字线以激活该行,一列连接到位线(bit,bit_b)。位线进入一个差分读取放大器电路,寄存器保存要写入或读取的位值。

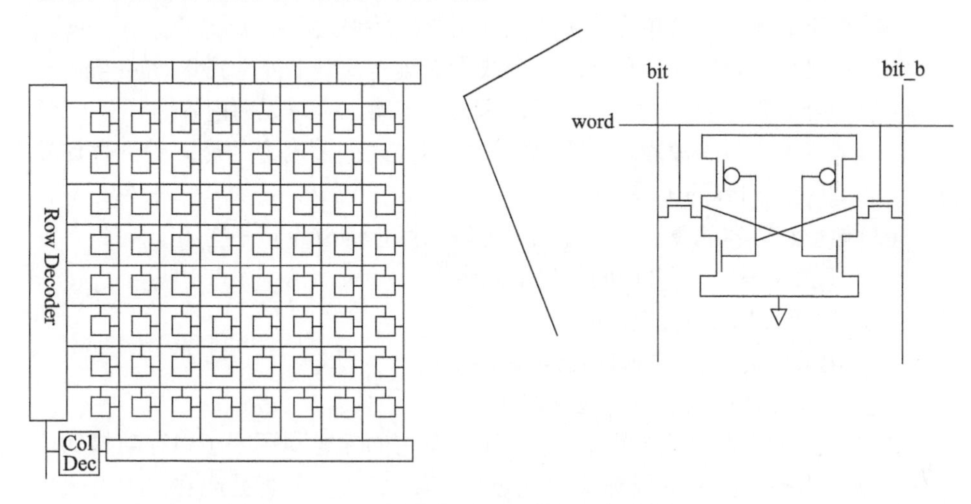

图 13.6　SRAM 块组织和六晶体管位单元(6T - Cell)

存储器测试必须覆盖存储寄存器、地址电路、读/写电路的时间和位单元。通常,存储器测试的覆盖率是通过应用的存储器测试模式的数量来评估的。由于 DRAM 和 SRAM 电路的密度以及字线和位线的结构,如果期望的覆盖目标是所有可能的数据模式,那么写入的数据模式可能会变得相当复杂。对于小型的嵌入式存储器,通常要应用 5 ~ 10 种模式。对于大型嵌入式存储器,所有的模式最初都被应用(通常被称为“厨房水槽”),然后在制造测试启动的工程数据收集过程中被用来减少应用的模式数量。DfT 工程师根据被测设备的累积结果,在测试覆盖率与测试有效性之间做出权衡决定。

内存测试需要涵盖以下电路:

(1)地址电路:它是否写到了正确的位置?

(2)位单元:该位是否有问题?位单元的状态是否受到相邻单元的影响?

(3)读取电路:在允许的时间内是否正确读取?

(4)写入电路:是否在允许的时间内写入了正确的值?

(5)存储缓冲区/寄存器:那里有故障吗?

为了全面测试内存,存在一组基于结构的测试,可以在了解内存的物理组织的基础上执行这些测试。存储器块的规则结构与一个位单元与另一个位单元的紧密结合提供了指导基于结构的测试的关键设计特征。它们对存储单元的物理实现导致了一种对故障或缺陷的"邻域模式敏感性"。存储器设计的常规结构适合于通过算法导出的测试模式。一些算法测试是根据该领域专家以往的经验开发的,他们发现了成为硅逃逸的缺陷。像 Hammer 测试和 Pause 测试这样的名字参考了非常具体的客户功能故障类型。Van de Goor 关于内存测试的书提供了一个模式测试类型的清单[11]。Van de Goor 将存储器故障类型分类如下:

(1)处于故障。一个单元或一条线的逻辑值始终为 0 或 1。

(2)过渡性故障。一个单元或一条线未能进行 0 到 1 或 1 到 0 的转换。

(3)耦合故障。对一个单元的写操作改变了第二个单元的内容。

(4)邻域模式敏感故障。一个单元的内容或改变其内容的能力受到存储器中其他一些单元内容的影响。

(5)地址解码器故障。任何影响地址解码操作的故障。一些例子包括:

· 对于某个地址,不会访问任何单元格。

· 某个单元永远不会被访问。

· 使用某个地址,可以同时访问多个单元。

· 某个单元格可以被多个地址访问。

所描述的内存测试模式可能是广泛的,但它们很容易用基于内存架构的语言来描述。存储器架构的规则结构适合在 ATE 测试仪引脚处或在片上模式发生器内即时生成模式。

工程师们应用基于 DfT 电路的技术来完成下列工作之一:

(1)允许从 ATE 或其他测试设备直接访问嵌入式内存块。

(2)通过提供片上图案和评估电路来加速测试应用。

(3)提供非常具体的缺陷/故障行为覆盖。

解决特定缺陷/错误行为覆盖通常需要深入了解存储器架构和电路设计。例如,如果工程师想要覆盖从卡住故障行为到过渡故障行为的"字线"缺陷,了解实际电路可以告知 DfT 电路策略以针对实际行为。SRAM 单元稳定性测试提供了 DfT 实现的示例,需要以下知识:

(1)将位线上的"弱写入"应用到相反的状态[12]。

(2)将字线上的"弱写入"应用到相反的状态[13]。

独立内存产品在其工厂中拥有专用的 ATE,但客户现场没有此类测试设备。内存产品上的 DfT 允许应用最少的测试集进行分类。现场测试设备的类型可能能够检测微处理器故障,但不能检测存储器故障。如果存储器嵌入微处理器

(片上系统)中,则现场测试应用程序将无法彻底测试微处理器。将新的片上系统连接到专用于存储器的ATE会增加微处理器芯片设计(性能和芯片面积)、制造测试流程(需要两个独特的ATE)以及客户返回测试设备(需要两个独特的ATE的成本)。DfT可以添加到微处理器(例如,BIST,如第13.7.1节中所述),并且制造测试流程可简化为一次性测试。此类DfT决策是通过权衡组件成本与产品拥有成本来做出的。

13.6.5 模拟和混合信号测试和DfT

模拟电路的输入和输出具有连续波形。混合信号电路结合了模拟和数字电路,它们的输入和输出信号可以是纯数字、纯模拟或模拟和数字。模拟电路具有阻抗特性、频域中的3分贝(dB)滚降点和变换函数。模拟电路在各自的输出和输入处产生或接收由非周期性或连续波形组成的信号。

由于独立设备工程师专注于测试混合信号设备,他们会参考设备规范中包含的功能要求,并计算用于测试覆盖率计算的功能总数。因此,测试覆盖率是根据在所有功能规范要求中测试的指定功能的百分比来衡量的。检查规格需要测试条件,该条件可能因规格而异,并且需要生成和分析波形的测量设备。测试设备可以根据测试情况进行专门化。例如,波形发生器产生各种波形(如锯齿波、周期性电压斜波或正弦波)。

在更大的VLSI设计中,测试工程师在访问模拟和混合信号电路以及设备输入和输出方面经常面临限制。反过来,这些限制也挑战了DfT工程师直接评估所有电路规格的能力。这引起了人们对采用基于缺陷的测试策略的替代测试方法的兴趣。这种方法侧重于检查电路是否存在导致电路性能差或降低的缺陷,但不一定存在故障。这些方法假设正确的制造会产生不会影响客户系统的电路。

在电路设计过程中,缺陷会在电路原理图或网表级别进行描述、建模和仿真。在缺陷模拟中,应用测试评估哪些缺陷可以被检测到[14]。工程师根据他们的缺陷电路建模和仿真策略执行测试覆盖率或故障覆盖率计算。缺陷覆盖率数字可能难以接受,因为并非所有网表缺陷都会导致错误行为。此外,工程师还可以模拟多种缺陷类型,如短路、开路和参数漂移。他们可以模拟一系列工艺参数值的网表缺陷,但可能无法涵盖所有这些。正确的覆盖百分比取决于每种情况。例如,70%的缺陷或故障覆盖率可能很好地满足市场预期的测试有效性目标。对于一些需要高可靠性和安全关键系统的客户来说,低于95%的故障覆盖率是不可接受的。对客户系统的影响提供了测试有效性的最终衡量标准。

DfT通过以下选项之一帮助测试驻留在较大VLSI设计中的混合信号电路:

- 测试从外部引脚对内部信号的访问:

□需要提供对模拟信号的访问的数字引脚。

□需要提供模拟信号访问的模拟引脚。

□需要提供对数字信号的访问的模拟引脚[15]。

• 片上仪器(如波形发生器、D/A 转换器和 A/D 转换器)。

• DfT 电路支持基于缺陷的测试方法。

• 测试站负载板修改以支持测试功能[16]。

DfT 测试方法支持规范测试方法或基于缺陷的测试方法。两种常见的基于缺陷的测试策略涉及异常值检测或转换。在异常值检测中,缺陷对测量的影响与正常人群中的测量有显著差异。将测量从一个域(电流)转换到另一个域(时间)有助于测量测试仪或芯片上的某些东西。提供了两个基于 DfT 缺陷的 I/O 电路测试方法示例。一个示例是针对 I/O 引脚泄漏执行的测试,另一个示例是针对 I/O 时序的测试。

I/O 引脚泄漏是一项耗时但必要的测试。通常,这是在 ATE 上完成的。I/O 引脚泄漏的传统测量首先是接触单个 I/O 引脚并将其置于三态模式。接下来,ATE 使用由 ATE 为电路提供的现有电压源将该引脚强制连接到电源轨。最后,ATE 测量该引脚的拉电流/灌电流。当 ATE 不接触引脚时,需要测试引脚泄漏,如减少引脚数的 ATE。这激发了创新的 DfT 解决方案。

方法是通过注意泄漏和寄生引脚电容代表阻容(RC)电流[17],将电流转换为时域。存储在电容器上的电压会随时间变化,只需在指定时间对电压进行采样即可。另一种方法是将电流测量转换为电压测量[18]。

I/O 时序代表时域中的模拟测量。I/O 引脚将具有与时钟源相关的输出和输入时序。这些时序关系的传统显式测量分别测量每一个。假设单个引脚和单个缺陷时序,工程师使用 DfT 电路来执行时序裕度测试[19,20]。通过进行两次时序裕度测量,这些基于缺陷的测试方法涵盖了 4 种时序测量,并以皮秒为增量使用片上延迟电路。根据良好零件的统计数据,工程师设置通过/失败限制。

对于故障检测和故障隔离的 DfMn 设计目标,模拟/混合信号 DfT 电路足以提供故障检测。用于模拟设备的 VLSI 设备内的故障隔离可能仅限于电路块。进一步探测的能力将取决于诊断测试场景中信号的 DfT 控制和诊断测试软件的功能。

13.6.6 设计和测试的权衡

任何关于设计和测试权衡的讨论都会产生建设性的张力。半导体行业的工程师经常将讨论重点放在设计更改上,以减轻测试和诊断负担。或者,讨论可以集中在修改测试设备或使用特定的测试方法(如 CMOS 电路的 IDDQ 测试)。制造测试仍然对成本敏感,但需要满足产品质量目标。成本和质量问题推动了测

试领域的创新,无论是专注于测试设备的设计修改还是 DfT 技术。以下来自半导体行业的示例说明了两项相关的创新:

(1)SRAM 长期以来要求对数据保留进行检查,测试的字面意思如下:写入 1/0,暂停 500 毫秒,然后读取。DfT 电路带来了创新。测试时间从 1 秒减少到 100 毫秒[12]。

(2)高速差分接口(如 USB 3.0[21])具有称为误码率(BER)的严格规范。负载板上的环回测试是一种常见的 DfT 技术,无法检测到所有故障行为。通过在环回互连中插入无源滤波器,工程师可以增强其覆盖抖动测试的能力[16]。

13.7 利用 DfT 实现维修性和持续性

用于维修性的制造测试和维持测试都需要具备检测故障的能力。它们通常在测试设备的可用性方面有所不同。客户系统的能力不如制造测试系统。客户退货设施可能具有也可能不具有与制造设施相同的能力。这些设施的目标也不同。制造测试将好零件与坏零件分类。维修性要求不仅仅是通过尝试修复包含故障部件的产品来检测故障部件。在客户的系统中,DfT 技术可以支持以下维修性目标:

(1)识别故障子系统;

(2)标记存在故障;

(3)进行现场诊断以指导维修步骤;

(4)对故障部件进行故障分析。

在现场,使用的设备可能有限。在这些情况下,BIST 功能会派上用场。对于任务模式现场/任务模式测试和诊断,BIT 和 BIST 为 DfMn 工程师提供了出色的工具。在考虑 DfMn 时,工程师可以利用 BIST 解决方案进行现场测试和诊断 VLSI 芯片或更大系统板的内部。由于 BIST 解决方案可能存在能力限制,因此设计对关键模块(如功能安全)的直接测试访问将更全面地支持 DfMn 目标。

13.7.1 内置测试/内置自检(BIT/BIST)

BIT、BIST 和嵌入式测试是需要与测试设备交互最少的电路的通用名称。让我们从 BIST 的讨论开始,它是组件或芯片级别的嵌入式测试。BIST 有助于缩短测试时间并增加测试覆盖率。BIST 需要以下功能:

(1)用于启动和停止片上测试的控制机制;

(2)用于输入的生成器和用于输出的分析器;

(3)与测试仪的通信,可以是简单的通过/故障指示或消息。

DfT 工程师为特定的电路块设计 BIST 解决方案。在 20 世纪 80 年代中期,

IC设计人员开始将BIST电路用于逻辑内置自检(LBIST)和内存内置自检(MBIST)。到20世纪90年代中期,LBIST和MBIST变得更加流行。使用这些DfT解决方案的动机包括在大型片上系统(如微处理器)中测试多种类型的逻辑和内存块,在有限的测试设备设置中提供高测试覆盖率,以及在整个产品生命周期内实现在线测试循环。

如前所述,由于其结构化设计,存储设备很容易在测试仪上自动生成模式。因此,实施MBIST解决方案可以很简单,除了一个警告:应该支持多少种模式类型?对于小型存储器,5~10种模式类型可以提供所需的测试效果。对于更大的内存,MBIST解决方案需要涵盖更多的模式类型。这样做的一种方法是设计一个带有用户界面的可编程BIST,这需要与测试仪进行一些交互以确定模式的最佳组合,从而在考虑测试时间的同时实现所需的测试有效性。

BIT测试是在组件级别以上的所有硬件级别的嵌入式诊断测试,它利用组件的BIST功能。BIST功能被证明在任何硅后工程活动中都非常有价值,尤其是对于客户使用应用中的板级制造测试和维修测试。BIT测试设计用于硬件的电路板和产品/系统级别。板级的BIT通常涉及边界扫描测试。在产品/系统级别,可能有许多类型的BIT。

BIT的几个示例包括:PBIT(通电BIT)或POST(详见第13.4.1节);I-BIT(中级维修BIT);C-BIT(系统运行时在后台执行的连续BIT);M-BIT(需要手动连接到外部测试系统(如内置测试设备(BITE)的维修BIT);D-BIT(仓库级维修BIT)。所有这些形式的电路板、产品/系统BIT将在不同时间出于不同目的使用组件级BIST的不同组合。

13.8 BITE和外部支持设备

工程师可以设计内置测试单元(BITE)来诊断和管理系统运行期间的故障,以及保障日常维修期间的系统维修。BITE与系统/产品集成在多个行业和市场中普遍存在并使用。BITE或外部支持设备与每个系统/产品内部的产品BIT或组件BIST的嵌入式测试诊断接口。BITE设备可以包括各种仪器,如频率发生器、TAP插件、万用表和示波器。

解释内部信号的诊断计算机系统可能是BITE设备的一部分。回到汽车的例子,汽车修理工使用诊断计算机系统来排除检查引擎灯亮起的原因。该诊断计算机系统插入汽车的数据接口总线,该总线连接到汽车中的每个电子控制模块。此BITE示例适用于多种类型的系统/产品应用的DfT和DfMn。该汽车诊断计算机系统是一种移动、可运输的BITE形式。BITE系统尺寸差异很大,从移动手持设备到装满大房间或海军舰艇多个甲板的设备都有。

13.9 小 结

设计工程师从系统性能的角度关注系统,他们很少考虑制造系统的需求或系统在其生命周期内的维修。维修性工程师应该熟悉 DfT 方法和 DfT 功能,以协助设计团队进行测试规划并将 DfT 纳入产品/系统设计。

对于维修性工程师来说,了解系统内的全部测试功能非常重要。无论系统的最小部分存在何种测试能力,都可以利用该能力并将其提升到最终可交付产品或系统的测试水平。

为了达到设计合理的 DfT 功能,测试目标或需求必须在已发布的测试需求文档中完整指定,包括测试程序和测试过程。

本章用一些具体的例子,说明了 DfT 的含义以及它是如何在硬件框架的 3 个层次上实现的:系统/产品、电路板和设备层次。本章为电子电路板和设备的测试方法提供了测试和设计的一些关键定义。有关 DfT 和测试的更多详细信息可以在引用的参考文献和推荐阅读部分中找到。

参考文献

1. US Department of Defense(1995). Testability Hand - book for Systems and Equipment, MIL - HDBK - 2165. Washington, DC: Department of Defense.
2. Semiconductor Engineering(n. d.). Scan Test. https://semiengineering.com/knowledge_centers/test/scan - test - 2/(accessed 10 September 2020).
3. Abramovici, M., Breuer, M., and Friedman, A. D. (1990). Digital Systems: Testing and Testable Design. New York, NY: Computer Science Press.
4. International Standards Organization(2018). ISO 26262 - 11:2018, Road Vehicles - Functional-Safety - Part 11: Guidelines on application of ISO26262 to semiconductors. Geneva, Switzerland: International Standards Organization.
5. van Schaaijk, H., Spierings, M., and Marinissen, E. J. (2018). Automatic generation of in - circuit tests for board assembly defects. I n: IEEE International Test Conference in Asia(ITC - Asia), 13 - 18. Harbin: Institute of Electrical and Electronics Engineershttps://doi.org/10.1109/ITC - Asia.2018.00013.
6. IEEE(2013). 1149.1 - 2013 - IEEE Standard for Test Access Port and Boundary - Scan Architecture(Revision of IEEE Std 1149.1 - 2001). Piscataway, NJ: Institute of Electrical and Electronics Engineers.
7. IEEE Electronics Packaging Society(2019). Hetero - geneous integration roadmap 2019 edition. https://eps.ieee.org/technology/heterogeneous - integration - roadmap/2019 - edition.html

(accessed 10 September2020).

8. Appello, D., Bernardi, P., Grosso, M., and Reorda, M. S. (2006). System – in – package testing: problemsand solutions. IEEE Design and Test of Computers23(3): 203 – 211. https://doi.org/10.1109/MDT.2006.79.

9. Hapke, F., Krenz – Baath, R., Glowatz, A. et al. (2009). Defect – oriented cell – aware ATPG and faultsimulation for industrial cell libraries and designs. In: IEEE Proceedings of 2009 International TestConference, Austin, TX. doi: https://doi.org/10.1109/TEST.2009.5355741.

10. Nigh, P., Needham, W., Butler, K. et al. (1997). Anexperimental study comparing therelative effec – tiveness of functional, scan, IDDq and delay – faulttesting. In: Proceedings of the 15th IEEE VLSI TestSymposium, Monterey, CA, USA, 459 – 464. https://doi.org/10.1109/VTEST.1997.600334.

11. van de Goor, A. J. (1996). Testing SemiconductorMemories. Chichester, UK: Wiley.

12. Meixner, A. and Banik, J. (1997). Weak Write Test Mode: an SRAM cell stability design for test technique. In: Proceedings of International Test Con – ference 1997, Washington, DC, USA. doi: https://doi.org/10.1109/TEST.1997.639732.

13. Ney, A., Dilillo, L., Girard, P. et al. (2009). A NewDesign – For – Test Technique for SRAM Core Cell Stability Faults. In: 2009 Design, Automation andTest in Europe Conference, Nice, France.

14. Kruseman, B., Tasic, B., Hora, C. et al. (2012). Defect oriented testing for analog/mixed – signaldesigns. IEEE Design and Test of Computers 29 (5): 72 – 80. https://doi.org/10.1109/MDT.2012.2210852.

15. Laisne, M., von Staudt, H. M., Bhalerao, S., andEason, M. (2017). Single – pin Test control for Big A, Little D Devices. In: Proceedings of IEEE Interna – tional Test Conference 2017, Fort Worth, TX.

16. Laquai, B. and Cai, Y. (2001). Testing gigabit mul – tilane SerDes interfaces with passive jitter injectionfilters. In: Proceedings of International Test Confer – ence 2001, Baltimore, MD, USA. doi: https://doi.org/10.1109/TEST.2001.966645.

17. Rahal – Arabi, T. and Taylor, G. (2001). A JTAGbased AC leakage self – test. 2001 Symposium onVLSI Circuits, Digest of Technical Papers, Kyoto, Japan. doi: https://doi.org/10.1109/VLSIC.2001.934239

18. Muhtaroglu, A., Provost, B., Rahal – Arabi, T., andTaylor, G. (2004). I/O self – leakage test. Proceedingsof 2004 International Conference on Test, C h a r l o t t e, NC, USA.

19. Tripp, M., Mak, T. M., and Meixner, A. (2003). Elimination of traditional functional testing ofinterface timings at Intel. In: Proceedings of Inter – national Test Conference 2003, C h a r l o t t e, N C, U S A. doi: https://doi.org/10.1109/TEST.2003.1271089.

20. Robertson, I., Hetherington, G., Leslie, T. et al. (2005). Testing high – speed, large scale imple – mentation of SerDes I/Os on chips used in throughput computing systems. In: Proceedings of International Conference on Test, Austin, TX. 10.1109/TEST.2005.1584065.

21. Wikipedia USB 3. 0. https://en. wikipedia. org/wiki/USB_3. 0(accessed 12 September 2020).

推荐阅读书目

1. Arnold, R. et al. , (1998) . Test methods used to produce highly reliable Known Good Die (KGD). Proceedings International Conference on Multichip Modules and High Density Packaging, D e n v e r, CO, USA.
2. Bateson, J. T. (1985). In – Circuit Testing. S p r i n g e r. Burns, M. , Roberts, G. W. , and Taenzler, F. (2001). An Introduction to Mixed – Signal IC Test and Measurement. Oxford University Press. Bushnell, M. and Agrawal, V. (2004).
3. Essentials of Electronic Testing for Digital, Memory and Mixed – signal VLSI Circuits. Springer Gnusin, A. (2002) . Introduction to DFT. http://sparkeda. com/technology/(accessed 12September 2020). The IEEE journal, IEEE Design & Test ofComputers, 1984 to present.
4. IEEE(2005). 1500 – 2005 – IEEE Standard TestabilityMethod for Embedded Core – based IntegratedCircuits. Piscataway, NJ: Institute of Electricaland Electronics Engineers.
5. IEEE(2014). 1687 – 2014 – IEEE Standard for Accessand Control of Instrumentation Embedded withina Semiconductor Device. Piscataway, NJ: Instituteof Electrical and Electronics Engineers. Park, E. S. , Mercer, M. R. , and Williams, T. W. (1989).
6. A statistical model for delay – fault testing. IEEEDesign and Test of Computers 6 (1) : 45 – 55. Parker, K. P. (2016). Boundary – Scan Handbook, 4 e. Springer.
7. Patil, S. and Reddy, S. M. (1989) . A test generationsystem for path delay faults. In: Proceedings IEEE
8. International Conference on Computer Design: VLSI in Computers and Processors, Cambridge, MA, USA. Zorian, Y. (1993). A distributed BIST controlscheme for complex VLSI devices. Digest ofPapers, Eleventh Annual IEEE VLSI
9. Zorian, Y. , Marinissen, E. J. , and Dey, S. (1998) . Testing embedded core – based system chips. In: IEEE Proceedings of 2009 International TestConference, 130 – 143.

第14章　可靠性分析

Jack Dixon

14.1　导　言

可靠性工程是系统工程的子学科，强调产品生命周期管理的可靠性。可靠性是指系统或元件在规定的条件下、在规定的时间内正常工作的能力。[1]

可靠度是指产品在规定的条件下、在规定的时间内能够执行预定功能的概率[2]。

可靠性计划对实现当今产品的高可靠性要求是必不可少的。可靠性工作能够为其他系统特性提供依据，如测试性、维修性和可用性。可靠性工作最好在系统开发的早期启动并在系统生命周期内持续改进。

尽管本书的重点是维修性设计，但本章的重点是可靠性。尽管如此，读者一定不要忽视这两个系统特性是密切相关的事实。我们可以将重点放在可靠性策略上来获取一定程度的可用性，或者将重点放在维修性策略上来实现期望的可用性水平。提高维修性通常比提高可靠性更容易。维修性评估（修复率）通常也更准确。当可靠性不受控制时，更多复杂的问题会出现，如人力（维修人员/客户服务人员能力）短缺、备件可用性、后勤保障延误、维修设施缺乏、大量的改装和复杂的配置管理成本等。初始故障修复完成后，由维修导致故障出现“多米诺骨牌效应”，也可能使不可靠问题增加。一个故障导致一个修复操作，该操作会引发其他需要修复的故障。

因此，仅关注维修性是不够的。如果故障被预防或消除，那么与维修性相关的其他问题都不重要了。因此可靠性通常被认为是可用性中最重要的部分。可靠性需要评估和改进，以提高可用性，并降低由于备件成本、维修工时、运输成本、储存成本、零件报废风险等造成的总拥有成本（TCO）。通常还需要进行设计权衡，在可靠性设计和维修性设计间做出平衡选择。系统的测试性也应考虑，因为它是可靠性和维修性之间的桥梁。维修性和测试性策略会影响系统的可靠性（如通过预防性和/或预测性维修），以帮助系统实现其设计的固有可靠性，但是通过维修性和测试性策略提高的可靠性无法超过通过大量的设计可靠性分析得到的固有可靠性[3]。

范例1:维修性与可靠性成反比

所有组织、政府或私人公司都希望以合理的成本或价格及时获得和/或生产满足用户或客户需求的优质产品。可靠性、维修性和可用性对于实现这些目标至关重要。而可靠性、维修性和可用性是密不可分的,本章将重点关注可靠性,特别是一些最常见的可靠性分析和建模技术。

14.2 可靠性分析和建模

《牛津高阶英语词典》中对建模的一个简单定义是:“对一个系统或过程进行简单描述的工作,以便用来解释它”[4]。《韦氏大学英语词典》对建模给出了一个更专业的定义:“提出一个含有假设、数据和推论的系统,用来对事物的实体或状态进行数学描述;也是基于此系统的一个计算机仿真[5]。

可靠性建模通常使用数据支持的图形和数学表示来代表系统或产品,并使用这些表示来执行各种类型的分析。可靠性建模用于在部件或系统使用前了解或预测其可靠性。可靠性模型对于下列工作是一个重要的工具:

(1)评估产品设计的性能。

(2)量化系统的有效性。

(3)发现可能导致系统不符合要求的设计问题。

(4)对不同的设计方案进行权衡研究。

(5)在性能、可靠性和维修性等设计特性之间进行权衡。

(6)进行敏感性分析以优化性能和成本效益。

(7)确定容错或不可修复系统所需的冗余。

(8)确定和评估保修条款。

(9)提供保障的输入和生命周期成本函数。

在系统开发产品的所有阶段,可靠性模型可用来加快可靠性分配、评估可选设计方案、进行可靠性预测、进行应力强度分析。

最常见的可靠性模型有:

(1)可靠性框图;

(2)可靠性分配;

(3)可靠性数学模型;

(4)可靠性预测;

(5)故障树分析(FTA);

(6)故障模式、影响和危害性分析(FMECA)。

这些模型将在以下章节中介绍。

14.3 可靠性框图

初始可靠性模型以可靠性框图(Reliability Block Diagrams,RBDs)建立,一般从系统工程功能分析演变而来。RBD 描述了元件或功能级的串联和并联关系(图 14.1)用来指定在容错体系结构中是否存在冗余。RBD 的目的是在生命周期的早期阶段,开发一个各要素能使系统运行成功的合理复制品(模型)。

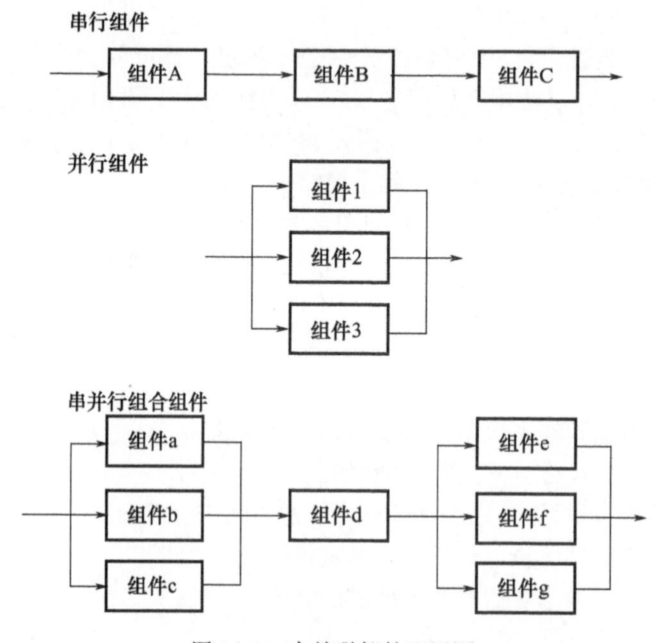

图 14.1 串并联部件配置图

构建一个系统 RBD 的第一步是创建顶级的 RBD 表示整个系统(Level 1)。一旦使用了各种串并联元件创建了系统的顶级 RBD,该 RBD 可以继续向下拓展到更低级,直到能将整个系统描述清楚,如图 14.2 所示。

在这个例子中,展开元件 B 显示了一个串联电路的单一字符串部件 1 到 4。这意味着第 2 级中的任何一个元件故障都将导致元件 B 故障。展开元件 3 到 3 级串并联原理图得到元件 a 到 f。第 3 级的元件 d 展开后得到第四级元件 U 到 Z。这张图只显示了第 1 级元件 B 的拓展;第 1 级的元件 A、C 和 D 也必须展开来表示系统元件从第 2 级到第 4 级的分解。

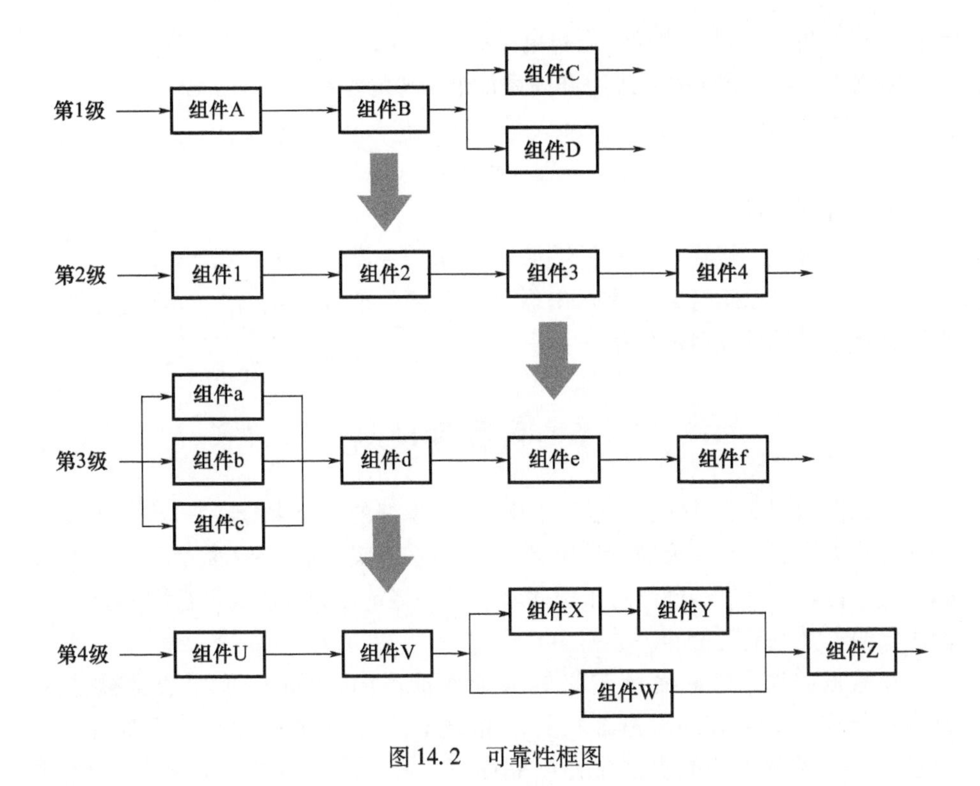

图 14.2　可靠性框图

14.4　可靠性分配

整个系统 RBD 开发完成后,下一步就是利用 RBD 进行可靠性分配。顶级可靠性要求通常是作为客户需求的一部分而提供。然后,顶级可靠性要求必须在低级别的子系统、装配件、元件等之间分配。参考图 14.2,系统级的可靠性要求适用于第 1 级。然后为系统一级框图的每一个方框,A、B、C、D 分别分配可靠性要求,同时创建更低级别的框图。这个过程一直持续到达到最低级别的部件。当这些可靠性要求数值在第 1 级结合时,它们将代表系统的可靠性。这些要求随后被分解为 RBD 的每一个较低级别的分配要求,直到每个方框都被分配了一个分配的可靠性要求。

14.5　可靠性数学模型

完成 RBD 和可靠性分配后,就可以建立可靠性数学模型。这个过程需要建立 RBD 每个部分的可靠性数学表示,然后将它们组合起来,使复杂的结果简化为由一个等价的序列表达式组成的单一概率陈述。

参考图 14.1,下面的公式用来描述每个结构的可靠性。

对于串行组件:

$$R_{System} = R_A \times R_B \times R_C \times \cdots R_N$$

对于并联组件:

$$R_{System} = 1 - (1 - R_1) \times (1 - R_2) \times (1 - R_3) \times \cdots (1 - R_n)$$

这些公式可以组合起来表示串联和并联部件的任意组合。RBD 建立了一个可以用于可靠性预测的模型。

14.6 可靠性预测

可靠性预测是一项必要的技术,用于评估系统的整个生命周期,从方案通过发展转化为生产。预测为做设计决策、选择备选方案、挑选部件质量等级提供基础。一个良好的可靠性预测对于那些考虑某一特定设计方法的可行性和充分性做决定的人来说是无价的。

在数据的局限性和系统定义的准确性范围内,可靠性预测通常被认为是对一特定设计可靠性的最佳估计。系统和可靠性工程师擅长系统定义,但进行可靠性预测的数据通常是限制因素。模型和可靠性预测的输入通常来自包括测试、试验、现场数据和数据手册在内的众多来源。无论数据来自哪里,所有数据都必须谨慎使用,因为预测将取决于使用的数据。分析师必须确保数据,尤其是基于相似性的数据,对正在开发的产品是有效的。由于可靠性预测通常基于以相同或相似的方式使用的相似产品或他们的部件数据,因此在确定与其他产品的相似性及其使用条件的相似性程度时必须谨慎。

范例 9:用数据支持维修性

可靠性建模和可靠性预测通常在开发周期的早期阶段开始,用来为方案设计和可靠性分配提供基础。在整个系统开发过程中,随着设计逐渐细节化,当设计或系统使用有重大变化时,或者当环境需求、压力数据或故障率等附加数据可用时,可靠性模型和预测应该更新。

MIL - STD - 756[6]常用作指导性能的可靠性预测。以下步骤改编自 MIL - STD - 756,用以定义建立可靠性模型和进行可靠性预测的程序。

第一步:定义预测使用的产品。

第二步:定义产品可靠性建模和预测的服务使用(生命周期)。

第三步:定义产品可靠性框图。

第四步:定义计算产品可靠性的数学模型。

第五步:定义产品的组成。

第六步:定义环境数据。

第七步:定义压力数据。

第八步:定义故障分布。

第九步:定义故障率。

第十步:计算产品可靠性。

为了计算最后一步产品的可靠性,分析人员必须使用之前建立的 RBD,并应用前面描述的计算串并联部件的计算规则。这种方法产生的值通常被称为任务可靠性。对于任何大规模或复杂的系统,手工快速计算很笨拙。市场上有许多可以简化计算的商业软件产品。

第二种更简单的方法称为基本可靠性预测。这种方法采用串联模型进行可靠性计算。产品的所有元素,即使是那些提供冗余或备用模式的操作,都包含在串联模型中。然后用前面给出的级数可靠度计算公式来确定可靠度。这种方法用来估算估计某一产品及其组成部分对维修和后勤保障的要求。

14.7 故障树分析

“故障树分析(FTA)是一种系统的演绎方法,用来定义单个特定的不良事件,并确定可能导致该事件发生的所有可能原因(故障)。不希望出现的事件构成了故障树图中的顶部事件,通常表示产品完全或灾难性的故障。FTA 专注于所有可能的系统故障中的一个子集,特别是那些可能导致灾难性的顶部事件的故障[2]。”

自从贝尔实验室的 H. A. Watson 发明 FTA 以来[7],它已经成为一种非常流行和强大的分析技术。Watson 最初应用 FTA 研究民兵发射控制系统。波音公司的 Dave Hassl 后来将其应用范围扩大到整个民兵导弹系统,并于 1965 年在美国西雅图召开的第一次系统安全会议上发表了有关 FTA 的历史性论文[8]。

FTA 最初主要作为系统安全工具使用。FTA 是一个根本原因分析工具,用来确定已通过危害性分析的不良事件的根本原因。这是系统安全工程师经常使用的一项重要技术。不过 FTA 也成为可靠性从业者最欢迎的工具。

FTA 在以下情况都可使用[2]：

(1)高度复杂系统的功能分析。

(2)观察同时发生的非关键事件对顶部事件的综合影响。

(3)安全要求和规范的评估。

(4)系统可靠性评估。

(5)人机界面评估。

(6)软件界面评估。

(7)识别潜在的设计缺陷和安全隐患。

(8)评估潜在的纠正措施。

(9)简化维修和故障处理。

(10)对观察到的故障的原因进行逻辑消除。

从可靠性角度,FTA 可以评估产品是否满足性能可靠性要求。

本节仅对 FTA 作简要概述。这不是一个详尽的、详细的论述。请读者阅读本章末尾的建议阅读部分推荐书目,以便得到更深入的 FTA 论述。

14.7.1 什么是故障树?

故障树是以树的形式表示导致特定不良事件的原因(故障、缺陷、错误等)的组合。它使用符号逻辑创建可能导致不良事件的故障、缺陷、错误的组合图形化表示。FTA 的目的是识别可能导致不良事件的故障和错误组合。故障树允许分析人员将资源集中在顶级事件最可能和最重要的基本原因上。

FTA 是一种演绎(自顶向下)分析技术,专注于特定的不良事件,并用于确定导致不良事件发生的根本原因。这个过程从确定一个不良事件(顶级事件)开始,向后遍历系统以确定将导致顶级事件部件故障的组合。

使用布尔代数,故障树可以解决所有可以导致顶级事件的基本事件组合。这样可以对故障树进行定性分析。故障树也可以用作定量分析工具。在这种情况下,失败率或发生的概率值被分配给基本事件,并可以计算出顶级不良事件发生的概率[9]。

安全分析大多采用定性分析,而可靠性分析则多采用定量分析。

14.7.2 门和事件

逻辑门与基本事件一起用于创建故障树。建立故障树所使用的标准符号及其描述,如图 14.3 所示。

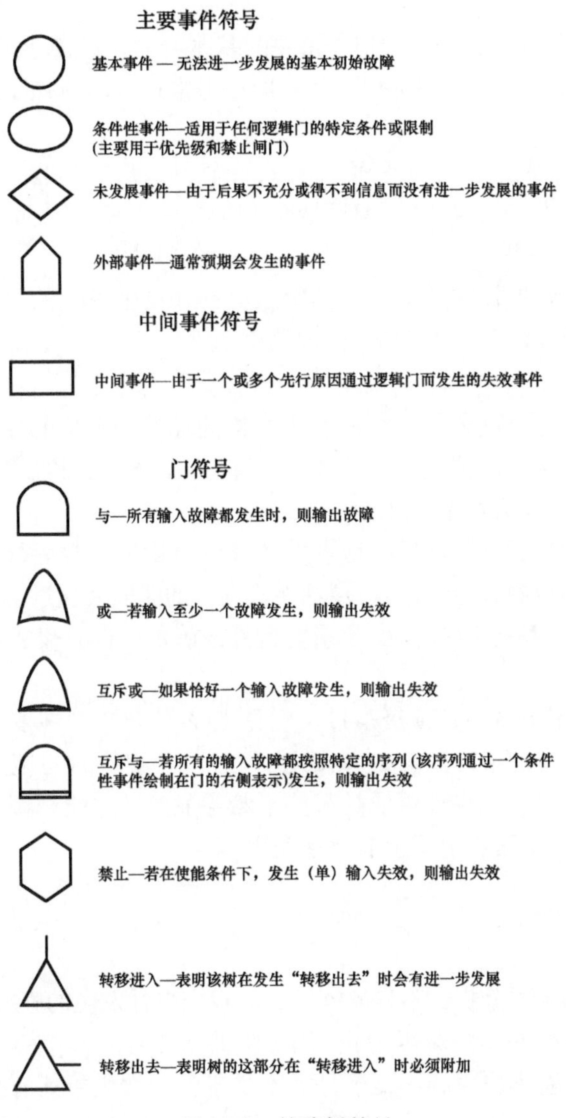

图 14.3 故障树符号

（资料来源：Gullo, L. J. 和 Dixon, J.，安全性设计，John Wiley & Sons, Inc.，Hoboken, NJ, 2018。转载经约翰·威利父子出版公司许可）

14.7.3 定义

需要理解的 FTA 的基本定义。

割集：是会导致系统故障的硬件和软件元件故障的组合。

最小割集：是硬件和软件元件故障的最小组合，如果它们全部发生，将导致顶级事件发生[10]。

失效:是硬件或软件(HW/SW)元件的基本异常。故障表示功能无法满足其要求规范。例如,根据其说明书,继电器在正常运行时应该是开路的,但它却不能关闭。

故障:是在不希望出现的时间,由硬件和软件组成的功能不良状态。例如,继电器在应该打开的时候关闭,但不是因为继电器关闭失败,而是因为它在错误的时间被“命令”关闭。

主故障:是指硬件/软件部件在其所适应的环境中发生的故障。例如,一个压力罐的设计承受的压力不大于 p_0,但是由于焊接缺陷,压力罐在 $p \leqslant p_0$ 的压力下破裂[10]。

二次故障:是元件(硬件/软件)在不合格的环境下发生的故障。换句话说,元件在超出设计条件的情况下会故障。例如,一个压力罐的设计承受的压力不大于 p_0,在 $p > p_0$ 时压力罐会破裂[10]。

命令失效:是在错误的时间、地点发生,硬件/软件正常运行。例如,由于来自上级装备的不成熟或错误信号,导致弹头列车的武器装置过早关闭[10]。

暴露时间:是系统工作时,出现系统元件故障的时间。暴露的时间越长,故障的概率越高。

不良事件:不良事件是顶级事件。它是 FTA 的对象。在安全工程中,通常是由危害分析确定的事件。例如,在武器系统中,不良事件可能是“弹头意外爆炸”。在可靠性工程中,事件可能是某些不希望发生的系统故障。例如,它可能是“太阳能电池板无法在卫星上有效地使用”。

14.7.4 方法

FTA 首先确定要分析的不良事件。然后找出事件发生的直接原因。这一过程将持续到查明最基本的原因为止(如电阻器不能打开)。然后用完整的故障树模型表示所有基本原因和不良事件。不良事件的发生可能有很多种方法,每一种都由一系列基本原因导致。这些基本原因被称为割集。最小分割结合是导致顶级不良事件发生的最小基本原因组合。

故障树由连接在一起的门和事件组成,就像树上的分支一样。与门和或门是 FTA 中最常用的两种门。图 14.4 表示了由两个输入事件构成的能够导致输出或顶级事件的两种简单故障树。如果任何一个输入事件都可以引起输出事件,则这些输入事件用或门连接。如果两个输入事件同时发生才能引起输入事件,那么就用与门连接。

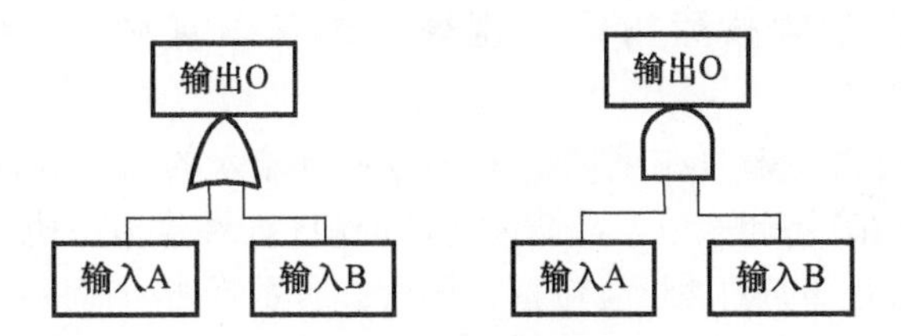

图 14.4　简单故障树

（资料来源：Gullo，L. J. 和 Dixon，J.，安全性设计，John Wiley & Sons，Inc.，Hoboken，NJ，2018。转载经约翰·威利父子出版公司许可）

故障树的构建和分析过程，如图 14.5 所示。

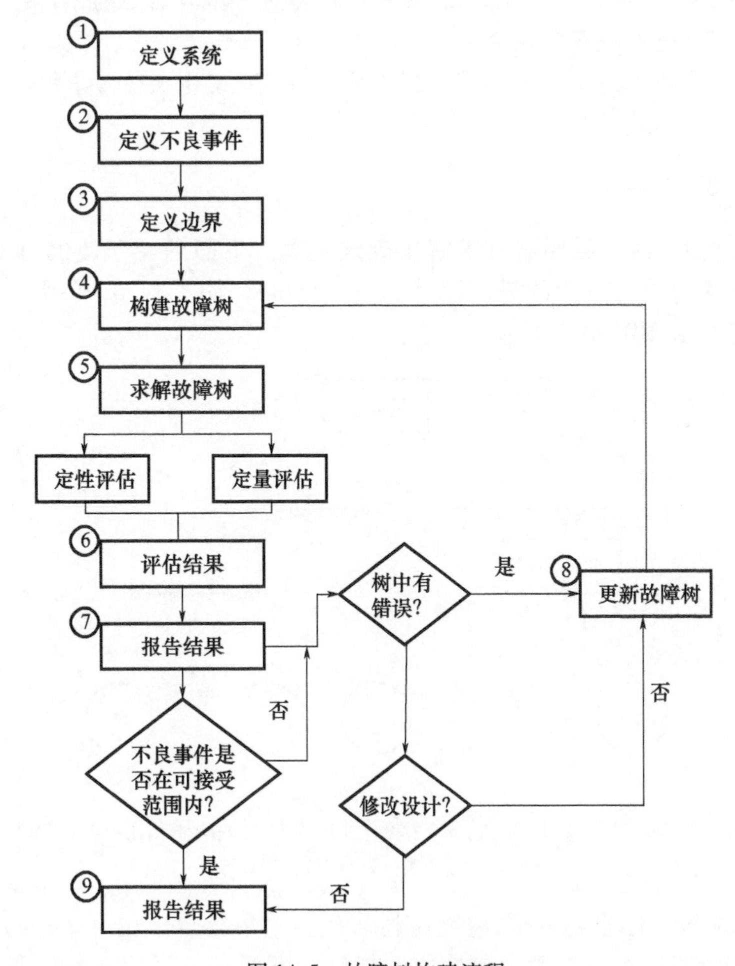

图 14.5　故障树构建流程

（资料来源：Gullo，L. J. 和 Dixon，J.，安全性设计，John Wiley & Sons，Inc.，Hoboken，NJ，2018。转载经约翰·威利父子出版公司许可）

要想成功地绘制故障树需要遵循一组基本规则。这些规则改编自NUREG－0492[10]。

基本规则1:通过编写在事件框中作为故障输入的语句来准确描述每个事件;准确地说明故障是什么以及故障发生的时机(如在供电时电机无法启动)。

基本规则2:如果问题"此故障是否包含部件故障?"的回答是"是",则将该事件归类为"部件状态故障"。如果答案是"否",则将该事件归类为"系统状态故障"。

基本原则3:没有奇迹原则。如果一个部件的正常功能传播了错误序列,那么要假定该部件功能正常。

基本原则4:完成门规则。在对某一门进行进一步分析之前,对某一门的所有输入都应该进行完整的定义。

基本原则5:没有门对门规则。门的输入应该正确定义故障事件,门不应该直接连接到其他门。

14.7.5 割集

构建故障树后,需要对其求解来确定割集。下面的例子改编自Gullo和Dixon[9]。对于非常简单的树,割集可以直接看出来,如图14.6所示。

割集为:A、BD、CD

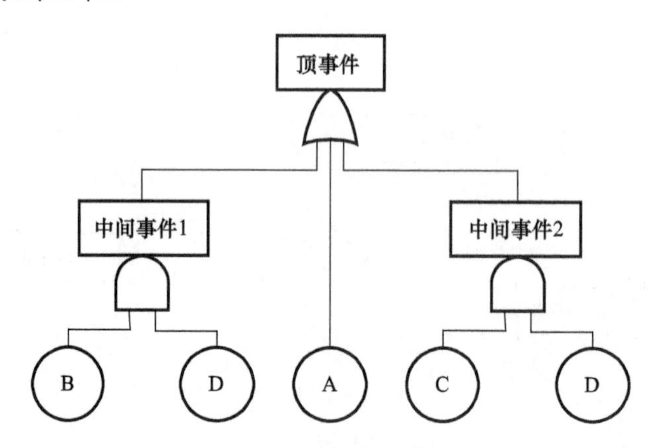

图14.6 简单割集确定

(资料来源:Gullo,L. J. 和 Dixon,J. ,安全性设计,John Wiley & Sons,Inc. ,Hoboken,NJ,2018。转载经约翰·威利父子出版公司许可)

随着故障树越来越复杂,将故障树简化为割集会越来越复杂。必须使用布尔代数。假定读者熟悉布尔代数的规则。下面举例说明在稍微复杂的树中割集和最小割集的计算(图14.7)。割集为:(A+B)、(A+C)、(D+B)、(D+C)。

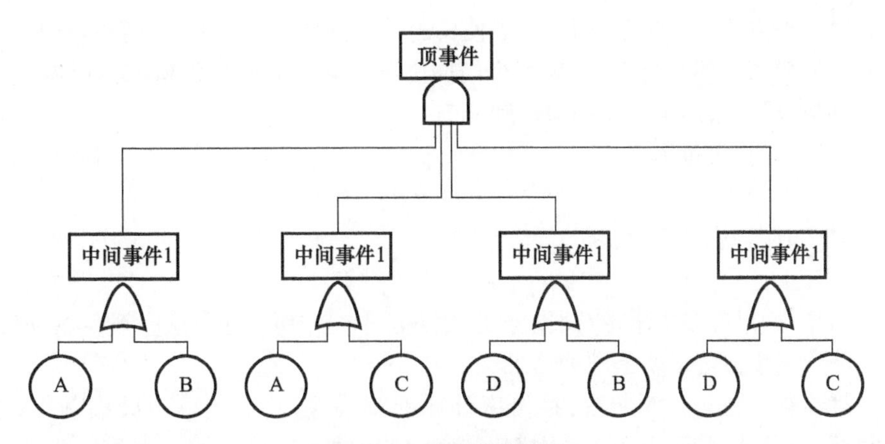

图 14.7 最小割集确定

(资料来源:Gullo,L. J. 和 Dixon,J. ,安全性设计,John Wiley & Sons,Inc. ,Hoboken,NJ,2018。转载经约翰·威利父子出版公司许可)

由此,我们必须确定最小割集。回顾上一节的定义,最小割集是软/硬件故障的最小组合,如果这些故障全部发生,会导致顶级事件[10]。因此,图 14.7 中树的割集布尔表达式为:

$$(A+B)\cdot(A+C)\cdot(D+B)\cdot(D+C)$$

利用布尔代数规则,我们将表达式简化为其最小割集如下:

$$[A+(B+C)]\cdot[D+(B+C)]$$

$$(B\cdot C)+(A\cdot D)$$

因此,最小割集为$(B\cdot C)$、$(A\cdot D)$。

即使在这个简单的例子中,使用布尔代数手工求解故障树也非常麻烦。因此,许多算法和计算机程序被开发出来以协助生成割集和最小割集。

14.7.6 故障树定量分析

有两种方法用于计算发生最严重的不良事件概率。在这两种方法中,必须确定所有基本事件的故障率。这是通过使用可靠性计算和/或通过使用可靠性手册获得故障率数据来完成的。最常用的参考文献之一是《军事手册:电子设备可靠性预测》,MIL - HDBK - 217F[11]。

计算硬/软部件可靠性的公式为:

$$R = e^{-\lambda t}$$

其中:R 是可靠度,λ 是软/硬件失效率,t 为工作时间。

故障率为:

$$P_t = 1 - R = 1 - e^{-\lambda t}$$

一旦确定了所有的故障率,就可以计算出顶级事件发生的概率。

第一种方法——概率求和：为了使用这种方法计算顶级事件发生的概率，分析人员从树的底部开始，并计算每个门向上移动到顶级事件的概率。要做到这一点，以下规则适用于常见的与门和或门：

对于与门，故障率为：

$$P_f = P_A \times P_B$$

对于或门，故障率为：

$$P_f = P_A + P_B - (P_A \times P_B)$$

但是，如果有多次事件/分支出现，此方法不起作用。如果这些都存在，那么必须使用割集方法来获得准确结果。

第二种方法——割集法：在概率计算的割集法中，一旦得到最小割集，如果需要，分析人员可以通过评估概率对故障树进行定量分析。定量评估最容易按顺序进行，首先确定部件的失效概率，然后确定最小割集概率，最后使用适当的门方程确定最小割集概率，将它们进行求和即可确定顶级事件发生的概率。

14.7.7 优缺点

FTA 是一种强大的分析技术，已经在许多不同的行业使用多年。它可以在设计的概念和详细设计中的任何阶段实施。它可以为可靠性问题提供有价值的见解，并为权衡研究提供有价值的补充。FTA 与其他一些分析技术相比具有优势，因为它可以非常直观地展示特定的不良事件是如何发生的。FTA 为测试规划提供了一种实用的方法。通过查看 FTA，测试工程师可以很容易地看到系统网络中的关键点，其中测试将是有效的，并提高测试故障覆盖率。自动化 FTA 软件工具可用于执行复杂的故障树设计。

FTA 最大的缺点是，如果在大型复杂系统中手工执行，它会非常耗时和昂贵。

14.8 故障模式、影响和危害性分析

FMECA 是可靠性工程师使用的一个非常流行、有用的工具。FMECA 的实施顺序与 FTA 的实施顺序相反。FTA 是一种自上而下的方法，从不受欢迎的顶级事件开始，一直到组件故障级别。另一方面，FMECA 从硬件的最底层（零件组件）开始寻找故障模式和故障原因，并向上流动分析，以确定故障在本地组装层的影响，下一个更高的组装层，直到系统层的影响。

实际上有两种类型的相关分析：故障模式和影响分析，FMEA 与 FMECA。FMEA 是检查组件、装配和子系统以确定潜在的故障模式及其原因和影响

的过程。使用工作表格，记录故障模式及其对所调查系统的影响。FMEA 可以是定性分析，也可以是定量分析。FMEA 通常是系统可靠性研究的第一步。

通常将 FMEA 扩展为包含危害性分析的 FMECA。FMECA 是一个分析过程，它记录系统中所有可能的故障，通过故障模式分析确定每一个故障对系统运行的影响，识别单个故障点，并根据故障影响的严重程度分类对每一个故障进行排序。“虽然 FMECA 的目标是识别系统设计中的所有故障模式，但其首要目的是尽早识别所有灾难性和关键故障的可能性，以便通过尽早进行设计修正来消除或最小化这些故障。因此，一旦在较高的系统级别获得初步设计信息，就应立即启动 FMECA，并随着获得有关产品的更多信息，将其扩展到较低级别”[12]。

FMECA 本质上是一项可靠性工作，但它也为其他分析目的提供信息。FMECA 有时也用于维修性分析、系统安全分析、后勤保障分析、维修计划分析和生存/脆弱性研究。由于用途的多样性，有必要对规划 FMECA 工作保持谨慎以尽量减少开发计划中的重复工作。

FMECA 有几种类型，包括设计 FMECA、过程 FMECA 和软件 FMECA，他们的使用取决于分析的重点：

设计 FMECA：分析系统性能以确定故障发生时发生的情况。这种类型的 FMECA 是通过检查装配图、部件数据表、电气原理图和说明书来执行的。

过程 FMECA：重点在于建立一个可靠性产品需要的制造和测试过程。为了执行这类 FMECA，分析师要检查材料、部件、制造工艺、工具、设备、检验方法、人为错误和文件来识别生产、维修或使用过程中可能出现的故障风险。

软件 FMECA：可以应用于软件开发生命周期的不同点。这些软件产品 FMECA 的各种应用可能出现在软件开发周期的任何一点，如在开发软件需求、创建软件架构、高级软件设计、低级软件设计、编码或软件测试期间。

虽然各种 FMECA 分析之间有相似之处，但本章着重于设计 FMECA 来说明该技术。本节仅作为 FMECA 的简要概述，并不打算对该主题进行详尽、详细的讨论。请读者回顾本章末尾建议阅读部分列出的书目，以便更深入地讨论 FMECA 和上面列出的 3 种 FMECA。

FMECA 通过使用工作表进行。虽然工作表有许多变体，但图 14.8 将作为一个通用示例。

各列描述

头信息：不言自明。程序所需的任何其他通用信息都可以包括在内。

标识符：这可以是一个标识特定子系统、组件等的标识数字。

功能：这是对系统、子系统等所执行功能的描述。

故障模式:这是对所标识产品的所有可能故障模式的描述。这些信息可以从历史数据、制造商数据、经验、类似产品或测试中获得。产品可能有多种失效模式,因此,应记录每种故障模式,并分析其对系统的影响。

故障影响:这是对每种故障模式对系统、子系统等可能产生的影响的简短描述。

故障原因:这是对导致特定故障模式的原因的简要描述。原因可能包括物理故障、磨损、温度应力、振动应力等。

所有可能影响一个物品的情况都应记录下来,包括任何特殊的操作时期、应力或可能增加故障概率或损坏严重程度的事件组合。

P:特定模式下的故障概率。

S:故障的严重程度及后果。

D:检测故障的概率。

RPN:该列包含风险优先级编号(RPN)。RPN 是由 P、S、D 组成的函数,且由 P、S、D 决定。

建议措施和状态:提供建议的预防措施以消除或减轻潜在故障模式的影响。这一栏还应该包括使用的当前状态。

失效模式、影响及危害度分析									
系统:_________ 填表人:_________ 时间:_________									
标识符	功能	故障模式	故障影响	故障原因	P	S	D	RPN	建议措施和状态

图 14.8　故障模式影响及危害性分析表格

计算 RPN 的方法多种多样。一种常用的方法是将因子 P、S 和 D 相乘:

$$RPN = (\text{probability of failure}) \times (\text{severity of the failure}) \times (\text{probability of detection of the failure})$$

$$RPN = P \times S \times D$$

对每个物品定 1～10 的评分等级。表 14.1、表 14.2 和表 14.3 提供了这些因素的简化版本。

表 14.1 故障等级概率

故障等级概率	失效概率(P)
10	0.5
9	0.125
8	0.05
7	0.025
6	0.0125
5	0.0025
4	0.001
3	0.00025
2	0.00005
1	0.000001

表 14.2 故障等级严重程度

故障等级严重程度	故障严重程度
9~10	非常高。故障会影响任务或安全(从伤害到灾难性的)或导致不遵守政府规定
7~8	高。客户的高度不满。不可操作的系统,但不违反安全或政府法规
4~6	中等。客户不满,性能下降
2~3	低。只有轻微的性能下降。干扰
1	小。次要的影响不会对系统产生任何实质性的影响

表 14.3 检测失效的概率等级

检测失效的概率等级	检测失效概率
10	不检测的绝对确定性。没有检测手段。没有办法及时发现问题来影响结果
9	非常低。控件可能不会检测到故障
7~8	低。控件不可能检测的故障
4~6	中等。故障可能被控件检测到
2~3	高。控件有很好的机会检测到故障
1	非常高。控件将总是或几乎总是检测到故障

显然,分析师需要做出必要的判断以确定 P、S 和 D 3 个因素的评级,在分析师建立评级后,他们相乘得到 RPN,这反映了故障模式的临界程度。

因为这 3 个评级从 1 到 10 不等,所以它们的产品将从 1 到 1000 不等。一旦 RPN 确定,区分重要和不重要就很简单了。然后可以按最高到最低的值对 RPN 值进行排序,以便深入了解最重要和最不重要的问题。然而,这种方法不能盲目使用,还需要分析师保持谨慎,因为灾难性故障有可能通过低故障概率和检测概率来掩盖。例如,如果 $RPN = P \times S \times D = 2 \times 10 \times 2 = 40$。当与其他拥有更高 RPN 的物品一起列出时,40 的 RPN 可能显得很低且不重要。然而,由于 S = 10 是灾难性的,这可能比看起来的更重要。分析师必须确保每一个严重评级为 9 或 10 的故障都被评估为安全或任务故障,无论总体评级是什么。

14.9 补充可靠性分析和模型

虽然在文献中描述了许多用于执行可靠性分析和创建模型的附加技术,并在各种产品中使用,但我们在本章中主要关注最常见的技术。

其他一些流行但不常使用的技术包括:

(1)成功树分析(STA);

(2)事件树;

(3)马尔可夫模型;

(4)蒙特卡罗模拟;

(5)Petri 网;

(6)失效物理(POF)模型;

(7)强度—应力模型;

(8)可靠性增长模型。

在这些分析和建模选项中,许多可以用来补充本章中更常见的讨论。这些附加的技术是对分析和建模技术的选择,它们提供了不同的、通常更具体的重点,而不是这里详细介绍的那些无所不包的技术。上面列出的技术通常用于更详细地研究特定类型的问题,而不是前面讨论的更通用的技术。

关于这些和其他不太常用的分析技术的更详细的讨论应该参考"附加阅读建议"。

14.10 小　结

本章集中讨论了几种比较常见的可靠性分析和模型。除了这里讨论的技术之外,还有许多其他的技术,不胜枚举。在任何系统/产品的开发过程中,分析和建模对于确保设计将满足指定的性能要求是至关重要的。分析和建模迭代地用于指导设计,以达到满足指定需求的最终目标,从而确保程序的成功和客户满意度。模型价值的关键在于它必须在系统开发过程中的决策过程中有用。必须创建任何模型和相关分析,以支持设计团队并推荐设计改进。它应该帮助他们衡量系统的有效性和性能,评估设计研究方案,做出设计决策并评估风险。

参考文献

1. IEEE(1990). *IEEE Standard Computer Dictionary: A Compilation of IEEE Standard Computer Glossaries.* Piscataway, NJ: Institute of Electrical and Electronics Engineers.
2. US Department of Defense(2005). *DOD Guide for Achieving Reliability, Availability, and Maintainability.* Washington, DC: Department of Defense.
3. Wikipedia Reliability engineering. https://en.wikipedia.org/wiki/Reliability_engineering (accessed 12 September 2020).
4. Oxford Advanced Learners Dictionary. Modelling. https://www.oxfordlearnersdictionaries.com/us/defnition/english/modelling? q = modelling(accessed12 September 2020).
5. Merriam – Webster Collegiate Dictionary. Model. "https://www.merriam – webster.com/dictionary/modeling(accessed 12 September 2020).
6. US Department of Defense (1981). *Reliability Modeling and Prediction, MIL – STD – 756B.* Washington, DC: Department of Defense.
7. Watson, H. A. (1961). *Launch Control Safety Study*, Section VII, vol. 1. Bell Laboratories.
8. Hassl, D. (1965). Advanced concepts in fault tree analysis. Presented at the System Safety Symposium(8 –9 June).
9. Gullo, L. J. and Dixon, J. (2018). *Design for Safety.* Hoboken, NJ: Wiley.
10. US Nuclear Regulatory Commission(1981). *Fault Tree Handbook, NUREG* – 0492. Washington, DC: US Nuclear Regulatory Commission. https://www.nrc.gov/reading – rm/doc – collections/nuregs/staff/sr0492/(accessed 14 September 2020).
11. US Department of Defense(1991). *Military Handbook: Reliability Prediction of Electronic Equipment, MIL – HDBK* – 217*F*. Washington, DC: Department of Defense.
12. US Department of Defense(1980). *Procedures for Performing a Failure Mode, Effects and Criticality Analysis, MIL – STD* – 1629*A*. Washington, DC: Department of Defense.

附加阅读建议

1. Gullo, L. J. and Dixon, J. (2018). Design for Safety. Hoboken, NJ: Wiley.
2. Raheja, D. and Allocco, M. (2006). AssuranceTechnologies Principles and Practices. Hoboken, NJ: Wiley.
3. Raheja, D. and Gullo, L. J. (2012). Design for Reliability. Hoboken, NJ: Wiley.

第15章 可用性设计

James Kovacevic

15.1 导言

您想知道您的设备在需要时是否处于可使用状态吗？它在任何给定的时间点可使用吗？如果是这样，那么您对可用性很感兴趣。可用性是对设备处于可使用状态程度的度量，当任务在一个未知（随机）时间点被调用时，该设备在任务开始时是确保可用的[1]。可用性考虑的是预期运行设备的时间与无法运行设备的时间之间的时间差。另外，可用性也可以定义为设备处于可使用状态的时间百分比。通常，可用性是在设备级上的度量，也可是系统级、平台级、装备级或产品级。在把可用性作为需求考虑之前，必须清楚地理解设备的定义和配置。可用性是设备的可靠性和设备维修容易程度的协方差函数。可靠性是基于设备发生故障的频率。维修性不仅指设备恢复到功能状态的速度有多快，而且还考虑执行预防性维修（PM）的频率以及设备在计划内和计划外维修停机的时间。可用性则需要考虑将设备恢复到功能状态或执行预防性维修时的保障延迟时间。偶尔，有人可能会混淆可用性和可靠性。为了确保区别明显，这里有一个简单的方法来记住区别：

（1）可用性关注时间利用率；

（2）维修性关注过程恢复；

（3）可靠性关注故障消除。

15.2 什么是可用性？

可用性有许多不同类型的解释和用途。各种类型的可用性将在本章后面讨论，但本质上，可用性考虑可用的总时间（TT）（如30天的周期或720h）及设备能够执行其预期功能的时间（如672h）。在图15.1中，设备将在3个时间段内可用：320h、210h和142h。在30天（720h）的期间中，这一总数为672h，这将得到93.3%（672/720）的可用性。

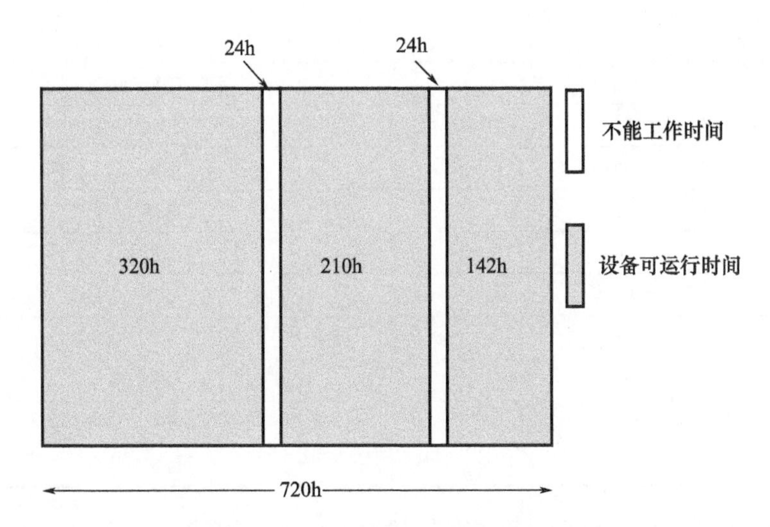

图 15.1　可用性最简单的形式(见正文)

可用性是一个强大的指标,它允许设备所有者了解他们的设备执行预期任务的准备情况。一旦理解了可用性,设备所有者就可以明确低可用性是否是由较差的维修性、较差的可靠性或后勤延迟造成的。可用性还允许设备设计人员在可靠性和维修性方面进行微妙的平衡和权衡,以交付最具性价比的解决方案给设备所有者。最后,可用性使设备所有者能确定可能需要多少设备来确保组织目标的实现。例如,如果一个组织需要一定数量的制造设备生产能力或机载平台每年的飞行小时数,且他们知道设备的可用性,则该组织就可采购正确的设备数量,实现所需的生产吞吐量或飞行小时总数。

下面的例子(表 15.1)显示了可用性在一年期间的损失时间实际上意味着什么。假设我们的系统每年运行 365 天,每天 24h,即每年 8760h。设备在一年内有多久是无法运转的?

表 15.1　可用性和不能工作时间相关性

可用性/%	不能工作时间/h
50	4380
55	3942
60	3504
65	3066
70	2628
75	2190
80	1752

续表

可用性/%	不能工作时间/h
85	1314
90	876
95	438
96	350
97	263
98	175
99	88
99.9	9
99.99	0.88

问题:假设一个组织在一年中需要13200h的飞机飞行时间(使用8760h/年),单个设备的可用性是65%。从这个例子中,确定组织需要多少机载设备来确保它能够满足一年的飞行时间要求?

解决方案:如果可用性为65%,每架飞机设备每年可能有5634h的可用飞行时间。使用表15.1,考虑到65%的可用性,这相当于每架飞机设备有3066h停机。一年有8760h,65%的可用性,即每年每个设备飞行时间有5694h可用(8760 - 3066 = 5694)。因此,该组织将需要3个设备来满足一年的飞行需求。这三种设备是基于每年所需13200h的飞行时间和每架飞机每年可用的5694h而得到的(13200h/5694可用h = 2.32,取整数为3)。

与可靠性和维修性中的其他指标一样,可用性也依赖于使用环境。使用环境是对设备具体影响的组合,如环境条件、工作人员能力、使用参数、班次模式、维修策略等。由于备件交货期、极端环境或维修人员的技能水平等原因,同一设备在一个地点的可用性在另一个地点可能会有很大的不同。

可用性是设备所有者、设计人员或使用人员需要跟踪的关键指标,从而确保组织能够满足目标。对于组织的特定情况和需求,确保使用环境的正确可用性度量是至关重要的。

15.3 可用性概念

可用性最简单的形式是可靠性和维修性的函数,其中可靠性用MTBF表示,维修性用MTTR表示。如果只关注MTBF,那么结果可能将导致更多的预防性维修,这可能会导致整体可用性降低。相反,如果只关注MTTR并减少停机时间,那么大量故障仍可能发生,从而降低可用性。因此,采用平衡的方法

(图 15.2)来实现可用性目标是绝对重要的。

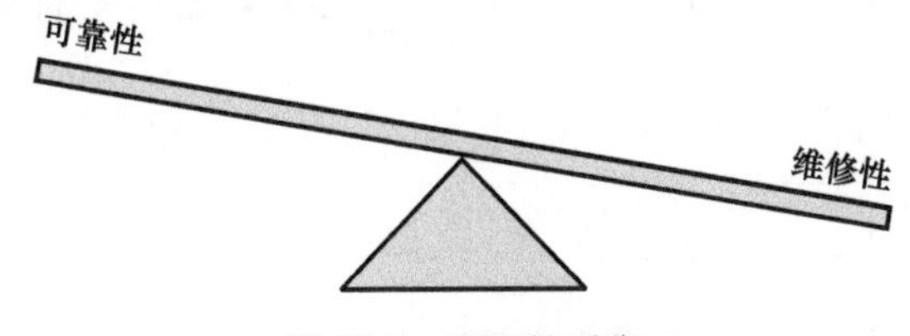

图 15.2　可用性平衡

无论改进行动是在设备的设计阶段还是使用阶段,只有理解可靠性和维修性之间的平衡,才能够专注于正确的改进行动。如果不理解这一点,组织会经常关注可靠性,从而损害维修性且无法实现可用性目标。表 15.2 有助于说明可靠性和维修性之间的关系。

表 15.2　MTBF 和 MTTR 对可用性的影响

MTBF	MTTR	可用性
增加	保持不变	增加
增加	增加	减少/增加/保持不变
增加	减少	增加
减少	保持不变	减少
减少	增加	减少
减少	减少	减少/增加/保持不变
保持不变	增加	减少
保持不变	减少	增加

范例 1:维修性与可靠性成反比

当 MTTR 减少时,MTBF 也减少,结果将得到恒定可用性。当故障的成本无关紧要,但执行预防性维修的成本非常昂贵时,可能会出现这种权衡。例如,在一台环氧树脂注入机中,混合喷嘴堵塞的成本是无关紧要的,因为使用人员可以在需要时快速更换喷嘴。但是,主动更换混合喷嘴的成本是昂贵的,因为没有时间数据来支持更改且会导致无效的维修。在这种情况下,我们可能会经历 MT-BF 和 MTTR 的轻微下降,使其依赖使用人员的活动而非维修人员。因此,可用性将保持不变。组织也有成本效益,这是在 MTBF 和 MTTR 间权衡实现的。虽然这是一个普遍的规则,但也有很多例外。为了帮助理解 MTBF 和 MTTR 之间的关系,表 15.3 展示了一些示例,说明了 MTBF 和 MTTR 的变化如何影响可用性。

表 15.3 MTBF、MTTR 和可用性

MTBF/h	MTTR/h	可用性
1	1	0.5
1	2	0.333333
1	0.5	0.666667
1	0.1	0.909091
2	1	0.666667
2	2	0.5
2	3	0.4
2	4	0.3333333
3	1	0.75
0.9	1	0.473684
0.1	1	0.090909
0.01	1	0.009901
100	100	0.5
90	90	0.5
80	80	0.5
100	25	0.8
90	22.5	0.8
80	20	0.8
70	17.5	0.8
60	15	0.8

需要注意的是,这些权衡通常在故障模式层面以详细的电气或机械设计权衡的形式进行。故障模式描述了设备可能发生的故障(电气故障或机械故障或两者兼而有)。设计权衡考虑了故障模式的发生方式,如物理疲劳退化和根本原因的失效机制,以及如何改变设计以防止故障模式的发生或最小化其发生的影响。这些权衡是可靠性设计(DfR)和维修性设计(DfMn)的一部分。作为设计权衡的结果,可以确定针对特定故障模式的预防和维修措施的优化。在针对某一特定故障模式的设计权衡分析中,要对故障事件及其相应的维修保养(CM)的成本和阻止故障事件的预防性维修措施的成本进行明确并平衡。重要的是要

注意故障的总成本,因为正确的维修不仅仅是维修的成本(如零件和劳动),也应该包括任何额外的成本,如员工供应和培训成本、运输和供应链物流成本、故障设备的机会损失成本、罚款和处罚。

通常,可视化 MTBF 和 MTTR 对可用性的影响是有帮助的。图 15.3 ~ 图 15.6 是展示了 MTBF 或 MTTR 的变化如何影响可用性的 4 个场景。图 15.3 展示了与 MTBF 相较而言,较短 MTTR 的设备。在 MTTR 相同的情况下,图 15.4 展示了比图 15.3 更长的 MTBF。图 15.5 展示了较短的 MTBF 和 MTTR。最后,图 15.6 显示了一个较短 MTBF 和较长 MTTR 的设备。因此,可用性比其他示例低得多。短或长是相对的,人们应该期望在设备需求中看到绝对值。示例中使用的长/短值并不是关于什么是长/短 MTBF 值的指导原则。对可用性的影响总结于表 15.4。

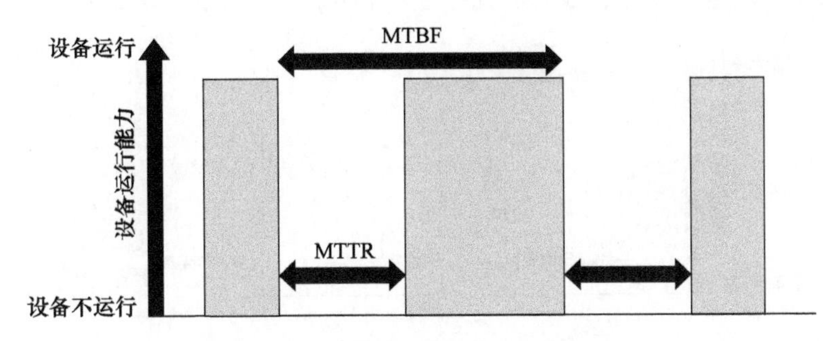

图 15.3 长 MTBF 和短 MTTR 的可用性

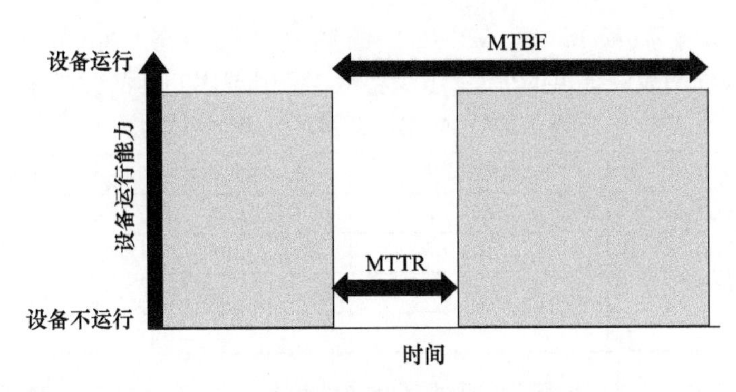

图 15.4 长 MTBF 和短 MTTR 的可用性

图 15.3 表示长 MTBF 和短 MTTR 的结合,这将产生可接受的可用性(83.3%)。在这种情况下,组织需要进行分析以确定 MTBF 或 MTTR 是否应改进。与图 15.4(MTBF 翻倍,MTTR 保持不变)相比,MTBF 翻倍只带来了很小的可用性改善(90.9%)。在这种情况下,组织可通过对 MTTR 改进提高可用性从而获益最大。

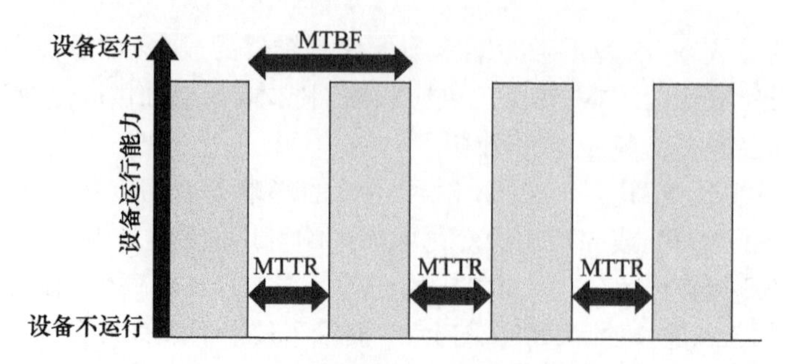

图 15.5　短 MTBF 和 MTTR 的可用性

图 15.5 表示了一个经常出现故障的设备,其 MTBF 和 MTTR 较短。这通常代表组织擅长被动维修和组件替换。系统可用性为 66.7%。根据图中提供的信息,该组织将受益于改进 MTBF 而不是 MTTR。

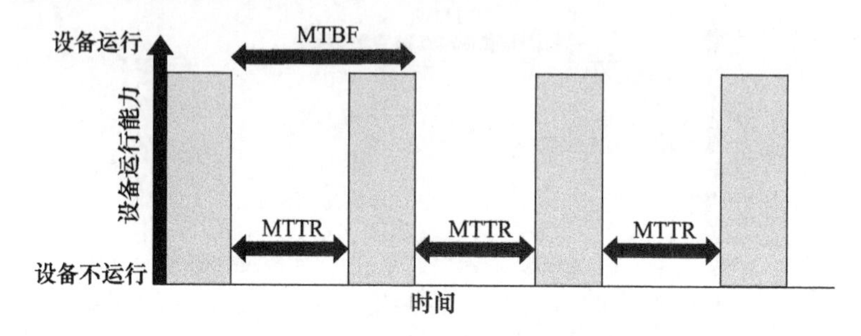

图 15.6　短 MTBF 和长 MTTR 的可用性

图 15.6 表示 MTBF 短、MTTR 长的频繁失效设备。系统的可用性为 54.5%。根据图表中提供的信息,组织将从 MTBF 或 MTTR 的改进中受益。

表 15.4　MTBF、MTTR 和可用性

方案	MTBF/h	MTTR/h	可用性/%
1(图 15.3)	50	10	83.8
2(图 15.4)	100	10	90.9
3(图 15.5)	10	5	66.7
4(图 15.6)	30	25	54.5

如图 15.3 ~ 图 15.6 所示,通过对设备的可靠性或维修性设计更改,可用性可提高或降低。这就是为什么所有设备设计都必须对 DfR 和 DfMn 功能平衡混合的原因。

15.3.1　可用性要素

可用性参数的类型不止一种,输入可用性方程中的元素也不止一组。要正确理解可用性计算的元素是至关重要的。由于可用性是与时间相关的,与可用

性相关的元素如 MTBF 和 MTTR 是以时间为基础的。其他元素也将要讨论。所有这些基于时间的元素都在计算相应的可用性类型中都发挥作用。由于设备是为可用性设计的,考虑到设备需要在给定的时间和压力条件下运行并能够持续运行,因此任何设备不运行的时间都不包括在可用性计算中。可用性不考虑设备的计划非使用时间段。计划的不使用期可以是设备由于使用需求不足而关闭或者设备在存储中/在运输中的时间。

15.3.1.1 时间相关元素

可用性可以分解为许多与时间相关的元素,如图 15.7 所示,首先从总时间(TT)开始。TT 是计划的使用时间,如 720h,不包括计划的非使用时间。TT 可以进一步分为 2 个主要元素:能工作时间和不能工作时间。能工作时间被定义为设备准备好运行并满足组织需求的时间,而不能工作时间是设备需要运行但无法满足组织需求的非运行时间。不能工作时间包括计划的预防性维修或计划外的修复性维修的所有时间[2]。

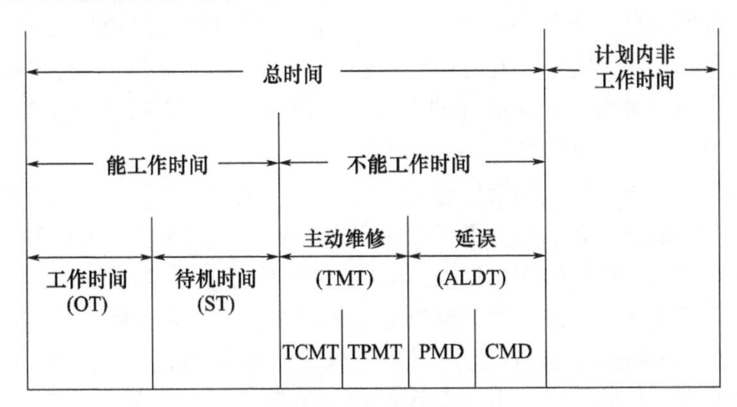

图 15.7 可用性元素

(资料来源:美国国防部《系统可靠性、可用性和维修性的评估》,国防部 3235.1 – H,国防部,华盛顿特区,1982 年)

能工作时间可以进一步分解为工作时间(OT)和待机时间(ST)。工作时间可以定义为设备运行并满足组织需求的时间,待机时间则定义为设备准备好运行并满足组织需求的时间。通过一个使用备用泵的供水系统例子来描述工作时间和待机时间。两个泵系统需要主泵一直运行处理水量和流量,并将水正确分配给客户。第二个泵是主泵的备用泵。当主泵运行时,它是满足自来水组织及其客户需求的主要水源。只要主泵工作,备用泵就不工作。如果主泵发生故障,备用泵将启动,接管主泵的工作满足自来水组织及其客户的需要。

不能工作时间可以分解为许多更小的元素,如总维修时间(TMT)和管理后勤保障延迟时间(ALDT)。TMT 是对设备进行预防性维修或修复性维修的时间。总预防性维修时间(TPMT)是为确保设备正常工作而进行的预防性维修时间。总修复性维修时间(TCMT)是指在发生故障后,使设备恢复到功能可用状态所进行的维修工作时间。TCMT 和 TPMT 都不应包括与管理或后勤延误有关的任何时间。如果需要,在不能工作时间中排除 ALDT 是为了确定设计的固有可用性,可以指导设备的设计改进。ALDT 用于使用可用性计算,可用于指导维修和保障过程的设备设计改进。

ALDT 应该包括所有的延误,无论是后勤(如缺少零件、技能或设备)还是管理(如日程安排和协调问题)导致的预防性维修延误(PMDs)和修复性维修延误(CMDs)。CMD 通常包括如意外需要某零件,但该零件无库存导致的延误。PMD 通常包括由吊架或车间空间限制、缺乏专门测试设备能力或调度问题引起的延迟。追踪这些延误是至关重要的,这样才能够采取适当的行动来确保使用可用性更接近设备的固有可用性水平。

15.3.1.2 平均指标

除了可用性计算所需的单个时间元素外,可用性还可以使用各种“平均指标”进行计算。“平均指标”是通过使用特定事件之间的平均时间,或特定事件的平均值来监控可靠性和维修性的指标。也就是说,许多平均指标可以分类为以可靠性为中心或以维修性为中心[3]。

以可靠性为中心的平均指标包括:

(1)平均故障间隔时间(MTBF),用于可修复设备和部件。MTBF 表示故障间隔的平均时间。这个时间可以表示运行时间、日历时间、周期、单位等。MTBF 可以通过测量系统运行的总时间除以总时间段内故障数来计算。

(2)平均故障时间(MTTF),用于不可修复的设备和部件。MTTF 假定设备或部件在发生故障后报废。由于可用性通常不用于不可修复的设备,因此在任何可用性计算中都没有这个指标。

以维修性为中心的平均指标通常包括:

(1)平均修复时间(MTTR),用于可修复和不可修复的设备和部件。MTTR 表示发生故障后对设备进行修复性维修所需的平均时间。MTTR 通常只考虑主动修复时间,不包括与修复性维修相关的延迟。MTTR 可以通过测量特定时期内累计的总修复性维修停机时间除以该时期内修复性维修总数来计算。MTTR 不包括任何预防性维修活动。

(2)平均维修间隔时间(MTBM),用于评估维修过程。虽然 MTBF 仅用于与故障相关的维修时间,但 MTBM 包括所有维修使用,如故障、预防性维修(PM)活动、清洗和检查。MTBM 是修复性维修、预防性维修或所有维修措施的时间区间分布的平均值。MTBM 可以通过测量系统运行的总时间除以总时间段内发生的维修使用数量来计算。如果没有 PM 活动,只有修复性维修活动,则 MTBF = MTBM。

(3)平均不能工作时间(MDT),用于评估维修措施的总不能工作时间,包括延误在内的预防措施和修复措施。MDT 可通过测量设备的总不能工作时间除以已经发生的维修数来计算。MDT 应包括所有与维修使用相关的延迟。

(4)平均维修停机时间(MDTM),用于评估维修活动的总停机时间,包括预防和修复措施。然而,与 MDT 不同的是,MDTM 不包括后勤和管理延迟。

所有导致设备恢复的活动都应该包括在 MDT 计算中,而 MTTR 只包括主动维修时间——参见图 15.8 的示例。如前所述,需要测量与故障修复或预防活动相关的所有延迟时间,因为它们将对设备可用性产生不利影响。需要评估和纠正造成过度延迟时间的因素以提高可用性。造成过度延误的原因包括:

(1)通知和派遣维修人员的时间;

(2)设备的运输时间;

(3)获得适当可以允许访问设备所需的时间;

(4)关闭设备电源的时间;

(5)获得访问设备位置和周围空间的时间;

(6)诊断故障原因的排故活动;

(7)获取和/或接收恢复故障设备所需零部件的时间;

(8)在主动维修期间进行零部件或组件的拆卸和更换(R&R)的时间;

(9)零部件或组件更换后进行校准和调整的时间;

(10)清理和恢复保障和安全相关系统;

(11)设备的启动和调试,包括将设备恢复到使用规范所需的时间;

(12)确认设备在定义的使用参数范围内正常运行[4]。

由于众多不同元素,很难把它们都弄清楚,但是,正确且一致地捕获元素对于正确地计算乃至评估可用性至关重要。

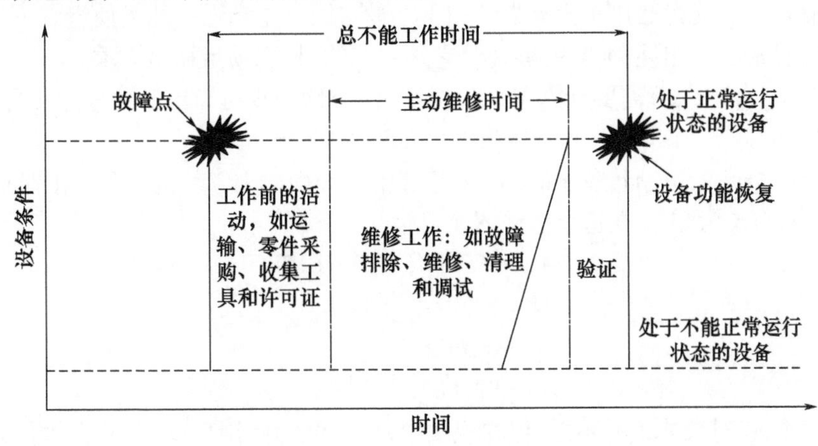

图 15.8　主动维修时间与总的不能工作时间

15.4 可用性类型

可用性指标可以服务于许多不同的目的,它服务于哪个目的通常取决于它是如何计算的。当然,可用性有许多不同的计算方法,因此,当使用可用性这个术语时使用正确的前言是至关重要的。通过定义讨论可用性的类型,用户可以真正理解它的含义。在使用中有许多类型的可用性,其中最常见的3种是固有可用性、可达可用性和使用可用性。还有更多类型的可用性,它们是这3种主要可用性的不常用变换。

15.4.1 固有可用性

无论设备是在运行还是关闭,固有可用性(A_i)专注于功能性故障对使用的影响。因此固有可用性着眼于设备设计的可用性。A_i 是对设备理想性能的一种衡量,前提是不存在因延误或预防性维修造成的损失。A_i 是设计能力的衡量标准。在许多政府产品中,A_i 是关键性能参数(KPP)或关键系统属性(KSA),且要求由设备开发商或原始设备制造商(OEM)全权负责。客户不会分担 A_i 要求责任,但如果使用可用性是 KPP 或 KSA,则客户会分担。A_i 用于评估设计,并在设计的性能、可靠性和维修性之间进行权衡。需要考虑和度量可靠性和维修性以确保设备可用。

固有可用性应是可用性计算的最大值,因为它是设计重点,且它假定设备在理想的条件下运行,具有理想的修复性维修。从定义来看,固有可用性并没有真正为组织提供其对设备期待的真实表示,因为所有修复性维修和延迟都被排除在计算之外。A_i 通常被用在一个带有"能力"的等式或表达式中以评估整个系统的有效性。能力是用来衡量设备的生产量与固有生产量。能力使组织不仅能够理解设备的可用性,而且能够理解它是否有效,是否满足输出需求。

为了计算 A_i,只需要计算 MTBF 和 MTTR。这个相对简单的计算定义为:

$$A_i = \mathrm{MTBF}/(\mathrm{MTBF}+\mathrm{MTTR})$$

以一个泵的 A_i 计算举例,在理想条件下,两次故障之间的工作时间为 6750h,MTTR 为 8h。在这个条件下 A_i 为:

$$\begin{aligned} A_i &= \mathrm{MTBF}/(\mathrm{MTBF}+\mathrm{MTTR}) \\ &= 6750/(6750+8) \\ &= 0.9988 \\ &= 99.88\% \end{aligned}$$

这个 A_i 对泵来说并不差,但在现实中,由于泵的使用环境、预防性维修需要以及与维修活动相关的延迟,大多数组织永远无法达到这种可用性水平。

15.4.2 可达可用性

假设设备在理想的保障下运行，且不包括任何后勤或管理延误，可达可用性(A_a)用于评估对运行的总体影响。因此，A_a 只测量主动维修时间，包括修复性维修和预防性维修。A_a 用于评估在进行维修时的稳定状态可用性。

可达可用性小于固有可用性，但通常会大于使用可用性。可达可用性是组织为设备设定的目标，因为它代表了完善的维修性和预防性维修。A_a 设定了组织在理想的保障条件下可以提供什么样的基准。可达可用性和使用可用性之间的是组织为提高可用性而要缩小的差距，从而提高组织的能力。

计算 A_a 只需要 2 个元素：MTBM 和 MDTM。可达可用性可以定义为：

$$A_a = \text{MTBM}/(\text{MTBM} + \text{MDTM})$$

继续使用固有可用性中泵的算例，该泵每 2000h 将执行一次 PM 使用，这将需要 4h 的主动维修时间来执行。此外，该泵预计在 6750h 内会出现一次故障，需要 8h 来修复。

假设我们测量的是 8000h 内的可达可用性，则它是：

$$A_a = \text{MTBM}/(\text{MTBM} + \text{MDTM})$$

其中 MTBM = 8000h/5 次不能工作事件 = 1600h

[5 次不能工作事件 = 4 次预防性维修(2000 次/h) + 1 次修复性维修在 6750h]

MDTM = 24h/5 次事件 = 4.8h

[24h = (4 次预防性维修 × 4h/次 = 16) + (1 次修复性维修 × 8h)]

$$\begin{aligned} A_a &= (8000\text{h}/5)/((8000\text{h}/5) + (24\text{h}/5)) \\ &= 1600/(1600 + 4.8) \\ &= 0.9970 \\ &= 99.7\% \end{aligned}$$

基于图 15.7 中定义的元素，可达可用性有一种变换。这个变换的可达可用性定义为：

$$A_a = (\text{OT})/(\text{OT} + \text{TPMT} + \text{TCMT})$$

使用上面的值计算 A_a 为 99.7%，这是与更传统的计算相同的结果：

$$\begin{aligned} A_a &= (\text{OT})/(\text{OT} + \text{TPMT} + \text{TCMT}) \\ &= (8000\text{h})/(8000\text{h} + ((8000\text{h}/2000\text{h}) \times 4\text{h}) + 8) \\ &= (8000\text{h})/(8000\text{h} + (4\text{ 个事件} \times 4\text{h}) + 8) \\ &= (8000)/(8000 + 16 + 8) \\ &= 0.9970 \\ &= 99.7\% \end{aligned}$$

从示例中可以看出可用性很高，但略低于固有可用性，这是因为考虑了设备停机进行预防性维修的时间。通过基于条件的监控和精益技术（如单分换模具，SMED）尽可能减少 PM 活动的影响，符合组织的最大利益（参见第 17 章更多关于 SMED）。然而，由于可达可用性是假定设备在理想的保障条件下得到的，因此它不能反映对使用的真实影响。这就是使用可用性的意义所在。然而，通过可达可用性组织才能设计出正确的保障系统，如第 16 章——保障性设计所述。

15.4.3 使用可用性

使用可用性（A_0）用于评估对使用的总体影响，但要考虑设备使用的实际使用环境，包括所有后勤保障或管理延误。使用可用性包括设备的所有停机时间，无论是预防性维修还是修复性维修，以及包括调度、备件可用性、技能缺乏等在内的所有延迟。使用可用性允许组织真正理解保障计划对设备的影响。

范例 7：维修性预计维修期间的不能工作时间

在理想情况下，使用可用性和可达可用性相同，但在现实情况下很少发生这种情况。一般来说，A_0 是最低的可用性百分比；然而，它使组织不仅能够推动设备可靠性和维修性的改进，而且还能推动对设备背后保障程序改进。A_a 和 A_0 之间的任何差距都可以通过更好的保障来改善，这通常掌握在使用组织手中。

有 4 种方法可以计算 A_0。这一节将用数值举例来描述如何用这些方法计算 A_0。

15.4.3.1 使用可用性模型 1

第一种计算 A_0 的方法涉及 MTBM 和 MDT 2 个指标。使用可用性可以定义为：

$$A_0 = \mathrm{MTBM}/(\mathrm{MTBM} + \mathrm{MDT})$$

继续使用前面泵的示例，MTBF 为 6750h。让我们假设 PM 活动的频率是 2000h/次，耗时 4h/次；但是，所有的延误都将包括在计算中。表 15.5 表示了每个事件的真实不能工作时间：

PM 活动的总延迟时间为 10.5h。与 PM 维修活动相关的不能工作时间和后勤延误为 27.5h。在修复性维修的延迟时间为 48h/次情况下，所有 PM 和 CM 维修的总延迟时间为 58.5h。主动维修时间和延误的总不能工作时间为 84.5h。要计算 MDT，将总延迟时间除以 5 个维修活动，PM 耗时 4h，CM 耗时 1h，则

MDT=16.9h。1600h来自5次不能工作事件(4次预防性维修活动(2000h/次)+在6750h时的1次修复性维修活动)。通过识别这些延迟并计算MDT,可以计算使用可用性:

$$
\begin{aligned}
A_0 &= \mathrm{MTBM}/(\mathrm{MTBM}+\mathrm{MDT})\\
&=1600/(1600+16.9)\\
&=0.9895\\
&=98.95\%
\end{aligned}
$$

以可达可用性和使用可用性的例子为基础,可以计算出由于后勤延误而失去的可用性。使用99.7%以上的可达可用性和98.95%的使用可用性,损失可通过从可达可用性中减去使用可用性来计算:

$$后勤损失(可用性)=A_a-A_0=99.7\%-98.95\%=0.75\%$$

如上式所示,延迟对使用可用性的影响约为0.75%。虽然这看起来可能并不多,但在要求严格的使用环境中,这可能导致重大的生产损失或设备/组织的能力损失。要确定损失的总小时数,可以简单地用设备预计运行时间8000h的百分比:

$$后勤损失(小时数)=预期使用时间\times后勤损失(可用性)=8000\times0.75\%=60\mathrm{h}$$

也可以假定如果该设备由于较差的保障系统而损失了60h,那么其他设备可能也会遇到相同的问题。

15.4.3.2　使用可用性模型2

使用可用性可以用另一种方式计算,这种方式通常用于区分A_0和A_i要求,这是OEM设计师和系统客户职责。

作为一种设计要求,A_i严格由OEM负责。OEM结合嵌入式诊断和外部支持测试设备设计了系统的测试体系结构。可根据内置测试(BIT)和系统外部测试的结果,结合现场应用程序中收集的维修任务时间数据,确定A_i是合规的。另外,由于A_i的MTBF和MTTR的输入在A_0的计算中也是必需的,所以A_0是OEM的职责。A_0计算的第三个输入是MLDT,它是由ALDT数据导出的。MLDT是客户的责任,因为OEM在现场应用中不控制客户的后勤基础设施。

$$A_0=\mathrm{MTBF}/(\mathrm{MTBF}+\mathrm{MTTR}+\mathrm{MLDT})$$

使用前面的泵示例,MTBF为6750h,MTTR为8h。现在,假定MLDT是根据ALDT数据集计算的,该数据集是5年内现场应用中泵的修复性维修数据并确定为79h。确定平均后勤延误时间后,可计算使用可用性:

$$
\begin{aligned}
A_0 &= \mathrm{MTBF}/(\mathrm{MTBF}+\mathrm{MTTR}+\mathrm{MLDT})\\
&=6750/(6750+8+79)\\
&=0.9873\\
&=98.73\%
\end{aligned}
$$

15.4.3.3 使用可用性模型 3

有趣的是,使用可用性可以用另一种方式计算,这种方式通常用于总体设备效能(OEE)和总体有效设备性能(TEEP)测量。虽然概念仍然相同,即确定对使用的总体影响,但公式略有不同。A_0 的这种变化可以定义为:

$$A_0 = 能工作时间/(能工作时间 + 不能工作时间)$$

利用上例(使用可用性模型 1)的值,使用可用性的变化可以计算为:

$$\begin{aligned} A_0 &= 能工作时间/(能工作时间 + 不能工作时间) \\ &= (8000h - 84.5h)/((8000h - 84.5h) + 84.5h) \\ &= 7915.5/(7915.5 + 84.5) \\ &= 0.9894 \\ &= 98.94\% \end{aligned}$$

正如您所看到的,使用可用性的 3 种计算模型结果几乎是完全相同的值,所以只要所选模型的使用和测量一致,使用哪一种计算模型并不重要。另外,请记住,在计算 A_0 = 能工作时间/(能工作时间 + 不能工作时间)模型时,不能工作时间不包括计划的不工作时间。

15.4.3.4 使用可用性模型 4

最后,使用可用性的最终变换可以使用图 15.7 中发现的可用性元素来计算。可用性的这种变换可以定义为:

$$A_0 = (OT + ST)/(OT + ST + TPMT + TCMT + ALDT)$$ [2]

这个计算与 A_0 = 能工作时间/(能工作时间 + 不能工作时间)的计算相同,只不过这个方法进一步分解能工作时间和不能工作时间。

设备的计划使用时间在上述任何变化中都可以发挥很大的作用。在给定周期内设备的使用越少,使用可用性就会越高。因此,对于设备使用者来说,排除长时间的计划不使用时间以确保计算能够准确反映实际情况是有益的。

总之,使用可用性是可用性度量中最有用的,因为它使组织能够在当前的使用环境中充分理解设备当前性能。使用可用性使组织能够计划并确定完成给定任务或组织目标所需的设备数量。使用可用性还使组织能够识别与设备设计和保障有关的所有形式的低效率,这将使它能进行系统性改革并推动所有设备性能的提升。A_0 是用于理解设备、保障系统和使用环境的全方位指标。

表 15.5 总结了本节中描述的 3 种可用性类型。

表 15.5 可用性类型总结

可用性类型	可用性公式	例外情况	何时使用
固有可用性	$A_i = MTBF/(MTBF + MTTR)$	预防性维修、后勤和管理延迟	在设备设计时平衡 MTBF 和 MTTR

续表

可用性类型	可用性公式	例外情况	何时使用
可达可用性	A_a = (OT)/(OT + TPMT + TCMT)或 A_a = MTBM/(MTBM + MDTM)	后勤和管理延迟	在理想的保障条件下,了解使用对可用性的影响。这可用来通过基于条件的维修和 SMED 确定优化 PM 的活动以接近固有可用性水平
使用可用性	A_0 = MTBM/(MTBM + MDT)或 A_0 = MTBF/(MTBF + MTTR + MLDT)或 A_0 = 能工作时间/(能工作时间 + 不能工作时间)或 A_0 = (OT + ST)/(OT + ST + TPMT + TCMT + ALDT)	N/A	了解当前保障条件下设备的实际可用性。这可以用于修复保障环境中的问题,并使使用可用性更接近于可达可用性

15.5　可用性预测

组织预测设备可用性的能力非常重要,这是决定设备成功还是失败的关键。如果组织购买了比所需更多的设备,那么组织可能会处于这样一种情况:设备没有被使用,导致大量的不必要支出,并且这些设备可能不会产生价值。另一方面,如果组织没有获得足够的设备,那么该设备可能无法满足市场需求或任务目标,客户将经历长时间的停机,等待失败设备的维修完成。

此外,通过预测单个设备或机群的可用性,组织可适当地计划使用影响并开发适当的保障计划。如前所述,保障性在确保使用可用性方面扮演着重要的角色。因此,一旦设备初始设计已经完成,可用性预测也应该完成。初始可用性预测可帮助设计团队对初始设计进行修改,使可用性达到用户的最终要求。通常这种预测是一个迭代的过程,包括对每个设计进行评估和比较,从而优化设备的总生命周期成本。请记住,通常相同的设计将用于多种使用环境,如沙漠或北极环境,因此应针对不同的使用场景建立预测模型,确保设备在任何可能使用的情况下都能满足需求。

可用性预测可以在许多不同级别上执行,包括设备级和机群级。在最基本的级别上,可用性预测基于可靠性框图(RBD)(如图 15.9 所示),它是一个系统及其部件的可视化表示,显示单个部件的可靠性如何影响系统的可靠性。由于设备通常由几个系统组成,每个系统都有自己的可靠性和维修性考虑因素,因此考虑接口非常重要的,因为它们可能对设备的可用性产生深远的影响。

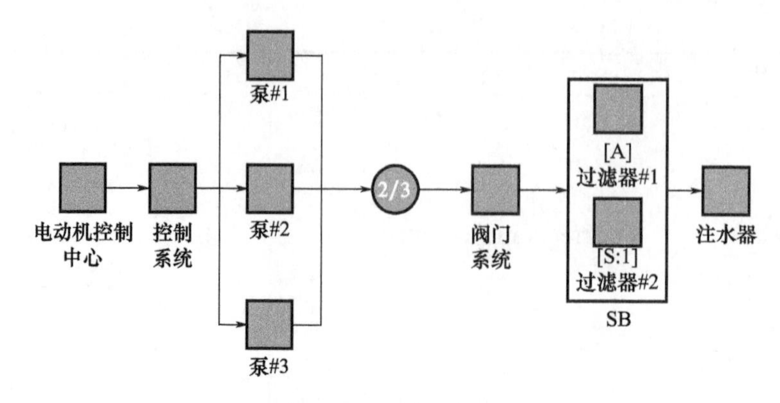

图 15.9 可靠性框图

例如,考虑使用图 15.9 中的 RBD 分析飞机中的备用液压系统。

一个子系统出现故障导致任务结束后要进行修复性维修,但不会影响飞机完成任务的能力。当使用 k/N 函数时,同样的方法可以用于系统。当需要一定数量的系统(或机群中的设备)来满足目标时,就会使用 k/N 方法。k/N 方法允许冗余作为容错能力,使系统能够在失败情况下满足目标。以商业航空中使用 k/N 为例,一架飞机要在距备用机场 60min 以上的地方使用,必须证明该飞机能够在发动机故障的情况下可靠地运行一段时间。这种能力和认证被称为延程飞行(ETOPS)。ETOPS 认证是基于飞机在减少发动机的情况下能够成功可靠运行的分钟数。对于双引擎飞机来说,这意味着能够在单引擎情况下以巡航速度飞行,直到飞机能在如 120min 的 ETOPS 评级时间内的任意时间点降落在备用机场。对于有 4 个引擎的大型飞机来说,这可能意味着能够在 1 个或 2 个引擎故障的情况下在备用机场降落,时间不超过批准的 ETOPS 评级 180min。通过使用 k/N,组织可以了解需要多少备份系统或设备才能达到定义的可用性水平。

虽然可用性预测对于组织来说非常强大,但是预测的准确性总是引起很大的关注。可用性预测的准确性是基于计算可用性元素数据的数量和质量。预测需要正确的数据才能成功并对组织有价值。当数据不正确时,可用性预测的把握就会受到影响。你知道人们常说:“输入的垃圾等于输出的垃圾。”

15.5.1 可用性预测数据

为了展开可用性预测,首先需要理解设备的设计及使用背景。理解使用背景包括理解用户预期的使用环境、他们的保障设备能力、需求等。一旦设备设计人员建立并理解了最终用户需求,就需要设备的特定可靠性和维修性数据计算不同的、与时间相关的元素和平均指标标准。这些数据为可用性预测做准备,并为结果的准确性和正确性提供信心。

那么,可用性预测的数据从何而来？这些数据来自 RBD 中每个子系统的可靠性和维修性特性。在一个简单的可用性预测模型中,可以为每个方框定义关于预防性维修的 MTBF、MTTR 和相关数据。这通常来自设计故障模式和影响分析(FMEA),因为 FMEA 确定了哪些故障模式适用于子系统及影响,这将推动预防性和修复性维修活动。

但是,根据组织成熟度的不同,可以使用各种统计分布来更好地定义每个方框的真实可靠性和维修性。这些分布可包括双参数威布尔分布、三参数威布尔分布、对数正态分布、指数分布等。在成本和进度的限制下,收集现场所有设备和机群应用的可用数据来确定这些分布函数是非常必要的。从内部和外部来源收集数据是至关重要的。许多数据可能从组织内部来源收集,如加速寿命试验(ALT)。数据也可能来自组成设备供应链的各种组织。数据可以作为供应商要求的一部分提供,其中包含所有相关的可靠性和维修性数据。

为了使可靠性和维修性数据在构建准确的可用性预测模型时有用,必须了解数据的来源、数据的谱系、数据集的时间段、收集数据的时间及收集数据的使用环境。涉及现场和机群中设备使用和维修方式的使用环境非常重要,因为这可能会扭曲可用性预测的结果。理想情况下,可靠性数据包括收集数据的测试类型(如 ALT)、环境数据(如温度、振动等)、测试长度以及观察到的具体失效模式[5]。此外,为了真正理解设备在现实生活中如何运行,需要考虑损耗失效、随机失效和早期故障期。最后,需要记录每种故障模式的影响(或后果),以了解故障是导致部分输出、间歇性故障还是完全故障。

可靠性和维修性数据也可能来自行业数据来源,如 IEEE、军事或行业手册、工程分析、公共数据[政府—行业数据交换计划(GIDEP)]或学科专业专家。在某些情况下,可能没有现成的数据,在这种情况下,所做的任何假设都必须记录在可用性预测报告中。通过记录这些假设,设备设计人员和使用人员可以修正这些假设或考虑这些假设,并根据其独特的使用环境获得适当的可用性。

范例 9:用数据支持维修性

15.5.2　可用性计算

如前所述,有各种各样的方法来计算单个设备或系统的固有、可达、使用可用性。通过可用性模型执行简单或复杂的计算是必要的,类似于 RBD 中使用的连接串、并行和组合块的过程。设备的电气和机械组件和部件可以配置为组合的串/并行配置,如图 15.9 所示。图 15.10 分别显示了串行和并行方框图配置。

图 15.11 提供了一个串/并行组合框图配置的示例。这三种类型的框图用于创建可用性模型,将匹配成设备配置或包含多个设备的更大配置的结构。该模型将反映可用性的并行配置优势和串行配置的缺点。

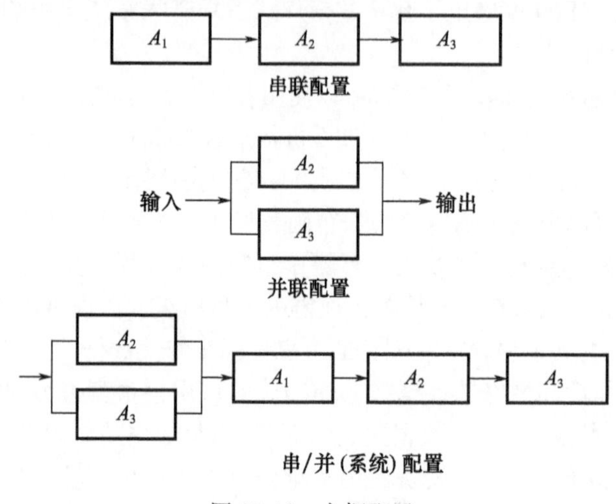

图 15.10　方框配置

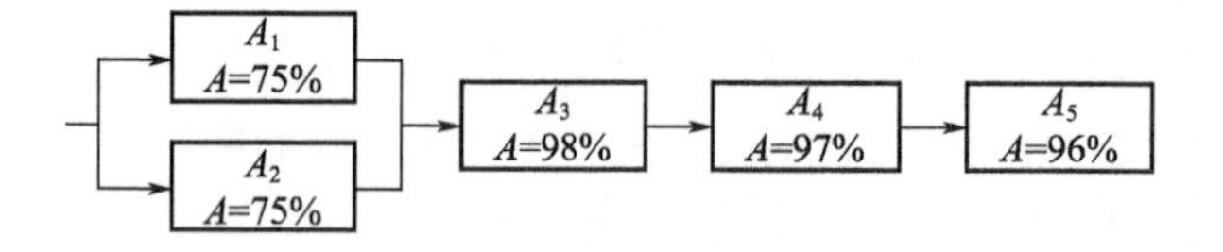

图 15.11　系统可用性计算

模型应该采用以下两种方式之一,要么评估设备作为独立系统的可用性,要么评估设备作为系统体系的(SoS)的成员配置。在某些情况下,用户可能要求机群配置中一定数量的设备在任何给定时间内可用以实现组织目标。这些模型结构(独立的或 SoS)都可以按照图 15.10 和图 15.11 所示的串、并或组合方框配置来创建。

无论子系统、系统或设备的配置如何,RBD 中的每个方框都需要为特定分析使用适当的可用性类型来定义其个体可用性。一旦单个方框的可用性被确定并放置到 RBD 中,那么系统或机群的可用性就可以根据方块的排列和连接方式来确定。下面是确定图 15.10 中各种配置中的可用性的计算。

(1)串行可用性

串行方框系统的可用性计算是最简单的。总可用性 A_T 是方框可用性的简单乘积:$A_T = A_1 \times A_2 \times A_3$。

举个例子,有个 3 个方框串联的系统,方框 1 的可用性为 0.98,方框 2 的可用性为 0.96，方框 3 的可用性为 0.97。系统的可用性是：

$$
\begin{aligned}
A_T &= A_1 \times A_2 \times A_3 \\
&= 0.98 \times 0.96 \times 0.97 \\
&= 0.913 \\
&= 91.3\%
\end{aligned}
$$

值得注意的是，当按串行计算可用性时，总系统可用性将始终小于单个方框的最低值。

(2) 并行可用性

当单个组件低于所需的可用性级别时，并行系统通常用于提高系统的可用性。这种备份能够使系统在事件故障后继续运行，最小化使用影响。可以用公式 $A_T = 1-(1-A_1)(1-A_2)(1-A_3)$ 计算并行系统的可用性。

举个例子，假设有 3 个并行的方框，所有方框的可用性为 75%，那么并行系统的可用性为：

$$
\begin{aligned}
A_T &= 1-(1-A_1)(1-A_2)(1-A_3) \\
&= 1-(1-0.75)(1-0.75)(1-0.75) \\
&= 1-0.015 \\
&= 0.984 \\
&= 98.4\%
\end{aligned}
$$

值得注意的是，当并行计算可用性时，系统的总可用性将大于单个方框的最大值。

(3) 串/并(系统)可用性

为了计算一个包含串联组件和并联组件系统的总可用性，分析人员首先要对并行组件进行求解，将其简化为单个方框，然后将整个系统求解为如图 15.11 所示的串联配置。

以图 15.11 为例进行系统可用性计算，首先需要求解并行组件：

$$
\begin{aligned}
A_{1/2} &= 1-(1-A_1)(1-A_2) \\
&= 1-(1-0.75)(1-0.75) \\
&= 0.9375 \\
&= 93.75\%
\end{aligned}
$$

现在解决了并行组件后，系统可以排布成串联模型进行求解：

$$
\begin{aligned}
A_T &= A_{1/2} \times A_3 \times A_4 \times A_5 \\
&= 0.9375 \times 0.98 \times 0.97 \times 0.96 \\
&= 0.856 \\
&= 85.6\%
\end{aligned}
$$

正如您所看到的，系统的总体可用性是 85.6%，这低于串行系统模型配置中的最低值方框，如所期望的那样。

实际的设备和系统并不像上面提供的例子那么简单。在可用性模型中还必须考虑一些其他的因素

(1) k/N 可用性模型声明系统中需要多少组件来确保系统运行。例如，一个系统可能需要 5 个组件中的 4 个才能运行。上述可用性模型特性的一个示例与商业航空有关。

(2) 共享负载并行系统表示一个并行系统如何在执行类似功能的各种组件之间分担负载，如电力分配。例如，如果系统有 3 个并行的组件，所有设备都以 33% 的满载容量运行，如果出现故障，对可用性的影响最小。当 3 个组件中的 1 个出现故障时，其他 2 个组件分担 50% 的满载，系统仍将正常运行。

(3) 并行系统之间的不完全切换，则必须手动打开或切换备用系统。切换不是瞬时的，这导致少量的停机时间。

(4) 并行系统之间的不相等故障率，表示了在相同使用环境下并行使用的相似组件的故障率的差异。

(5) 主备冗余，用于确定一个部件的冗余和故障转移顺序。备用系统需要一段预热时间，才能代替主机组进行使用。冗余组件总是处于活动状态，并立即接管功能。不间断电源是主动冗余系统的一个例子。

对于上述情况的进一步探索，读者可以参考 CRE Primer[5]。虽然这些计算和情况可能很复杂，但模型越逼真，预测就越真实。随着模型复杂性的增长，建议可用性分析师利用软件工具包对设备、系统或 SoS 的可用性进行建模来帮助快速转向分析结果，同时提供对模型如何工作的全面理解并确保模型的准确。

15.5.3 可用性预测步骤

预测可用性不仅需要彻底了解设备/系统的使用环境，还需要了解系统内组件如何交互。了解系统的组件如何交互有利于建立一个真实的模型，并复制可能在现实世界中发生的事情。为了预测设备的可用性，应该遵循一个过程以确保所有模型都按照相同的标准构建，并包含正确的数据。预测可用性的过程应该成为一个标准使用程序(SOP)，确保结果可以根据新数据进行复制和调整。预测可用性的步骤改编自 Reliasoft 的《系统可靠性、可用性和维修性模拟分析步骤》[6]：

15.5.3.1 定义问题

要建立一个模型，首先要了解正解决的问题。例如，该模型是用来评估提出的设计更改及其对整体可用性的影响？评估该领域中各种级别的保障系统影响？还是在可靠性和维修性之间取得正确的平衡？该模型还可以用于建立所需的设备数量以实现特定使用环境下的 SOS 任务。

通过定义问题,可以构建模型来解决当前特定问题,而不需要考虑所有其他可能的情况。然而,如果要解决的问题是维修性和可靠性之间的权衡,那么可能要有多个需要相互评估的模型。应该对问题进行描述,清楚地定义该问题,并允许开发有用的模型。精炼的问题描述限制了分析的范围和规模。问题描述越精炼,分析就越容易。根据可用数据和客户要求,问题描述可能需要多次修改。理想情况下,问题描述是由跨职能团队定义,从而确保满足最终用户的需求。

15.5.3.2 定义系统

定义系统涉及构建作为可用性模型的 RBD 初始框架。这个 RBD 通常需要来自各学科专家(SMEs)关于各部件方框将如何相互交互的输入。理想情况下,系统将保持尽可能简单,但允许以后根据需要添加更多的复杂性。最初的 RBD 应该与不同的利益相关者一起进行评审,从而确保它在向广大受众发布前能够满足分析的需要。

15.5.3.3 收集数据

随着 RBD 的构建,需要收集可靠性和维修性数据。这常是分析中最耗时的部分。如前所述,可靠性和维修性数据需要根据构建模型的特定使用背景进行调整。数据中的任何空白、缺陷或数据假设,都需要在此时记录下来。

15.5.3.4 构建模型

有了 RBD 和收集的数据,下一步是构建可用性模型。在何处构建模型以及使用什么建模工具将取决于各种因素,如预期的模型复杂性、模型的大小和量级、模型随时间变化的数量以及要运行的模拟次数。简单的模型可以在电子表格中构建,而更大的仿真模拟将从商业可用软件中受益,如 BlockSim®[7]。在需要蒙特卡洛分析的地方,建议使用商用软件。

15.5.3.5 验证模型

在构建模型并将数据输入建模工具后,应该对模型进行审查,确保它交付了预期的结果。可用性分析师应利用跨职能团队来评审分析结果,从而确保结果是准确的,并满足利益方的期望。如果结果与预期有很大的差异,分析人员应该对模型计算和输入的数据进行彻底的审查以明确产生差异的原因。

这是使用软件包的一个缺点,在这种情况下,分析师输入数据时不了解模型或数学是如何工作的,并假定软件会给出正确的答案。虽然软件可能会给出数学上正确的答案,但模型不能代表真实世界。

15.5.3.6 设计仿真

随着模型的建立和验证,需要最终确定仿真。仿真需要指定各种因素,如任务时间,或总时间进行分析。运行多少次不同的仿真?每个仿真运行多少次迭代?当进行蒙特卡罗分析时,有多少历史记录被执行?应该考虑预热期还是冷却期?是否包括后勤保障和管理延误的多种情况?大多数细节应该从步骤1中定义的初始问题陈述中提取。

15.5.3.7 运行模拟

根据需要运行模拟和其变换。根据所分析系统的复杂性及所需的迭代次数,这可能需要几分钟、几小时或几天的时间。在模拟的结果中,应该从可用性的角度来领会系统及其备选方案的性能。

15.5.3.8 记录和使用结果

利用模拟的输出,将结果汇编成一份摘要文件,突出说明已涵盖的内容和未涵盖的内容,系统是否能满足最终用户的需要,该模型产生了哪些建议。这个总结应该与定义问题陈述的跨职能团队共享。除了摘要文件之外,还应包括详细的技术报告,其中详细记录模拟的结果、所做的假设和结果的验证。

一旦报告完成,组织需要使用这些发现并创建一个计划来推动系统设计或保障性产品的改进。如果将报告放在架子上永远不使用,那么整个分析就是浪费时间。

虽然不是详尽无遗,但上面预测可用性的步骤允许组织确保建立的可用性模型和执行的分析是有效的并推动对设备或机群可用性的改进。

15.6 小 结

可用性是所有设备拥有/使用组织关注的重要指标,OMEs 需要跟踪何时需要保证系统/设备已经准备好运行并在需要时完成其任务。可用性是一个强大的指标,可以让设备所有者了解在 7 天(24/7)连续 24h 使用设备时设备能执行预期任务的准备情况。可用性允许设备所有者了解维修性差、可靠性差或后勤保障延误对任务成功概率的影响。可用性为设备设计者提供了最具成本效益的解决方案,因为他们在设计交易研究分析期间、在可靠性设计和维修性设计之间实现了微妙的平衡。

可用性提供了对组织实现目标能力的洞察。在军事或商业航空业务中,它是架次、航班或 OEE。可用性使设备所有者能够确定可能需要多少设备来保证组织目标的实现。

成功利用可用性的关键是确保基于组织目标一致地度量可用性。通过利用各种类型的可用性,组织可以确定可靠性、维修性或保障性问题。这种系统化的方法使组织能够在过程或设计中消除浪费。此外,如果了解可用性需求,可用性可以用于反向建立可靠性和维修性目标,同时平衡两者。如果设计是一个问题,那么固有可用性可能是必需的。如果对使用的影响更大,则需要度量使用可用性。然而,衡量可用性是不够的。组织需要根据测量和计算可用性时收集的信息采取行动,并在信息支持时改进可用性的设计。

参考文献

1. US Department of Defense(2005). DOD Guide forAchieving Reliability, Availability, and Maintainability. Washington, DC: Department of Defense.
2. US Department of Defense(1982). Test and Evaluation of System Reliability, Availability, and Maintainability, DOD 3235. 1 – H. Washington, DC: Department of Defense.
3. Society of Maintenance & Reliability Professionals(2017). SMRP Best Practices, 5e. Atlanta, GA: SMRP.
4. NASA (2008). Reliability – Centered Maintenance Guide for Facilities and Collateral Equipment. Washington, DC: National Aeronautics and Space Administration.
5. Quality Council of Indiana, Wortman, B., and Dovich, R. (2009). *CRE Primer*. Terre Haute, IN: Quality Council of Indiana.
6. Reliasoft Corporation(2009). Steps in a system reliability, availability and maintainability simulation analysis. https://www.weibull.com/hotwire/issue103/relbasics103.htm (accessed 15 September 2020).
7. Reliasoft Corporation(2020). BlockSim ©. https://www.reliasoft.com/products/blocksim – systemreliability – availability – maintainability – ram – analysissoftware (accessed 15 September 2020).

第 16 章　保障性设计

James Kovacevic

16.1　导　言

装备或系统按需运行的能力是组织机构以可接受成本通过使用和维修活动保障设备能力的直接结果。组织保障装备的能力称为保障性。保障性可以定义为系统设计特性和计划后勤保障资源满足系统使用寿命要求的程度，并在整个系统使用寿命内以可承受成本提供系统使用和准备的需求。它提供了一种评估整个系统设计在预期的使用和服务保障环境下使用目标、目的和需求的适用性方法(包括成本约束)[1]。

保障性包括对整个系统中多种特征性能的度量。例如，修复周期时间(Repair Cycle Time)是不依赖硬件系统的保障系统性能特性。修复周期时间又称再次出动准备时间(TAT)。在第一批设备交付给客户之前，系统开发组织与客户就保障协议中指定的 TAT 签署协议。TAT 是与特定系统相关的保障性特性，但不是基于系统设计的特性。另一个例子是，MTBF 和 MTTR 分别是可靠性和维修性特性参数。MTBF 和 MTTR 是高度依赖于系统硬件和软件设计的性能指标。这些性能指标极大地影响整个系统的使用保障需求，因此使它们成为系统设计的保障性特性。

当系统特性使装备在其生命周期内得到经济有效的保障时，就会出现保障性设计。保障性设计要求设计团队使用信息系统(IS)考虑如何保障设备，不仅在维修活动中，而且在供应链中。这要求设计团队考虑部件的设计和选择，并平衡对专业部件的需求，因为这可能会带来供应链问题，而对商业现货(COTS)部件的需求则很容易实现。只有在设计阶段考虑这些类型时，设备才会为保障性而设计。

使用可用性(A_0)和生命周期成本通常被认为是衡量整个系统保障性的度量，这既可以依赖于系统硬件和软件设计，也可以独立于系统硬件和软件设计，具体取决于每种情况或业务案例。保障装备的程度将直接影响 A_0 和生命周期成本评估，这可以通过保障性分析案例研究进行预测和估计。用于表示类似评估的其他术语是装备的完好性和有效性[1]。

装备设计通过跨装备类别、互换性、可达性、自检和诊断的组件和系统的标准化来影响保障性。虽然这些特性是设计固有的，但是是否包含这些内容的决策直接影响到保障和维修装备的能力。这一决定同时影响了保障性设计和维修性设计(DfMn)。保障性和维修性设计特性影响设备生命周期内的维修概念和设计阶段的决策。这些设计决策必须在设计阶段做出,因为在设计阶段之后几乎不可能影响和改变它们。

保障性还包括许多供应因素,如执行和维持正常系统使用和维修所需的保障系统。这些供应链的因素包括提供技术支持的供应商人员、备件的可用性、所需的测试设备以及在需要时执行维修所需的供应商维修设施。

由于装备绝大部分成本是在其生命周期的使用和维修阶段[也称为使用和保障(O&S)阶段]产生的,因此在设计和开发阶段的早期就解决保障性问题是至关重要的。通过预先解决保障性问题,可以大大降低装备的整体生命周期成本。在极端恶劣的环境下考虑到备件的需求,这是高度专业化和合格的军事应用。根据军事合格部件的建造地点、存储数量和存储地点,当该部件的库存耗尽时,装备会停机一段时间,必须等待采购更多的部件。现在考虑一下,是否在系统开发阶段的早期强调了保障性设计,并考虑和消除了单一来源的部件。这个特殊的军事备件本可以用一个可替代的 COTS 部件来替换,只需通过少量的设计工作认证一个新的零件供应商,以最小化单一来源的风险。COTS 部件能更容易从零件来源获得以填补库存,同时可比同等功能的军用部件更快地进行维修。一般来说,COTS 部件比军用部件有更短的交货时间。由于这个原因,许多军事部件供应商提供的部件被军事系统供应链管理者认为是长期主导项目。这些供应链管理者花费大量时间担心这些长期供应的产品,并努力从可比的 COTS 零件来源找到替代品。这只是说明在设计阶段需要考虑保障性的一个例子。本章将提供更多的例子。

计划是有效保障装备的基础。通常通过使用综合后勤保障(ILS)计划来完成。ILS 是一个完整的维修和保障性概念,涉及了与装备维修相关的所有问题,从而确保装备在现场按要求运行。ILS 也可以被称为后勤保障(LS)或综合产品保障(IPS)。装备保障包括在开发、生产、测试、使用和退役期间保障装备或系统的所有方面。ILS 计划是一份文件,强调了该装备将如何在其整个生命周期内得到保障。ILS 计划的更多细节将在后面的 16.4 节中介绍。

保障性是商业部门经常忽略的一个重要的行动,但它能够显著提高许多人依赖的装备和系统的使用可用性。

16.2 保障性要素

保障性涉及从培训到运输到技术文件、从备件和仓储到工具和测试设备的所有相关活动,从而实现后勤保障和服务保障基础设施的整体。需要注意的是,

ILS 包含许多与产品持续性保障相关的主题和子主题,每一主题都需要一个人的整个职业生涯来掌握所有复杂细节。乍一看,保障性任务似乎令人生畏,但通过对保障性不同元素的正确组织和构建,任务会变得更容易理解和管理。本节提供该结构以帮助读者理解保障性的基本元素。根据美国国防采买大学(DAU)的定义,综合产品保障(IPS)有 12 个元素[2]。这些 IPS 元素是:

(1)产品保障管理;

(2)设计接口;

(3)持续工程;

(4)供应保障;

(5)维修计划与管理;

(6)包装、搬运、储存与运输(PHS&T);

(7)技术数据;

(8)保障设备;

(9)培训与保障培训;

(10)人力与人员;

(11)设施与基础设施;

(12)计算机资源。

保障性是设计团队需要考虑的关键问题。考虑到装备的绝大多数生命周期成本是由装备的设计决定的。例如,如果设计团队决定使用专业的、定制的工业级或军用级部件,而不是现成的 COTS 部件,一旦装备投入使用,会增加大量的维修时间和成本。比较工业级或军用级与 COTS 级部件,单在成本上的差距可能在 10~100 倍之间或更多。造成这种成本差异的部分原因是必须进行的测试,用来证明工业级或军用级部件能够满足要求中规定的环境条件。此外,采用什么维修工作和如何工作会对 A_0 和装备生命周期成本产生重大影响。因此,设计团队在设计阶段尽可能早地考虑并设计保障性是至关重要的。

在保障性设计上投入的努力程度将在很大程度上取决于装备、客户在其现场应用程序中使用装备的方式及其预期的使用环境。以军事系统为例,它必须在最困难的条件下使用。一个军事系统必须有一个严格的保障性设计方法及保障性计划的配套执行方案。另一方面,商业设备,如视频游戏控制器,不需要显著的保障性设计,因为控制器不可用的后果是很小的。不管是什么设备,保障性的 12 个元素仍然适用,但细节和严格程度会有所不同。

16.2.1 产品保障管理

产品保障管理是保障性的第一个元素,用于计划和管理设备的整个生命周期(概念、设计、构建、操作、维修、处置)的成本和性能。这是通过计划、管理和支持剩余 11 个保障元素的活动来完成的。

产品保障管理为装备提供持续的保障,并通过关键的性能度量来监控保障,如可靠性、可用性、维修性和总拥有成本(TOCs)。在需要的地方,产品保障经理将提供有针对性的保障活动,改进度量标准,并确保设备能够在其预期的生命周期中执行其所需的功能。产品保障管理的最终目标是降低总拥有成本,同时确保满足所有性能要求。为了实现目标,产品保障经理有 11 项职责[2]:

(1)制定并实施装备全面的产品保障策略。

(2)使用适当的预测分析和建模工具,提高材料可用性和可靠性,增加使用可用性,降低使用和保障成本。

(3)进行适当的业务案例成本分析,以验证产品保障策略,包括生命周期成本效益分析。

(4)通过开发和实施适当的产品支持协议(PSAs),确保实现预期的产品保障结果。

(5)根据需要调整产品保障集成商(PSIs)和产品保障供应商(PSPs)之间的性能要求和资源分配,以优化产品保障策略的实施。

(6)定期审核 PSIs 和 PSPs 之间的产品保障协议(PSAs),确保其安排与整体产品保障策略一致。

(7)在每次产品保障策略变更之前,或 5 年之后,无论哪个先发生,都要重新验证为评估策略而进行的业务案例分析。

(8)确保产品保障策略使小企业在适当的供应链层参与最大化。

(9)确保装备的 PSA 能描述供应链业务安排将如何确保有效的采购、管理、分配零件和库存,以防止零件的不必要采购。

(10)确定与特定程序部件生产相关的独特工具保存和存储的适用性;如果相关,包括所有生产工具的保存、储存或处置计划。

(11)在零件清单和生产物料清单(BOMs)中,识别未来淘汰的电子零件和递减的来源。这对于保持使用这些部件来满足建造或维修计划时间表的领先长期承诺是很重要的,这可以确保在多个采购周期采购的部件将继续满足采购产品系统上使用的部件规格,当这些零件淘汰时,寻找并批准合适的替换零件。

16.2.2　设计接口

如上所述,装备的大部分生命周期成本是由装备设计定义的,该成本可占整个生命周期成本的 90%[3]。因此,设计团队努力降低生命周期成本是至关重要的。这就是设计接口的作用。

设计接口旨在成为一组向设计团队提供设计更改的活动和分析,从而减少保障性要求。通过限制特殊部件或测试设备,可降低保障成本。此外,通过消除或减少维修活动，维修装备的成本可以大大降低。理想情况下，在装备方案和要求阶段考虑设计接口，这是因为保障性要求应该直接追溯到系统级需求（图 16.1）。设计接口应该延续到方案阶段之后，贯穿所有的设计阶段。设计接口是一种迭代方法，它利用了许多类型的分析。一旦最终设计完成，设备的保障性要求被锁定，准则要求被冻结。过了这段时间就很难再做出改变了。

设计接口反映了设备设计与保障要求之间的关系。值得注意的是设计参数表现为定量要求（如图 16.1 所示）。这样做是为了反映在使用装备时应该实现什么，并迫使设计团队考虑保障性。

F-16 的保障性相关设计系数	
条款	范围/值
武器系统可靠性	0.90~0.92
平均维修时间（固有）	4.0~5.0h
平均维修时间（总）	1.6~2.0h
维修率	60% in 2h 75% in 4h 85% in 8h
总无任务能力率的维修率	8%
总无任务能力的供给率	2%
架次生成率	分类（见 req 文件）
综合作战再次出动准备时间	15 min
主要授权~飞机空运保障	6~8 C-141B equiv.
直接维修人员	7~12 个 AFSCs
空军人员技术专业代码（AFSC）减少数量	4~6 个 AFSCs

图 16.1 保障性要求示例

（资料来源：美国国防部，采办后勤，MIL-HDBK-502，美国国防部，华盛顿特区，2013 年）

在设计过程中需要考虑的因素包括：

（1）可靠性；

（2）可用性；

（3）维修性；

（4）保障性；

（5）适用性；

（6）综合产品保障（IPS）元素；

（7）经济可承受性；

（8）配置管理；

(9)安全要求;

(10)环境和有害物质(有害材料)要求;

(11)人力系统集成;

(12)校准;

(13)防篡改;

(14)可居住性;

(15)处置;

(16)法律要求。

考虑到所有这些因素,设计团队在方案阶段尽早考虑保障性是很重要的。因为设计需要最小化后勤要求,最大化可靠性,并确保装备在其整个生命周期内得到保障。在装备的整个生命周期中必须考虑的其他问题,包括过时的管理、技术更新、修改和升级及在所有使用条件下的总体使用情况[2]。

16.2.3　持续工程

持续工程是在其使用环境中保障服役装备的过程。持续工程的目标是在给定的使用环境中,提供识别、分析和降低装备持续运行和维修风险的专业技术。考虑在偏远的沙漠环境中使用装备的挑战。然后再考虑在寒冷的北极环境中使用同一系统所面临的挑战。其中有类似的挑战,也有不同的挑战。这些挑战包括如在不同使用温度下对润滑剂要求因素在内的相关挑战,也包括如润滑油和备件保质期与使用或储存设施环境(如沙漠中央的温控设施和帐篷)在内的有关后勤挑战。

持续工程的存在是为了确保所有已识别的风险都得到处理,从而使装备在所需能力下运行,并识别提高装备能力的机会。这通常包括获取和分析所有装备的表现数据以制定修复性和预防性维修措施。每个选项都由一个业务案例支持,包括生命周期成本分析(LCCA),该业务案例展示了所提议的行动产生的价值。最后,持续工程还确保遵循设计配置管理,确保在实施之前对装备的任何设计更改进行评估,并根据设计更改更新所有技术图纸、部件清单和其他设计文档。

在一个典型的持续工程项目中,持续工程团队将执行以下操作[2]:

(1)收集和分类所有服务使用和维修数据;

(2)分析安全隐患、故障原因和影响、可靠性和维修性趋势以及操作使用情况变化;

(3)服务中问题的根本原因分析(包括操作隐患、缺陷报告、零部件陈旧、腐蚀影响);

(4)制定所需的设计更改以解决使用问题;

(5)其他必要的活动,确保保障的成本效益,并实现装备准备和系统生命周期的性能要求。

持续工程的主要挑战之一是电子设备的淘汰速度。过时管理是预测零件供应商对其生产线和某些零件最终生产变化的一个关键功能。当这种情况发生时，供应商向客户发送需要最后一次购买零件(LTBs)的寿命终止(EOL)决定。这些部件的客户应该计划向这些供应商下 LTB 订单来增加他们的库存,同时准备重新设计电子线路板或从其他来源寻找可替换部件。为了克服这个问题,持续工程团队必须决定是否储备足够的零部件来保障装备的整个生命周期,确保供应商能够并将在装备生命周期内制造它们,和/或研究升级选项(如比替代部件更好)以作为装备使用的第二个来源。这个活动,连同上面提到的所有活动,对于确保装备能够满足使用要求并在整个生命周期内具有性价比是至关重要的。

16.2.4 供应保障

供应保障是一项至关重要的活动,能确保在需要时以尽可能低的总成本(TCO)提供维修和维修装备所需的供应。这是通过确定必需的管理行动、过程和技术等一系列步骤实现的。通常包括一种确定备件需求的方法及如何编目、接收、存储、转移、发放和处理备件和供应品[2]。最后,其本质上是在正确的时间、正确的地点、正确的数量、以最具性价比的价格拥有正确的备件。这些行动发生在装备的初始获取阶段,直到系统生命结束时装备的退役和处置。

供应保障元素是为保障装备所需的所有部件(图 16.2)、材料、供应品和潜在承包商建立供应链的方法。这条供应链不仅限于装备的拥有者,还可以包括商业供应商、仓库、专业承包商以及航运合同等。虽然建立供应链需要大量努力,但它可使装备在最低的 TCO 下实现使用可用性。

供应保障汇总								
仓库	参考编码	NSN	PCCN	PLISH	物品名称	UI	QP EI	库存管理报告(SMR)
97384	59822 - 90082 - 30	6130 - 01 - 279 - 3436	18GL0	A003		ea	5	PAHZZ
97384	59822 - 90086 - 20		18GL0	A004		ea	2	PAHHD
97384	59822 - 90086 - 30	5998 - 01 - 293 - 2774	18GL0	A005		ea	5	PAHZZ
97384	59822 - 90119 - 21	5998 - 01 - 268 - 8589	18GL0	A006		ea	8	PAHZZ
97384	59822 - 90119 - 211		18GL0	A007		ea	25	PAHZZ
97384	63603 - 40140 - 20		18GL0	A002		ea	1	XBHHD
97384	63603 - 46200 - 10		18GL0	A001		ea	1	PEHHD

图 16.2 供应支持概要示例

(来源:来自美国国防部,后勤采办,MIL - HDBK - 502,美国国防部,华盛顿特区,2013 年)

有人可能会认为，持有者可以简单地储存部件并在需要时向装备发送。但是，储备零部件常常会产生间接成本，每年的成本可能占到零部件价值的20% ~30%。这种间接成本被称为持有成本或库存成本。持有成本通常是由运营仓库的间接成本、收缩或损失、备件必须支付的税收以及其他一些因素组成的。假设有 1 亿美元的备件库存。使用 24% 的数值，意味着维持 1 亿美元备件的库存成本大约是 2400 万美元。这种成本被认为是极端的，不符合性价比。供应保障的功能是不断优化库存以满足使用要求，同时最大限度地减少持有部件的成本。

确定部件的存储位置是供应保障的另一个主要问题。当存储位置分布时，部件的响应时间会减少，但是会产生额外的开销，因为需要更多的仓库、员工和保障基础设施。使用集中存储位置，开销可能会减少，但运输成本和响应所需的保障时间会增加。这就是为什么供应团队必须优化供应链以选择具有最佳价值的基础设施。

供应保障团队必须不断与供应链中的合作伙伴合作，确保零部件和供应的可用性，以保障装备整个生命周期。由于大部分成本发生在装备生命周期的使用和维修阶段，因此优化供应链以平衡成本和使用可用性是势在必行的。

16.2.5　维修计划和管理

维修计划和管理是建立维修要求以确保以尽可能低的成本实现使用可用性的简单过程（图 16.3）。维修要求包括维修和维护任务及在使用环境中维修和维持装备所需的时间安排和资源安排。维修计划和管理不仅仅是确定任务，还包括所有人力的鉴定、发展和实施维修和维改计划所需的资金[2]。维修计划描述了在产品的设计和开发阶段所做的决策，在系统生命周期中定期提供技术引入或技术更新，避免潜在的零件陈旧问题，并保持最新的技术能力。这有助于降低维修成本，并为用户提供最新的设计功能，提高设备的性能。

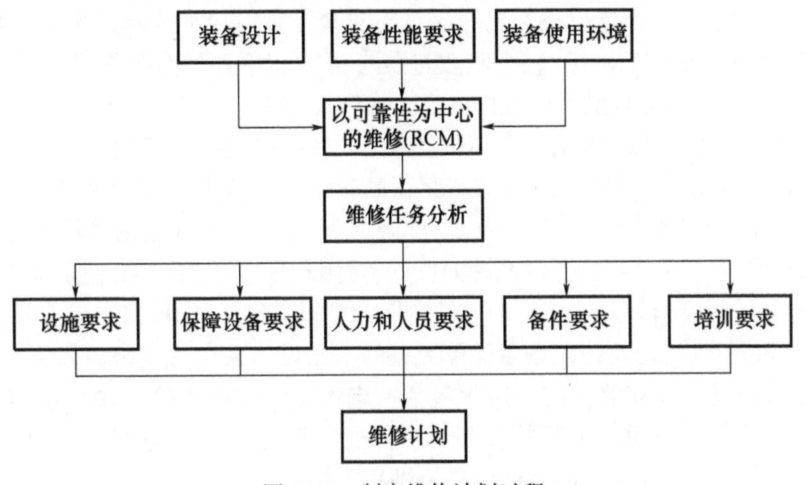

图 16.3　制定维修计划过程

范例8:理解维修要求

建立维修要求的挑战包括平衡计划的和计划外的停机风险,这两者都会影响使用可用性。为了建立平衡,可以使用许多分析工具,如维修级别分析、以可靠性为中心的维修(RCM)和维修任务分析(MTA)。这些工具还必须建立最低的TCO。维修计划和管理的输出包括:

(1)维修级别;

(2)修理时间;

(3)测试性要求;

(4)保障设备需求;

(5)培训和培训辅助设备模拟器和仿真(TADSS);

(6)人力技能;

(7)设施;

(8)跨国服务、内部、和承包商混合承担维修责任;

(9)部署计划/现场激活;

(10)使用RCM开发预防性维修计划;

(11)基于状态的维修(CBM+);

(12)诊断/预测和健康管理;

(13)可持续性;

(14)基于性能的后勤(PBL)计划;

(15)生产后软件保障。

维修计划和管理活动深受装备设计的影响,这就是DfMn和可靠性设计如此重要的原因。在设计阶段做出的决策将对装备生命周期成本产生重大影响。设计团队应该专注于防止、减少和改进装备进入使用环境后所需的维修操作。一旦设计完成,维修计划和管理团队必须决定维修策略。

组织使用的维修策略有很多,有些较好。这些策略通常来源于3种基本的维修策略。单独使用一种策略不会带来最低的TCO,但当策略组合使用并应用于不同的情况时,可以将TCO优化为最低的成本目标水平。3个主要的维修策略是:

(1)预防性维修包括通过系统的检查、检测和预防早期故障,使产品保持在指定状态的所有措施。这些行动包括定期替换、基于时间的检修和检查等。

(2)修复性维修是指装备及保障装备的基础设施在发生故障时恢复到使用就绪状态的能力。修复性措施通常包括一定程度的维修或检查,减轻故障。修复性维修主要包括移除和更换任务、就地修复、调整和校准,这只是其中的一些任务(更多的细节在前面的章节中有提供)。

(3)基于状态的维修是应用适当技术和基于知识能力,在装备故障之前识别异常和缺陷。这样就可以进行高级的计划防止装备出现功能故障。更多基于状态的维修细节在第 9 章中有提供。

范例 4:从计划维修转向基于状态的维修(CBM)

一旦制定了这项战略,维修计划和管理小组将利用 MTA 收集详细的数据,这些数据是确定每个维修活动建立具体的维修和后勤要求所必需的。后勤要求包括对步骤、备件和材料、工具、保障设备和人员技能水平的确定及在给定维修任务中必须考虑的任何设施问题。MTA 测量或计算每个任务执行所需的运行时间。MTAs 包括修复性和预防性维修任务,并在完成后确定保障系统所需的所有物质资源[2]。

当 MTA 完成后,将 MTA 数据输入维修性分配和预测过程中(在第 6 章和第 7 章中有介绍)。作为分配和预测过程的输出,全部的维修要求都可以完成,合并为一个维修计划(图 16.4)。本计划规定了系统或装备的每一个重要产品的维修操作、维修周期、维修级别和地点、人员数量和技能、技术数据、工具、设备、设施、备件和维修部件[2]。

有关维修计划的进一步细节见第 3 章。

维修计划汇总

第一部分:通用

组织的维修要完成检测/故障定位,并进行后续检查/故障定位和更换门帘和发动机装置,以及更换压缩机和修复除电子线束以外的所有装置,这需要基地级维修人员的注意。

第二部分:维修行动

项目名称	行动	预计时间	维修级别
发动机	检修	4h	基地级
活塞	拆卸和更换	1.13h	中继级
插头	拆卸和更换	0.75h	中继级
无线电	故障定位	0.25h	基层级

图 16.4　维修计划汇总示例

(资料来源:美国国防部,采办后勤,MIL-HDBK-502,美国国防部,华盛顿特区,2013 年)

16.2.6　包装、搬运、储存和运输(PHS&T)

当为确保使用准备而确定备件库存时,必须以一种防止基础设施无法提供备件的方式来管理提供备件的流程。如果在存储部件时不进行管理,组织就会面临安装部件的风险,这将导致装备过早失效。橡胶密封件、轴承、电机等部件具有独特的保质期、包装和存储要求,从而确保部件在需要时可以随时使用。PHS & T 是确定计划、资源和获取包装/保存、搬运、储存和运输要求,最大化材料的可用性和利用率,包括训练或任务成功所需的保障项目。PHS & T 元素可分为 4 个方面[2]:

(1)包装保证了产品的安全性,可运输性和可储存性。物品的性质决定了防止其变质、物理和机械损伤所需保护的类型和程度。运输、处理及存储长度和类型的考虑决定了清洁过程、防腐剂和包装材料。

(2)在有限范围,搬运材料从一处转移到另一处,如在仓库和储存区或使用地点之间、进行中的补给、船上的货舱、集装箱码头、船舶码头或船舶码头之间的运输。

(3)储存指的是物品的短期或长期储存。储存可以在不同条件下临时或永久设施中完成,如通用、湿度控制仓库、冷藏储存和船上。

(4)运输是使用标准运输方式的设备和物资的移动,通过陆运、空运和海运。交通方式包括车辆、铁路、船舶和飞机。

PHS&T 的重点是包装、处理、存储和运输的独特要求,不仅包括装备的主要终端产品,还包括备件、材料、润滑剂、环氧树脂和保障设备所需的供应品。图 16.5 是一个主要组件(如引擎)的 PHS&T 需求示例。

包装、搬运、储存和运输总结

第一部分——包装、搬运、储存

CAGE	参考数字	NAT STOCK NUMBER	项目名称
10855	AA06BR200	2803 - 00 - 378 - 2804	发动机

UI	重量	UM	长度	宽度	高度	UM
EA	345	LB	3.0	2.0	3.5	FT

DOP	QUP	PKG - CAT	PRES MATL	WRAP MATL	CUSH MATL	UNIT CONT	SPEC MKG
8	0012	8080	00	..	00	WR	99

第二部分——运输

军事装置运输方式:该装置将由地面运输公司运输,用 C - 130、C - 141、C - 5 固定翼;CH - 47 和 CH - 53 直升机。该装置用于不同的装甲师

船运空重	船运载重	CREST 角度	前进	前出	后进	后出
346lbs	346lbs	N/A	N/A	105.8	N/A	N/A

起吊和系留备注:发动机满足起吊和系留限制条件规定的最低强度要求。当发动机的最终安装配置建立后,所有的起吊和系留限制需重新评估。

图 16.5 PHS&T 需求示例

(资料来源:美国国防部,采办后勤,MIL - HDBK - 502,美国国防部,华盛顿特区,2013 年)

正如在 PSH&T 摘要中所看到的，维修和运输零件所需的所有信息汇总在一张卡片上。该摘要使组织能够快速运输部件并确保它们到达时无损和使用。

PSH&T 还需要识别和处理与 PHS&T 有关的材料或部件的任何问题。必须监测和解决的问题是[2]：

（1）运输问题，即物品产品延迟，或更重要的是由于物理或监管限制无法运输；

（2）保质期已过的存储问题，或存储不当导致产品退化；

（3）不良包装或标记导致在运输过程中丢失的物品；

（4）不正确的处理导致损坏的货物。

通过识别 PHS&T 的要求，不断监测 PHS&T 的功能性能，供应链可以进一步优化，以提高使用可用性，降低 TCO。

16.2.7　技术数据

需要使用技术数据促使做出明智的使用、维修和保障功能决策，从而降低总拥有成本。

通常，糟糕的数据会导致糟糕的决策，这可能会对装备的可用性产生巨大的影响。技术数据元素侧重于识别、计划、验证、分配资源和实现系统，以获取、分析数据并采取行动。这些数据经常被用来[2]：

（1）使用、维修和在设备上训练，以最大限度地提高其有效性和可用性。

（2）有效地编录和获取备件/维修零件，保障设备和所有供应类别。

（3）定义装备（硬件和软件）的配置准则，确保在需要的时候能以最佳能力有效地保障组织。

范例 9：用数据支持维修性

技术资料有多种形式，包括技术手册、工程图纸、工程资料、规范和标准等文件。这些数据大多以电子和硬拷贝两种格式出现，需要经过深思熟虑的组织和存储流程。考虑到其中一些数据可能是机密的或专有的，它们也需要以授权访问方式安全地存储。这些数据可能还需要与授权用户或合作伙伴共享，因此还必须定义安全的数据交换方法。此外，必须对数据进行控制，以确保除非遵循所需的配置管理流程，否则不能更改数据。

软件控制是一个经常被忽视的领域，至少在商业、工业部门如此。用于操作设备的计算机软件很容易被维修人员访问和修改。必须解决这个问题以确保只发生授权的更改和相同设备在相同软件版本上的操作。

组织数据通常通过使用数据分类法来完成。数据分类法是将数据分为类别和子类别及所需的数据点。它为组织提供了数据的统一视图,并引入了跨多个系统的通用术语和语义。数据分类确保了只有一个来源的数据真实性,使组织能够监视数据质量和数据完整性。

根据 DAU 的《IPS Elements Guidebook》,数据被划分为 4 个主要类别[2]:

(1)技术数据描述产品、界面和决策;可追溯的,响应变更的,并且与 CM 需求一致的;以数字方式准备和存储;包括决定需要哪些数据及由谁控制这些数据。

(2)管理数据是与计划、组织、管理产品相关的数据。

(3)计算机软件文档是技术数据管理的一部分,区别于“计算机软件”的数据类别。计算机软件文档指说明计算机软件功能或提供使用说明的所有者手册、用户手册、安装说明、操作说明和其他类似的文档,与存储介质无关。

(4)财务信息和合同管理包括合同编号、付款日期、合同付款条款、员工差旅费和承包商收入。

使用一个已定义的分类法(图 16.6)对这 4 个类别进一步的分解为子类别。

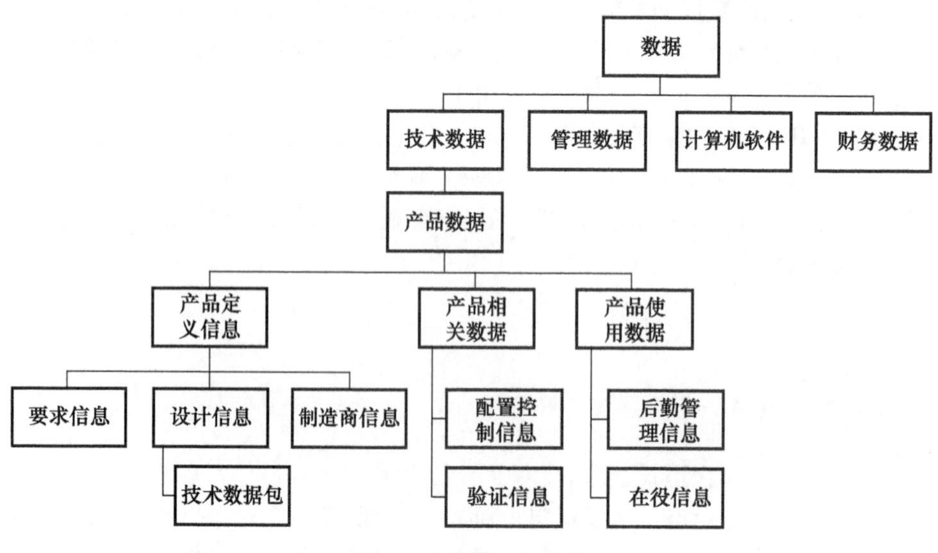

图 16.6 数据组织结构

(资料来源:来自《IPS 元素指南》,国防采办大学,贝尔沃堡,弗吉尼亚州,2019 年)

产品数据类别进一步细分为 3 个子类别,其中包括与装备保障性设计相关的信息。子类别是[2]:

(1)产品定义信息:定义产品设计制造的要求和文档信息。这是配置定义和控制的权威来源,如绘图、3D 计算机辅助设计(CAD)模型和权衡研究。

(2)产品使用信息:用于使用、维修和处置产品的信息,如维修行动的记录、技术手册、运输信息和仓库大修信息。

(3)产品相关信息:其他产品数据,如测试结果、软件或嵌入内存芯片的二进制代码及不明确属于其他类别的拟议设计图纸配置更改。这些信息以动态文档的形式存在,记录整个生命周期中的修改、升级和更改。

如命名、编号和属性数据等额外需求将被标识为数据组织结构的每一层(图 16.6),这是基于数据的经济价值,收集、清理、组织和存储数据的成本。由于数据的复杂性,强烈建议组织进行定义哪些数据是必要的,并确保这些数据作为收购合同的一部分提供。可以捕获额外的数据点,但由于它们被认为是不必要的,所以会根据需要收集它们。无论这些数据是必要的还是非必要的,数据仍须根据数据结构和数据分类进行组织。

拥有正确的技术数据对于在装备生命周期中实现数据驱动决策至关重要。因此,技术数据应与设备实物同等对待。该数据使装备能够以尽可能低的总成本(TCO)进行使用、维修和升级。这些数据还使未来的装备或系统能够根据过去的经验进行优化。

能够在正确的时间访问正确的数据、做出正确的决定并不是偶然发生的。良好的数据管理也不会因为为了以防万一而订购过多的数据。相反,有效的技术数据策略实施是有效的数据管理过程的产物。相反,有效的技术数据策略实施是有效的数据管理过程的产物[2]。

16.2.8　保障设备

保障设备是在识别、计划、资源筹措和实施的过程中,获取和保障有专门设备或工具的装备。保障设备不限于维修活动。它可能包括存储设施中使用的设备,这些设备是人员执行工作必需的。保障设备类别包括[2]:

(1)地面保障设备;

(2)物料搬运设备;

(3)工具箱和成套工具;

(4)计量和校准设备;

(5)自动化测试系统(通用电子测试设备,专用电子测试设备);

(6)设备上维修和设备下维修的保障设备;

(7)专用检验设备和车间维修设备;

(8)工业设备。

保障设备元素对于确保装备得到良好维修、校准以保障装备的就绪和使用可用性至关重要。研究保障设备是很重要的,因为每个保障设备(图 16.7)都可能代表其自身在设备保障性计划中的“小型采办”过程。此外,作为大型装备收购过程的一部分，购买保障设备的能力通常会导致较低的价格。因此，对装备拥有组织来说，购买装备配套设备是有利的。

<table>
<tr><td colspan="8">保障、测试设备总结
第一部分——包装、搬运、储存</td></tr>
<tr><td colspan="3">SE 参考编码</td><td colspan="3">仓库</td><td colspan="2">项目名称</td></tr>
<tr><td colspan="3">5D43 - 139 - A</td><td colspan="3">10855</td><td colspan="2">压缩机、环形</td></tr>
<tr><td colspan="8">保障设备的描述和功能</td></tr>
<tr><td colspan="8">一种带式套筒，具有机械杠杆结构，以便于减小的半径</td></tr>
<tr><td>深度</td><td>宽度</td><td>高度</td><td>UM</td><td>重量</td><td>UM</td><td colspan="2" rowspan="2"></td></tr>
<tr><td>4.0</td><td>5.0</td><td>5.0</td><td>In</td><td>3.5</td><td>Lb</td></tr>
<tr><td colspan="2">技能专长</td><td colspan="3">TMDE RAM 特性</td><td colspan="2">NSN 及相关数据</td><td>单位成本</td></tr>
<tr><td colspan="2">SE 码</td><td>MTBF</td><td>MTTR</td><td>周期</td><td colspan="2"></td><td></td></tr>
<tr><td colspan="2"></td><td>300hrs</td><td>500hrs</td><td>1min</td><td colspan="2">5820 - 003478650</td><td>75.75</td></tr>
</table>

<table>
<tr><td colspan="5">第二部分——单元测试需求</td></tr>
<tr><td>保障</td><td>物品</td><td>特性</td><td>测量范围</td><td>要求的范围</td></tr>
<tr><td>IPC</td><td>名称</td><td>输入输出参数</td><td>从</td><td>到</td></tr>
<tr><td>005</td><td>内部压缩机</td><td>内径</td><td>32</td><td>45</td></tr>
<tr><td></td><td></td><td>直径</td><td>32</td><td>42</td></tr>
</table>

图 16.7　保障设备概述示例

（资料来源：美国国防部，后勤采办，MIL - HDBK - 502，美国国防部，华盛顿特区，2013 年）

保障设备元素在设计阶段的另一个主要目标是在前几代装备保障设备仍然适用的情况下，最小化对新保障设备的需求。通过使用设计界面元素，可以将专业保障设备的需求降至最低。

16.2.9　培训和保障培训

培训和保障培训要素用于在装备开发的早期规划、提供资源和实施战略，以培训人员在装备的整个生命周期内使用和维修装备。虽然定义训练相对简单，但它的作用远不止于此。保障培训包括识别 TADSS 以最大限度地提高使用和维修装备的人力和人员的有效性。

培训有多种形式，包括正式的和非正式的培训活动。正式的培训活动包括教师指导的培训，如课堂、在职培训（OJT）、在线学习、模拟器和进修培训。非正式培训包括在职培训和通过他人进行的社会学习。无论采用何种形式，培训都必须进行有效性评估，并更新培训计划以确保有效性。培训计划的有效性可以与装备设计和培训课程之间的一致性相关。它们之间的相似性越高，训练的效果就越好。这就是使用正确的训练辅助工具的时候了。

培训需求应根据需要执行哪些具体任务的人员来确定。这通常通过使用布鲁姆的《教育目标分类》来完成，它是用于将教育学习目标划分为复杂性和特异性水平的分级模型。虽然一线维修人员可能需要接受应用级培训，但仓库级工作人员可能需要接受评估级培训。这是由于一线维修人员要对更换的装备进行故障诊断和维修。知道了谁需要什么技能，就可以开始定义培训了。通常，要描述培训需求（图16.8），指出谁将需要什么技能，这可能是基于级别、职位等。通常培训总结也会包括先决条件或教育要求。

人力、人员和培训总结示例

第一部分——人力和人员总结

SSC	维修级别	需要工时
35820	OPER/CREW(C)	100.00
35830	INT/DS/AVIM(F)	100.00
44E10	INT/DS/AVIM(F)	0.00
52C10	ORG/ON EQP(O)	25.00
52C20	ORG/ON EQP(O)	600.00
	INT/DS/AVIM(F)	1200.00
76J10	OPER/CREW(C)	50.00

第二部分——新的或修改的技能和培训要求

原来的	新的/改进的	岗位职责需要的新的/改进的技能	推荐等级/费率/等级 MIL 等级民用等级
52C10	52C10		

新的或改进的技能要求：

学历：

额外训练要求：

图16.8　人力、人员和培训总结示例

（资料来源：美国国防部，采办后勤，MIL－HDBK－502，美国国防部，华盛顿特区，2013年）

训练应该要求学生不仅要学习理论，且要把理论应用到实际中去。这将确保使用人员和维修人员受过良好的培训，并能够在任何使用环境中保障装备。

16.2.10 人力和人员

在维修计划和管理的基础上,我们可以从维修人员的角度确定所需的人力和人员。然而,人力和人员因素也必须考虑到设备的使用者。应该在所有级别的维修中定义这些要求(如组织、仓库等)。建立在人力、人员和培训总结的基础上(图 16.8),开发了量化“需要谁”和“需要多长时间”这样细节的度量标准。这一指标通常以年均小时或工时来表示。

人力是执行特定任务(如维修活动或行政职能)所需的人员和职位的数量。然后,分析确定在一年的时间里完成这项任务所需的人数。为了反映不同的使用环境或背景,通常会开发多种人力模型。

人员要求由正确执行特定任务所需的知识、技能、能力和经验级别定义[2]。这些通常用职业代码、等级、职位或这些组合来描述。

人力和人员分析的目标是根据所需的使用可用性水平,达到使用和维修装备所需的绝对最低必要人员需求。在许多产品中,人力一直是最高的成本驱动因素,通常占产品预算的 67% ~70%[2],控制人力成本至关重要。这可能需要使用承包商和内部工作人员来达到适当的平衡。随着技能变得越来越专业化,它们的建立和保留成本也越来越高。通常,如果没有巨大的财务风险,就不可能在内部发展非常专业的技能;因此,与承包商合作成为一种更具成本效益的方法。

通过人力和人员汇总,管理层可以确定长期招聘和培训人员,确保系统能够长期运行和维持。

16.2.11 设施和基础设施

通常需要设施和基础设施来实现装备的培训、操作、维修和存储。设施和基础设施通常包括保障系统所需的永久性和半永久性不动产设备。设施和基础设施要素确定了设施或设施改进的类型、位置、空间需求、环境和安全要求及未来需要的设备。它包括培训、设备储存、维修、供应储存等设施[2]。

设施应根据地理位置、设施类型(如海军干船坞)和所需大小来定义。为了实现这一点,保障团队必须确定在任何给定的点上有多少装备将使用该设施,并且必须确保有足够的空间存储备件、培训和管理区域。这就是为什么不仅要有维修计划,而且要有明确的供应要求是至关重要的。

一旦设施被定义,还需确定设施中需要哪些后勤和服务保障基础设施。例如,需要什么电压的插头、需要多少数量、它们应该位于哪里(如在墙上、在地板上、在天花板上或悬挂在空中)。如果需要压缩空气,接入点应该设在哪里?对压缩空气系统有什么要求?这通常在设施摘要中进行总结,如图 16.9 所示。

设施总结		
设施名称	设施分类	面积
红石军事基地	导弹修复设施	15000sq. ft
项目名称	维修活动	
线束	测试线束装置	
	修复线束装置	
发动机	修复发动机装置	

①设施地点:红石兵工厂,亨茨维尔,亚拉巴马州,3441 号楼,海湾 A

②设施使用要求:40 个 120 伏 P/S 的布线,需沿墙且间隔均匀

③设施训练要求:2 个工作区域要分开建立

④设施安装所需时间:2 年

图 16.9 设施总结

(资料来源:美国国防部,采办后勤,MIL - HDBK - 502,美国国防部,华盛顿特区,2013 年)

通常,设施和基础设施被不同类型的装备重用,因此,可能需要修改以适应新的装备。设施和基础设施是否更新或重新构建,所需的交付时间通常很长。由于设施和基础设施所需的交付时间,及早确定要求、使其为装备的到来做好准备是至关重要的。通常,如果做得足够早,这些要求可以纳入产品成本中。如果晚些时候完成,通常还需要另一个产品或采购活动来建造设施和基础设施。

16.2.12 计算机资源

计算机和信息技术涉及装备生命周期的每个方面,因此必须相应地进行规划。计算机资源不仅包括维修人员或操作人员使用的计算机,还包括信息技术/信息支持功能的所有方面。计算机资源要素必须识别、计划并为使用和保障关键任务计算机硬件/软件系统所需的所有设施要求、硬件、软件、文档、人力和人员提供资源[2]。由于越来越多的软件被使用,作为主要的终端产品,保障设备或培训装置的复杂性显著提高。与软件程序的设计和维修相关的费用是如此之高,以至于人们不能不有效地管理这个过程[2]。

由于有不断发展的网络威胁,计算机资源连同技术数据元素必须考虑系统安全/信息保障。灾难恢复计划和执行是关键任务型系统的要求,并将由使用组织的业务计划的连续性驱动[2]。系统安全的需要还必须在系统之间传输数据和信息的需要与使用电子数据交换之间取得平衡。这是一个持续的挑战,因为在装备的运行周期内,商业方法和标准会发生多次变化。

信息技术和计算机硬件及软件的作用对所有复杂系统的运作和保障越来越不可或缺。事实上,如果集成信息技术系统不能正常运行,大多数复杂系统就无法正常运行。

16.3 保障性计划

保障性是指提供12个元素并使其相互平衡,为装备所有者和运营商提供最低的TCO。这是通过保障性计划实现的;然而,达到这种平衡从来不是一件容易的事情。虽然每个开发计划都是不同的,但所有保障性计划都是由相同的3个主要标准驱动的:成本、装备准备情况、人力和人员限制。

成本限制是一个不可避免的经济现实。获得高质量、能力强、价格合理的满足用户需求的系统是所有开发产品的目标[1]。评估产品的TCO需要考虑所有生命周期成本及其他获取成本。LCCA允许比较不同的装备选择及其对TCO的影响。在假定一系列关于设备可用性和维修性、使用率和使用背景前提下,LCCA应考虑达到特定准备水平所需的保障资源(如使用可用性A_0)。由于在估算人力和能源等资源成本时存在不确定性,因此应该进行敏感性分析。敏感性分析有助于识别和权衡产生生命周期成本的各种因素。这些知识是理解和管理产品风险的关键[1]。

装备准备状态是一个组织确保装备能够达到A_0所需级别能力的度量。装备战备状态预测通常是模拟的结果,其中考虑了如后勤延误、装备使用水平等对A_0的所有影响。通过使用蒙特卡洛分析,保障性计划团队可以发现导致不可用性的重要因素及应该达到的使用可用性水平。

人力资源减少和装备日益复杂给获得可负担的装备带来了巨大挑战。及早考虑人力和人员要求是非常重要的。人力和人员限制(数量、技能和技能水平)是每个总体系统产生成本的主要因素,与任何其他设计考虑因素一样重要。由于其对装备性能、准备和成本的潜在影响,新系统的所有人力和人员要求应及早识别和评估,并考虑替代方案。例如,对低用途、高复杂的产品使用商业版主,可以消除在频繁人员变动的环境中维持合格人员的大部分培训成本[1]。

需要在装备获取过程中每个里程碑决策点报告新系统所需的人力及人员。这些要求为资源计划、预测和成本估计提供了重要的输入,并有助于制定更具有成本效益的替代方案[1]。为了说明这3个主要的标准,在给定约束条件下,通常使用保障性分析来达到正确的平衡,这将导致最低的TOC。

16.3.1 保障性分析

与本书中讨论的许多其他分析一样,保障性分析是一个持续发展的过程,从概念阶段开始,持续到设计和开发阶段,并进入使用和维修阶段。随着逐渐了解设计的新信息,保障性分析持续更新,这反过来产生了改进设计的建议以减少保障性约束。即使在装备的使用和维修阶段,保障性分析也会更新,以驱动对保障性 12 个元素中的任何一个的更改。例如,随着装备老化,可能需要储存更多的特定类型的备件。保障性分析的目标是确保保障性纳入系统性能要求,并确保系统与最佳保障系统和基础设施同时开发或获取。

保障性分析通常由许多不同的分析组成,通过建模软件复制装备部署到使用环境后可能发生的情况[5]。集成的分析可以包括任意数量的工具、实践或技术来实现目标(图 16.10)。例如,维修水平分析(LORA)、MTA、可靠性预测、RCM 分析、故障模式、影响和危害性分析(FMECA)、LCCA 等,都可以被归类为保障性分析[1]。

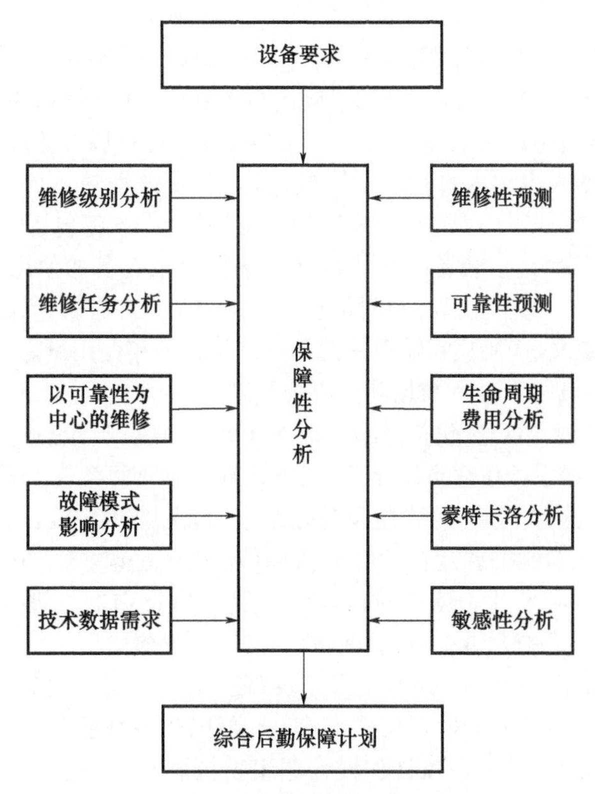

图 16.10　保障性分析

(资料来源:修改自布兰查德,b. s. ,后勤保障工程与管理,第 6 版,培生教育集团,上鞍河,新泽西州,2004 年)

保障性计划必须不断地进行审查,确保它提供了以最低的 TCO 保证装备可用性的优化方法。我们不应该错误地认为,一旦完成了初始分析,保障性就完成了。保障性分析是一个渐进的过程。随着系统在整个生命周期各阶段的开发和使用,采办决策当局可能会制定新的或更新的用户需求,以及新的或修订的权威方向或限制[1]。

保障性分析的输出是由12个元素指定的定义需求。这在ILS计划中得到了总结,装备拥有和运营组织可以使用该计划为装备做好准备。

16.4 保障性任务和ILS计划

随着保障性分析的完成,装备拥有和使用组织可以开始为装备的到达、使用和维修做准备。这主要是通过使用ILS计划来完成的。ILS计划的目标是确保该装备在整个生命周期内得到保障,以实现尽可能低的TCO,同时满足使用要求[5]。

ILS计划是一个综合计划,确保所有12个保障性要素都包含在内,并且所有要素在装备、资源和成果方面相互支持、互不重复[2]。ILS计划是保障性分析的最终结果,该分析考虑了装备要求、成本约束、设备准备以及完成所有野外应用保障任务所需的人力和人员。ILS计划应该是一个详细的计划,能够很好地利用,以确保装备在使用环境中能够实现使用可用性。ILS将包括以下具体内容:

(1)提供保障,包括装备的初始启动和培训以及装备的使用和维修所需的备件和材料清单。每个备件和材料都包含一个定义的库存数量、描述、产品将使用的维修水平定义、产品应在哪里采购及产品的预计年使用量。如果需要,供应支持也应参考PHS&T、技术数据和供应链要素。

(2)维修计划和管理,包括详细的维修计划,包括所有预防性和修复性维修活动、时间表和程序。在适当情况下,维修计划和管理可参考其他部分,如供应支援、人力及人员、支援设备、设施及基础设施、训练及训练支援。

(3)PHS&T,包括需要运输的物品清单、建议的运输方法、估计的需求率及每个物品的重量和尺寸。建议的包装方法及任何特殊的处理要求也被定义。PHS&T可能会参考技术数据、供应保障、维修和培训要素。

(4)技术数据,包括每个数据的分类、存储、检索和安全细节。具体来说,该计划应该包括任何相关的数据层次结构、分类法,以及捕获、清理和存储每个数据点的计划。文件和数据控制(如设计图组态控制)方法也可能包括在内。技术数据可以参考所有其他要素,特别是计算机资源、维修计划和供应保障。

(5)保障设备,包括每一级维修所需的所有保障设备详细清单。还包括采购保障设备的计划以及保障设备的任何校准或维修要求。这个元素可以引用许多其他元素,特别是供应保障、维修计划和计算机资源。

(6)培训和保障培训,包括为使用人员和维修人员建立培训计划的要求。

该计划应包括建议的课程、所需的培训辅助工具、获得培训辅助工具的地点以及任何重新认证的要求。最初的培训计划也应该包括在内。培训和保障培训要素可参考其他11个要素中的任何一个。

(7)人力和人员,包括使用和维修装备所需的使用人员、维修人员和熟练程度的详细清单。该计划包括承包商的使用,并对使用哪些承包商提出了建议。人力和人员要素可参考维修计划和培训要素。

(8)设施和基础设施,包括物业、厂房、办公室和仓库需求清单。具体来说,计划应该包括设施的类型、规模和建设。如果要使用现有的设施,该计划可能包括升级现有设施的资本计划。这个元素可以参考供应保障和维修计划。

(9)计算机资源,包括保障装备整个生命周期所需的所有计算机、软件和许可的列表。该计划还可能包括更新软件和硬件的程序。该元素可以参考技术数据、供应保障和许多其他内容。

ILS计划是一个完全综合的计划,必须实施该计划以实现装备所需的使用可用性。因此,必须确定所有要求确保后勤和服务保障基础设施到位,保证装备在整个生命周期内的使用和维修。

许多ILS计划还包括一个验证部分,用于验证计划是否按时交付,如果出现缺口,则将信息反馈给持续工程和其他部门,以提高装备的保障性。

16.5 小 结

保障装备的能力既是装备设计的产物,也是服务保障和后勤系统的产物,这些服务保障和后勤系统是为了确保装备能够在其工作环境中正常使用和维修。本章提供了几个例子来解释为什么在规划的系统设计和开发阶段考虑保障性设计是重要的。读者将在本书中找到更多的例子,因为DfMn的许多应用也有利于保障性设计。

保障性不是偶然事件,它需要详细的分析和归档化的计划。IPS的12个要素对保障性设计是必要的。只有将这12个要素纳入ILS计划中,装备才能最终实现其使用目标,同时最小化装备拥有组织的成本。

参考文献

1. US Department of Defense(2013). Acquisition Logistics, MIL – HDBK – 502. Washington, DC: US Department of Defense.

2. Defense Acquisition University(2019). IPS Element Guidebook. Fort Belvoir, VA: Defense AcquisitionUniversity. https://www.dau.edu/tools/t/Integrated Product – Support – (IPS) – Ele-

ment – Guidebook – (accessed 18 September 2020).
3. US Department of Defense(2016). Operating and Support Cost Management Guidebook. Washington, DC: Department of Defense.
4. Bloom, B. S., Englehart, M. D., Furst, E. J. et al. (1956). Taxonomy of Educational Objectives: The Classifcation of Educational Goals. London: Longman, Green and Co. Ltd.
5. Blanchard, B. S. (2004). Logistics Engineering and Management, 6e. Upper Saddle River, NJ: Pearson Education Inc.

补充阅读建议

1. US Department of Defense(1994). Logistics Support Analysis, MIL – HDBK – 1388. Washington, DC: US Department of Defense.

第17章　专　题

Jack Dixon

17.1　导　言

本章包括几个挑战维修实践现状的主题，为未来如何设计维修性(DfMn)提供了解。主题包括：

(1)James Kovacevic：通过单分换模(SMED)减少主动维修时间。

(2)Louis J. Gullo：《如何使用大数据实现预测性维修》。

(3)Louis J. Gullo：用于提高维修性、可靠性和安全性的自校正电路和自修复材料。

第一个主题：SMED，说明如何使用一种起源于20世纪50年代的旧技术，通过应用它和其他精益技术，可以减少维修时间。SMED主题将我们从过去带到现在，本章的另外2个主题将带我们了解未来的可能性。大数据主题为各种各样的机器提供了一种可能性，当它们遇到问题时，能够将信息传递给人们，从而帮助它们更快、更有效、更经济地执行所需的维修。最后一个主题是自校正电路和自修复材料，可以在第一次出现问题时发现它，并在无外部保障的情况下解决问题，这将我们带到维修能力的另一个新水平。

17.2　通过单分换模(SMED)减少主动维修时间

在20世纪50年代，丰田还不是一个盈利能力很强的公司，因此他们受限于生产设备。这意味着，为了冲压新零件，丰田必须经常更换冲床上的模具和工具。更换模具通常需要2～8h。显然，2～8h的停机时间，无论是否在计划中，都不是对设备最有效的利用，反过来又会提高成本。此外，丰田也没有足够的流动资金来大量生产某一特定零件以减少频繁更换模具的需求。

为了解决这个问题，丰田努力减少更换模具的时间。这就是众所周知的快速换模(QDC)。QDC是基于美国第二次世界大战行业内培训(TWI)计划的一个框架，称为ECRS——消除、合并、重新安排和简化。随着时间的推移，更换时间在20世纪60年代减少到15min，在70年代某些情况下可减少到3min。这些改进使丰田在与北美制造商的竞争中获得了显著的优势。

SMED是一个建立在丰田QDC系统上的程序。20世纪80年代，Shigeo Shingo将丰田QDC系统引入北美，并将其重新命名为SMED。虽然名字可能暗示所有的转换应该在1min内完成，但这不是真的。SMED的目标是将切换的计划停机时间减少到一个数字，即1～9min。SMED方法可以应用于各种其他组织活动，如计划维修[1]。

预防性维修(PM)的主要目的是检测潜在故障，并在导致设备停机前修复它们。在潜在故障—功能故障曲线(P－F曲线，如图17.1所示)的早期，PM优化的主要目的是检测更多的潜在故障，这是合理的。潜在故障被定义为“指示功能性故障即将发生或正在发生的可识别条件”。功能故障被定义为“装备或系统无法以用户可接受的性能水平执行指定功能的状态”[2]。

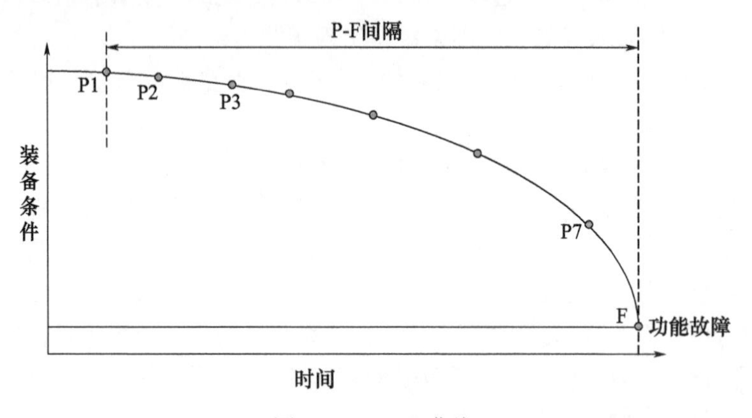

图17.1　P－F曲线

P－F曲线用于显示潜在故障发生的位置及装备何时会达到功能故障的状态。P－F曲线上的P1点代表潜在故障发生的点，而其他各种各样的P用于表示潜在故障被各种技术(如振动分析、目视检查等)检测到的不同时间。P－F区间是从不同的P点到完全功能故障所需的时间。对P－F曲线的理解对于制定正确的维修策略至关重要。

许多常见的可靠性工具，如以可靠性为中心的维修(RCM)、失效模式和影响分析(FMEA)及故障模式、影响和危害性分析(FMECA)，允许组织专注于识别和检测潜在故障。使用这些工具将提高PM程序的有效性，从本质上提高设备的维修性和可用性。这些概念在第15章中有深入讨论。此外，通过使用这些工具进行仔细分析，可以预测计划内和计划外停机所需的时间。

范例 7:基于维修性的维修停机时间预测

PM 优化通常被认为是一种提高维修策略有效性的活动。然而这是第一步，也是改进任何维修策略的至关重要的一步,但它不是唯一的,还有其他步骤。在这第一步之后停止可能会阻止组织实现其目标或最好的表现。

经常被忽视的是 PM 程序或维修策略的效率。对于一个要达到世界级水平的组织来说,他们不仅需要做正确的维修,还需要高效地维修。这是首先想到维修计划和调度的地方。如果没有计划和调度,组织中负责维修部分的低效率将非常严重。那么,PM 优化的第二个层次是什么?

17.2.1 将精益方法纳入 PM 优化

一旦实施计划和调度消除维修过程中的浪费,下一步就要将“精益”纳入 PM 程序。这就是 PM 优化第二级可以释放组织维修功能隐藏潜力的地方。当 PM 优化与已知和公认的精益制造(LM)[1]技术相结合时,维修效率才真正得到释放。

为了理解为什么 PM 程序的效率是重要的,有必要掌握一些关键的度量[3]:

设备总体有效性(OEE) = 可用性(%) × 性能效率(%) × 质量率(%)

式中:

可用性 = [能工作时间(h)]/[总可用时间(h) - 空闲时间(h)]

能工作时间(h) = 总可用时间(h) - [空闲时间(h) + 总不能工作时间(h)]

总不能工作时间 = 计划不能工作时间(h) + 非计划不能工作时间(h)

性能效率 = 实际生产效率(单位/h)/最佳生产效率(单位/h)

质量率 = (总生产件数 - 不良生产件数)/总生产件数

设备总有效性能(TEEP) = 利用率时间(%) × 可用性(%) × 性能效率(%) × 质量率(%)

其中:

利用率时间 = [总可用时间(h) - 空闲时间](h)/总可用时间(h)

可用性 = [能工作时间(h) ×100]/[总可用时间(h) - 空闲时间(h)]

能工作时间(h) = 总可用时间(h) - [空闲时间(h) + 总不能工作时间(h)]

总不能工作时间 = 计划不能工作时间(h) + 非计划不能工作时间(h)

性能效率 = 实际生产效率(单位/h)/最佳生产效率(单位/h)

质量率 = (总生产件数 - 不良生产件数)/总生产件数

在这两个关键指标中可以看到,当执行维修的时间(如计划的不能工作时间)减少时,OEE 或 TEEP 增加,这意味着组织可以用现有装备生产更多的产品。

这就是为什么需要把重点放在提高 PM 程序的效率上。组织应首先利用 RCM、FMEA 和/或 FMECA 来确保维修策略的有效性。

17.2.1.1 理解浪费

引入关注效率的第二级 PM 优化的第一步是教育团队,这将专注于减少完成维修的计划时间。维修计划团队需要了解不同类型的浪费及用于消除浪费的已知精益技术。8 种类型的浪费是[4]:

(1)缺陷——PM 活动中引入的错误而造成浪费,导致启动失败、返工或延长启动时间。这些缺陷可能是由于糟糕的指示、一时的疏忽或工作的复杂性造成的。

(2)生产过剩——在 PM 活动期间完成过多或额外的工作。这可能包括移动设备、移除润滑点的保护或长时间关闭或启动设备。

(3)等待——由于维修活动中不必要的暂停或延迟造成的时间浪费。这种时间浪费通常包括等待政府组织颁发许可证、等待使用人员放行设备用于维修、等待如技能人员协助或详细工作说明的帮助。

(4)人才浪费——由于没有使用合适的人才而造成的浪费,无论是使用技术过度熟练的人,还是使用技术不足的人。有技术熟练的技工执行日常清洁任务是否有增值?是否可以分配给某一设备的使用人员进行视觉检查,而不是分配给熟练的维修技术人员?

(5)运输——为方便运输而移动物品所产生的废物。零件准备好了吗?备件是否位于维修设备附近?该工作是否需要移动多个物品才能到达需要维修的设备?

(6)库存过剩——通常是由于在维修过程中为防止零件丢失或损坏而携带额外的零件或备用物品造成的浪费。通常这些多余的零件,如果不用于工作,它们永远不会回到储藏室而丢失。这些丢失的部件可能是异物碎片(FOD)的来源,这些碎片在不知情的情况下放在正在维修的设备内。为了防止 FOD 的发生,使用人员通常会被要求清点带到生产线的备件数量,对退回零件仓库的零件进行清点,以进行库存控制。

(7)移动浪费——通常是由效率低下的工作顺序和 PM 程序造成的。一个例子是不断地从机器的一边移动到另一边,反复地来回移动,而不是把所有的工作先安排在一边,然后移动到机器的另一边来完成剩余的工作。

(8)超额处理——这种类型的浪费发生在活动没有简化或需要超额批准时,如完成的工作必须有多个签名。另一个例子是没有使用可视化工厂的方法来简化检查过程。

一旦维修计划团队意识到浪费,就需要持续关注消除浪费和最小化计划停机时间。这就是精益技术真正发挥作用的地方。

17.2.1.2 应用精益技术消除浪费

为了从PM程序中消除浪费，可以充分利用一种称为SMED的精益技术[5]。SMED是一种可以显著减少设备更换所需时间的系统，设备更换是计划停机期间发生的各种任务之一。SMED系统的本质是将尽可能多的转换步骤转换到"外部"(如在设备运行时执行)，并简化和精简剩余步骤。这种非常相同的方法可以用于PM程序来提高效率。

SMED的步骤非常简单，可以应用于PM优化：

1. 测量计划停机时间——测量并设定目标以减少计划停机时间。要测量时间，请列出所有任务并记录执行每个任务所需的时间(如图17.2所示)。通过视频记录实际执行的PM程序来验证时间估计。遵循PM程序，向执行PM程序的团队汇报视频，了解他们做对了什么或做错了什么，并记录每个PM例行活动的具体开始和结束时间。

PM活动观察表				
时间：				
机器：废油管理	PM程序：使用人员每周一轮			
无分步动作元素	可以分割	拓 展	时间单位：	观察结果
	Int			
1. 到离心机			4	
2. 到工具库			3	
3. 获取工具			3	操作员在工具库等着轮班
4. 进入离心机			3	
5. 目视检查仪表			5	操作员读数没有参考规范
6. 关闭离心机			2	
7. 实施润滑			10	必须拆除防护装置进入润滑点
8. 启动离心机			2	
9. 到泵			3	
10. 关闭泵			2	
11. 清理过滤器			10	工具箱没有合适的扳手来接近过滤器
12. 重新启动泵			2	
13. 监测泵的流量			2	
14. 到筒仓			3	
15. 实施目视检查			6	
总计：			60	

图17.2 SMED任务表示例

2. 分离内部和外部停机时间——在确定了当前时间后，任务需要通过内部和外部任务分离。内部任务只能在设备被锁在外面不运行时才能完成。接下来，确定设备运行时可以完成哪些任务——这些被称为外部任务。这一步对于确定需要计划停机的活动至关重要。

3. 将内部任务转换为外部任务——仔细检查每个内部任务，并确定是否有一种方法可以在设备运行的情况下完成任务。从简单的任务开始；不要马上重新设计。确保所有准备工作（如收集材料、规格、工具等）在设备停机前完成。有时，重新设计是一种选择。考虑到润滑任务的开展需要关机进行。通过添加一些润滑管道，润滑任务现在可以在设备运行时完成，这从润滑最佳实践的角度来看也是理想的。重新设计保护点和进入点也是将内部任务更改为外部任务的常见方法。由于重新设计的成本，必须进行成本效益分析，以确定节省的时间（就损失的生产而言）是否值得重新设计的成本。如图 17.3 所示。

PM活动观察表

时间:

机器: 废油管理　　　　PM程序:使用人员每周一轮

无分步动作元素	可以分割 Int	拓展	时间单位:	观察结果
1.到离心机			4	
2.到工具库			3	
3.获取工具			3	操作员在工具库等着轮班
4.进入离心机			3	
5.目视检查仪表			5	操作员读数没有参考规范
6.关闭离心机	×		2	
7.实施润滑	×			必须拆除防护装置进入润滑点
8.启动离心机	×			
9.到泵		×		
10.关闭泵	×		2	
11.清理过滤器	×		10	工具箱没有合适的扳手来接近过滤器
12.重新启动泵	×		2	
13.监测泵的流量		×	2	
14.到筒仓		×	3	
15.实施目视检查		×	6	
总计:	28		60	

安装远程润滑管路，
无需停机
平行安装第二过滤器，
以便在运行时进行清洗

图 17.3　示例内部到外部转换的 SMED 任务表

其他将内部任务转换为外部任务的方法包括使用夹具在安装前离线校准或调整特定元素。模块化是另一种方法，它可以离线进行日常调整、维修和检查，并在计划的停机期间快速调换。这一步的目标是减少停机时间，使其达到或接近之前确定的目标。有多种方法用来减少或消除内部和外部任务中的浪费。

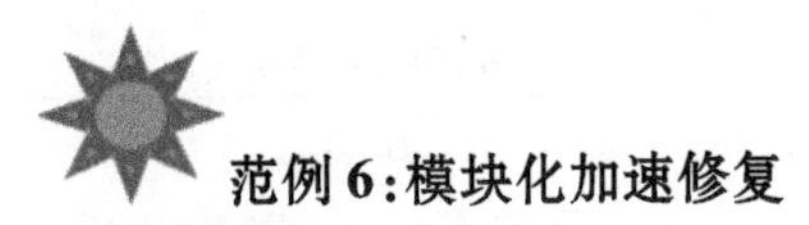

范例6：模块化加速修复

4. 消除内部浪费——在这个阶段，确定如何简化或消除每个任务。消除内部浪费的一种方法是在PM程序中安排任务顺序，以防止技术人员在设备上不必要地来回移动。使用步骤1中PM程序中拍摄的视频记录，可以创建一个由员工在PM程序中采取的实际路径的地图(也称为意大利面图)。该图表将使团队可视化地了解在设备周围所花费的时间和步骤(如图17.4所示)。一旦摄制组了解到了失去的时间，就能够以一种最小化技术人员行程的方式排列任务顺序。

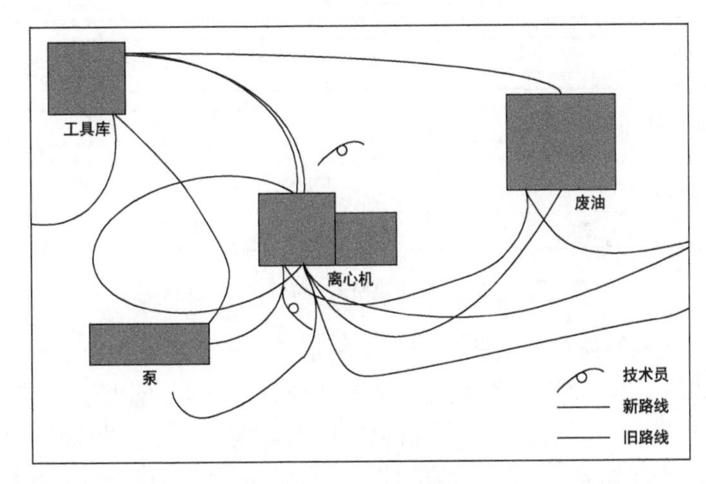

图17.4 意大利面图示例

一旦建立了新的维修顺序，就需要关注如何缩短花在任务上的时间。例如，使用快转紧固件代替螺栓、使用止动块减少定位部件的时间、有所有设置/规格明确定义。如果更换部件进行校准或调整不是一个选项，那么使用夹具的另一个机会。如果PM例行工作需要延长停机时间，考虑增加技术人员并行执行任务减少加班计划停机时间。如果可能，消除调整或潜在调整，用固定点代替。最后，尝试将硬件标准化以减少执行PM所需的工具数量。

5. 消除外部浪费——虽然这一步骤不会减少预定的停机时间，但它将提高维修部门的整体效率。考虑分散的工具和部件存储来减少运输时间，建立一个标准的选择清单(如完成任务所需的材料和用品清单),简化文书工作,最后,我们要准备好所有的零件/用品/工具(如图 17.5 所示)。

PM活动观察表

时间:

机器: 废油管理

PM程序: 使用人员每周一轮

无分步动作元素	可以分割 Int	拓展	时间单位:	观察结果
~~1. 到离心机~~			~~4~~	
2. 到工具库			3	
3. 获取具库			3	操作员在工具库等着轮班
4. 进入离心机			3	
5. 目视检查仪表			5	操作员对读数没有参考规范
~~6. 关闭离心机~~	~~×~~		~~2~~	
7. 实施润滑	×		10	必须拆除防护装置进入润滑点
~~8. 启动离心机~~	~~×~~		~~2~~	
9. 到泵		×	3	
~~10. 关闭泵~~	~~×~~		~~2~~	
11. 清理过滤器	×		10	工具箱没有合适的扳手来接近过滤器
~~12. 重新启动泵~~	~~×~~		~~2~~	
13. 监测泵的流量		×	2	
14. 到筒仓		×	3	
15. 实施目视检查		×	6	
总计:	28		60	

实现仪表读数的可视化工厂

图 17.5 减少外部浪费的 SMED 任务表示例

6. 标准化和维修最佳实践——一旦制定了 PM 日常工作的最佳实践,将其记录在标准的工作计划中。试试这个新的工作计划吧。像步骤 1 一样记录这个过程,并寻找进一步的机会来解决新程序中的任何问题。一旦团队对新的 PM 程序很满意,继续跟踪并比较实际的计划停机时间和计划停机时间,以确定进一步改进的机会。

17.2.1.3 持续改进 PM 程序

对提高效率的关注延伸到最初的 PM 优化之后,且应该成为 PM 常规本身的一部分。在产品管理程序结束时,应进行快速分析以确定浪费的任何来源,及可以采取什么措施来减少或消除它。

与设计更改相比,实现人为元素通常要快得多,成本也低得多。更改序列、分离内部和外部活动、标准化角色以及制定程序和规范都是人为因素的例子。通常,当与维修人员一起工作时,他们将寻求实现重新设计和其他技术元素,因此,改进者必须首先将团队的注意力集中在人为元素上。

范例5:将人视为维修者

优化过程也可以在多次迭代中完成。完全优化通常需要大量的时间和资源,并会遇到一些质疑。如果遇到这些限制,执行第一个和第二个步骤,并尝试第一个修订,演示一些结果,并让管理和维修团队购买。一旦观察到好处和结果,就进入下一步。在进行了一个或两个优化之后,组织将更有可能支持全面的优化。

在决定在哪些设备上进行这些分析时需要注意的是:在将SMED用于PM程序时,只关注关键装备或瓶颈非常重要。不是每一件设备都需要PM优化执行到这个水平。应该首先关注组织需要争分夺秒正常运行的设备。

17.2.2 总结

为了提高装备的维修性和可用性,组织不仅需要关注正确的维修,还需要确保维修是有效和高效的。这种效率的提高可用于减少计划停机时间,确保增加可用性。如果没有这一重点,组织将面临开发大量维修程序的风险,这些维修程序需要长时间的计划停机,从而导致可用性较低和运营成本较高。

在装备构建后进行SMED分析并不理想。虽然它可以减少计划的停机时间,但在装备设计期间包括这种类型的审查将使组织受益匪浅。在设计阶段对装备进行更改比在构建装备之后进行更改要划算得多。

在描述制造设计(DfMa)的各种形式的出版文献中,广泛详细地介绍了SMED技术。DfMa关注的是可制造性和可生产性,这是在产品开发阶段进行的工程学科。DfMa专注于在系统或产品的初始构建过程中简化组装的工程设计。DfMa描述了当产品设计过渡到制造环境或工厂时,确保其经济生产的方法。DfMa将系统或产品的设计与准时制(JIT)和精益制造的成功制造理念相结合,在大批量生产流程中组装和测试新设计。SMED为DfMn和DfMa提供价值。

总而言之,当8种类型的浪费是有针对性的且使用精益技术来减少浪费时,计划的停机时间就会减少。这允许组织实现更高级别的可用性,OEE或TEEP,允许提高其装备的性能。

17.3 如何使用大数据实现预测性维修

想象一下,在这样一个世界里,你的电子设备,如手机或平板电脑,知道自己出了问题,健康上的疼痛,并能预测即将到来的虚弱。在这个世界上,你的电子设备警告你它有问题(疼痛)需要治疗,就像人体警告大脑它感到疼痛,然后去看医生一样。电子设备可能是机器人的形式,机器人有传感器来协助其运动,同时能够诊断超过其应力极限的部件。在这个世界上,电子设备将需要数百个传感器,每小时积累数百万比特的数据,才能拥有自我意识到其疼痛状况,并能够充分地通知电子维修人员。这种类型的电子产品需要大量的数据处理能力和大量的数据存储和存储。这种数据处理的解决方案是人工智能(AI)和机器学习(ML)(详见第8章)。对于手握大量数据,数据处理能力(包括数据缓冲、内存和存储),必要讨论大数据这个话题[6]。

17.3.1 工业用途

大数据是已经在第8章中简要提到过,但在本书的其他地方没有解释,所以此处重点介绍。到目前为止,人工智能和机器学习一直在讨论它们的自主处理数据的能力,而不考虑正在处理的数据集的大小。如果数据集相对较小,小到足以让个人计算机(PC)处理,那么处理的时间相对较短。另一方面,如果数据集较大,PC不能在几个小时内处理数据,因为随着数据的增加,处理数据的时间大大增加,那么就会引入新的复杂性,这需要不同的技术来与系统一起工作,这将得益于人工智能和机器学习的结合。这些复杂性只出现在非常大的数据集上。这些复杂性必须在电子设计中加以处理,否则系统将无法有效地处理数据。系统的设计可以有很大的不同,这取决于希望使用它的行业类型和行业希望获得的好处。以下是一些使用大数据的行业系统的例子及大数据在维修性方面提供的一般好处。

使用大数据的行业:

(1)航空;

(2)能源(如发电、风力发电场、智能电网);

(3)制造业;

(4)铁路;

(5)汽车(如智能汽车)。

普遍益处:

(1)实现预测性维修;

(2)实现优化;

(3)备件管理使用;

(4)设备管理;

(5)物联网(IoT)。

在商业航空行业,大数据通过预测性维修降低成本,这是一个行业特有的好处，它彻底改变了企业的决策方式[7]。“与旧飞机相比，新飞机产生更多的飞行数据，大数据分析总结的创新分析方法使得在短时间内处理大量数据成为可能。最近的研究显示，如果适当实施，维修预算可减少30%~40%。因此，飞行记录数据的预测分析是一个刚开始发展的令人兴奋和有希望的领域。解锁数据中有价值的信息称为数据挖掘”[7]。

企业依赖物联网作为一种从边缘连接到云端的技术，使用能够处理大规模数据传输的强大电信系统。大数据在物联网中的作用是实时或接近实时地处理和存储大量数据。涉及大数据的物联网流程可能会遵循以下4个步骤：

(1)企业级数据存储系统利用有线或无线电信网络收集原始数据，其大小从GB到万亿GB不等，这些数据是由许多物联网设备在特定的时间和发生频率为任何特定的商业客户产生的。

(2)广泛分布的数据库系统使用严格的配置控制和软件容错体系结构来处理数据错误，提取和管理文件和文件夹中的大量时间戳数据。

(3)应用工具对数据进行精简和分析，为客户提供增值解决方案。大数据可以通过任意一种工具进行分析，如Hadoop或者专门用于机器学习或预测分析的工具。“Hadoop是一种开源软件框架，用于在商用硬件集群上存储数据和运行应用程序。它为任何类型的数据提供了海量存储、巨大的处理能力以及处理几乎无限的并发任务或作业的能力”[8]。

(4)最后一步是报告创建，其中执行手工报告编写指令或者自动程序生成分析数据的报告或用于连续参数度量跟踪的数字仪表板。

大数据几乎总是包含某种程度的自动化或自主机制，从原始数据的最初收集和存储，到包含可操作的信息或知识的报告的生成，客户为此付出了高昂的代价。这些报告总结了现有的大量数据的结果，这些数据可以用来找出事情发生的原因和方式，然后使用这些结果来预测将会发生什么。

17.3.2 预测未来

在预测灾难性事件的情况下，你永远不会有足够的数据。你的数据集越大，对未来事件的预测就越准确。预测分析的成功取决于对数据的置信度，这与数据集的准确性和大小有关。利用大数据预测未来的成功说法是如何实现的，这一点或许并不明显。考虑一下这个例子：

你是一个运输车队的经理，每天被派去从配送中心将消费品运送到零售商店，那里的货架上每天晚上都堆满了这些产品。不管你知道与否，你的工作取决于大数据的可用性，从而确保你的成功。大数据是积累起来的，对于那些愿意利用它为自己和公司造福的人来说是可获取的。如果你根据维修合同把卡车送到服务中心，在需要的时候修理你的卡车并通过定期维修使你的卡车保持良好的工作状态,这样就可以合理地保证服务中心收集了大量关于您卡车维修和维修数据。如果数据集很大,它可以与其他客户更大的数据集合并创建一个类似车型的数据池,那么这可能是你挖掘大数据和成为成功的车队经理的机会。现在的问题是,从哪里开始使用大数据挖掘黄金呢?让我们从服务中心的基本类型大数据开始,您可以立即使用它来帮助您的情况——维修记录。

通过将数据科学和预测分析应用到服务中心的大数据中,针对所有具有相同车型和配置的卡车,维修记录和工作订单历史记录可以为您提供未来故障发生的信息,这远远超出您可以为有限的车队收集的数据,为您提供卡车健康状况的整体视图。这种整体视图允许您对每辆卡车进行评分,以便在最严重的维修问题中标记出故障发生概率最高的卡车。此外,通过制定每辆卡车的最优先服务问题的关键维修产品列表,这种整体视图提供了智能设备维修。这份清单的目的是为了确保预防性维修,避免在交付之间的路上进行昂贵的维修,并避免由于无法满足客户的需求而导致交付延误。最重要的是,大数据是改善客户与车队关系的关键。

假设您的手机与无线互联网服务提供商(ISP)签订了长期的数据上传和下载合同,那么当您管理的卡车车队中某一辆卡车的关键组件即将故障时,就可以使用您的手机来提醒自己。为了在您的手机上生成警报,一个基于状态的维修(CBM)系统(更多 CBM 系统的详细信息,请参阅本书的第 9 章)会评估你的卡车的健康状况,每天提供每辆卡车故障概率的状态。CBM 数据与油样黏度测试结果、定期预防性维修检查的最后日期、最后一次检查的结果以及最近三次检查中是否有突出行为相结合。现在您可以决定什么时候将卡车转移到维修设施更换关键部件是经济可行的,并在下一个可用机会完成之前建议服务的未完成行动。

“然后,系统会建议你何时以及如何更换部件,并结合天气数据,建议进行必要维修的最佳日期——确定预报有雨的时间窗口[9]。”

您不知道的是,在您必须修理车辆的维修车间,关键部件的库存很低。所需要的零件是一个高故障率的产品,经常被更换,因此对该零件的需求很高,该零件的供应需要经常补充。同时,警报也传到了维修设施的零件仓库,生成了一个订单,购买更多相同的零件以增加库存。该订单可以在几天内完成,而不会在您的卡车到达维修设施进行预防性维修工作时危及停机时间,确保它能够重新上路满足您的交付要求和时间安排。

“数据在设备维修中的价值不能被低估。如果没有数据驱动的认识,即使在最好的情况下,维修过程也是手动的、耗时且难以执行。最糟糕的情况是,维修过程效率低下,会造成时间和金钱损失。”

范例 9:用数据支持维修性

通过收集症状性数据,测量关键部件性能参数,在退化过程的早期识别并估计修复部件的最佳时间,提前知道零件失效,比知道零件何时已经失效要有价值得多。

并非所有设备的数据都是平等的。如果在不进行测试的情况下,磨损或压力过大的迹象很明显,那么目视检查数据对用户可能很有价值。使用非故意视觉指示的过度压力的一个例子是印刷电路板(PCB)上的变色。这种视觉指示是由于 PCB 上某个组件失效的位置比正常温度高。热点被认为是 PCB 上比板表面其他位置的正常 PCB 稍微暗一些的区域,在电路板表面的其余部分上可以看到。当在检查过程中发现这些热点迹象时,应将它们作为故障症状记录在故障数据中。

如果数据中没有明显的目视检查异常,则必须通过健康检查、关键性能参数的状态监控和诊断测试收集用于评估电路健康状况的更具体的数据。可以在任何时间收集的数据集的数据大小可以达到 1Mb(100 万比特或 1 兆比特)。然后,如果每分钟收集一次数据集,那么一天的数据集大小将为 1.44Gb。回到配送卡车车队的例子,这是车队中一辆卡车一天的数据集。现在乘以车队中 100 辆卡车的数据大小,每辆卡车使用一年。数据集的大小增长到惊人的 52560Gb 或 52.56Tb(太比特)。处理这么多的数据需要一种独特的数据科学。建立数据处理系统需要一种特定的心态,需要一种经济的方法来理解数据的含义,决定如何解释数据,并在一段时间内最大化其价值,实现投资回报。

17.3.3 总结

本节强调的事实是,大数据已经存在,并且需要一种自动化的方式来处理它。为了实现使用物联网技术和机器学习降低维修成本的好处,必须建立描述实时或接近实时处理和存储大量数据的 4 个步骤。通过这些步骤实现大数据处理,企业将真正能够在维修性设计中释放物联网和机器学习的好处。

17.4 提高维修性的自校正电路和自修复材料,可靠性和安全性

在进行维修性设计时,设计师希望向客户交付的系统/产品的维修比客户先前为具有类似功能的前任系统/产品执行的维修要少。对于维修性的成功,您所做的维修越少,系统/产品就越好。从客户的角度来看,更多嵌入式智能、自动化

流程和减少维修的健全设计特性是很好的。

有许多现实世界的情况,其中一些已经在本书中讨论,减少维修提高可靠性和减少设计的安全风险。可靠性和安全设计特性的改进也会减少维修。如果产品/系统从未发生故障,也从未发生过事故,那么修复产品/系统的修复性维修时间为零。PM 或 CBM 任务可能是造成这种结果的部分原因,因此某种类型的维修可能是必要的。即使设计可能是为某个级别的 PM 或 CBM 设计的,但最终首选的情况是无须维修。

范例 4:从计划维修转向基于条件的维修(CBM)

在维修性方面的挑战是如何设计一个系统/产品,使维修最小化或避免维修。自我纠正技术是解决这一挑战的方法。自校正意味着一个自包含的系统/产品具有内嵌的功能,当编码在数据参数中的设计特征开始显示出问题时,可以识别内部问题,并在没有外部支持的情况下修复这个问题。

通过自主设计能力、用于自修复的智能材料、机器学习、错误检测和纠正算法、远程健康监测、预测分析和容错架构等自纠正技术,这使零维修成为可能。其中一些主题已经在书中讨论过了,如第 11 章中容错体系结构和纠错码(ECC)内存的使用。

17.4.1 自校正电路

在本节中,ECC 内存被更详细地解释,重点是自我纠正电路的总体策略。通过先进的技术和自我校正的电子电路,可以减少或消除维修。除了自我校正的电子电路,我们还探索自我修复材料,利用物理和特殊的智能材料性能。

零维修设计的最终目标是自我纠正在现场发现的问题。开发自我纠正问题的一些解决方案已经存在了一段时间,但需要更多的能力,这仍处于早期研究阶段。其中一些研究是在增强集成电路(IC)芯片的设计。Brousard 说:"第一部分是使用机器学习算法和嵌入 agent 来分析设计,这些 agent 会不断地在芯片的性能分析、健康状况和性能上创造新的数据。"在 IC 芯片设计中对自校正电路的研究处于初级阶段,这对于像自动驾驶汽车的成功是必不可少的。"运行汽车自动驾驶平台的算法通常是由机器学习制作的。它们不是人类编写的,而且它们不容易被分解或可读,软件团队不容易进行代码检查"(Phillips,在[10]中引用)。关于机器学习的更多信息,参见第 8 章。

在 IC 芯片设计的自校正电路中,很大一部分是利用 ECC 来实现计算机各部件之间的数据传输,如中央处理器(CPU)与其存储器或数据存储设备之间的数据传输。ECC内存是一种用于数字数据存储的记录媒体，它可以检测和纠正不同类型的数据损坏症状，如多比特错误（mbe）或单比特错误（sbe）中，一个比特被卡在低位或高位。单个位随机翻转的SBE也是可能的[11]。

作为一个带有随机位翻转错误的SBE的例子，该错误可被没有错误检查的系统忽略，或者会通过奇偶校验停止机器，或者会被ECC无形地纠正，考虑一个以ASCII格式存储数字的数字电子表格，ASCII数据加载到CPU中。电子表格数据包含字符“8”（ASCII编码中的十进制值56），该字符存储在特定内存位置的字节中，该位置的最低位包含一个卡住的位（0011 1000二进制）。然后，CPU将新数据写入内存中的电子表格，并保存新数据。新数据无意更改存储在内存中的“8”的值，但由于电子表格数据更新的结果，“8”（0011 1000二进制）无意中更改为“9”（0011 1001）。

计算机系统内部的电气或磁干扰会导致动态随机存取存储器（DRAM）中的SBE或MBE自发地将位从一种状态翻转到相反的状态，如位从逻辑“0”变为逻辑“1”。这种SME或MBE有时被称为“软错误”，最初发现是由IC芯片封装材料中污染物的阿尔法粒子排放造成的。最新的研究发现，dram中这些SBE/MBE软错误的大部分是由于背景宇宙辐射导致的，导致自由中子散射，随机改变内存位置中的数据或干扰CPU电路读写数据到内存。

随着系统运行高度的增加，错误率可能会迅速增加。例如，1.5km高度的中子通量率比海平面上正常的中子通量率高3.5倍。10～12km高度的中子通量是海平面正常中子通量的300倍。因此，在高海拔地区运行的系统，如商业航空系统，需要特殊的规定来增强可靠性和维修性，因此是自我校正电路的大用户和支持者[11]。

ECC内存通常不会受到SBE的影响，因此CPU从每个内存位置读取的数据都包含准确的位流，形成字节或字，作为写入该内存位置的数据流。ECC还减少了CPU挂起或处理崩溃的数量，或潜在地消除了这些CPU挂起或崩溃的可能性。ECC内存用于许多类型的CPU，这些类型的MBE和SBE数据损坏是不能容忍的。

“内存错误的后果与系统有关。在没有ECC的系统中，一个错误可能导致崩溃或数据损坏；在大规模生产站点中，内存错误是导致机器崩溃的最常见硬件原因之一。内存错误会导致安全漏洞。如果内存错误改变了一点，不会产生任何后果，既不会导致可观察到的故障，也不会影响用于计算或保存的数据。2010年的一项模拟研究表明，对于一个网络浏览器，任何原因都可能导致数据损坏，尽管由于许多内存错误是间歇性的和相关的，内存错误的影响比独立的软错误的预期更大。

如本书前面所述，容错可以通过设计一个系统来实现，该系统预期每种类型的异常情况,并以自我稳定为目标,从而使系统收敛到无错误状态。如果一个容错系统能够预测每一个故障情况,并执行一个过程来减轻故障的影响,而不提醒使用人员或维修人员执行维修操作,那么我们就说该系统执行零维修。容错架构的另一种方法是冗余。冗余硬件和软件组件允许通过利用备用功能或备份特性在特定的系统使用中发生故障。关于容错架构的更多信息,请参考第 11 章。

17.4.2 自愈材料

自愈材料是人造或合成的物质,能够不需要任何外部诊断或人类的帮助就能修复自身的损伤。一般情况下,由于使用过程中产生的疲劳或损坏,材料会随着时间的推移而降解。在微观层面上的裂纹和其他类型的损伤已被证明会改变材料的性能。裂纹的扩展最终导致材料的物理失效。“自修复材料通过启动一种响应微损伤的修复机制来对抗降解。一些自修复材料根据其传感和驱动特性可被归类为智能结构,并能适应各种环境条件[12]”。

最常见的自愈合材料类型是聚合物或弹性体,但自愈合涵盖所有类别的材料,包括金属、陶瓷和胶凝材料。从材料的内在修复到微观血管中包含的修复剂的添加,自愈合机制不同。自愈合的聚合物可能会被外界刺激激活,如可见光、紫外线或温度,以启动愈合过程[12]。

2018 年,对碳纤维聚丙烯(CFPP)和碳纳米管(CNT)纳米复合材料的损伤感知和自修复进行了研究,并发表了一篇论文[13]。该项名为“通过寻址导电网络对碳纤维聚丙烯(CFPP)/碳纳米管(CNT)纳米复合材料的损伤检测和自修复”的研究基于寻址导电网络(CAN)。为了提高 CFPP/CNT 纳米复合材料的损伤传感分辨率,可以通过调整压力条件和在预浸料之间喷涂 CNTs 来提高材料的导电性。预浸料是由高强度增强纤维制成的复合材料,它有热固性或热塑性树脂[13]。

结果表明,在 1.0MPa 和 1.0wt% 的 CNT 条件下,厚度方向电阻率降低到 19.44Ω - mm。通过电阻加热,考察了 CFPP/CNT 纳米复合材料的自修复效率随温度和时间的变化规律。结果表明,优化后的制备和自修复条件在 4 次三点式弯曲实验下具有较高的损伤感知分辨率,自修复效率高达 96.83%[13]。

亚利桑那州立大学(ASU)自适应智能材料与系统中心(AIMS)是美国创新研究的领导者[14]。亚利桑那州立大学 AIMS 中心有大量的创新,包括先进的自愈合和自感知材料。该中心正在研究并取得进展的智能材料有望具有自愈合性能。其中一些智能材料是[15]:

(1)新型杂化材料,如用于损伤感知和自愈合的光敏机械载体,自组装乳液、胶体和凝胶,用于其对环境变化的敏感性和响应,以及用于刺激响应溶液组件和分层分离膜的离子嵌段共聚物。

(2)用于有机光电子、导电聚合物传感器/致动器和生物激发材料的软物质和复合材料。

(3)碳纳米管(CNT)膜,如巴克纸(BP),具有自感知特性,可在裂缝形成时激活。

在ASU的一项特殊研究中,发现BP膜在玻璃纤维增强聚合物基层板中具有自感知能力。这种自感知能力是通过在层板的层间区域嵌入BP膜来实现的。将自感知试样置于循环机械疲劳载荷下进行压阻应力—应变表征研究。对比了基准试样和试验试样的疲劳裂纹扩展速率和裂纹扩展观察值。建立了基于电阻率的疲劳裂纹实时量化测量模型。利用该经验模型对疲劳裂纹长度和裂纹扩展速率进行实时量化和模拟。ASU试验结果表明,由于疲劳过程中裂纹尖端钝化,巴克纸的引入降低了平均裂纹扩展速率一个数量级,同时有利于实时应变传感和损伤量化。

17.4.3 总结

想到自校正电路和自愈合材料所取得的所有进步,我们生活在一个激动人心的时代。这些技术的前景一片光明。在严酷的环境应用中,安装在系统和设备上的元件将能够在发生故障时自动纠正和自愈,从故障模式中自动恢复。

17.5 结论和挑战

在最后一章中,我们讨论了几个特殊的主题和它们的应用,希望能够激发读者思考这些主题,并梦想维修性工程的未来可能会带来什么以及它们能带来什么。正如SMED文章所展示的,旧的技术可以带来新的改进,其他应用程序也可以提供类似的机会,从而获得类似的、甚至更大的好处。同样,大数据和自我修正系统为创新提供了许多可能性。创新可以来自将技术从一个应用程序(该应用程序的技术已经成熟并被证明可行)过渡到其他以前没有人想过要做的应用程序。这种创新可能有助于解决当今世界面临的重大问题。要靠读者的想象力去发现这些机会。我们鼓励您探索各种可能性,使用我们书中描述的技术,并成为创新者。

参考文献

1. Roser, C. (2014). *The History of Quick Changeover (SMED)*. All About Lean. https://www.allaboutlean.com/smed-history/(accessed 18 September 2020).

2. Nowlan, F. S. (1978). *Reliability Centered Maintenance*. San Francisco: United Airlines.

3. Society of Maintenance & Reliability Professionals(2017). *SMRP Best Practices*,5e. Atlanta,GA: SMRP.

4. McGee – Abe, J. (2015). The 8 Deadly Lean Wastes. http://www. processexcellencenetwork. com/business – transformation/ articles/the – 8 – deadlylean – wastes – downtime.

5. Lean Production. (n. d.). *SMED(Single – Minute Exchange of Dies)*, http://www. leanproduction. com/ smed. html(accessed 6 October 2020).

6. Wikipedia Big data. https://en. wikipedia. org/wiki/Big_data(accessed 18 September 2020).

7. Exsyn Aviation Solutions Big Data in Aviation – Reduce Costs thru Predictive Maintenance. https://www. exsyn. com/blog/big – data – in – aviationpredictive – maintenance (accessed 18 September 2020).

8. SAS Hadoop: What is it and why it matters. *SAS Insights*. https://www. sas. com/en_us/insights/bigdata/hadoop. html(accessed 18 September 2020).

9. Novak,Z. (2018). How Big Data Makes Predictive Equipment Maintenance Possible. https://www. uptake. com/blog/how – big – data – makes – predictiveequipment – maintenance – possible – 1(accessed 18 September 2020).

10. Sperling,E. (2019). Different Ways to Improve Chip Reliability. *Semiconductor Engineering*. https://semiengineering. com/different – ways – to – improvingchip – reliability/(accessed 18 September 2020).

11. Wikipedia ECC memory. https://en. wikipedia. org/wiki/ECC_memory(accessed 18 September 2020).

12. Wikipedia Self – healing material. https://en. wikipedia. org/wiki/Self – healing_material(accessed18 September 2020).

13. Joo,S. – J. ,Yu,M. – H. ,Kim,W. S. ,and Kim,H. – S. (2018). Damage detection and self – healing of carbon fber polypropylene(CFPP)/carbon nanotube(CNT) nano – composite via addressable conducting network. *Composite Science and Technology*167: 62 – 70. https://doi. org/10. 1016/j. compscitech. 2018. 07. 035.

14. Arizona State University(ASU) Adaptive Intelligent Materials and Systems(AIMS) Center brochure. https://aims. asu. edu/(accessed 18 September 2020).

15. Datta,S. ,Neerukatti,R. K. ,and Chattopadhyay,A. (2018). Buckypaper embedded self – sensing composite for real – time fatigue damage diagnosis and prognosis. *Carbon*139:353 – 360. https://doi. org/10. 1016/j. carbon. 2018. 06. 059.

补充阅读建议

1. Gullo,L. J. and Dixon,J. (2018). *Design for Safety*. Hoboken,NJ: Wiley.

2. Raheja,D. and Allocco,M. (2006). *Assurance Technologies Principles and Practices*. Hoboken, NJ: Wiley.

3. Raheja,D. and Gullo,L. J. (2012). *Design for Reliability*. Hoboken,NJ: Wiley

附录 A 系统维修性设计验证检查清单

A.1 简 介

此检查清单提供了广泛的建议指南、设计标准、实践和检查点的集合，这些内容来自众多知识丰富的来源和参考资料。在这些来源中有大量的国防部 mil - std 和 MIL - HDBKs，各种军事指导文件，行业培训和指导手册，白皮书和报告，以及作者多年的经验。

本清单旨在为设计团队提供指导方针、设计标准、实践和检查点，以进行发人深省的讨论、设计贸易研究和考虑事项。它可以促使生成产品的维修性设计方面的规范、产品的使用和维修的设计要求，并验证这些设计要求在产品设计中实现的情况。此清单并不是针对任何客户的任何产品的所有可能的维修性设计考虑事项的完整的、包罗万象的列表。读者可能希望根据适用于特定产品、客户、使用应用和服务支持情况的产品来修改此清单。

A.2 检查清单结构

此检查清单分为多个部分，以便将类似的问题和设计考虑事项划分为常见的组。章节被列出：

第 1 部分：要求管理

第 2 部分：可达性

第 3 部分：工具

第 4 部分：维修性

第 5 部分：软件

第 6 部分：故障排除

第 7 部分：安全性

第 8 部分：互换性

第 9 部分：其他主题

检查清单第1部分:要求管理

第1部分:要求管理	核实	评论
1.1 在开始设计过程之前,设计团队是否确定了客户并定义了用户?		
1.2 在开始设计过程之前,设计团队是否使用了客户的使用概念(CONOPS),或者产品的使用概念是由设计团队定义的?		
1.3 在开始设计过程之前,设计团队是否定义了产品将在哪里使用以及如何使用、运输、维修和存储?		
1.4 设计团队是否使用适当的需求管理流程和工具创建了维修性设计要求?		
1.5 设计团队是否使用适当的需求管理和变更控制过程/工具来管理维修性要求?		
1.6 设计团队是否将使用和维修产品的概念分解为一组系统的设计维修性要求?		
1.7 设计团队是否制定了维修性最佳实践,利用从历史维修性定义、分析和维修管理过程中派生出来的现有维修性要求?		
1.8 设计团队是否创建了具体的、单一的、明确的、可量化的、可测量的维修性要求?确保每一个需求都被分配到特定的产品特性或元件并可追溯。		
1.9 设计团队是否确保系统级的维修性要求是完整的,并在适当级别编写?良好的要求创建和管理规定所有的要求都可以追溯到更高层次的要求,一直到系统级的顶级要求。		
1.10 设计团队是否将较低层次的要求(子系统、功能、组、单元、LRU、组件等)分配到相应的产品部分,并确保与较高层次的要求相联系?		
1.11 设计团队是否确保每个维修性要求被分配到特定的产品或元件,并可追溯?		
1.12 维修性要求是否被分解为对产品来说现实的最低可修复元件或组件的最低维修水平?		
1.13 所有导出的维修性要求是否完整且准确地定义了对原始要求的解释和理解?		
1.14 所有导出的维修性要求是否与其他维修性要求一样?		
1.15 设计团队是否将复合的、大部分的要求分离成单一的要求,并确保每个新要求可以追溯到更高的大部分要求,并与任何其他要求一样分配给产品?		
1.16 在系统或单元测试之前,设计团队是否审核了要求,以验证并记录(通过检查清单或要求管理工具)这些要求是否已得到满足?		

检查清单第2部分:可达性

第2部分:可达性	核实	评论
2.1 产品是否确保预期的维修人员和用户的适应性、兼容性、可操作性和维修性?		
2.2 产品是否确保有足够的进出工作区域的活动空间?		
2.3 产品是否确保有足够的可视性来执行所有必要的维修操作?		
2.4 组件的布局是否便于取用,重点放在需要经常检查和维修的产品上以便取用?		
2.5 需要经常目视检查的元件、检查点、调整点和电缆端连接器是否位于容易看到的位置?		
2.6 组件标签是否放置在易于查看的位置?		
2.7 小型铰接装置是否需要进入后部才能完全打开,并且能够保持打开状态或不保持打开状态?		
2.8 保险丝的位置是否在不需要工具或拆卸其他元件或组件的情况下就可以看到和更换?		
2.9 结构构件或永久安装的设备是否在视觉上或物理上阻碍调整、维修、可更换设备的拆卸或其他必要的维修工作?		
2.10 在维修过程中,检查点、调整点、测试点、电缆、连接器、标签是否可见?		
2.11 需要目视检查产品(液压储液器、仪表等)的位置是否方便人员在不拆卸面板或其他元件情况下就能看到它们?		
2.12 是否为所有需要测试、校准、调整、拆卸、更换或修理的设备或元件提供足够大的出入口,能够容纳人手、手臂、工具并提供进入任务区域的完整视觉通道?		
2.13 检修盖是否有抓握区或其他打开的方法,能够容纳维修人员可能佩戴的手套或特殊服装?		
2.14 是否提供直接的工具通道,以便在不使用不规则延伸件的情况下进行扭转?		

检查清单第 3 部分:工具

第 3 部分:工具	核实	评论
3.1 装备设计是否尽量减少维修所需工具的数量、类型和复杂性?		
3.2 产品设计是否尽量减少维修人员获取和使用专用测试设备的需求?		
3.3 设计是否尽量减少所需的不同工具的数量和类型,重点利用预期维修者的现有工具集?		
3.4 在设计过程的早期,团队是否确定并定义了预期维修者已经或将要使用的工具?		

检查清单第 4 部分:维修性

第 4 部分:维修性	核实	评论
4.1 设计是否尽量减少零件、连接器和接线的永久连接(如焊接)?		
4.2 设计是否确保零件维修与更换的分析记录在案,准确且一致?		
4.3 设计是否确保产品的维修水平与维修人员的维修能力相匹配?		
4.4 设计是否提供对产品的远程访问以进行使用检查、性能和状态报告以及维修活动,如远程 BIT 操作和软件远程更新?		
4.5 可更换物品是否能够在不移除或替换其他物品或组件的情况下被移除和替换?		
4.6 设计是否规定在结构、功能和重量限制允许的情况下,由一人来拆卸和更换设备?		
4.7 产品设计是否允许在任何极端环境条件下,特别是在穿着笨重衣物的严寒天气下,易于储存和拆卸以进行维修?		
4.8 设备固定、安装、互换、连接的设计是否有防错措施?		
4.9 考虑到空间的限制,设计是否规定使用加速工具(如棘轮、电动螺丝刀、电动扳手)以适应扭矩要求?		
4.10 设计是否提供快速连接和快速断开装置,在没有工具的情况下可以轻松紧固和松开?		
4.11 与圆螺钉或平螺钉相比,设计是否提供方螺钉或六角螺钉,它们的工具接触更好,槽更牢固,可以用扳手拆卸?		

续表

第 4 部分:维修性	核实	评论
4.12 是否使用阀门或活塞而不是泄油塞? 在使用泄油塞的地方,是否只需要普通的手动工具就可以操作?		
4.13 是否提供起重把手,使起重和搬运更容易?		
4.14 如果有用于限制运动程度的校准或调节控制,是否有足够强的机械止动装置,防止在调节范围内因大于运动阻力 100 倍的力或扭矩而造成损坏?		
4.15 当使用人员或维修人员在调节过程中受到干扰振动或加速时,是否在控制装置附近提供合适的把手或手臂支撑以方便进行调节?		
4.16 在掉落、丢失紧固件可能导致设备损坏、产生困难、危险的拆卸问题时,是否使用固定紧固件?		
4.17 是否为需要经常拆卸的存取盖提供了固定紧固件?		
4.18 设计是否在可能的情况下提供相同的螺钉和螺栓头,方便用一种工具拆卸面板和元件?		
4.19 当损失会对设备或人员造成危害时,设计是否提供固定垫圈和锁紧垫圈?		
4.20 可更换物品是否可沿直线或微弯曲的直线移动,而不是通过角度移动?		
4.21 对于必须精确定位的物品,设计是否提供导向销或其等效物协助在安装时对正物品?		
4.22 对于包含机架连接器和面板连接器的产品,其设计是否提供导向销或其等效物,方便在安装过程中协助对齐?		
4.23 设计是否确保将机架拉到完全延伸的位置不会将重心转移到机架或控制台变得不稳定的位置?		
4.24 设计是否在服务和操作位置的机架上提供自动锁定?		
4.25 设计是否在机架和抽屉上提供限位挡块,要求将其从安装位置拉出?		
4.26 设计是否规定电缆要有标签以表明它们所属的设备和与它们相配的连接器?		
4.27 设计是否防止流体和气体管路对人员或设备喷洒或排放流体?		
4.28 设计是否在适当的位置提供流体和气体切断阀,以便在维修或紧急情况下系统可以隔离或排水?		

续表

第 4 部分:维修性	核实	评论
4.29 设计是否提供不需要超过一圈的插头,或在可行的情况下提供其他快速断开插头?		
4.30 设计是否提供连接器设计,其中不可能将错误的插头插入插座或以错误的方式将插头插入正确的插座?		
4.31 当需要大扭矩来紧固或松开连接器时,其设计是否为连接器扳手提供使用空间?		
4.32 设计提供的测试点是否有永久性的标签,方便在维修说明书中识别它们?		
4.33 设计是否提供测试点,这些测试点位于设备完全组装和安装后容易到达或操作的表面或后面?		
4.34 所有储能设备是否有危险警告标志附在设备上?		
4.35 在建立可用的工作空间时,设计是否考虑执行工作所需的人员数量和执行工作所需的身体位置?		
4.36 设计是否考虑组件应如何安排和定位,提供对可靠性较低组件的快速访问,这些组件可能需要频繁维修或其故障将严重降低最终产品性能?		
4.37 设计团队是否确定在使用保障环境中可以用于产品维修的工具和测试设备?		
4.38 设计是否包括模块化、单元包装、一次性组件和技术?		
4.39 设计是否利用自润滑原理?		
4.40 设计是否使用密封和润滑的元件和组件?		
4.41 设计是否为主要元件和功能提供内置测试(BIT)诊断和校准功能?		
4.42 设计是否提供自调整组织?		
4.43 设计是否尽量减少维修任务的数量和复杂性?		
4.44 设计是否提供对故障或边际性能的快速识别?		
4.45 设计是否可以快速识别有缺陷的元件、组件和零件,并可更换?		
4.46 设计是否将人员的技能和培训要求降到最低?		
4.47 设计是否对人员和设备提供最大限度的安全和保护?		
4.48 设计是否便于维修期间所需的人工搬运,并符合已建立的人力标准?		

续表

第 4 部分:维修性	核实	评论
4.49 设计是否允许从上面和外面进行维修,而不是要求从下面进行维修?		
4.50 该设计是否导致设备不超过两层深度的机械包装以方便组装和拆卸?		
4.51 设计是否将扭矩扳手的需求降到最低,并适当采用自锁螺母和螺栓?		
4.52 在涡轮组织中,是否尽可能使用自调心轴承而不是球帽和插座?		
4.53 相关的子组件是否尽可能地组合在一起?		
4.54 设计是否确保在可能的情况下,对给定的元件或组件进行所需的维修,且不需要断开、拆卸或移除其他物品?		
4.55 当需要将一台设备放在另一台设备的后面或下面时,其设计是否确保需要经常维修的设备最容易到达?		
4.56 设计是否确保不规则的、易碎的、笨拙的延伸部分,如电缆和软管,在设备被处理之前容易拆卸?		
4.57 设计是否包括锥形对齐销、快速断开紧固件和其他类似的装置以方便拆卸和更换元件?		
4.58 设计是否包括快速连接和快速断开装置,这种装置通过手的一个动作就可以紧固或松开?		
4.59 当快速连接和快速断开装置没有正确连接时,设计是否提供明显的指示?		
4.60 只要有可能,设计是否包括需要最少重复运动的拆卸和安装的紧固件,如 1/4 转连接和释放紧固件?		
4.61 设计是否包括松不脱紧固件,其中“丢失”的螺钉、螺栓、螺母可能导致故障、维修时间过长?		
4.62 设计是否包括必须穿过墙壁、舱壁的电缆、线路,便于安装和拆卸,而不需要切割或损害系统的完整性?		
4.63 设计是否保护电线不接触液体,如润滑脂、油、燃料、液压液、水、清洁溶剂?		
4.64 在固定设备与滑动底盘、铰链门之间保持电缆连接的地方,其设计是否提供服务回路允许移动,如拉出抽屉进行维修而不中断电气连接?		

续表

第4部分:维修性	核实	评论
4.65 当在机柜中更换可拆卸机箱时,设计是否提供有返回功能的服务回路,防止干扰?		
4.66 设计是否提供测试和服务点,通过校准、标注、其他特征对调整的方向、程度和效果提供积极的指示?		
4.67 设计是否提供测试和服务点,提供铅管、电线、延伸配件,将难以触及的测试和服务点带到可到达的区域?		
4.68 设计是否提供了只需要很少、不需要预防性、定期维修措施的元件?		
4.69 设计是否尽量减少机械调整?		
4.70 有否检讨影响维修过程的设计选择,并考虑任何简化的替代方案?		
4.71 产品技术手册是否能被具有初中(最高七、八年级)学历的一般人理解?		
4.72 产品技术手册能被英语不是第一语言的普通人理解吗?		
4.73 设计团队是否进行了权衡研究,考虑将组件最小化以设计功能(组件越多,可靠性就越低),同时考虑功能需求的冗余(组件越多,可靠性就越高)?		
4.74 是否设计有油瞄准计,其位置是服务人员直接可见的,而无须使用特殊的支架或设备?		
4.75 设计是否具有针对相同尺寸扳手设计的扳手功能? 相同的扭矩值呢?		
4.76 对于液压、燃油、油和气动管路联轴器的所有元件,及所有模块化元件,设计是否提供快速断开连接,从而满足定期更换或最低使用寿命的要求?		
4.77 设计是否避免使用已知在早期设计中造成可靠性和维修性(R&M)问题的元件或材料?		
4.78 设计的特征诊断技术是简化的吗?		
4.79 设计是否包括不降低性能的无盖检修孔?		
4.80 设计所提供的单元是否使结构构件不妨碍进入?		
4.81 设计是否包括组件的放置,使所有一次性组件或元件都能在不拆卸其他组件的情况下到达?		
4.82 设计单元的布局是否使维修技术人员在检查设备时不需要回溯其运动轨迹?		
4.83 当设备被拆除或安装时,设计上是否有对其保障的规定?		

续表

第 4 部分:维修性	核实	评论
4.84 如果设计有易碎零件,设计是否包括可设置在其上的底座或支架,以防止维修时易碎零件的损坏?		
4.85 在设计所有必须搬运、提升、拉动、推动和转动的设备时,是否考虑到人的力量限制?		
4.86 设计是否包括必要的内部元件照明?		
4.87 如果保险丝是集群式的,是否每一个都能被识别?		
4.88 保险丝的位置是否使其能够在不移除任何其他物品的情况下被看到和更换?		
4.89 设计是否在较小的元件上提供手柄,如果不使用部件或控件作为手柄,可能很难抓住、移开或握住?		
4.90 设计是否包括运输箱上的把手,方便处理和携带装置?		
4.91 设计是否规定所有把手都放在重心以上便平衡负载?		
4.92 设计是否包括位于重型设备背面附近的凹式把手,以方便搬运?		
4.93 设计是否包括防止意外激活控制的手柄?		
4.94 设计是否规定电缆在连接或断开时不需要急剧弯曲或伸直?		
4.95 电缆和线束的设计是否使其不能被门或盖夹住,不能被维修人员踩到或用作把手?		
4.96 设计是否包括从所有输送易燃液体或氧气的线路中布线的电气线路?		
4.97 设计是否包括电线和电缆的直接布线,尽可能远离拥挤的区域?		
4.98 设计的模块是否具有尽可能多的自我故障检测和隔离能力?		
4.99 对于所有计划进行设备更换的模块,设计的功能模块是否旨在最大限度地提高报废的可能性,而不是进行维修?		
4.100 设计是否包括不因短寿命零件失效而报废的长寿命零件?		
4.101 设计是否包括廉价元件的失效导致昂贵模块的处置的情况?		
4.102 设计是否包括低成本和非关键的一次性物品?		

续表

第4部分:维修性	核实	评论
4.103 设计的诊断策略是否最大限度地减少“不可重复”“工作台检查可用”“重新测试OK”和误报条件?		
4.104 设计是否具有最大限度的垂直可测试性的诊断技术(从系统,到子系统,到组件,到元件级别)?		
4.105 对于需要保持测试探头的测试点,设计是否包括固定测试探头的装置,以便技术人员在工作时不必手持探头?		
4.106 测试点的位置是否便于操作相关控制的技术人员能够读取显示的信号?		
4.107 测试点是否编码或与相关单元相互参照以指示故障电路的位置?		
4.108 在设计过程中,测试点的选择、设计和测试分区是否对系统的布局和包装起主要作用?		
4.109 在设计中,每个测试点是否都有相应的名称或符号?		
4.110 在设计中,每个测试点是否在维修说明中记录公差信号或应测量的限值,及它们对测量值的公差范围?		
4.111 在设计中,测试引线连接器是否只需要一小段转弯就可以连接?		
4.112 在设计中,测试点是否靠近与它们相关的控件和显示器?		
4.113 测试点是否计划与维修技能水平兼容?		
4.114 设计测试架构和实现是否提供了所需替换级别的故障隔离?		
4.115 在设计中,可燃物的填充区是否远离热源、火花源,此类设备上是否使用耐火花的填充帽和喷嘴?		
4.116 在设计中,特别是在易损坏的设备上,液体补充点的位置是否设置得很少有溢出的机会?		
4.117 在设计中,填料开口是否位于易于接近的地方,不需要特殊的填料适配器或工作台?		
4.118 在设计中,排水点的位置是否允许流体直接排放到废物容器中,而不使用适配器或管道?		
4.119 如果设计使用不同或不相容的润滑油润滑点,配件是否容易区分不同的机械配件形状或类型?		

续表

第 4 部分:维修性	核实	评论
4.120 在设计中,对需要蒸汽或溶剂清洗(或设备清洗时随机接触)的元件是否有适当的密封,以防止内部损坏?		
4.121 设计中布线、电缆和支撑结构的位置是否不影响维修人员的进入、出口或产品和相关设备的通道?		
4.122 在设计过程早期,设计团队是否定义了产品的用户维修概念和能力?		
4.123 在设计过程中,设计团队是否定义了维修产品的位置,以及对维修人员的期望,考虑到他们在该维修地点所需的知识、技能和产品经验?		
4.124 设计团队是否定义了可用的维修资源和预期的维修时间,意识到执行维修的时间和设备数量必须与可用的资源数量相平衡?		
4.125 在设计过程早期,设计团队是否确定了指定的或潜在地点的维修设施的工作条件,以便维修能够进行?		
4.126 在设计过程早期,设计团队是否确定并定义了产品将经历的使用环境,包括所有使用环境,特别是使用环境发生变化的场景,如飞机和潜艇?		
4.127 在整个开发过程中,设计团队是否重新检查和更新使用维修环境?		
4.128 在设计过程中,设计团队是否与客户、用户和保障组织沟通了预期的使用维修环境?		
4.129 设计是否最大限度地减少其他设备的拆卸,以进入和维修/更换故障元件?		
4.130 设计是否允许维修人员通过电子通信链路与产品进行远程连接,从而允许近距离或远距离的外部产品维修保障,而本地维修人员可以腾出双手做其他事情?		
4.131 设计是否为维修人员提供了反馈能力,以便随时以电子方式访问技术文件、故障排除程序、检查清单等?		
4.132 在设计过程中,设计团队是否确定了产品预期的储存、运输、包装和处理环境,并创建适当的维修性要求来反映它们?		
4.133 在设计过程中,设计团队是否识别出所有的解除限制或空间限制,并制定要求来反映它们?		
4.134 设计是否提供容易和简单的方法来评估产品是否在运输或处理过程中损坏?		

检查清单第5部分:软件

第5部分:软件	核实	评论
5.1 产品软件用户界面是否允许对输入的数据进行纠错和更改,以便用户能够通过删除和插入操作更改以前的条目或选择?		
5.2 产品软件用户界面是否只对维修人员和用户访问权限当前可用的操作提供上下文适当的菜单选择?		
5.3 产品软件用户界面是否只提供对维修人员访问权限适用的操作菜单选择?		
5.4 维修人员访问的所有功能元件的产品软件用户界面是否一致?		
5.5 每当维修人员与产品软件进行交互时,是否对所做的工作有明确的反馈?这种反馈可能包括任何类型的感官输出(如按键时的触觉反馈,移动指针时的听觉反馈,在显示屏上选择一个选项时的视觉反馈)?		
5.6 产品软件用户界面是否在采取行动的显示屏幕上向维修人员显示视觉和/或其他反馈指示?		
5.7 产品软件用户界面是否在使用后立即向维修人员显示可视化和/或其他反馈指示(延迟小于3s)?		
5.8 产品软件包含的错误消息是否专注于修复错误的过程,而不是导致错误操作的错误消息?		
5.9 产品软件是否包含与维修人员安全环境兼容的安全协议?		
5.10 产品软件是否需要人员培训和技能,这些培训和技能与所有计划维修级别/位置的维修人员保障计划人力资源兼容?		
5.11 产品软件是否要求维修保障设备和保障软件与所有计划维修级别/地点的维修保障计划的设备资源兼容?		
5.12 产品软件是否为维修人员提供简单无误的软件更新?		
5.13 产品软件是否为维修人员提供简单无误的数据库更新?		
5.14 产品软件是否以适当的"同类最佳"技术文档进行了适当的文档化?		
5.15 产品软件支持和重新编程环境以及所需的资源是否有良好的文档记录?		

检查清单第 6 部分:故障排除

第 6 部分:故障排除	核实	评论
6.1 产品是否嵌入了产品内置测试(BIT)和自检诊断功能,以减少维修时间和运输及连接到外部保障设备的需要?		
6.2 产品的 BIT 设计是否使其尽可能 100% 地识别出真实故障的存在,以尽量减少错误故障报告和任务中止?		
6.3 产品的 BIT 设计是否使其正确识别真正故障元件的时间尽可能接近 100%,最小化维修时间,提供高概率的故障检测和隔离?		
6.4 产品 BIT 的设计是否使非实际故障元件的更换最小化,使故障排除过程中的模糊组最小化?		
6.5 产品 BIT 是否设计了提供故障检测和报告功能,在后台运行时可监控和报告运行和设备问题?		
6.6 产品 BIT 设计的目的是为使用人员和维修人员提供一种按命令运行该功能的方法吗?		
6.7 产品 BIT 错误消息是否明确提供了尽可能多的诊断信息和补救方向,可以从错误条件可靠地推断?		
6.8 产品 BIT 错误消息是否描述了一种修复、恢复、避免错误的方法?		
6.9 产品 BIT 是否为维修人员提供了获取更详细的错误诊断信息的途径?		
6.10 产品的 BIT 设计是否便于快速检测故障和隔离不良品?		
6.11 产品设计是否提供了用于调整的测试点,这些测试点的位置要足够靠近调整中使用的控制和显示器,以便在调整过程中维修人员能够保持在原位?		
6.12 产品设计是否提供调整的测试点,在安装状态下,维修人员不需要拆除其他物品,就能从物理上和视觉上看到这些调整点?		
6.13 产品设计是否提供不需要从组件中移除子组件的故障排除?		
6.14 无须拆卸模块和/或组件即可访问产品测试点吗?		
6.15 产品 BIT 和故障排除连接点是否位于设备内部,以便维修人员能够方便地接触到重要的测试点,而不必挣扎或探查设备,以免造成不必要的损坏?		
6.16 产品设计是否尽量减少所需的不同测试设备的数量和类型?		
6.17 产品设计的重点是利用预期维修人员的现有测试设备吗?		

检查清单第7部分:安全性

第7部分:安全性	核实	评论
7.1 产品设计是否包括容易接近的紧急关闭控制,并放置在维修人员容易触及的地方?		
7.2 产品设计是否包括防止意外启动的紧急关闭控制?		
7.3 产品元件的定位是否以最大限度地降低设备损坏和人员伤害的可能性为原则?		
7.4 如果产品设计包括任何危险区域或条件,如进入面板后暴露的高压导体,是否在进入区域上方设置有物理屏障,并配有联锁装置,当屏障打开或拆除时,将使危险设备断电?		
7.5 应提供适当的警告标签。		
7.6 如果产品设计包括任何危险情况,是否在设备外壳或检修盖上注明危险的存在和联锁的存在,以便在检修口打开时仍然可见?		
7.7 在产品设计中,打开或拆卸检修盖时,是否有任何危险警告被移除或视觉上受到阻碍?		
7.8 系统/产品设计是否包括防止危险的功能,如辅助挂钩、支架、灯、插座、防滑踏板、膨胀金属地板或行走、攀爬、立足点表面的研磨涂层(视情况而定)?		
7.9 在需要弯曲以方便维修的地方,产品设计是否考虑到弯曲位置的频率和时间,如不会造成疲劳或损伤?		
7.10 在产品设计中,当多个相似的连接器相互接近使用时,是否用颜色、形状、大小、键控或等效方法来标识电插头和插座,以方便识别?		
7.11 在产品设计中,所有用于编码的颜色是否在使用照明条件下易于区分?		
7.12 在产品设计中,是否通过使用各种形状匹配的插头和插座来对相似形状的连接器进行键控或编码,以区分连接器,防止放置错误?		
7.13 在产品设计中,测试点是否设计有防护和护盾来保护测试和维修设备,特别是当设备运行中必须进行维修时?		
7.14 在产品设计中,测试点是否设计有防护和防护罩以保护人员,特别是如果设备必须在运行时进行维修?		
7.15 在产品设计中,测试点是否带有工具引导和其他设计特性,以方便需要盲操作的测试点或服务点的操作?		
7.16 在产品设计中,测试电压是否低于可接受的危险水平?如果没有,是否提供适当的警告标签?		

续表

第 7 部分:安全性	核实	评论
7.17 在产品设计中,部件的位置是否确保维修人员在提升或移动超出其强度能力的重型部件时,不需要触及太远?		
7.18 在产品设计中,如果将测试刺激物引入一个系统或部件以确定其状态,是否有保障措施以确保该刺激不会对系统或设备造成损害?		
7.19 在产品设计中,如果将测试刺激引入系统或组件以确定其状态,是否有保障措施以确保刺激不会导致关键设备的无意操作?		
7.20 产品设计的所有区域都有故障安全预防措施,故障可能导致灾难或通过损坏设备造成伤害吗?		
7.21 产品设计是否在故障可能导致人员受伤的所有区域都具有故障安全预防措施?		
7.22 产品设计是否在所有故障可能导致关键设备误操作的区域都有故障安全预防措施?		
7.23 产品重量和达到的特性是否符合预期维修人群的允许设计标准?		
7.24 产品设计是否有明确的开机或关机指示?		

检查清单第 8 部分:互换性

第 8 部分:互换性	核实	评论
8.1 产品设计是否使维修的重要部件尽可能具有互换性?		
8.2 产品设计是否避免为一个部件或组件开发定制的尺寸、形状、连接和配件,并尽量减少特殊使用部件,如左侧连接器与右侧连接器?		
8.3 产品设计的物理尺寸和形状特征是否妨碍以正确的方式连接部件,以及防止不属于一起的部件连接?		
8.4 产品设计是否有孔型,使 2 个或 2 个以上零件能正确地配合?		
8.5 如果产品设计在同一设备或盖子上包括 1 个以上尺寸或类型的紧固件,紧固件/设备/盖子接口是否允许维修人员容易区分每个紧固件的预定位置?		
8.6 如果拆除错误的紧固件可能导致设备损坏或校准设置改变,产品设计是否确保不使用相同的紧固件?		
8.7 产品设计是否确保有左螺纹的紧固件,在需要的地方,被识别出来,以便与右螺纹紧固件区分开来?		

检查清单第9部分:其他主题

第9部分:其他主题	核实	评论
9.1 设计维修性模型是否与产品的设计保持同步,是否准确反映产品的实际设计?		
9.2 是否有失效模式和影响分析,并将其作为可测试性分析的一部分?		
9.3 维修分析是否作为测试性分析的一部分?		
9.4 产品的设计是否使维修人员能够穿戴个人防护装备(PPE)、任务导向防护姿态(MOPP)装备、寒冷天气装备、雨具、危险材料装备、生物危害装备或其他可能需要的防护装备,轻松完成所有指定的维修任务?		
9.5 产品设计是否基于各种环境压力条件和场景下的最坏情况维修?		
9.6 在准备设计评审期间,是否使用维修性要求的检查清单来审核设计状态和评审的准备情况?		
9.7 产品或系统设计是否最大限度地使用标准化的通用零部件,如螺钉、垫圈、螺母和螺栓,以最大限度地减少备件库存,以供客户在各种领域应用的维修服务?		
9.8 产品或系统设计是否最大限度地使用由标准尺寸、形状、尺寸、功率、接口(机械和电气)、信号连接和模块化元素组成的标准设计模板?		
9.9 产品或系统设计计划将某一特定维修任务所需的所有零配件配置和包装成单个套件吗?